新一代信息技术网络空间安全高等教育系列教材（丛书主编：王小云 沈昌祥）

公钥密码学

主　编　陈　宇

副主编　秦宝东　钱　宸

科学出版社

北京

内 容 简 介

本书是新一代信息技术网络空间安全高等教育系列教材之一,全面介绍了公钥密码学的三大核心内容:非交互式密钥协商、公钥加密和数字签名.每一部分内容均首先回顾经典方案以培养感性认识,再展示通用构造以总结一般方法和核心思想,最后按照安全性增强和功能性扩展这两条主线介绍前沿进展.部分内容来自编写人员的原创科研成果,从研究角度还原发现问题、解决问题的全过程.为便于读者学习,本书还提供了所有章末习题的详细解答,读者扫描章末二维码即可学习.

本书可作为网络空间安全、信息安全、密码科学与技术等相关专业的本科生和研究生的教科书或参考书,也可供从事密码学相关工作的同仁参考,或感兴趣的自学者自修.

图书在版编目(CIP)数据

公钥密码学 / 陈宇主编. -- 北京:科学出版社, 2024.9. -- ISBN 978
-7-03-079442-0

I. TN918.4

中国国家版本馆 CIP 数据核字第 2024VQ1829 号

责任编辑:张中兴 梁 清 范培培 / 责任校对:杨聪敏
责任印制:赵 博 / 封面设计:有道设计

科 学 出 版 社 出版

北京东黄城根北街 16 号
邮政编码:100717
http://www.sciencep.com

保定市中画美凯印刷有限公司印刷
科学出版社发行 各地新华书店经销

*

2024 年 9 月第 一 版 开本:720×1000 1/16
2024 年 11 月第二次印刷 印张:17 3/4
字数:353 000
定价:**75.00 元**
(如有印装质量问题,我社负责调换)

丛书编写委员会

丛书序

随着人工智能、量子信息、5G 通信、物联网、区块链的加速发展，网络空间安全面临的问题日益突出，给国家安全、社会稳定和人民群众切身利益带来了严重的影响．习近平总书记多次强调"没有网络安全就没有国家安全"，"没有信息化就没有现代化"，高度重视网络安全工作．

网络空间安全包括传统信息安全所研究的信息机密性、完整性、可认证性、不可否认性、可用性等，以及构成网络空间基础设施、网络信息系统的安全和可信等．维护网络空间安全，不仅需要科学研究创新，更需要高层次人才的支撑．2015年，国家增设网络空间安全一级学科．经过八年多的发展，网络空间安全学科建设日臻完善，为网络空间安全高层次人才培养发挥了重要作用．

当今时代，信息技术突飞猛进，科技成果日新月异，网络空间安全学科越来越呈现出多学科深度交叉融合、知识内容更迭快、课程实践要求高的特点，对教材的需求也不断变化，有必要制定精品化策略，打造符合时代要求的高品质教材．

为助力学科发展和人才培养，山东大学组织邀请了清华大学等国内一流高校及阿里巴巴集团等行业知名企业的教师和杰出学者编写本丛书．编写团队长期工作在教学和科研一线，在网络空间安全领域内有着丰富的研究基础和高水平的积淀．他们根据自己的教学科研经验，结合国内外学术前沿和产业需求，融入原创科研成果、自主可控技术、典型解决方案等，精心组织材料，认真编写教材，使学生在掌握扎实理论基础的同时，培养科学的研究思维，提高实际应用的能力．

希望本丛书能成为精品教材，为网络空间安全相关专业的师生和技术人员提供有益的帮助和指导．

沈昌祥

2023 年 12 月 1 日

序　言

现代密码学根据加密密钥保密或者公开可划分为对称密码和公钥密码, 其中公钥密码也称为非对称密码. 公钥密码实现了网络时代一方和多方之间的安全通信模式, 具有划时代意义. 公钥密码学是密码和信息安全等专业的必修课程以及网络空间安全学科其他专业的重要课程, 因此公钥密码学的教材建设对于推动密码学科、网络空间安全学科发展, 培养优秀密码人才与网络安全人才具有重要意义.

《公钥密码学》一书的内容特点鲜明, 注重阐释思想方法、启发思考创新. 谋篇布局方面, 全面覆盖了密钥协商、公钥加密和数字签名这三大主线的经典结果和前沿进展, 并按照安全性增强和功能性扩展两个维度构建起清晰缜密的知识体系. 叙述引导方面, 对核心概念的背景动机追本溯源, 使读者知其所以然; 对重要构造的设计和证明思路进行详细的拆解分析, 点明关键细节、凝练共性思想. 教材在以上两方面倾注心力, 以期授人以渔, 培养读者的密码科研创新能力.

该教材的编写团队在公钥密码学方向拥有丰富的教学经验和深厚的科研积累, 其中主编陈宇教授潜心于公钥密码理论与应用的研究, 成果取得了多项理论突破并实际落地应用. 教材在介绍理论知识的同时, 有机穿插了公钥密码实际应用方面的内容, 从研究角度还原发现问题、解决问题的全过程, 构建理论与实践的闭环, 助力读者学以致用.

衷心希望《公钥密码学》能够成为网络空间安全领域的广大师生以及密码学从业者的案头书, 帮助读者打下坚实的公钥密码基础、领略其中的美与智慧.

王小云

2024 年 9 月

前　言

本书是作者在给山东大学开设的"理论密码学""数字货币与区块链""数字签名与认证",给西安邮电大学开设的"现代公钥密码"和给中国科学院大学开设的"高级密码组件与应用"等相关课程讲义基础上,结合多年在公钥密码学方面的研究心得编写而成的. 本书由陈宇编写了第 0~4、12 章,由秦宝东编写了第 5、6 章,由钱宸编写了第 7~11 章,由陈宇统稿定稿.

随着计算机网络技术的飞速发展,人类社会的通信方式和内容发生了根本性的改变,从曾经的鱼雁传尺素到实时的音视频通话. 在分布式网络的背景下,保密通信的重要性和面临的挑战均空前提升. 1976 年,Diffie 和 Hellman 开创了现代密码学的新方向——公钥密码学,使得人们可以在开放的分布式网络中进行高效安全的通信. 公钥密码学以精巧的数学结构为经、以计算复杂性为纬,凭空织起细密坚韧的通信网络,守护每一次网络通信的安全. 本书以可证明安全技术为线索介绍公钥密码学的主要内容,包括非交互式密钥协商、公钥加密和数字签名.

本书的第 0 章介绍准备知识,为后续章节做好铺垫. 第 1 章回顾经典的非交互式密钥协商方案. 第 2 章介绍非交互式密钥协商方案的通用构造. 第 3 章回顾经典的公钥加密方案. 第 4 章介绍公钥加密的通用构造. 第 5 章和第 6 章分别从安全性增强和功能性扩展两个维度介绍公钥加密的重要成果和前沿进展. 第 7 章回顾经典的数字签名方案. 第 8 章和第 9 章介绍数字签名方案的通用构造. 第 10 章和第 11 章分别从安全性增强和功能性扩展两个维度介绍数字签名的重要成果和前沿进展. 第 12 章介绍公钥加密与数字签名的组合应用.

本书具有以下特色.

● 选材精当、线索清晰. 选材兼顾内容的基础性和先进性,注重各部分之间的内在联系与呼应;每部分内容均首先回顾经典方案,通过具体例子培养感性认知,然后介绍现代的通用设计方法以加深理解,最后按照安全性增强和功能性扩展两条线索介绍主要成果以构建系统的知识框架.

● 深入浅出、格物致知. 在介绍基本概念时避免生硬灌输、泥于教化,而是尽可能溯源顺流,将概念的来龙去脉娓娓道来,以期读者能够知其所以然;在介绍重要成果时尽力避免人云亦云的复制粘贴,多是结合作者自身理解进行重构、简化,以凸显本质思想.

● 条分缕析、显而不晦. 详细拆解重要成果的构造与证明的思路,点明关键细节、总结共性方法, 培养批判性思维习惯.

● 简而不漏、高屋建瓴. 行文简洁、逻辑严密, 注重提高认知、培养载道之器.

本书系统讲述了公钥密码学的主要内容和设计方法, 它反映了新时期本科生密码学课程的教学理念, 凝聚了作者们所积累的丰富教学经验.

本书的目标是引导读者了解探索公钥密码学这一既十分重要又充满了魅力与挑战的领域, 培养读者的密码科研能力, 启发读者在前人思想的基础上产生新思想、新突破.

本书可作为学有余力的高年级本科生或密码专业的研究生作为公钥密码学方向的教材或课外参考书, 也可供对公钥密码学有兴趣的读者阅读. 为便于读者更好掌握公钥密码学知识, 作者还提供了章末习题详细解答, 读者扫描章末二维码即可学习. 建议读者在学习之前做好以下两方面的知识储备.

● 数学与计算机: 概率论、抽象代数、组合数学、数据结构与算法.

● 密码学: 基本的密码组件、可证明安全技术.

作者感谢山东大学王美琴教授在本书写作过程中给予的极大支持, 感谢研究生易红旭、涂彬彬、张敏辛勤细致的多轮校对. 作者也借此机会感谢清华大学王小云院士, 上海交通大学郁昱教授、刘胜利教授多年以来给予的鼓励和指点. 由于水平有限, 时间紧迫, 定有许多不当之处. 诚恳欢迎批评指正.

陈 宇 秦宝东 钱 宸

2024 年春

目　　录

第 0 章

准 备 知 识

章前概述

内容提要

❏ 符号、记号与术语   ❏ 复杂性理论初步
❏ 可证明安全方法   ❏ 信息论工具
❏ 困难问题   ❏ 密码组件

　　本章介绍必须的准备知识,为本书展开后续内容做铺垫. 0.1 节规定了本书所使用符号、记号与术语,0.2 节简要介绍了可证明安全方法,0.3 节介绍了常见的计算困难问题,0.4 节介绍了计算复杂性最为基本的一些概念,0.5 节介绍最基本的信息论概念,0.6 节介绍了本书中涉及的密码组件.

0.1 符号、记号与术语

　　集合 对于正整数 n, 用 $[n]$ 表示集合 $\{1, \cdots, n\}$. 对于集合 X, $|X|$ 表示其大小, $x \xleftarrow{\text{R}} X$ 表示从 X 中均匀采样 x, U_X 表示 X 上的均匀分布.

　　基本算术 对于实数 $x \in \mathbb{R}$, 令 $\lfloor x \rfloor$ 表示 x 的下取整, $\lfloor x \rceil := \lfloor x + 1/2 \rfloor$ 表示与 x 最接近的整数 (x 的就近取整). 对于向量 $\mathbf{x} \in \mathbb{R}^n$, $\|\mathbf{x}\|$ 表示 $\mathbf{x}$ 的 2-范数. 整数集合定义为 $\mathbb{Z} \stackrel{\text{def}}{=} \{\cdots, -2, -1, 0, 1, 2, \cdots\}$. 自然数集合定义为 $\mathbb{N} \stackrel{\text{def}}{=} \{0, 1, 2, \cdots\}$.

　　字符串 令 $\{0,1\}^n$ 表示 n 比特二进制字符串的集合, $\{0,1\}^*$ 表示所有 (长度有限) 的二进制字符串集合. 令 x 为二进制字符串, $|x|$ 表示其比特长度, $\bar{x}$ 表示 x 取反. 0^n 和 1^n 分别表示长度为 n 的全 0 串和全 1 串.

　　算法与函数 若一个概率算法的运行时间是关于输入规模 n 的多项式函数 $\text{poly}(n)$, 则称其是概率多项式时间 (probabilistic polynomial time, PPT) 的算法. 令 $\mathcal{A}$ 是一个随机算法, $z \leftarrow \mathcal{A}(x;r)$ 表示 $\mathcal{A}$ 在输入为 x 和随机带为 r 时输出 z,

当上下文明确时, 常隐去随机带 r, 简记为 $z \leftarrow \mathcal{A}(x)$. 令 $f(\cdot)$ 是关于 n 的函数, 如果对于任意的多项式 $p(\cdot)$, 均存在常数 c 使得当 $n > c$ 时总有 $f(n) < 1/p(n)$ 成立, 则称 f 是关于 n 的可忽略函数, 记为 $\mathrm{negl}(n)$, 另外, 称 $1 - \mathrm{negl}(n)$ 为压倒性函数; 如果存在多项式 $q(\cdot)$ 以及常数 d 使得 $n > d$ 总有 $f(n) > 1/q(n)$, 则称 f 是关于 n 的可察觉函数. 本书中使用 $\kappa \in \mathbb{N}$ 表示计算安全参数, $\lambda \in \mathbb{N}$ 表示统计安全参数. 令 F 是带密钥的函数, $F_k(x)$ 表示函数 F 在密钥 k 控制下对 x 的求值, 也常记作 $F(k, x)$.

统计距离　令 X 和 Y 是定义在 Ω 上的两个分布, 两者之间的统计距离定义为 $\Delta(X, Y) = \frac{1}{2} \sum_{\omega \in \Omega} |\Pr[X = \omega] - \Pr[Y = \omega]|$. 令 $\mathcal{X} = \{X_\kappa\}_{\kappa \in \mathbb{N}}$ 和 $\mathcal{Y} = \{Y_\kappa\}_{\kappa \in \mathbb{N}}$ 是两个由 κ 索引的分布簇, 则可考察两者之间渐进意义下的统计距离. 如果 $\mathcal{X}$ 和 $\mathcal{Y}$ 之间的统计距离为 0, 则称 $\mathcal{X}$ 和 $\mathcal{Y}$ 完美不可区分. 如果 $\mathcal{X}$ 和 $\mathcal{Y}$ 之间的统计距离是关于 κ 的可忽略函数, 则称 $\mathcal{X}$ 和 $\mathcal{Y}$ 统计不可区分, 记为 $\mathcal{X} \approx_s \mathcal{Y}$; 如果任意 PPT 敌手区分 $\mathcal{X}$ 和 $\mathcal{Y}$ 的优势函数为 $\mathrm{negl}(\kappa)$, 则称 X 和 Y 计算不可区分, 记为 $\mathcal{X} \approx_c \mathcal{Y}$.

方案和协议　已有文献中并没有对密码方案 (scheme) 和密码协议 (protocol) 的清晰定义, 常常交换使用两个名词. 本书使用密码方案特指若干实体通过运行系列算法完成某项密码操作的全流程, 实体之间不存在交互, 仅存在单向的消息传递, 如加密和签名. 与密码方案相比, 密码协议则允许实体之间存在交互, 即存在双向的消息传递, 如密钥协商、安全多方计算和零知识证明等. 当协议中不存在消息传递或仅存在单向的消息传递时, 协议退化为非交互式版本.

本书所使用的缩略词及含义对照如表 0.1 所示.

表 0.1　缩略词及其含义对照表

缩略词	英文表达	中文含义
CPA	chosen-plaintext attack	选择明文攻击
CCA	chosen-ciphertext attack	选择密文攻击
RKA	related-key attack	相关密钥攻击
KDM	key-dependent message attack	消息依赖密钥攻击
PKE	public-key encryption	公钥加密
IBE	identity-based encryption	身份加密
PEKS	public-key encryption with keyword search	可搜索公钥加密
—	hardcore function	硬核函数
—	hardcore predicate	硬核谓词
—	oracle	谕言机
TDF	one-way trapdoor function	单向陷门函数

0.2 可证明安全方法

0.2.1 基于归约的安全性证明

长久以来, 密码方案的安全性分析缺乏统一规范, 通常是由密码分析者遍历各类攻击来检验密码方案的安全性. 容易看出, 传统的分析方式存在以下局限: ① 分析结果严重依赖分析者的个人能力 (细致的观察、敏锐的直觉和积累的经验); ② 分析者难以穷尽所有可能的攻击. 因此, 绝大多数古典密码陷入 "设计—攻破—修补—攻破" 的循环往复怪圈, 难以称为真正的科学.

20 世纪 80 年代, Goldwasser 和 Micali[1] 借鉴计算复杂性理论的归约技术, 开创了可证明安全方法. 从此, 密码方案的安全性分析手段由遍历攻击转为严格的数学证明, 安全性由 "声称安全" 变为 "可证明安全", 密码学也从此由艺术蝶变为真正的科学.

简言之, 可证明安全方法的核心由以下三要素组成.

• **精确的安全模型** 通常由攻击者和挑战者之间的交互式游戏进行刻画, 如图 0.1 所示, 包括如下.

  • 敌手的计算能力: 常见的有概率多项式时间和指数时间.

  • 敌手能够获取的信息, 包括

(1) 固定信息: 如方案的公开参数等公开信息.

(2) 非固定信息: 在攻击过程中获得的信息, 形式化为访问相应谕言机获得的输出.

  • 敌手的攻击效果: 以加密方案为例, 敌手恢复密钥和恢复明文是不同的攻击效果.

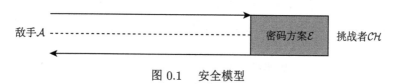

图 0.1　安全模型

令事件 S 表示敌手攻击成功这一事件, t 表示目标基准优势 (如区分类游戏定义为 1/2, 搜索性游戏定义为 0), 定义 $\mathcal{A}$ 的优势函数为 $\mathrm{Adv}_{\mathcal{A}}(\kappa) = |\Pr[S] - t|$, 其中 S 所在的概率空间由 $\mathcal{A}$ 和 $\mathcal{CH}$ 的随机带确定. 后续行文中为了表述简洁, 常省略优势函数的绝对值符号. 如果对于所有 PPT 敌手 $\mathcal{A}$, $\mathrm{Adv}_{\mathcal{A}}(\kappa)$ 均为关于 κ 的可忽略函数, 则称密码方案 $\mathcal{E}$ 在既定的安全模型下是安全的.

• **清晰的困难假设**

• **严格的归约式证明** 通过反证式论证将方案的安全性归结到困难假设.

图 0.2 是归约式证明的交换图表. 归约式证明的步骤如下.

1. 假设存在 PPT 的敌手 $\mathcal{A}$ 在既定安全模型下针对密码方案 $\mathcal{E}$ 具有不可忽略的优势 $\epsilon_1(\kappa)$.

2. 利用 $\mathcal{A}$ 的能力, 构建 PPT 的算法 $\mathcal{R}$ 以不可忽略的优势 $\epsilon_2(\kappa)$ 打破困难问题. 这里 $\mathcal{R}$ 通常以扮演敌手 $\mathcal{A}$ 的挑战者的方式调用 $\mathcal{A}$, 因此也常称 $\mathcal{R}$ 是模拟算法或归约算法. $\mathcal{R}$ 调用敌手 $\mathcal{A}$ 的方式又可细分为两类.

- 黑盒方式: $\mathcal{R}$ 以黑盒的方式调用 $\mathcal{A}$, 从算法的角度理解就是 $\mathcal{R}$ 将 $\mathcal{A}$ 作为子程序调用, 即 $\exists \mathcal{R} \, \forall \mathcal{A}$. 此类证明最为常见, 被称为黑盒归约 (black-box reduction) 或者一致归约 (universal reduction).

- 非黑盒方式: $\mathcal{R}$ 以非黑盒的方式调用 $\mathcal{A}$, 充分利用了 $\mathcal{A}$ 的个体信息, 如算法结构、运行时间等. 这类证明是完全契合可证明安全思想的, 即 $\forall \mathcal{A} \, \exists \mathcal{R}$. 此类证明相对少见, 被称为个体归约 (individual reduction)[2], 常可以突破黑盒归约下的安全性下界.

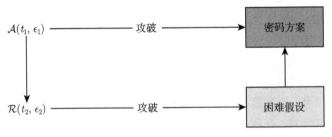

图 0.2　归约式证明的交换图表

上述两步归约式论证的逻辑是: 构造出的算法 $\mathcal{R}$ 与困难假设相矛盾, 因此不存在算法 $\mathcal{R}$, 进而得出 $\mathcal{A}$ 不存在的结论.

安全性强弱　在明确可证明安全方法后, 密码方案的强弱可以根据三要素的强弱定性分析.

- 安全模型的强弱: 敌手的计算能力越强大、获得的信息越多、攻击的效果越弱, 则所确定的安全模型越强, 反之越弱.

- 困难假设的强弱: 通常搜索类假设强于判定类假设, 平均情形 (average-case) 假设强于最坏情形 (worst-case) 假设.

- 归约质量的优劣: 笼统地说, (t_2, ϵ_2) 越接近 (t_1, ϵ_1), 归约的质量越高. 归约算法和敌手运行时间均为多项式级别, 因此在考察归约算法质量时更关注优势函数这一指标. 定义归约松紧因子 $r = \epsilon_2/\epsilon_1$, 如果 r 是一个常数, 称归约是紧的; 如果 r 是一个可察觉的函数 (noticeable function), 称归约是多项式松弛的, 归约有效; 如果 r 是一个可忽略函数, 称归约是超多项式松弛的, 归约无效.

注记 0.1 阿基米德曾说过:"给我一个支点, 我能撬起地球!" 可证明安全方法与这句名言有共通之处, 地球可以理解为待证明方案的安全性, 支点和杠杆可以理解为归约式证明方法, 而施加在杠杆上的力可以理解为困难假设. 如果支点在困难假设和方案安全性正中, 代表归约最优, 方案的安全性可以紧归约到困难假设上; 如果力臂过短, 则代表归约松弛, 困难假设无法有意义地保证密码方案的安全性.

0.2.2 如何书写安全性证明

很多初学者对方案/协议的安全性有隐约的直觉, 但是很难写出严格精确的证明. 密码学中的安全性证明如同吉他中的大横按, 是横亘在所有初学者面前的一个障碍.

本小节将以极为精练的方式归纳总结安全性证明的构建方式. 给出的安全性证明大致有两种方式, 分别是单一归约和游戏序列.

单一归约适用于密码方案/协议仅依赖单一困难问题的简单情形. 拟基于唯一困难假设 $\mathcal{P}$ 证明密码方案/协议 $\mathcal{E}$ 的安全性时, 证明的方式是构建如图 0.3 所示的交换图表, 即首先假设存在 PPT 的敌手 $\mathcal{A}$ 打破 $\mathcal{E}$ 的安全性, 再利用 $\mathcal{A}$ 构造算法 $\mathcal{R}$ 打破困难假设 $\mathcal{P}$. 构造 $\mathcal{R}$ 的方法通常是令 $\mathcal{R}$ 在方案 $\mathcal{E}$ 的安全游戏中模拟挑战者的角色, 模拟的方式是将困难问题的实例直接嵌入到安全游戏的参数中. 此时, 基于 $\mathcal{P}$ 的困难性——$\mathsf{Adv}_{\mathcal{R}}^{\mathcal{P}}(\kappa)$——便可得到任意 PPT 敌手针对 $\mathcal{E}$ 的优势函数 $\mathsf{Adv}_{\mathcal{A}}^{\mathcal{E}}(\kappa) \leqslant \mathsf{negl}(\kappa)$ 的结论.

图 0.3　单一归约

注记 0.2 需要特别指出, 单一归约的适用范围有限, 仅适用于困难问题单一且能够直接嵌入密码方案安全游戏的场景, 这就要求安全游戏的目标和困难问题的类型必须相同 (同为计算性或者判定性), 如基于离散对数 (DLOG) 假设的单向函数和基于判定性 Diffie-Hellman (DDH) 假设的伪随机数发生器.

对于基于多个困难问题的密码方案/协议, 即待证明的定理形如 $\mathcal{P}_1 + \cdots + \mathcal{P}_n \Rightarrow \mathcal{E}$, 就难以使用单一归约进行证明了. Shoup[3] 针对该情形, 系统地提出了 "游戏序列" 的方式组织证明. 游戏序列的证明框架如下:

(1) 引入一系列游戏, 记为 $\mathrm{Game}_0, \cdots, \mathrm{Game}_m$. 敌手在 Game_i 中成功的事件记作 S_i, 优势基准为 t, 则敌手在 Game_i 的优势函数为

$$\mathsf{Adv}_{\mathcal{A}}^{\mathrm{Game}_i} = |\Pr[S_i] - t|$$

通常情况下 Game_0 刻画原始真实的安全游戏, Game_m 刻画最终游戏且 $\mathsf{Adv}_{\mathcal{A}}^{\mathrm{Game}_m}$ $= |\Pr[S_m] - t| = \mathsf{negl}(\kappa)$, 即敌手在 Game_m 中的优势函数是可忽略的.

(2) 证明对于所有的 $i \in [m]$ 均有 $|\Pr[S_i] - \Pr[S_{i-1}]| \leqslant \mathsf{negl}(\kappa)$.

(3) 通过混合论证 (hybrid argument) 得出 $\mathsf{Adv}_{\mathcal{A}}^{\mathrm{Game}_m} = |\Pr[S_0] - t| = \mathsf{negl}(\kappa)$ 的结论.

对于同一密码方案/协议, 在使用游戏序列进行证明时存在多种可能的游戏序列组织方式. 尽管游戏序列的设定没有严格的规定, 但有以下两个经验准则:

- 相邻游戏的差异需最小化, 下一个游戏与上一个游戏仅有一个差异为宜;
- 差异应易于分析.

相邻游戏之间的差异通常有以下三种类型:

(1) 差异源于不可区分的分布;

(2) 差异基于某特定事件是否发生;

(3) 差异仅是概念上调整, 为后续分析做铺垫.

对于第一类差异, Game_i 和 Game_{i+1} 的变化可以归结为分布的不可区分性, 如 $Z_0 \approx Z_1$, 其中 Z_0 和 Z_1 是两个分布. 换言之, 存在归约算法 B, 以 Z_0 为输入时, 可以完美模拟敌手在 Game_i 中的视图; 以 Z_1 为输入时, 可以完美模拟敌手在 Game_{i+1} 中的视图. 令 View_i 表示敌手在 Game_i 中的视图. 在上下文清晰没有歧义时, 也常用 Game_i 直接代指敌手的视图.

- 当 $Z_0 \approx_s Z_1$ 时, 利用复合引理 (composition lemma) 可以立刻得出任意敌手在两个游戏中的输出统计不可区分, 进而得出 $\Pr[S_0] - \Pr[S_1] \leqslant \mathsf{negl}(\kappa)$.

- 当 $Z_0 \approx_c Z_1$ 时, 如果敌手成功这一事件 $\mathcal{R}$ 可准确判定, 则同样可以得出 $\Pr[S_0] - \Pr[S_1] \leqslant \mathsf{negl}(\kappa)$, 论证过程如图 0.4 所示, $\mathcal{R}$ 在事件 S 发生时输出 "1", 否则输出 "0". 根据游戏定义, 有 $\Pr[\mathcal{R}(Z_0)] = \Pr[S_i]$, $\Pr[\mathcal{R}(Z_1)] = \Pr[S_{i+1}]$, 因此有

$$|\Pr[S_i] - \Pr[S_{i+1}]| = |\Pr[\mathcal{R}(Z_0) = 1] - \Pr[\mathcal{R}(Z_1) = 1]| \leqslant \mathsf{negl}(\kappa)$$

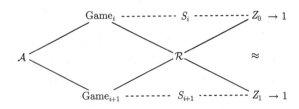

图 0.4 基于分布不可区分的游戏演变

注记 0.3 许多学术论文在证明的过程中为了简便往往先证明敌手在两个相邻游戏中的视图不可区分, 再据此得出敌手优势函数的差是可忽略这一结论. 在多数情形中, 这种论证并无问题, 但需要特别小心的是, 在视图计算不可区分时, 必须同时确保归约算法能够准确判定敌手成功事件才能够确保证明严谨. 在有些特殊情形, 归约算法无法有效判定敌手是否在游戏中成功, 此时归约算法无法利用敌手成功概率差异打破底层区分性假设, 从而导致归约失效. 请读者参考文献 [4] 加深对该证明技术细节的理解和掌握.

第二类差异取决于某个特定事件是否发生, 即定义在同一概率空间的两个相邻游戏 Game_i 和 Game_{i+1} 仅在某特定事件 F 发生时存在差异, 在 F 不发生时完全一致, 概率描述如下:

$$S_i \wedge \neg F = S_{i+1} \wedge \neg F$$

为了分析敌手在相邻游戏 Game_i 和 Game_{i+1} 中的优势函数差, 需要以下的 "差异引理"(difference lemma).

引理 0.1 (差异引理) 令 A, B, F 是定义在同一概率空间中的事件, 如果 $A \wedge \neg F = B \wedge \neg F$, 那么有 $|\Pr[A] - \Pr[B]| \leqslant \Pr[F]$.

证明 差异引理的证明如下, 仅需使用古典概率中简单的缩放技巧:

$$\begin{aligned}
&|\Pr[A] - \Pr[B]| \\
={}& |\Pr[A \wedge F] + \Pr[A \wedge \neg F] - \Pr[B \wedge F] - \Pr[B \wedge \neg F]| //\text{全概率展开} \\
={}& |\Pr[A \wedge F] - \Pr[B \wedge F]| //\text{化简} \\
\leqslant{}& \max\{\Pr[A \wedge F], \Pr[B \wedge F]\} \leqslant \Pr[F] //\text{缩放} \qquad \square
\end{aligned}$$

根据差异引理, 若需证明 $|\Pr[S_i] - \Pr[S_{i+1}]| \leqslant \mathrm{negl}(\kappa)$, 仅需证明 $\Pr[F] \leqslant \mathrm{negl}(\kappa)$, 证明细分为以下两种情形:

● F 发生的概率取决于敌手的计算能力, 如敌手找到哈希函数的碰撞或者成功伪造消息认证码. 该情形需要建立安全归约, 即若 F 发生, 则存在敌手打破困难问题 X_i.

● F 发生的概率与敌手的计算能力无关. 该情形仅需纯粹的信息论论证 (information-theoretic argument).

第三类差异称为桥接差异. 在分析游戏序列之间的差异时, 有时需要引入桥接步骤对某个变量的生成方式以等价的方式重新定义, 以确保差异分析的良定义. 桥接步骤引入的差异仅是挑战者侧的概念性变化, 敌手侧的视图完全相同, 因此 $\Pr[S_i] = \Pr[S_{i+1}]$. 桥接步骤看似可有可无, 实则必要, 若不引入必要的桥接步骤, 则会使得证明跳跃难以理解、游戏序列间的差异无法精确分析.

0.3 困难问题

密码学中常见的困难问题可大致分为数论类和格类, 其中前者是代数问题, 后者是数的几何问题, 这也正是格类困难问题具备抗量子攻击的原因之一.

数论类的假设又可进一步分为整数分解类和离散对数类两个分支. 本章首先介绍常见的数论类假设, 再介绍常见的格类困难问题.

0.3.1 整数分解类假设

整数分解类假设定义在群 $\mathbb{Z}_N^*$ 上. 其中

$$\mathbb{Z}_N^* \overset{\text{def}}{=} \{b \in \{1, \cdots, N_1\} \mid \gcd(b, N) = 1\}$$

也即 $\mathbb{Z}_N^*$ 是整数集合 $\{1, \cdots, N-1\}$ 中所有与 N 互质元素构成的子集, 在模乘运算 $ab \overset{\text{def}}{=} [ab \bmod N]$ 下构成交换群.

以下令 GenModulus 是 PPT 算法, 其以安全参数 1^κ 为输入, 输出 $(N = pq, p, q)$, 其中 p 和 q (以压倒性概率) 是两个 κ 比特的素数.

定义 0.1 (整数分解假设) 整数分解问题指分解大整数在平均意义下是困难的. 我们称整数分解假设相对于 GenModulus 成立当且仅当对于任意 PPT 敌手:

$$\Pr[\mathcal{A}(N) = (p', q') \text{ s.t. } p'q' = N] \leqslant \mathsf{negl}(\kappa)$$

上述概率建立在敌手 $\mathcal{A}$ 和 GenModulus$(1^\kappa) \to (N, p, q)$ 的随机带上.

在公钥密码学诞生初期, 如何基于整数分解假设构造公钥密码系统并不显然. 这就促使密码学家研究与整数分解相关的困难问题. 1978 年, Rivest, Shamir 和 Adleman 提出了 RSA 问题.

令 GenRSA 是 PPT 算法, 其以安全参数 1^κ 为输入, 输出两个 κ 比特素数的乘积 N 作为模数, 同时输出正整数 (e, d) 满足 $ed = 1 \bmod \phi(N)$.

定义 0.2 (RSA 假设) RSA 问题指在平均意义下求解 $\mathbb{Z}_N^*$ 的 e 次方根是困难的. 我们称 RSA 假设相对于 GenModulus 成立当且仅当对于任意 PPT 敌手:

$$\Pr[\mathcal{A}(N, e, y) = x \text{ s.t. } x^e = y \bmod N] \leqslant \mathsf{negl}(\kappa)$$

上述概率建立在敌手 $\mathcal{A}$、GenRSA$(1^\kappa) \to (N, e, d)$ 和随机选取 $x \in \mathbb{Z}_N^*$ 的随机带上.

注记 0.4 RSA 问题刻画的是在不知晓 $\phi(N)$ 的情况下计算 $\mathbb{Z}_N^*$ 中随机元素的 e 次方根是困难的. 容易看出, 如果敌手能够打破整数分解问题, 则可以通过分解 N 求出 $\phi(N)$, 进而通过 Fermat 小定理计算 e 次方根. 因此, 整数分解问题难于 RSA 问题, 整数分解假设弱于 RSA 假设. 两个假设是否等价仍然未知.

给定群 $\mathbb{G}$, 称 $y \in \mathbb{G}$ 是一个二次剩余当且仅当 $\exists x \in \mathbb{G}$ 使得 $x^2 = y$. x 称为 y 的平方根. 如果一个元素不是二次剩余, 则称其为二次非剩余. 在 Abelian 群中, 二次剩余构成子群.

首先考察群 $\mathbb{Z}_p^*$ 中的二次剩余, 其中 p 是素数. 定义函数 $\mathsf{sq}_p : \mathbb{Z}_p^* \to \mathbb{Z}_p^*$ 为 $\mathsf{sq}_p(x) \overset{\text{def}}{=} [x^2 \bmod p]$. 当 p 是大于 2 的素数时, sq_p 是 2-对-1 函数, 因此立刻可知 $\mathbb{Z}_p^*$ 中恰好一半元素是二次剩余. 记模 p 的二次剩余集合为 $\mathcal{QR}_p$, 模 p 的二次非剩余集合为 $\mathcal{QNR}_p$, 我们有

$$|\mathcal{QR}_p| = |\mathcal{QNR}_p| = \frac{|\mathbb{Z}_p^*|}{2} = \frac{p-1}{2}$$

定义元素 $x \in \mathbb{Z}_p^*$ 模 p 的 Jacobi 符号如下:

$$\mathcal{J}_p(x) \overset{\text{def}}{=} \begin{cases} +1, & x \in \mathcal{QR}_p \\ -1, & x \in \mathcal{QNR}_p \end{cases}$$

再考察群 $\mathbb{Z}_N^*$ 中的二次剩余, 其中 N 是两个互异素数 p 和 q 的乘积. 由中国剩余定理可知: $\mathbb{Z}_N^* \simeq \mathbb{Z}_p^* \times \mathbb{Z}_q^*$, 令 $y \leftrightarrow (y_p, y_q)$ 表示上述同构映射给出的分解, 易知 y 是模 N 的二次剩余当且仅当 y_p 和 y_q 分别是模 p 和模 q 的二次剩余. 定义函数 $\mathsf{sq}_N : \mathbb{Z}_N^* \to \mathbb{Z}_N^*$ 为 $\mathsf{sq}_N(x) \overset{\text{def}}{=} [x^2 \bmod N]$, 当 N 为互异素数乘积时, sq_N 是 4-对-1 函数. 记模 N 的二次剩余集合为 $\mathcal{QR}_N$, 由 $\mathcal{QR}_N$ 与 $\mathcal{QR}_p \times \mathcal{QR}_q$ 之间的一一对应关系可知:

$$\frac{|\mathcal{QR}_N|}{|\mathbb{Z}_N^*|} = \frac{|\mathcal{QR}_p| \cdot |\mathcal{QR}_q|}{|\mathbb{Z}_N^*|} = \frac{1}{4}$$

从二次剩余的角度可以对 $\mathbb{Z}_N^*$ 中的元素进行如下的划分: (i) $\mathbb{Z}_N^*$ 可以划分为相同大小的 $\mathcal{J}_N^{+1}$ 和 $\mathcal{J}_N^{-1}$(Jacobi 符号分别为 1 和 -1); (ii) $\mathcal{J}_N^{+1}$ 可以划分为 $\mathcal{QR}_N$ 和 $\mathcal{QNR}_N^{+1}$, 其中 $\mathcal{QNR}_N^{+1} \overset{\text{def}}{=} \{x \in \mathbb{Z}_N^* \mid x \notin \mathcal{QR}_N \wedge \mathcal{J}_N(x) = +1\}$.

定义 0.3 (二次剩余假设) 二次剩余 (quadratic residue, QR) 假设指 $\mathcal{QR}_N$ 上的均匀分布与 $\mathcal{QNR}_N^{+1}$ 上的均匀分布计算不可区分. 我们称二次剩余假设相对于 GenModulus 成立当且仅当对于任意 PPT 敌手:

$$|\Pr[\mathcal{A}(N, y_0) = 1] - \Pr[\mathcal{A}(N, y_1) = 1]| \leqslant \mathsf{negl}(\kappa)$$

上述概率建立在敌手 $\mathcal{A}$、GenModulus$(1^\kappa) \to (N, p, q)$ 和随机选取 $y_0 \in \mathcal{QR}_N, y_1 \in \mathcal{QNR}_N^{+1}$ 的随机带上.

与 QR 假设应用紧密相关的技术细节是如何对 $\mathcal{QR}_N$ 和 $\mathcal{QNR}_N^{+1}$ 进行高效均匀采样.

• 对 $\mathcal{QR}_N$ 进行均匀采样较为简单: 仅需随机选取 $x \in \mathbb{Z}_N^*$, 再令 $y := x^2 \bmod N$ 即可. 注意到 $x^2 \bmod N$ 是一个 4-对-1 的正则函数, 因此当 $x \xleftarrow{\text{R}} \mathbb{Z}_N^*$ 时, 输出 y 服从 $\mathcal{QR}_N$ 上的均匀分布.

• 对 $\mathcal{QNR}_N^{+1}$ 进行均匀采样稍显复杂, 当 N 的分解未知时如何均匀采样未知. 我们可以借助辅助信息 $z \in \mathcal{QNR}_N^{+1}$ 完成采样, 即随机选取 $x \in \mathbb{Z}_N^*$, 输出 $y := z \cdot x^2 \bmod N$. 可以验证, 当 $x \xleftarrow{\text{R}} \mathbb{Z}_N^*$ 时, 输出 y 服从 $\mathcal{QNR}_N^{+1}$ 上的均匀分布.

注记 0.5　显然, 整数分解问题难于二次剩余判定问题, 因此整数分解假设弱于二次剩余判定假设. 两个假设是否等价仍然未知.

定义 0.4 (平方根假设)　平方根 (square root, SQR) 假设指对 $\mathcal{QN}_N$ 中的随机元素求平方根是困难的. 我们称平方根假设相对于 GenModulus 成立当且仅当对于任意 PPT 敌手:

$$\Pr[\mathcal{A}(N, y) = x \text{ s.t. } x^2 = y \bmod N] \leqslant \mathsf{negl}(\kappa)$$

上述概率建立在敌手 $\mathcal{A}$、$\mathsf{GenModulus}(1^\kappa) \to (N, p, q)$ 和随机选取 $y \in \mathcal{QR}_N$ 的随机带上.

令 p 和 q 是两个互异的模 4 余 3 的素数, 则称 $N = pq$ 是 Blum 整数. 我们有以下推论.

命题 0.1　当 N 是 Blum 整数时, 每个模 N 的二次剩余有且仅有一个平方根是二次剩余.

上述推论保证了当 N 是 Blum 整数时, 函数 $f_N \overset{\text{def}}{=} [x^2 \bmod N]$ 构成 $\mathcal{QR}_N$ 上的置换. 这一性质在构造加密方案时至关重要.

注记 0.6　平方根假设等价于整数分解假设, 即在未知 N 分解的情况下求平方根与分解 N 一样困难.

综上, 若 $A \succeq B$ 表示问题 A 难于问题 B, 则整数分解类问题的困难性关系如图 0.5 所示.

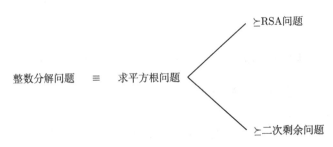

图 0.5　整数分解类问题的困难性关系

0.3.2 离散对数类假设

离散对数类假设定义在循环群 $\mathbb{G}$ 中. 令 GenGroup 是 PPT 算法, 其以安全参数 1^κ 为输入, 输出 q 阶循环群 $\mathbb{G} = \langle g \rangle$ 的描述, 其中, q 是 κ 比特的整数, 简记为 $(\mathbb{G}, q, g) \leftarrow \mathsf{GenGroup}(1^\kappa)$. 为了行文方便, 本书中假设 $\mathbb{G}$ 为加法群, 用 "·" 表示群运算. 由循环群的定义可知, $\mathbb{G}$ 中的元素为 $\{g^0, g^1, \cdots, g^{q-1}\}$. 因此, 对于任意 $h \in \mathbb{G}$, 存在唯一的 $x \in \mathbb{Z}_q$ 使得 $g^x = h$, 我们称 x 是 h 相对于生成元 g 的离散对数并记为 $x = \log_g h$, 这里称其为离散对数, 强调其取值均为非负整数, 有别于标准算术对数的取值为实数.

定义 0.5 (离散对数假设) 离散对数 (DLOG) 问题指在平均意义下求解群元素的离散对数是困难的. 我们称离散对数假设相对于 **GenGroup** 成立当且仅当对于任意 PPT 敌手:

$$\Pr[\mathcal{A}(\mathbb{G}, q, g, h) = \log_g h] \leqslant \mathsf{negl}(\kappa)$$

上述概率建立在敌手 $\mathcal{A}$、$\mathsf{GenGroup}(1^\kappa) \rightarrow (\mathbb{G}, q, g)$ 和随机采样 $h \in \mathbb{G}$ 的随机带上.

显然, 离散对数假设说明了 $x \mapsto g^x$ 是从 $\mathbb{Z}_q$ 到 $\mathbb{G}$ 的单向函数. 单向函数能够蕴含的密码方案有限, 下面介绍与离散对数假设相关的其他假设, 它们能够作为更多密码方案的安全基础. 这类困难假设起源于 Diffie 和 Hellman[5] 在 1976 年的划时代论文, 后来被称为 Diffie-Hellman 假设. 为了叙述方便, 首先定义 DH 函数 $\mathsf{DH}_g : \mathbb{G}^2 \rightarrow \mathbb{G}$,

$$\mathsf{DH}_g(h_1, h_2) \overset{\text{def}}{=} g^{\log_g h_1 \cdot \log_g h_2}$$

Diffie-Hellman 类假设可细分为两类, 一类是计算性 Diffie-Hellman (CDH) 问题, 另一类是判定性 Diffie-Hellman (DDH) 问题. 下面依次介绍.

定义 0.6 (CDH 假设) CDH 问题指在平均意义下计算 DH_g 函数是困难的. 我们称 CDH 假设相对于 **GenGroup** 成立当且仅当对于任意 PPT 敌手:

$$\Pr[\mathcal{A}(\mathbb{G}, q, g, g^a, g^b) = g^c] \leqslant \mathsf{negl}(\kappa)$$

上述概率建立在敌手 $\mathcal{A}$、$\mathsf{GenGroup}(1^\kappa) \rightarrow (\mathbb{G}, q, g)$ 和随机采样 $a, b \in \mathbb{Z}_q$ 的随机带上.

定义 0.7 (DDH 假设) 对于四元组 (g, g^a, g^b, g^c), 如果 $g^c = \mathsf{DH}_g(g^a, g^b)$ 也即 $ab = c \bmod q$, 则称其为 DH 元组. DDH 假设刻画的是随机 DH 元组和随机四元组是计算不可区分的. 我们称 DDH 假设相对于 **GenGroup** 成立当且仅当对于任意 PPT 敌手:

$$|\Pr[\mathcal{A}(\mathbb{G}, q, g, g^a, g^b, g^{ab}) = 1] - \Pr[\mathcal{A}(\mathbb{G}, q, g, g^a, g^b, g^c) = 1]| \leqslant \mathsf{negl}(\kappa)$$

上述概率建立在敌手 $\mathcal{A}$、GenGroup$(1^\kappa) \to (\mathbb{G}, q, g)$ 和随机采样 $a, b, c \in \mathbb{Z}_q$ 的随机带上.

离散对数类问题的困难性关系如图 0.6 所示.

离散对数问题　　　$\succeq$　　　CDH问题　　　$\succeq$　　　DDH问题

图 0.6　离散对数类问题的困难性关系

注记 0.7　注意到任何 q 阶循环群 $\mathbb{G}$ 均与 $\mathbb{Z}_q$ 是同构的, 而 $\mathbb{Z}_q$ 上的离散对数问题是容易的. 因此在实例化循环群 $\mathbb{G}$ 时必须小心审慎, 这也从一个方面说明离散对数类问题的困难性与底层代数结构的具体特性 (如群的表示) 紧密相关. 对于 $\mathbb{G}$ 的实例化, 通常既可以选择 $\mathbb{F}_{p^k}^*$ 的素数阶乘法子群, 也可以选择椭圆曲线上的素数阶乘法群. 另外强调一点, 存在这样的循环群 $\mathbb{G}$ (如双线性映射群) 使得离散对数、CDH 假设成立, 而 DDH 假设不成立.

离散对数类假设还可延伸至具备双线性映射 (bilinear map) 的代数结构上.

定义 0.8 (双线性映射)　令 GenBLGroup 是 PPT 算法, 其以安全参数 1^κ 为输入, 输出 $(\mathbb{G}_1, \mathbb{G}_2, \mathbb{G}_T, q, g_1, g_2, e)$, 其中 $\mathbb{G}_1$、$\mathbb{G}_2$ 和 $\mathbb{G}_T$ 是三个循环群, 群阶均为素数 $p = \Theta(2^\kappa)$, g_1 和 g_2 分别是 $\mathbb{G}_1$ 和 $\mathbb{G}_2$ 的生成元, $e: \mathbb{G}_1 \times \mathbb{G}_2 \to \mathbb{G}_T$ 是可高效计算 (非退化) 的双线性映射. 令 $g_T = e(g_1, g_2)$, 则 g_T 是 $\mathbb{G}_T$ 的生成元. e 也常被称为配对 (pairing), 通常有以下三种类型.

- 类型 1: $\mathbb{G}_1 = \mathbb{G}_2$.
- 类型 2: $\mathbb{G}_1 \neq \mathbb{G}_2$ 且存在可高效计算的同构映射 $\psi: \mathbb{G}_2 \to \mathbb{G}_1$.
- 类型 3: $\mathbb{G}_1 \neq \mathbb{G}_2$ 且 $\mathbb{G}_1$ 和 $\mathbb{G}_2$ 之间不存在可高效计算的同构映射.

根据文献 [6] 的总结, 类型 1 是 "对称双线性映射", 因其结构精简、假设较弱, 学术论文中偏好使用这种类型的配对描述和证明方案; 类型 2 和类型 3 是 "非对称双线性映射", 其中类型 3 因其效率优势明显, 是工程实现中的首选.

下面介绍判定性双线性 Diffie-Hellman (DBDH) 问题在非对称双线性映射群上的定义.

定义 0.9 (DBDH 假设)　我们称 DBDH 假设相对于 GenBLGroup 成立当且仅当对于任意 PPT 敌手:

$$|\Pr[\mathcal{A}(g_1^a, g_1^b, g_2^c, e(g_1, g_2)^{abc}) = 1] - \Pr[\mathcal{A}(g_1^a, g_1^b, g_2^c, e(g_1, g_2)^z) = 1]| \leqslant \mathsf{negl}(\kappa)$$

上述概率建立在敌手 $\mathcal{A}$、GenBLGroup$(1^\kappa) \to (\mathbb{G}_1, \mathbb{G}_2, \mathbb{G}_T, p, g_1, g_2, e)$ 和随机采样 $a, b, c, z \xleftarrow{\text{R}} \mathbb{Z}_q$ 的随机带上.

如果在上面公式的挑战实例中同时增加项 g_2^a, 则可得到更强的 co-DBDH 假设, 即要求分布 $(g_1^a, g_1^b, g_2^a, g_2^c, e(g_1, g_2)^{abc})$ 与分布 $(g_1^a, g_1^b, g_2^a, g_2^c, e(g_1, g_2)^z)$ 在计算意义上不可区分.

0.3.3 格类假设

1994 年, Shor[7] 给出了数论类问题 (包括整数分解类和离散对数类) 的有效量子算法. 在未来, 如果大规模量子计算机研制成功, 那么数论类假设将不再成立. 迄今为止, 尚未有针对格基困难问题的有效量子算法, 通用的量子算法仅相对非量子算法有些许优势. 目前普遍的共识是格基困难问题具备抗量子安全能力, 这正是该类问题备受关注的主要原因.

本小节中将介绍两个主要的平均意义下的格基困难问题, 短整数解问题和带误差学习问题. 需要提前说明的是, 格基困难问题的困难性与参数的选取密切相关, 因此格基问题的描述相比数论类问题要复杂得多.

Ajtai[8] 在 1996 年的开创性论文中正式提出了短整数解 (short integer solution, SIS) 问题. SIS 问题不仅可以作为所有 Minicrypt 世界中密码组件的安全基础, 包括单向函数、身份鉴别协议、数字签名, 还可以用来构造抗碰撞哈希函数. 非正式地, SIS 问题指在给定许多较大的有限加法群中随机选取的元素, 找到足够 "短" 的整系数组合使得其和为 0 是困难的. SIS 问题由以下参数刻画:

- 正整数 n 和 q, 用于刻画加法群 $\mathbb{Z}_q^n$;
- 正实数 β, 用于刻画解向量的长度;
- 正整数 m, 用于表征群元素的个数,

其中 n 是主要的参数 (如 $n \geqslant 100$), $q > \beta$ 通常设定为关于 n 的小多项式.

定义 0.10 (短整数解假设 ($\mathrm{SIS}_{n,q,\beta,m}$)) 我们称 SIS 假设成立当且仅当对于任意 PPT 敌手:

$$\Pr\left[\mathcal{A}(\mathbf{a}_1,\cdots,\mathbf{a}_m) = \mathbf{z} \neq \mathbf{0} \in \mathbb{Z}^m \text{ s.t. } \sum_i^m \mathbf{a}_i z_i = \mathbf{0} \in \mathbb{Z}_q^n \land \|z\| \leqslant \beta\right] \leqslant \mathsf{negl}(\kappa)$$

上述概率建立在敌手 $\mathcal{A}$ 和随机选取 $\mathbf{a}_i \in \mathbb{Z}_q^n$ 的随机带上.

以上定义中 m 个 $\mathbb{Z}_q^n$ 上的随机向量可以按列向量的方式组成矩阵 $\mathbf{A} \in \mathbb{Z}_q^{n \times m}$. 因此, SIS 假设实质上是要求找到函数 $f_{\mathbf{A}}(\mathbf{z}) := \mathbf{A}\mathbf{z}$ 的短整数非零向量原像, 这是困难的.

下面简单讨论参数选取与问题困难性之间的关联.

- 如果不对 $\|\mathbf{z}\|$ 进行限制, 那么可以轻易利用 Gaussian 消元法找到一个整数解. 同时, 我们必须要求 $\beta < q$, 否则 $\mathbf{z} = (q, 0, \cdots, 0) \in \mathbb{Z}^m$ 即构成一个合法的非平凡解.

- 注意到任何关于矩阵 $\mathbf{A}$ 的短整数解可通过补 0 平凡地延展为关于矩阵 $[\mathbf{A} \mid \mathbf{A}']$ 的解. 换言之, SIS 问题的困难性随着 m 的增大变得容易. 对应地, SIS 问题的困难性随着 n 增加变得困难.

- 向量范数界 β 和向量 $\mathbf{a}_i$ 的个数 m 必须足够大以保证解的存在性. 令 $\bar{m}$ 是大于 $n \log q$ 的最小正整数, 则我们必须有 $\beta > \sqrt{\bar{m}}$ 和 $m \geqslant \bar{m}$. 不失一般性, 不妨假设 $m = \bar{m}$, 那么存在超过 q^n 个向量 $\mathbf{x} \in \{0, 1\}^m$, 根据鸽巢原理, 则必有 $\mathbf{x} \neq \mathbf{x}'$ 使得 $\mathbf{Ax} = \mathbf{Ax}' \in \mathbb{Z}_q^n$, 从而它们的差值 $\mathbf{z} = \mathbf{x} - \mathbf{x}' \in \{0, \pm 1\}^m$ 是范数小于 β 的短整数解.

- 上述的鸽巢原理论证事实上蕴含更多深意: 函数族 $\{f_{\mathbf{A}} : \{0, 1\}^m \to \mathbb{Z}_q^n\}$ 基于 SIS 假设是抗碰撞的. 若不然, 给定关于 $f_{\mathbf{A}}$ 的一对碰撞 $\mathbf{x}, \mathbf{x}' \in \{0, 1\}^m$, 则立刻诱导出关于 $\mathbf{A}$ 的一个短整数解.

SIS 问题可以被理解为在以下特定 q 元 m 维整数格中的平均意义短向量问题 (short-vector problem, SVP), 该整数格的定义为

$$\mathcal{L}^{\perp}(\mathbf{A}) \stackrel{\text{def}}{=} \{\mathbf{z} \in \mathbb{Z}^m : \mathbf{Az} = 0 \in \mathbb{Z}_q^n\} \supseteq q\mathbb{Z}^m$$

从编码的角度理解, $\mathbf{A}$ 扮演着格/码字 $\mathcal{L}^{\perp}(\mathbf{A})$ 校验矩阵的角色. SIS 问题的困难性指对于随机选取的 $\mathbf{A}$, 找到一个短的码字是困难的.

Regev[9] 在 2005 年的开创性论文中提出了另一个平均意义下的重要格基困难问题——带误差学习问题 (learning with errors, LWE). LWE 问题与 SIS 问题互相对偶, 能够蕴含 Minicrypt 之外的密码体制.

在正式定义 LWE 问题之前, 首先引入 LWE 分布的概念. 称向量 $\mathbf{s} \in \mathbb{Z}_q^n$ 为秘密, LWE 分布 $A_{\mathbf{s}, \chi}$ 定义在 $\mathbb{Z}_q^n \times \mathbb{Z}_q$ 上, 采样算法为随机选取 $\mathbf{a} \in \mathbb{Z}_q^n$, 选取 $e \leftarrow \chi$, 输出 $(\mathbf{a}, b = \langle \mathbf{s}, \mathbf{a} \rangle + e \bmod q)$.

LWE 问题有两个版本, 其中搜索版本要求给定 LWE 采样求解秘密, 判定版本要求区分 LWE 采样和随机采样. LWE 问题由以下参数刻画:

- 正整数 n 和 q, 和 SIS 问题一样, 用于刻画加法群 $\mathbb{Z}_q^n$;
- 正整数 m 表征采样的个数, 通常选取得足够大以保证秘密的唯一性;
- $\mathbb{Z}$ 上的误差分布 χ, 通常选取的是宽度为 αq 的离散 Gaussian 分布, 其中 $\alpha < 1$ 称为相对错误率.

定义 0.11 (搜索 LWE 假设)　搜索 LWE 问题指给定 m 个 $A_{\mathbf{s}, \chi}$ 的独立随机采样, 求解秘密向量 $\mathbf{s}$ 是困难的. 我们称搜索 LWE 假设成立当且仅当对于任意 PPT 敌手:

$$\Pr[\mathcal{A}(\{\mathbf{a}_i, b\}_{i=1}^m \leftarrow A_{\mathbf{s}, \chi}) = \mathbf{s}] \leqslant \mathrm{negl}(\kappa)$$

上述概率建立在敌手 $\mathcal{A}$、随机选取 $\mathbf{s} \in \mathbb{Z}_q^n$ 和采样 $A_{\mathbf{s}, \chi}$ 的随机带上.

定义 0.12 (判定 LWE 假设)　判定 LWE 问题指区分 m 个独立采样是来自 $A_{\mathbf{s}, \chi}$ 分布还是随机分布是困难的. 我们称判定 LWE 假设成立当且仅当对于任意

PPT 敌手:

$$|\Pr[\mathcal{A}(\{\mathbf{a}_i, b\}_{i=1}^m \leftarrow A_{\mathbf{s},\chi}) = 1] - \Pr[\mathcal{A}(\{\mathbf{a}_i, b\}_{i=1}^m \leftarrow U_{\mathbb{Z}_q^n \times \mathbb{Z}_q}) = 1]| \leqslant \mathsf{negl}(\kappa)$$

上述概率建立在敌手 $\mathcal{A}$、随机选取 $\mathbf{s} \in \mathbb{Z}_q^n$ 和采样 $A_{\mathbf{s},\chi}$ 以及 $U_{\mathbb{Z}_q^n \times \mathbb{Z}_q}$ 的随机带上.

注记 0.8 LWE 问题是 LPN(learning parities with noise) 问题的一般化. 在 LPN 问题中, $q = 2$, χ 为 $\{0, 1\}$ 上的 Bernoulli 分布.

下面简单讨论参数选取与问题困难性之间的关联.

• 如果没有误差分布 χ, 则 LWE 问题的搜索版本和判定版本均可利用 Gaussian 消元法快速求解.

• 和 SIS 问题类似, 可以用矩阵的语言更简洁地描述 LWE 问题: (i) 将 m 个向量 $\mathbf{a}_i \in \mathbb{Z}_q^n$ 汇聚为矩阵 $\mathbf{A} \in \mathbb{Z}_q^{n \times m}$; (ii) 将 m 个 $b_i \in \mathbb{Z}_q$ 汇聚为向量 $\mathbf{b} \in \mathbb{Z}_q^n$, 因此对于 LWE 采样, 我们有

$$\mathbf{b}^t = \mathbf{s}^t \mathbf{A} + \mathbf{e}^t (\mathrm{mod}\ q)$$

其中 $\mathbf{e} \leftarrow \chi^m$.

LWE 问题可以被理解为在以下特定 q 元 m 维整数格中的平均意义有界距离解码问题 (bounded-distance decoding problem, BDD), 该整数格的定义为

$$\mathcal{L}(\mathbf{A}) \overset{\text{def}}{=} \{\mathbf{A}^t \mathbf{s} : \mathbf{s} \in \mathbb{Z}_q^n\} + q\mathbb{Z}^m$$

从编码的角度理解, $\mathbf{A}$ 扮演着格/码字 $\mathcal{L}(\mathbf{A})$ 生成矩阵的角色. 对于 LWE 采样, $\mathbf{b}$ 与格中的唯一向量/码字相近, 搜索版本要求计算秘密向量 $\mathbf{s}$, 即根据带误差的码字进行解码. 对于随机采样, $\mathbf{b}$ 以大概率远离格 $\mathcal{L}(\mathbf{A})$ 中所有向量. SIS 问题的困难性指对于随机选取的 $\mathbf{A}$, 找到一个短的码字是困难的.

0.4 复杂性理论初步

在复杂性理论中, 困难问题 P 通常定义在 $L \subseteq X$ 上, X 是所有实例的集合, L 是 X 中满足特定性质的一个子集. 我们称 P 是可高效判定的, 如果存在确定性多项式时间的图灵机 M 满足

$$x \in L \iff M(x) = 1$$

所有可高效判定问题的合集组成 $\mathcal{P}$ 复杂性类.

笔记 实例集合 X 的学术术语是词 (words), 子集 L 对应的学术术语是语言 (language). 术语源自以下的类比: 不妨设世界上所有的词汇构成一个集合, 那么

汉语、英语、法语、德语、C++语言、Rust 语言等多种多样的语言自然构成了这个集合的各个子集. 通常, 称语言内的元素为 Yes 实例, 语言外的元素为 No 实例.

如图 0.7、图 0.8 所示, 密码学中的困难问题可以分为计算和判定两类.

• 计算类 (也称搜索类) 问题要求计算出问题的解, 如 RSA 问题、离散对数问题、计算 Diffie-Hellman 问题、短整数解问题等.

• 判定类问题要求判定是或否, 如二次剩余问题、判定 Diffie-Hellman 问题、判定 LWE 问题等.

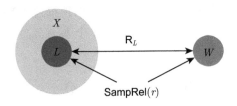

图 0.7   计算类困难问题图示

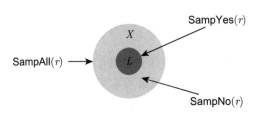

图 0.8   判定类困难问题图示

从解空间的角度理解, 判定问题可以看作计算问题的特例, 即输出解为 1 比特. 通常, 同一个问题的计算版本难于判定版本, 对应的计算假设弱于判定假设.

困难的二元关系是对密码学中各种计算类困难问题的抽象.

定义 0.13 (二元关系 (binary relation))   令 $L \subseteq X$ 是一个 $\mathcal{NP}$ 语言. L 由二元关系 $R_L : X \times W$ 定义, 其中 W 之证据集合:

$$x \in L \Leftrightarrow \exists w \in W \text{ 使得 } (x, w) \in R_L$$

如果 R_L 满足如下两个性质, 则称其是困难的 (hard).

• 易采样 (easy to sample): $\exists$ PPT 算法 SampRel 对关系 R_L 进行随机采样, 其以公开参数 pp 为输入, 输出 "实例-证据" 元组 $(x, w) \in R_L$.

- 难抽取 (hard to extract): $\forall$ PPT 敌手 $\mathcal{A}$,

$$\Pr[(x, \mathcal{A}(x) = w') \in \mathsf{R}_L : (x, w) \leftarrow \mathsf{SampRel}(r)] \leqslant \mathsf{negl}(\kappa)$$

☞ **笔记** 单向函数自然诱导了一个困难的二元关系. 易采样的性质由单向函数的定义域可高效采样和单向函数可高效求值两点保证, 难抽取的性质由单向函数的单向性保证.

子集成员问题 (subset membership problem, SMP) 则是密码学中各种判定类问题的抽象.

定义 0.14 (子集成员判定问题) 令 $L \subset X$ 是一个语言, 定义以下 3 个 PPT 采样算法.

- $\mathsf{SampAll}(r)$: 输出 X 中的随机元素.
- $\mathsf{SampYes}(r)$: 输出 L 中的随机元素, 即随机 Yes 实例.
- $\mathsf{SampNo}(r)$: 输出 $X \backslash L$ 中的随机元素, 即随机 No 实例.

SMP 问题有两种类型.

- 类型 1: $U_X \approx_c U_L$.
- 类型 2: $U_{X \backslash L} \approx_c U_L$.

注记 0.9 定义 $\rho = |L|/|X|$ 为语言 L 相对于 X 的密度. 容易证明:

- 当 $\rho = \mathsf{negl}(\kappa)$ 时, 类型 1 $\iff$ 类型 2.
- 当 ρ 已知时, 类型 2 $\Rightarrow$ 类型 1.

● 归约的方法是对给定分布和 U_L 分布, 根据 ρ 进行加权重构. 如果给定分布是 $U_{X \backslash L}$, 则重构结果为 U_X; 如果给定分布是 U_L, 则重构结果仍为 U_L. 因此, 类型 2 的实例可以归约到类型 1 的实例.

0.5 信息论工具

0.5.1 熵的概念

香农在 1948 年开创了信息论这一全新领域, 为编码与密码奠定了理论基础. 信息论关注 "消息" 和它们在 (有噪) 信道中的传播. 易于直观理解的是, 消息所包含的信息量取决于其令人感到意外的程度. 信息论引入了熵 (entropy) 这一概念, 精准量化了期望消息的信息量, 单位是比特. 从概率论的角度看, 熵是对随机变量不确定性的测度. 以下令 X 是定义在 Ω 上的随机变量.

定义 0.15 (熵) X 的熵刻画了平均意义下 X 取值的 (不) 可预测性:

$$\mathsf{H}(X) = -\sum_{\omega \in \Omega} \Pr[X = \omega] \log \Pr[X = \omega]$$

注记 0.10   一个消息的熵就是消息所包含信息的比特数, 用编码的语言刻画, 就是编码该消息所需的最短比特数.

密码方案/协议的安全性分析均是针对恶意敌手展开的. 敌手单次正确预测某随机变量 (如私钥) 值的概率与密码方案/协议的安全性紧密相关. 显然, 敌手的最佳策略是猜测最大似然值. 在本章中, 我们用大写字母 X 表示随机变量, 用小写字母 x 表示 X 的取值, 用花体字母 $\mathcal{X}$ 表示 X 的支撑集.

一个随机变量 X 的最大可预测性是 $\max_{\omega \in \Omega} \Pr[X = \omega]$. 最大可预测性对应最小熵 (min-entropy), 严格定义如下.

定义 0.16 (最小熵) X 的最小熵刻画了 X 的最大可预测性:

$$\mathrm{H}_\infty(X) = -\log\left(\max_{\omega \in \Omega} \Pr[X = \omega]\right)$$

注记 0.11   最小熵可以看作 "最坏情形"(worst-case) 的熵.

在很多场景中, 随机变量 X 与另一随机变量 Y 相关, 并且敌手知晓 Y 的取值. 因此, Dodis 等 [10] 引入了平均最小熵 (average min-entropy) 来刻画 $X|Y$ 的 (不) 可预测性:

$$\tilde{\mathrm{H}}_\infty(X|Y) = -\log\left(\mathbb{E}_{y \leftarrow Y}[2^{-\mathrm{H}_\infty(X|Y=y)}]\right) = -\log\left(\mathbb{E}_{y \leftarrow Y}\left[\max_{\omega \in \Omega} \Pr[X = \omega|Y = y]\right]\right) \tag{0.1}$$

以下浅释平均最小熵的定义直觉. 考虑一对变量 X 和 Y (两者可能相关). 如果敌手知晓 Y 的取值 y, 则 X 在敌手视角中的可预测性是 $\max_x \Pr[X = x|Y = y]$. 在平均的意义下 (对 Y 做期望), 敌手成功预测 X 的概率为 $\mathbb{E}_{y \leftarrow Y}[\max_x \Pr[X = x|Y = y]]$.

平均最小熵的定义在对 Y 做加权平均的前提下 (Y 的取值不受敌手控制) 测度 X 最坏情形下的可预测性 (敌手知晓 y 后对 X 的预测是恶意行为). 一个微妙的细节是平均最小熵的定义 (0.1) 先对预测成功的概率做期望后再取对数, 那能否交换 $\log$ 和 $\mathbb{E}$ 的次序呢? 定义平均最小熵 $\mathbb{E}_{y \leftarrow Y}[\mathrm{H}_\infty(X|Y = y)]$ 是否合理呢? 交换次序后的定义失去了原本的意义. 考虑以下的例子, 令 X 和 Y 都是定义在 $\Omega = \{0,1\}^{1000}$ 上的随机变量, Y 是 Ω 上的随机分布, 当 Y 的取值 y 的首比特为 0 时, X 的取值与 y 相同, 否则随机分布. 因此对于 Y 的半数取值 y, $\mathrm{H}_\infty(X|Y = y) = 0$, 对另外半数取值, $\mathrm{H}_\infty(X|Y = y) = 1000$, 所以 $\mathbb{E}_{y \leftarrow Y}[\mathrm{H}_\infty(X|Y = y)] = 500$. 然而, 声称 X 具有 500 比特的安全性显然不符合逻辑. 事实上, 知晓 Y 取值 y 的敌手直接输出 y, 即能够以大于 1/2 的概率猜对 X 的取值. 平均最小熵标准的定义准确刻画了至少 1/2 的可预测性, 因为 $\tilde{\mathrm{H}}_\infty(X|Y)$ 略小于 1. 我们也可以从数学的角度解释如下, $\mathbb{E}$ 是线性算子, 而 $\log$ 是非线性算子, 因此次序交换后意义不同.

平均最小熵和最小熵之间存在何种关系呢? Dodis 等 [10] 证明了如下的链式引理 (chaining lemma), 建立了两者之间的关系, 给出了平均最小熵的一个下界.

引理 0.2 (链式引理) 令 X, Y 和 Z 是三个随机变量 (可任意相关), 其中 Y 的支撑集包含至多 2^r 个元素. 我们有 $\tilde{H}_\infty(X|(Y,Z)) \geqslant H_\infty(X|Z) - r$. 特别地, 当 Z 为空时, 上述不等式简化为 $\tilde{H}_\infty(X|Y) \geqslant H_\infty(X) - r$.

0.5.2 随机性提取

随机性是密码学的主旋律, 几乎所有已知密码方案/协议都离不开均匀随机采样. 然而, 均匀无偏的完美信源并不易得, 很多场景下存在的是有偏的弱信源. 如何在信源有偏的情况下进行均匀随机采样呢? 这就是随机性提取器所要完成的工作.

定义 0.17 (强随机性提取器) 令 X 是最小熵 $H_\infty(X) \geqslant n$ 的随机变量, $\text{ext}: \mathcal{X} \times \mathcal{S} \to \mathcal{Y}$ 是一个可高效计算的函数. 我们称 ext 是对信源 X 的 (n, ϵ)-强随机性提取器当且仅当以下成立:

$$\Delta((\text{ext}(X,S), S), (Y, S)) \leqslant \epsilon$$

其中 S 是定义在 $\mathcal{S}$ 上的均匀随机变量, Y 是定义在 $\mathcal{Y}$ 上的均匀随机变量.

类比于平均最小熵和最小熵之间的关系, 当信源 X 与另一变量 Z 相关时, 我们需要引入平均强随机性提取器来对信源 X 进行萃取.

定义 0.18 (平均强随机性提取器) 令 (X, Z) 是满足约束 $\tilde{H}_\infty(X|Z) \geqslant n$ 的任意变量对, $\text{ext}: \mathcal{X} \times \mathcal{S} \to \mathcal{Y}$ 是一个可高效计算的函数. 我们称 ext 是对信源 X 的平均意义 (n, ϵ)-强随机性提取器当且仅当以下成立:

$$\Delta((\text{ext}(X,S), S, Z), (Y, S, Z)) \leqslant \epsilon$$

其中 S 是定义在 $\mathcal{S}$ 上的均匀随机变量, Y 是定义在 $\mathcal{Y}$ 上的均匀随机变量.

Dodis 等 [10] 的条件剩余哈希引理 (conditional leftover hash lemma) 证明了任何强随机性提取性在适当的参数设定下都是平均强随机性提取器. 作为一个特例, Dodis 等证明了任何一族一致哈希函数 (universal hash function, UHF) 都是平均强随机性提取器.

引理 0.3 (条件剩余哈希引理) 令 X 和 Z 是满足约束 $\tilde{H}_\infty(X|Z) \geqslant n$ 的任意变量对, $\mathcal{H} = \{h_s : \mathcal{X} \to \mathcal{Y}\}_{s \leftarrow S}$ 是一族一致哈希函数. 那么当 $n \geqslant \log|\mathcal{Y}| + 2\log(1/\epsilon)$ 时, $\text{ext}(x, s) := h_s(x)$ 是 (n, ϵ)-平均强随机性提取器.

0.6 密码组件

本章将简要介绍后续章节内容中所涉及的基本密码组件.

0.6.1 身份加密方案

身份加密方案[11] 是一种能够以用户任意身份 (如 Email 地址、姓名、身份证号等) 作为加密公钥的新型公钥加密技术, 能够简化传统公钥加密技术中的密钥管理复杂性. 下面给出 IBE 方案的定义及安全模型.

定义 0.19 (身份加密方案)   身份加密方案 IBE 包含以下 5 个 PPT 算法:

- Setup(1^κ): 以安全参数 1^κ 为输入, 输出公开参数 pp. 其中 pp 定义了系统的主公钥空间 MPK、主私钥空间 MSK、用户身份空间 I、私钥空间 SK、明文空间 M 和密文空间 C.

- KeyGen(pp): 以公开参数 pp 为输入, 输出主公私钥对 (mpk, msk), 其中主公钥 mpk 公开, 主私钥 msk 由密钥生成中心秘密保存.

- Extract(msk, id): 以主私钥 msk 和用户身份 $id \in ID$ 为输入, 输出用户私钥 sk_{id}.

- Encrypt(mpk, id, m): 以主公钥 mpk、用户身份 id 和消息 $m \in M$ 为输入, 输出消息 m 在身份 id 下加密的一个密文 $c \in C$.

- Decrypt(sk_{id}, c): 以用户私钥 sk_{id} 和密文 c 为输入, 输出消息 m' 或 $\perp$ 表示解密失败.

笔记   安全参数 1^κ 为安全参数 κ 的一进制表示形式, 即 κ 个连续的 1. 传统上在复杂度理论研究中, 算法复杂度表示为算法输入长度的函数. 而在密码学中, 安全性通常表示为关于安全参数的函数. 因此, 习惯上将 Setup($\cdot$) 的输入表示为安全参数 κ 的一进制表示形式 1^κ, 使算法输入长度等于 $\kappa = |1^\kappa|$ 以统一两种表述形式.

正确性   对于任意 $pp \leftarrow$ Setup(1^κ), $(mpk, msk) \leftarrow$ KeyGen(pp), 任意身份 $id \in I$ 和私钥 $sk_{id} \leftarrow$ Extract(msk, id), 任意明文 $m \in M$, 则有 $m =$ Decrypt(sk_{id}, Encrypt(mpk, id, m)).

安全性   令 $\mathcal{A} = (\mathcal{A}_1, \mathcal{A}_2)$ 是攻击身份加密方案安全性的敌手, 定义其优势函数如下:

$$\text{Adv}_{\mathcal{A}} = \left| \Pr \left[\beta = \beta' : \begin{array}{l} pp \leftarrow \text{Setup}(1^\kappa); \\ (mpk, msk) \leftarrow \text{KeyGen}(pp); \\ (id^*, m_0, m_1, state) \leftarrow \mathcal{A}^{\mathcal{O}_{\text{ext}}}(pp, mpk); \\ \beta \xleftarrow{\text{R}} \{0, 1\}, c^* \leftarrow \text{Enc}(mpk, id^*, m_\beta); \\ \beta' \leftarrow \mathcal{A}^{\mathcal{O}_{\text{ext}}}(state, c^*) \end{array} \right] - \frac{1}{2} \right|$$

$\mathcal{O}_{\text{ext}}$ 是私钥询问谕言机, 其在接收到身份 id 的询问后输出 $sk_{id} \leftarrow$ Extract(msk, id). 为了避免定义无意义, $\mathcal{A}_1$ 在挑战阶段不可选取询问过私钥的身份作为挑战身份 id^*, $\mathcal{A}_2$ 不得向 $\mathcal{O}_{\text{ext}}$ 询问挑战身份 id^*. 如果任意 PPT 敌手 $\mathcal{A}$ 在上述安全试验中的优势函数均为可忽略的, 则称 IBE 方案是选择明文攻击下不可区分 (IND-

CPA) 安全的. 此外, 还可以类似地定义两种弱化的安全性, 包括选择明文攻击下单向 (OW-CPA) 安全性和选择身份选择明文攻击下不可区分 (sIND-CPA) 安全性. 其中, OW-CPA 的敌手目标是从一个随机密文中恢复出原始消息, 而 sIND-CPA 安全性要求敌手在看到 mpk 前要承诺攻击的身份 id^*.

0.6.2 承诺方案

承诺方案 (commitment scheme)[12,13] 在诸多密码方案和协议的构造中都起着重要作用, 以下介绍承诺方案的定义和安全性.

定义 0.20 (承诺方案)　承诺方案 COM 包含以下 3 个 PPT 算法.

- Setup(1^κ): 输入安全参数 κ, 输出公共参数 pp, 其中 pp 定义了消息空间 M、随机数空间 R 和承诺空间 C.
- Commit($m; r$): 输入消息 $m \in M$ 和随机数 $r \in R$, 输出承诺 $c \in C$.
- Open(c, m, r): 输入承诺 $c \in C$, 消息 $m \in M$ 和随机数 $r \in R$, 若 Commit($m; r) = c$, 则输出 "1", 否则输出 "0".

正确性　对于任意 $pp \leftarrow$ Setup(1^κ), 任意消息 $m \in M$ 和随机数 $r \in R$, 则有 Open(Commit($m; r), m, r) = 1$.

隐藏性　令 $\mathcal{A}$ 是攻击承诺方案隐藏性的敌手, 定义其优势函数如下:

$$\text{Adv}_{\mathcal{A}} = \left| \Pr \left[\beta' = \beta : \begin{array}{l} pp \leftarrow \text{Setup}(1^\kappa); \\ (m_0, m_1) \leftarrow \mathcal{A}(pp); \\ \beta \xleftarrow{\text{R}} \{0,1\}, r \xleftarrow{\text{R}} R, c \leftarrow \text{Commit}(m_\beta; r); \\ \beta' \leftarrow \mathcal{A}(c) \end{array} \right] - \frac{1}{2} \right|$$

如果任意 PPT 敌手 $\mathcal{A}$ 在上述安全游戏中的优势函数均为可忽略的, 则称承诺方案 COM 满足隐藏性. 类似地, 可以将标准隐藏性弱化为单向隐藏性 (one-way hiding). 若任意 PPT 敌手 $\mathcal{A}$ 打开一个随机承诺的概率是可忽略的, 则称该承诺方案满足单向隐藏性.

绑定性　令 $\mathcal{A}$ 是攻击承诺方案隐藏性的敌手, 定义其优势函数如下:

$$\text{Adv}_{\mathcal{A}} = \Pr \left[\begin{array}{l} \text{Commit}(m_0; r_0) = \text{Commit}(m_1; r_1) \\ \wedge m_0 \neq m_1 \end{array} : \begin{array}{l} pp \leftarrow \text{Setup}(1^\kappa); \\ (m_0, r_0, m_1, r_1) \leftarrow \mathcal{A}(pp) \end{array} \right]$$

如果任意 PPT 敌手 $\mathcal{A}$ 在上述安全游戏中的优势函数均为可忽略的, 则称承诺方案 COM 满足绑定性.

0.6.3 伪随机函数及其扩展

Goldreich 等 [14] 提出的伪随机函数 (pseudorandom function, PRF) 是现代密码学中核心概念, 具有极为广泛的应用. 以下给出伪随机函数的定义和安全性.

定义 0.21 (伪随机函数)　伪随机函数包含以下 3 个 PPT 算法.

- Setup(1^κ): 以安全参数 1^κ 为输入, 输出公开参数 pp, 刻画了一族带密钥函数 $F: K \times D \to R$, 其中 K 是密钥空间, D 是定义域, R 是值域.

- KeyGen(pp): 以公开参数 pp 为输入, 选取随机密钥 $k \xleftarrow{\text{R}} K$.

- Eval(k, x): 以密钥 $k \in K$ 和 $x \in D$ 为输入, 输出函数值 $y \leftarrow F(k, x)$. 为了叙述方便, $F(k, x)$ 和 $F_k(x)$ 常交替使用.

伪随机性　令 $\mathcal{A}$ 是攻击伪随机函数安全性的敌手, 定义其优势函数如下:

$$
\text{Adv}_{\mathcal{A}} = \left| \Pr \left[\beta' = \beta : \begin{array}{l} pp \leftarrow \text{Setup}(1^\kappa); \\ k \leftarrow \text{KeyGen}(pp); \\ \beta \leftarrow \{0, 1\}; \\ \beta' \leftarrow \mathcal{A}^{\mathcal{O}_{\text{ror}}(\beta, \cdot)}(\kappa) \end{array} \right] - \frac{1}{2} \right|
$$

$\mathcal{O}_{\text{ror}}(\beta, \cdot)$ 是由 β 控制的真实或随机谕言机 (real-or-random oracle), $\mathcal{O}_{\text{ror}}(0, x) := F_k(x)$, $\mathcal{O}_{\text{ror}}(1, x) := \text{H}(x)$ (这里 H 从 $D \to R$ 的函数空间中随机选择). $\mathcal{A}$ 可以自适应地访问 $\mathcal{O}_{\text{ror}}(\beta, \cdot)$ 多项式次. 如果任意 PPT 敌手 $\mathcal{A}$ 在上述安全游戏中优势均是可忽略的, 则称 F 是伪随机的.

若在上述的安全试验中, 将 $\mathcal{O}_{\text{ror}}(\beta, \cdot)$ 的输入由敌手 $\mathcal{A}$ 任意选取变为挑战者随机选取, 标准伪随机性将弱化为弱伪随机性, 此时称 F 是弱伪随机的. 在一些应用场景中, 弱伪随机函数即可满足安全需求.

注记 0.12 (真随机函数的模拟)　当 $D \to R$ 的函数空间很大 (如双重指数空间) 时, 无法对其进行高效随机采样, 因此在这种情形下真随机函数无法高效实例化. 幸好, 总可以通过懒惰模拟 (lazy simulation) 的方式有效模拟出真随机函数, 即对 $\text{H} \xleftarrow{\text{R}} \{f: D \to R\}$ 的谕言机访问: 维护初始化为空的输入输出元组列表, 当敌手询问新鲜输入时, 随机在 R 中采样输出并将输入输出元组插入列表, 否则返回列表中相应的输出保持回答的前后一致性.

以下介绍伪随机函数的两个功能性扩展.

1. 受限伪随机函数

标准的伪随机函数不支持密钥代理, 函数求值是 “完全或无” 方式.

- 拥有 k, 则可对定义域内的所有输入计算函数值.

- 不拥有 k, 则伪随机性隐含了无法对定义域中的任意输入求值.

在 2013 年, 三组研究人员 [15-17] 几乎同时独立地提出了受限伪随机函数 (constrained PRF) 的概念. 在受限伪随机函数中, 密钥拥有者可以派生出主密钥 k 的受限密钥, 受限密钥仅能对定义域内的部分输入求值, 其他输入的输出仍伪随机.

定义 0.22 (受限伪随机函数)　受限伪随机函数包含以下 4 个 PPT 算法.

- Setup(1^κ): 以安全参数 1^κ 为输入, 输出公开参数 pp, 刻画了一族带密钥函数 $F : K \times D \to R$, 其中 K 是密钥空间, D 是定义域, R 是值域. pp 还包含了一个集合系统 $\mathcal{S} \subset 2^D$, 即 D 幂集的一个子集.
- KeyGen(pp): 以公开参数 pp 为输入, 选取随机密钥 $k \xleftarrow{\text{R}} K$.
- Constrain(k, S): 以主密钥 k 和 $S \in \mathcal{S}$ 为输入, 输出受限密钥 k_S.
- Eval($k/k_S, x$): 以密钥 k 或受限密钥 k_S 和 $x \in D$ 为输入, 当第一输入为 k 时输出 $F_k(x)$, 当第一输入为 k_{x^*} 时, 如果 $x \in S$ 则输出 $F_k(x)$, 否则输出 $\perp$.

笔记 集合系统可以进一步泛化为电路族 $\mathcal{C} = \{c : D \to \{0, 1\}\}$: 受限密钥 k_c 可以对所有满足 c 的输入求值, 即当 $c(x) = 1$ 时, Eval(k_c, x) $= F_k(x)$.

注记0.13 受限伪随机函数存在平凡的构造, 即令受限密钥 $k_S = \{F_k(x)\}_{x \in S}$. 在平凡的构造中, k_S 的尺寸与 S 的尺寸线性相关. 为了排除平凡的构造, 我们要求 k_S 是紧致的, 即对于任意 $S \in \mathcal{S}$, 均有 $|k_S| = \kappa^{O(1)}$.

受限伪随机函数的正确性保证了 k_S 可以对 S 中的输入正确求值. 伪随机性则保证了即使给定 k_S, 对于 $x \notin S$ 之外的输入 $F_k(x)$ 仍然是伪随机的.

受限伪随机性 令 $\mathcal{A} = (\mathcal{A}_1, \mathcal{A}_2)$ 是攻击受限伪随机函数安全性的敌手, 定义其优势函数如下:

$$\text{Adv}_{\mathcal{A}}(\kappa) = \left| \Pr \left[\beta' = \beta : \begin{array}{l} pp \leftarrow \text{Setup}(1^\kappa); \\ k \leftarrow \text{KeyGen}(pp); \\ (x^*, state) \leftarrow \mathcal{A}_1^{\mathcal{O}_{\text{constrain}}, \mathcal{O}_{\text{eval}}}(pp); \\ y_0^* \xleftarrow{\text{R}} R, y_1^* \leftarrow F_k(x^*); \\ \beta \leftarrow \{0, 1\}; \\ \beta' \leftarrow \mathcal{A}_2^{\mathcal{O}_{\text{constrain}}, \mathcal{O}_{\text{eval}}}(state, y_\beta^*) \end{array} \right] - \frac{1}{2} \right|$$

$\mathcal{O}_{\text{constrain}}$ 是受限密钥询问谕言机, 以 $S \in 2^D$ 为输入, 输出 k_S. $\mathcal{O}_{\text{eval}}$ 是求值谕言机, 以 $x \in D$ 为输入, 输出 $y \leftarrow F_k(x)$. $\mathcal{A}$ 在访问 $\mathcal{O}_{\text{constrain}}$ 和 $\mathcal{O}_{\text{eval}}$ 的限制是不可藉此平凡地计算 $F_k(x^*)$. 如果任意 PPT 敌手 $\mathcal{A}$ 在上述安全游戏中优势均是可忽略的, 则称 F 相对于 $\mathcal{S} \in 2^D$ 是受限伪随机的.

Sahai 和 Waters[18] 引入了受限伪随机函数的特例——可穿孔伪随机函数 (punct鸟rable PRF, PPRF). 在可穿孔伪随机函数中, $\mathcal{S}$ 限定为单元素集合, 从而仅支持 "全除一"(all-but-one, ABO) 方式的密钥派生: 主密钥持有方可从主密钥 k 中导出 k_{x^*}, 可对除了 x^* 外的所有输入求值. 可穿孔伪随机函数的正式定义如下.

定义 0.23(可穿孔伪随机函数) 可穿孔伪随机函数包含以下 4 个 PPT 算法.

- Setup(1^κ): 以安全参数 1^κ 为输入, 输出公开参数 pp, 其中包含了函数 F :

$K \times X \to Y$ 的描述和电路族 $\mathcal{C} = \{f_{x^*} : X \to \{0,1\}\}_{x^* \in X}$ 的描述. $f_{x^*}(\cdot)$ 的具体定义是 $f_{x^*}(x) = \neg x^* \stackrel{?}{=} x$. 为了表述简洁, 以下在不引起混淆的情况下使用 x^* 表征 f_{x^*}.

- KeyGen(pp): 以公开参数 pp 为输入, 随机采样密钥 $k \stackrel{\text{R}}{\leftarrow} K$.
- Puncture(k, x^*): 以密钥 k 和 $x^* \in X$ 为输入, 输出穿孔密钥 k_{x^*}.
- Eval($k/k_{x^*}, x$): 以密钥 k 或穿孔密钥 k_{x^*} 和 $x \in X$ 为输入, 当第一输入为 k 时输出 $F_k(x)$, 当第一输入为 k_{x^*} 时, 如果 $x \neq x^*$, 输出 $F_k(x)$, 否则输出 $\perp$.

可穿孔伪随机函数要求对于没有被受限密钥覆盖的输入, 其输出仍然是伪随机的. 正式的、可穿孔伪随机函数存在以下两种安全性.

选择伪随机性　定义敌手 $\mathcal{A} = (\mathcal{A}_1, \mathcal{A}_2)$ 的优势函数如下:

$$
\text{Adv}_{\mathcal{A}}(\kappa) = \left| \Pr \left[\beta = \beta' : \begin{array}{l} (x^*, state) \leftarrow \mathcal{A}_1(\kappa); \\ pp \leftarrow \text{Setup}(1^\kappa); \\ k \leftarrow \text{KeyGen}(pp); \\ k_{x^*} \leftarrow \text{Puncture}(k, x^*); \\ \beta \stackrel{\text{R}}{\leftarrow} \{0,1\}, y_0^* = F_k(x^*), y_1^* \stackrel{\text{R}}{\leftarrow} Y; \\ \beta' \leftarrow \mathcal{A}_2(state, k_{x^*}, y_\beta^*) \end{array} \right] - \frac{1}{2} \right|
$$

如果任意的 PPT 敌手 $\mathcal{A}$ 在如图 0.9 所示的安全游戏中优势函数均为可忽略函数, 则称可穿孔伪随机函数是选择伪随机的.

图 0.9　可穿孔伪随机函数的选择伪随机性安全游戏

弱伪随机性　定义敌手 $\mathcal{A}$ 的优势函数如下:

$$
\text{Adv}_{\mathcal{A}}(\kappa) = \left| \Pr \left[\beta = \beta' : \begin{array}{l} pp \leftarrow \text{Setup}(1^\kappa); \\ k \leftarrow \text{KeyGen}(pp), x^* \stackrel{\text{R}}{\leftarrow} X; \\ k_{x^*} \leftarrow \text{Puncture}(k, x^*); \\ \beta \stackrel{\text{R}}{\leftarrow} \{0,1\}, y_0^* = F_k(x^*), y_1^* \stackrel{\text{R}}{\leftarrow} Y; \\ \beta' \leftarrow \mathcal{A}(pp, x^*, k_{x^*}, y_\beta^*) \end{array} \right] - \frac{1}{2} \right|
$$

如果任意的 PPT 敌手 $\mathcal{A}$ 在如图 0.10 所示的安全游戏中优势函数均为可忽略函数, 则称可穿孔伪随机函数是弱伪随机的.

图 0.10 可穿孔伪随机函数的弱伪随机性安全游戏

Chen 等[19] 证明了弱伪随机的可穿孔伪随机函数与选择伪随机的可穿孔伪随机函数相互蕴含.

注记 0.14 (可穿孔伪随机函数的构造)　可穿孔伪随机函数可以通过 GGM (Gddreich-Goldwasser-Micali) 树形伪随机函数自然得出, k_{x^*} 由 x^* 到根节点路径上所有的兄弟节点组成, 如图 0.11 所示. 因此可穿孔伪随机函数仍属于 Minicrypt 范畴.

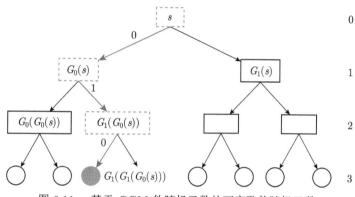

图 0.11　基于 GGM 伪随机函数的可穿孔伪随机函数:
$$k_{010} = \{G_1(G_1(G_0(s))), G_0(G_0(s)), G_1(s)\}$$

2. 可交换弱伪随机函数

Chen 等 [20] 提出了可交换弱伪随机函数 (commutative weak PRF, cwPRF). 以下首先介绍带密钥函数的两个性质.

可复合　令 $F : K \times D \to R$ 是一族带密钥函数, 当 $R \subseteq D$ 时, 则其满足 "2-可复合" 的性质, 即对于任意 $k_1, k_2 \in K$, 函数 $F_{k_1}(F_{k_2}(\cdot))$ 是良定义的. 显然, "2-可复合" 蕴含对于任意自然数 n 的可复合, 简称可复合.

可交换　令 $F : K \times D \to R$ 是一族带密钥的可复合函数, 我们称其是可交换的当且仅当

$$\forall k_1, k_2 \in K, \quad \forall x \in D : F_{k_1}(F_{k_2}(x)) = F_{k_2}(F_{k_1}(x))$$

定义函数可交换性的前提是函数可复合, 因此当我们称一族带密钥函数可交换时, 已经隐含了其是可复合的, 故常略去可复合.

定义 0.24 (可交换弱伪随机函数)　令 $F : K \times D \to R$ 是一族带密钥函数. 当 F 同时满足弱伪随机性和可交换性时, 则称其为可交换弱伪随机函数.

🖉 **笔记**　标准伪随机性与可交换性是冲突的. 以下展示敌手如何利用可交换性攻破伪随机性: 给定 $\mathcal{O}_{ror}(\beta, \cdot)$, $\mathcal{A}$ 的攻击目标是判定 $\beta = 0$ (真随机函数) 抑或 $\beta = 1$ (伪随机函数). $\mathcal{A}$ 的攻击方式如下: 随机选取密钥 $k' \xleftarrow{R} K$ 和输入 $x \xleftarrow{R} D$, 分别以 $F_{k'}(x)$ 和 x 为输入询问 $\mathcal{O}_{ror}(\beta, \cdot)$, 得到输入 y' 和 y. $\mathcal{A}$ 输出 "1" 当且仅当 $F_{k'}(y) = y'$. 显然, $\mathcal{A}$ 能够以 $1/2$ 的优势打破伪随机性. 因此, 如果可交换性存在, 则能期望的最强安全性是弱伪随机性.

可交换弱伪随机函数的实例化　Naor 等 [21] 在 1999 年基于 DDH 假设给出了如下的弱伪随机函数构造.

构造 0.1 (基于 DDH 假设的弱伪随机函数)

• Setup(1^κ): 运行 GenGroup(1^κ) $\to (\mathbb{G}, q, g)$, 输出 $pp = (\mathbb{G}, q, g)$. pp 定义了一族从 $\mathbb{Z}_q \times \mathbb{G}$ 到 $\mathbb{G}$ 的函数, 即以 $k \in \mathbb{Z}_p$ 和 $x \in \mathbb{G}$ 为输入, 输出 $F_k(x) = x^k$.

• KeyGen(pp): 输出 $k \xleftarrow{R} \mathbb{Z}_q$.

• Eval(k, x): 以 $k \in \mathbb{Z}_q$ 和 $x \in D$ 为输入, 输出 $y \leftarrow x^k$.

定理 0.1　如果 DDH 假设成立, 则构造 0.1 是一族弱伪随机函数.

证明　DDH 假设保证了 DDH 元组 (g, g^a, g^b, g^{ab}) 与随机元组 (g, g^a, g^b, g^c) 是计算不可区分的. 利用 DDH 问题的随机自归约性质 [22], 标准的 DDH 假设蕴含了 n-重 DDH 元组 $(g, g^a, g^{b_1}, \cdots, g^{b_n}, g^{ab_1}, \cdots, g^{ab_n})$ 与 n-重随机元组 $(g, g^a, g^{b_1}, \cdots, g^{b_n}, g^{c_1}, \cdots, g^{c_n})$ 也是计算不可区分的, 其中 $a, b_i, c_i \xleftarrow{R} \mathbb{Z}_q$. 以下将 $F_k(\cdot)$ 的弱伪随机性归约到 DDH 假设之上. 令 $\mathcal{B}$ 是攻击 DDH 问题的敌手. 给定 n-重 DDH 挑战实例 $(g, g^a, g^{b_1}, \cdots, g^{b_n}, g^{c_1}, \cdots, g^{c_n})$, 为了判定 $c_i = ab_i$ 或 c_i 是随机值, $\mathcal{B}$ 与 $\mathcal{A}$ 在弱伪随机的安全试验中交互如下.

系统建立: $\mathcal{B}$ 发送 $pp = (\mathbb{G}, q, g)$ 给 $\mathcal{A}$. $\mathcal{B}$ 隐式地设定 a 为伪随机函数的密钥.

真实或随机谕言机询问: 当接收到对 $\mathcal{O}_{ror}$ 的第 i 次询问时, $\mathcal{B}$ 设定第 i 次询问的随机输入为 $x_i := g^{b_i}$, 计算 $y_i = g^{c_i}$, 返回 (x_i, y_i) 给 $\mathcal{A}$.

猜测: $\mathcal{A}$ 输出对 β 的猜测 β', 其中 "0" 表示真随机函数, "1" 表示伪随机函数. $\mathcal{B}$ 将 β' 转发给它自身的挑战者.

显然, 若对于所有的 $i \in [n]$ 均有 $c_i = ab_i$, 则 $\mathcal{B}$ 模拟的是真随机函数; 若 c_i 随机, 则 $\mathcal{B}$ 模拟的是伪随机函数. 因此 $\mathcal{B}$ 打破 DDH 假设的优势与 $\mathcal{A}$ 打破 $F_k(\cdot)$ 弱伪随机性的优势相同. 定理得证!　□

容易验证, 构造 0.1 满足可交换性.

章后习题

练习 0.1　可忽略函数的和与积仍是可忽略函数, 那么请问非可忽略函数的积是否仍为非可忽略函数? 请证明或者举反例.

练习 0.2　可除 DDH 问题 (divisible decisional Diffie-Hellman problem) 是标准 DDH 问题的变体. 我们称可除 DDH 假设相对于 GenGroup 成立当且仅当对于任意 PPT 敌手 $\mathcal{A}$ 均有

$$\left| \Pr[\mathcal{A}(g, g^a, g^b, g^{a/b}) = 1] - \Pr[\mathcal{A}(g, g^a, g^b, g^c) = 1] \right| \leqslant \mathsf{negl}(\lambda)$$

其中概率建立在敌手 $\mathcal{A}$、$\mathsf{GenGroup}(1^\lambda) \to (\mathbb{G}, q, g)$ 和随机采样 $a, b, c \xleftarrow{\text{R}} \mathbb{Z}_q$ 的随机带上 (注: 严格来说, b 须在 $\mathbb{Z}_q^*$ 中采样以确保 a/b 良定义). 请证明标准 DDH 假设与逆 DDH 假设两者的困难性等价.

练习 0.3　请设计 PPT 算法随机采样 n 比特长的素数.

练习 0.4　请证明选择伪随机的可穿孔伪随机函数与弱伪随机的可穿孔伪随机函数相互蕴含.

第0章习题答案

第 1 章

经典的非交互式密钥协商方案

章前概述

内容提要

❑ 非交互式密钥协商的定义与安全模型
❑ Diffie-Hellman 两方非交互式密钥协商方案
❑ Joux 三方非交互式密钥协商方案

本章开始介绍公钥密码学的第一部分内容——非交互式密钥协商方案. 1.1 节定义了非交互式密钥协商方案的算法组成和安全性, 1.2 节介绍了经典的 Diffie-Hellman 两方非交互式密钥协商方案, 1.3 节介绍了经典的 Joux 三方非交互式密钥协商方案.

1.1 非交互式密钥协商的定义与安全模型

在非交互式密钥协商 (non-interactive key exchange, NIKE) 方案中, 用户各自在公告板 (public bulletin board) 上发布一条消息, 所有用户均可阅读公告板上的消息, 且任意 n 个用户均可协商出一个共同的会话密钥, 且该会话密钥对于 n 个用户外的群体是隐藏的. 经典的 Diffie-Hellman NIKE [5] 基于 DDH 假设解决了 $n = 2$ 的情形, Joux [23] 使用了双线性映射解决了 $n = 3$ 的情形. 对于任意的正整数 n, Boneh 和 Silverberg [24] 基于多重线性映射给出了首个黑盒构造; Boneh 和 Zhandry [25] 使用不可区分程序混淆给出了一个非黑盒构造; 最近 Alamati 等 [26] 基于可复合输入同态弱伪随机函数 (composable input homomorphic weak PRF) 给出了另一个黑盒构造.

在 NIKE 的安全性研究中, Cash 等 [27] 提出了公钥场景下的安全性模型——CKS 模型. CKS 模型既允许敌手获得诚实生成的公钥, 也允许敌手注册非诚实生成的公钥 (用于刻画敌手不知晓公钥所对应私钥的情形). 这种非诚实密钥注册

(dishonest key registration, DKR) 设定刻画了实际的 PKI 运作流程, 即证书中心 (certificate authority, CA) 在签发证书时并不要求用户提交私钥的知识证明. Freire 等 [28] 提出了 CKS-light 安全模型, 并考察了诚实密钥注册 (honest key registration, HKR) 设定, 即不允许敌手注册非诚实生成的公钥.

以下我们给出多方 NIKE 的算法定义, 并将 CKS-light 安全模型 [28] 从两方推广到多方. 与已有定义不同的是, 我们的定义消除了算法中的身份, 同时允许多个用户拥有同一公钥, 使得定义本身更加简洁、易于使用.

定义 1.1 (多方非交互式密钥协商)　多方非交互式密钥协商方案包含以下 3 个 PPT 算法.

- Setup($1^\kappa, n$): 以安全参数 1^κ 和 n 为输入, 输出公开参数 pp.
- KeyGen(pp): 以公开参数 pp 为输入, 输出密钥对 (pk, sk).
- ShareKey(sk, i, S): 以私钥 sk, 索引 $i \in [n]$ 和 n 个公钥的集合 S 为输入, 若 $pk_i \in S$ 则可使用 sk_i 导出 S 对应的会话密钥 k_S.

正确性　我们要求 S 中任意用户均可导出相同的会话密钥, 即对于任意的 n 个用户群组 S 和 $pk_i \in S$, 均有

$$\text{ShareKey}(sk, i, S) = k_S$$

其中 sk 是 pk_i 对应的私钥.

一致性　正确性仅刻画了算法 ShareKey 在 S 中所有公钥均来自公钥空间时的行为. 我们引入一致性, 刻画当 S 中存在一个公钥空间中的元素——如 pk_i 时, 算法 ShareKey(sk_j, S) 的输出对于所有 $j \neq i$ 仍然相同. 一致性是一个温和的性质, 若公钥空间是可高效识别 (efficiently recognizable) 的, 该性质都可自然满足. 所有已知的 n 方 NIKE 方案 [23,25,26] 均满足一致性.

安全性　令 $\mathcal{A}$ 是 PPT 敌手, 定义它的优势函数如下:

$$\text{Adv}_{\mathcal{A}}(\kappa) = \left| \Pr \left[\beta = \beta' : \begin{array}{l} pp \leftarrow \text{Setup}(1^\kappa, n); \\ (S, state) \leftarrow \mathcal{A}_1^{\mathcal{O}_{\text{regH}}, \mathcal{O}_{\text{regC}}, \mathcal{O}_{\text{reveal}}}(pp); \\ k_0^* \leftarrow k_S, k_1^* \xleftarrow{\text{R}} K; \\ \beta \xleftarrow{\text{R}} \{0, 1\}; \\ \beta' \leftarrow \mathcal{A}_2^{\mathcal{O}_{\text{regC}}, \mathcal{O}_{\text{reveal}}}(state, k_\beta^*) \end{array} \right] - \frac{1}{2} \right|$$

这里, $\mathcal{O}_{\text{regH}}$ 是诚实用户注册谕言机, 刻画的是敌手可观察到诚实用户公钥的情形. $\mathcal{A}$ 可以询问 $\mathcal{O}_{\text{regH}}$ 谕言机 n 次. 当 $\mathcal{A}$ 发起该类询问时, 挑战者运行算法 KeyGen 生成密钥对 (pk, sk), 将 (pk, sk) 记录到初始为空的列表 L_{honest} 中, 返回 pk 给 $\mathcal{A}$. S 记录了 $\mathcal{A}$ 询问 $\mathcal{O}_{\text{regH}}$ 所得的公钥集合, $\mathcal{A}$ 将在其中选定攻击目标. $\mathcal{O}_{\text{regC}}$ 是腐

化用户注册谕言机, 刻画的是 CA 在签发证书时不检测公钥真实性的情形. $\mathcal{A}$ 可以询问 $\mathcal{O}_{\text{regC}}$ 谕言机多项式次, 每次以不同的 pk 作为输入. 当 $\mathcal{A}$ 发起该类询问时, 挑战者将 $(pk, \bot)$ 记录到初始为空的列表 L_{corrupt} 中. $\mathcal{O}_{\text{reveal}}$ 是腐化会话密钥谕言机, 刻画的是敌手可获得特定群组会话密钥的情形. $\mathcal{A}$ 可询问 $\mathcal{O}_{\text{reveal}}$ 多项式次, 每次以 n 个公钥组成的集合为输入, 集合中至少有一个公钥是腐化的, 其余是诚实的. 挑战者返回对应的会话密钥. 为了避免定义平凡, $\mathcal{A}$ 不允许向 $\mathcal{O}_{\text{reveal}}$ 询问关于 S 的会话密钥.

如果任意 PPT 敌手在上述的安全试验中的优势均为可忽略的, 那么 NIKE 方案在 DKR 情形下是 CKS-light 安全的; 如果在安全试验中禁止敌手访问 $\mathcal{O}_{\text{regC}}$ 和 $\mathcal{O}_{\text{reveal}}$, 那么 NIKE 方案在 HKR 情形下是 CKS-light 安全的.

1.2　Diffie-Hellman 两方非交互式密钥协商方案

Diffie 和 Hellman 在 1976 年的公钥密码学开山之作 [5] 中石破天惊地提出了非交互式密钥协商方案并给出了具体构造.

构造 1.1 (Diffie-Hellman 两方非交互式密钥协商方案)

- Setup($1^\kappa, 2$): 以安全参数 1^κ 为输入, 运行 GenGroup(1^κ) $\to (\mathbb{G}, p, g)$, 选取从 $\mathbb{G}_T$ 到会话密钥空间 K 的函数 H, 输出公开参数 pp, 其中包括群 $\mathbb{G}$ 和 H 的描述.

- KeyGen(pp): 随机选取 $sk \xleftarrow{\text{R}} \mathbb{Z}_p$, 计算 $pk \leftarrow g^{sk}$, 输出 (pk, sk).

- ShareKey(sk, i, S): 以私钥 sk、索引 $i \in [2]$ 和公钥集合 $S = \{pk_A, pk_B\}$ 为输入, 令 $j = [2] \backslash i$; 如果 sk 是 pk_i 的私钥 sk_i, 那么输出 $k_S \leftarrow \mathsf{H}(pk_j^{sk_i})$; 否则输出 $\bot$.

Diffie-Hellman 两方非交互密钥协商方案的正确性由循环群的代数性质保证, 安全性由定理 1.1 保证.

定理 1.1　如果 $K = \mathbb{G}_T$, H 是恒等函数 (identity function), 那么 Diffie-Hellman 两方 NIKE 方案在 HKR 设定下基于计算性 Diffie-Hellman 假设是 CKS-light 安全的; 如果 $K = \{0,1\}^n$, H 是密码学哈希函数且可被建模为随机谕言机, 那么 Diffie-Hellman 两方 NIKE 方案在 HKR 设定下基于判定性 Diffie-Hellman 假设是 CKS-light 安全的.

注记 1.1　如图 1.1 所示的 Diffie-Hellman 密钥协商方案存在两种理解方式.

- 在无公钥场景下, 可理解为两方一轮密钥协商协议.

- 在公钥场景下, 令 $(pk_A = g^a, sk_A = a)$, $(pk_B = g^b, sk_B = b)$, 则可理解两方非交互式密钥协商方案.

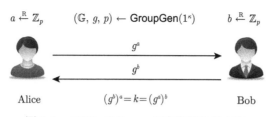

图 1.1   Diffie-Hellman 两方密钥协商方案

1.3   Joux 三方非交互式密钥协商方案

Joux [23,29] 在 2000 年使用双线性映射为技术工具, 构造出首个三方 NIKE 方案.

构造 1.2 (Joux 三方非交互式密钥协商方案)

• Setup(1^κ, 3): 以安全参数 1^κ 为输入, 运行 GenBLGroup(1^κ) → ($\mathbb{G}$, $\mathbb{G}_T$, p, g, e), 选取从 $\mathbb{G}_T$ 到会话密钥空间 K 的函数 H, 输出公开参数 pp, 其中包括双线性映射和 H 的描述.

• KeyGen(pp): 随机选取 $sk \xleftarrow{\text{R}} \mathbb{Z}_p$, 计算 $pk \leftarrow g^{sk}$, 输出 (pk, sk).

• ShareKey(sk, i, S): 以私钥 sk、索引 $i \in [3]$ 和公钥集合 $S = \{pk_1, pk_2, pk_3\}$ 为输入, 令 $j, k \in [3]\backslash i$; 若 $sk = sk_i$, 那么输出 $k_S \leftarrow$ H($e(pk_A, pk_B)^{sk}$); 否则输出 $\bot$.

Joux 三方 NIKE 方案的正确性由双线性映射的代数性质保证, 安全性由定理 1.2 保证.

定理 1.2   如果 $K = \mathbb{G}_T$, H 是恒等函数 (identity function), 那么 Joux 三方 NIKE 方案在 HKR 设定下基于计算性双线性 Diffie-Hellman 假设是 CKS-light 安全的; 如果 $K = \{0,1\}^n$, H 是密码学哈希函数且可被建模为随机谕言机, 那么 Joux 三方 NIKE 方案在 HKR 设定下基于判定性双线性 Diffie-Hellman 假设是 CKS-light 安全的.

注记 1.2   Joux 三方 NIKE 方案固有的依赖对称双线性映射. 基于非对称双线性映射改造 Joux 三方 NIKE 方案大致有以下两种方式: (i) 设定公钥空间为 $\mathbb{G}_1 \times \mathbb{G}_2$, 根据公钥的部分信息计算会话密钥; (ii) 设定公钥空间为 $\mathbb{G}_2$, 导出公钥时将公钥集合中其中一个公钥映射到 $\mathbb{G}_1$ 上. 方式 (i) 的缺陷是公钥尺寸过大, 方式 (ii) 的缺陷是依赖缺乏高效实现的类型 2 双线性映射. 此外, 两种方式均需要依赖双线性 Diffie-Hellman 假设在非对称双线性映射群上的变体才能完成安全归约.

章后习题

练习 1.1　请给出 Diffie-Hellman 两方密钥协商方案的安全性证明.

练习 1.2　请给出 Joux 三方密钥协商方案的安全性证明.

练习 1.3　Diffie-Hellman 函数 $F : \mathbb{Z}_p \times \mathbb{G}$ 的定义为 $F_k(x) := x^k$. 请将 Diffie-Hellman 函数抽象为密码组件, 并尝试基于该密码组件构造隐私集合求交和隐私集合求并协议.

第1章习题答案

第 2 章

非交互式密钥协商方案的通用构造

章前概述

内容提要

❏ 基于可交换弱伪随机函数的构造 ❏ 基于不可区分程序混淆的构造

本章开始介绍非交互式密钥协商方案的通用构造方法. 2.1 节介绍了基于可交换弱伪随机函数的构造, 1.2 节介绍了基于不可区分程序混淆的构造.

2.1 基于可交换弱伪随机函数的构造

可交换性和弱伪随机性是构造非交互式密钥协商的两个关键要素. 事实上, 可交换弱伪随机函数可以理解为 Diffie-Hellman 函数的密码学抽象. 因此, 以下的通用构造是自然的.

构造 2.1 (基于可交换弱伪随机函数的非交互式密钥协商) 基于可交换弱伪随机函数 $F: K \times D \to R$ 可构造 NIKE 如下.

- Setup$(1^{\kappa}, 2)$: 以安全参数 1^{κ} 为输入, 运行 cwPRF.Setup$(1^{\kappa}) \to pp_{\text{cwprf}}$, 随机选取 $x \xleftarrow{\text{R}} D$, 输出公开参数 $pp = (pp_{\text{cwprf}}, x)$.

- KeyGen(pp): 以 $pp = (pp_{\text{cwprf}}, x)$ 为输入, 运行 $sk \leftarrow$ cwPRF.KeyGen (pp_{cwprf}), 计算 $pk \leftarrow F_{sk}(x) = $ cwPRF.Eval(sk, x), 输出 (pk, sk).

- ShareKey(sk, S): 以私钥 sk、索引 $i \in [2]$ 和公钥集合 $S = \{pk_1, pk_2\}$ 为输入, 令 $j = [2] \backslash i$; 若 sk 是 pk_i 的私钥 sk_i, 那么输出 $k_S \leftarrow F_{sk_i}(pk_j)$; 否则输出 $\perp$.

构造 2.1 的正确性由可交换弱伪随机函数的交换性保证, 安全性由弱伪随机性保证. 定理证明留作练习. 将构造 0.1 代入上面的通用构造, 立刻还原出经典的 Diffie-Hellman NIKE 方案.

注记 2.1 上述构造的意义在于抽象了 Diffie-Hellman NIKE 的密码学底层原语——可交换弱伪随机函数. 一个有趣的问题是可交换弱伪随机函数能否从

DDH 类以外的假设构造, 特别是格类假设, 如 LWE 假设. 如果可以, 那么我们立刻可以得出首个格基 NIKE. 最近, Guo 等 [30] 的结果全面分析了构造格基 NIKE 的复杂性: 给出基于 LWE 假设的 NIKE 构造或者否证基于 LWE 假设的 NIKE 构造都将是格密码学中的重要成果.

2.2 基于不可区分程序混淆的构造

Boneh 和 Zhandry [25] 以程序混淆 (定义参见 4.4 节) 和可穿孔伪随机函数为主要工具给出了首个多方非交互式密钥协商方案的通用构造.

构造 2.2 (基于可交换弱伪随机函数的非交互式密钥协商) 构造组件包括:

- 受限伪随机函数 $F: K \times \{0,1\}^{n \cdot \kappa} \to \{0,1\}^{\ell}$;

- 伪随机数生成器 $G: \{0,1\}^{\kappa} \to \{0,1\}^{2\kappa}$;

- 不可区分程序混淆 $i\mathcal{O}$.

构造 NIKE 如下.

- Setup$(1^{\kappa}, n)$: 以安全参数 1^{κ} 为输入和正整数 n 为输入, 运行 CPRF.Setup $(1^{\kappa}) \to pp_{\text{cprf}}$, 随机选取 $pk_0 \xleftarrow{\text{R}} \{0,1\}^{2\kappa}$, 构建如图 2.1 所示的程序 P_{nike}, 计算 $P_{\text{iO}} \leftarrow i\mathcal{O}(P_{\text{nike}})$, 输出公开参数 $pp = (pp_{\text{cprf}}, P_{\text{iO}}, pk_0)$.

- KeyGen(pp): 以 $pp = (pp_{\text{cprf}}, P_{\text{iO}}, x_0)$ 为输入, 选取随机种子 $sk \xleftarrow{\text{R}} \{0,1\}^{\kappa}$ 作为私钥, 计算 $pk \leftarrow G(sk)$ 作为公钥.

- ShareKey(sk, i, S): 以私钥 sk、索引 $i \in [n]$ 和公钥集合 $S = \{pk_1, \cdots, pk_n\}$ 为输入, 输出 $k \leftarrow P_{\text{iO}}(sk, i, S)$.

NIKE

Constants: 受限伪随机函数的密钥 k.

Input: 私钥 $sk \in \{0,1\}^{\kappa}$, 索引 $i \in [n]$, $S = \{pk_1, \cdots, pk_n\}$,

(1) 如果 $pk_i \neq G(sk)$, 输出 $\perp$;

(2) 否则输出 $F_k(pk_1, \cdots, pk_n)$.

图 2.1 程序 NIKE (该程序将根据证明填充至恰当的尺寸)

构造 2.2 的正确性由受限伪随机函数的正确性保证, 安全性由受限伪随机函数、伪随机数发生器和不可区分程序混淆的安全性保证. 证明细节请参考原始论文.

章后习题

练习 **2.1**   请给出身份非交互式密钥协商 (identity-based non-interactive key exchange, IB-NIKE) 方案的算法定义和安全模型.

练习 **2.2**   请试着给出两方 IB-NIKE 方案的通用构造.

第2章习题答案

第 3 章

经典的公钥加密方案

章前概述

内容提要

❑ 公钥加密的定义与安全性   ❑ 离散对数类经典方案

❑ 整数分解类经典方案   ❑ 格类经典方案

本章开始介绍公钥密码学的第二部分内容——公钥加密. 3.1 节定义了公钥加密的算法组成和安全性, 3.2 节介绍了基于整数分解类难题的经典公钥加密方案, 3.3 节介绍了基于离散对数类难题的经典公钥加密方案, 3.4 节介绍了基于格类难题的经典公钥加密方案.

3.1 公钥加密的定义与基本安全模型

3.1.1 公钥加密方案

公钥加密的概念由 Diffie 和 Hellman[5] 在 1976 年的划时代论文中正式提出, 其与对称加密的最大不同在于每个用户自主生成一对密钥, 公钥用于加密、私钥用于解密, 发送方仅需知晓接收方的公钥即可向接收方发送密文.

定义 3.1 (公钥加密方案)   如图 3.1 所示, 公钥加密方案由以下 4 个 PPT 算法组成.

- Setup(1^κ): 以安全参数 1^κ 为输入, 输出公开参数 pp, 其中 pp 通常包含公钥空间 PK、私钥空间 SK、明文空间 M 和密文空间 C 的描述. 该算法由可信第三方生成并公开, 系统中的所有用户共享, 所有算法均将 pp 作为输入. 当上下文明确时, 常常为了行文简洁省去 pp.

- KeyGen(pp): 以公开参数 pp 为输入, 输出一对公/私钥对 (pk, sk), 其中公钥公开, 私钥秘密保存.

- Encrypt$(pk, m; r)$: 以公钥 $pk \in PK$、明文 $m \in M$ 为输入, 输出密文 $c \in C$.
- Decrypt(sk, c): 以私钥 $sk \in SK$ 和密文 $c \in C$ 为输入, 输出明文 $m \in M$ 或者 $\perp$ 表示密文非法. 解密算法通常为确定性算法.

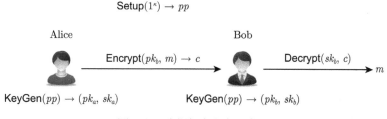

图 3.1 公钥加密方案示意图

注记 3.1 公开参数的内容并没有严格的规定, 通常的设定是包含所有用户可共享的信息, 在一些例子中可能退化为 $\perp$. 如对于 RSA 公钥加密方案, 明文空间和密文空间均与公钥相关, 所以应由算法 KeyGen 输出. 读者需要根据具体情况, 对定义做灵活变通, 切勿墨守成规.

正确性 该性质保证公钥加密的功能性, 即使用私钥可以正确恢复出对应公钥加密的密文. 正式地, 对于任意明文 $m \in M$, 有

$$\Pr[\text{Decrypt}(sk, \text{Encrypt}(pk, m)) = m] = 1 - \text{negl}(\kappa) \tag{3.1}$$

公式 (3.1)的概率建立在 Setup$(1^\kappa) \to pp$, KeyGen$(pp) \to (pk, sk)$ 和 Encrypt$(pk, m) \to c$ 的随机带上. 如果上述概率严格等于 1, 则称公钥加密方案满足完美正确性.

注记 3.2 通常基于数论假设的公钥加密方案满足完美正确性, 而格基方案由于底层困难问题的误差属性, 解密算法存在可忽略的误差.

安全性 定义公钥加密方案敌手 $\mathcal{A} = (\mathcal{A}_1, \mathcal{A}_2)$ 的优势函数如下:

$$\text{Adv}_{\mathcal{A}}(\kappa) = \left| \Pr \left[\beta' = \beta : \begin{array}{l} pp \leftarrow \text{Setup}(1^\kappa); \\ (pk, sk) \leftarrow \text{KeyGen}(pp); \\ (m_0, m_1, state) \leftarrow \mathcal{A}_1^{\mathcal{O}_{\text{decrypt}}}(pp, pk); \\ \beta \xleftarrow{\text{R}} \{0, 1\}; \\ c^* \leftarrow \text{Encrypt}(pk, m_\beta); \\ \beta' \leftarrow \mathcal{A}_2^{\mathcal{O}_{\text{decrypt}}}(pp, pk, state, c^*) \end{array} \right] - \frac{1}{2} \right|$$

在上述定义中, $\mathcal{A} = (\mathcal{A}_1, \mathcal{A}_2)$ 表示敌手 $\mathcal{A}$ 可划分为两个阶段, 划分界线是接收到挑战密文 c^* 前后, $state$ 表示 $\mathcal{A}_1$ 向 $\mathcal{A}_2$ 传递的信息, 记录部分攻击进展. $\mathcal{O}_{\text{decrypt}}(\cdot)$ 表示解密谕言机, 其在接收到密文 c 的询问后输出 Decrypt(sk, c). 如果任意的

PPT 敌手 $\mathcal{A}$ 在上述游戏中的优势函数均为可忽略函数, 则称公钥加密方案是 IND-CPA 安全的; 如果任意的 PPT 敌手在阶段 1 可自适应访问 $\mathcal{O}_{\text{decrypt}}(\cdot)$ 的情形下仍仅具有可忽略优势, 则称公钥加密方案是 IND-CCA1 安全的; 如果任意的 PPT 敌手在阶段 1 和阶段 2 均可自适应访问 $\mathcal{O}_{\text{decrypt}}(\cdot)$ 的情形下仍仅具有可忽略优势, 则称公钥加密方案是 IND-CCA2 或 IND-CCA 安全的.

以下阐述公钥加密安全性定义的一些细微之处.

● 自适应的含义是敌手的攻击行为可根据学习到的知识动态调整, 如我们称敌手能够自适应地访问解密谕言机, 指敌手可以根据历史询问结果发起新的询问. 简而言之, 自适应性极大地增强了敌手的攻击能力.

● IND-CCA 安全性远强于 IND-CCA1 和 IND-CPA 安全性, 这是因为敌手可以在观察到挑战密文 c^* 后有针对性地发起更加有威胁的解密询问.

● (m_0, m_1) 由敌手任意选择, 从而巧妙精准地刻画了密文不泄漏明文任何一比特信息的直觉.

● 为了避免定义无意义, 在 IND-CCA 的安全游戏中禁止敌手在第二阶段向 $\mathcal{O}_{\text{decrypt}}(\cdot)$ 询问挑战密文 c^*.

笔记　对于密码方案, 给出恰当的安全性定义非常重要: 一方面安全性定义必须足够强, 以刻画现实中存在的攻击; 另一方面安全性定义不能过强使得其不可达. 公钥加密的安全性定义是逐渐演化的.

20 世纪 70 年代, Diffie 和 Hellman 提出了公钥加密的概念, 随后 Riverst, Shamir 和 Adi 构造出了首个公钥加密方案——RSA 加密. 在这一阶段, 公钥加密的安全性仅具备符合直觉的单向性, 即在平均意义下从密文中恢复出明文是计算困难的. 到了 20 世纪 80 年代, 人们逐渐认识到单向性并不能满足应用需求, 这是因为对于单向安全的公钥加密方案, 敌手有可能从密文恢复出明文的部分信息, 而在应用中, 由于数据来源的多样性和不确定性, 明文的每一比特都可能包含关键的机密信息 (比如股票交易指令中的 "买" 或 "卖").

1982 年, Goldwasser 和 Micali [1] 指出单向安全的不足, 提出了语义安全性 (semantic security). 语义安全性的直观含义是密文对敌手求解明文没有帮助. 严格定义颇为精妙, 定义的形式是基于模拟的, 即敌手掌握密文的视角可以由一个 PPT 的模拟器在计算意义下模拟出来. 语义安全性可以看作香农完美安全性在计算意义上的推广放松, 然而在论证的时候稍显笨重.

Goldwasser 和 Micali 给出了另一个等价的定义 (等价性的证明参见 Dodis 和 Ruhl 的短文 [31]), 即选择明文攻击下的不可区分性 (indistinguishability against chosen-plaintext attack, IND-CPA). IND-CPA 安全定义的直觉是密文在计算意义上不泄漏明文的任意一比特信息, 即对任意两个明文对应的密文分布是计算不可区分的, 其中选择明文攻击刻画了公钥公开特性使得任意敌手均可通过自行加密获得任意明文对应密文这一事实. 使用 IND-CPA 安全进行安全论证相比语义安全要便捷很多, 因此被广为采用.

注意到 IND-CPA 安全仅考虑被动敌手, 即敌手只窃听信道上的密文. 1990 年, Naor 和 Yung [32] 认为敌手有能力发起一系列主动攻击, 比如重放密文、修改密文等, 进而提出选择密文攻击 (chosen-ciphertext attack, CCA) 刻画这一系列主动攻击行为, 即敌手可以自适应地获取指定密文对应的明文. Naor 和 Yung 考虑了两种选择密文攻击, 一种是弱化版本, 称为午餐时间攻击 (lunch-time attack), 含义是敌手只能在极短的时间窗口 (收到挑战密文之前) 进行选择密文攻击; 另一种是标准版本, 敌手可以长时间窗口 (收到挑战密文前后) 进行选择密文攻击.

1998 年, Bleichenbacher [33] 展示了针对 PKCS#1 标准中公钥加密方案的有效选择密文攻击, 实证了关于选择密文安全的研究并非杞人忧天. Shoup [34] 进一步深入探讨了选择密文安全的重要性与必要性. 从此, IND-CCA 安全成了公钥加密方案的事实标准.

公钥加密的有用性质

本小节介绍公钥加密两个常见的有用性质, 分别是同态和可重随机化.

同态 公钥加密方案的正确性隐式保证了解密算法自然诱导出从密文空间 C 到明文空间 M 的一个映射 $\phi = \mathsf{Dec}(sk, \cdot)$, 如图 3.2 所示. 如果 ϕ 具备同态性, 则第三方可对密文进行相应地公开计算, 得到的密文与对明文施加同样计算所得结果对应. 正式地, 令 $\mathcal{C} = \{f\}$ 是从 $M^n \to M$ 的某个电路族, 其中 n 是正整数; Eval 为密文求值算法, 以公钥 pk、$f \in \mathcal{C}$ 和密文向量 $\mathbf{c} = (c_1, \cdots, c_n)$ 为输入, 输出 $c' \in C$, 记作 $c' \leftarrow \mathsf{Eval}(pk, f, \mathbf{c})$. 如果对于任意 $f \in \mathcal{C}$ 和任意明文 $\mathbf{m} = (m_1, \cdots, m_n) \in M^n$, 以下公式成立:

$$\Pr \left[\mathsf{Dec}(sk, c') = f(\mathbf{m}) : \begin{array}{l} (pk, sk) \leftarrow \mathsf{KeyGen}(1^\kappa); \\ \mathbf{c} \leftarrow \mathsf{Enc}(pk, \mathbf{m}); \\ c' \leftarrow \mathsf{Eval}(pk, f, \mathbf{c}) \end{array} \right] = 1$$

则称公钥加密方案是 $\mathcal{C}$-同态的, $\mathcal{C}$ 刻画了同态所支持的公开计算类型. 两种常见的同态类型如下.

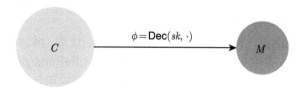

图 3.2 密文空间至明文空间的同态映射

• 部分同态 (partially homomorphic): 不失一般性, 若明文空间 M 为加法群, 密文空间 C 为乘法群, $\mathcal{C}$ 仅包含 $M^2 \to M$ 的群运算, 则称加密方案是部分同态或者加法同态的. 此时同态性刻画如下:

$$\Pr\left[\mathsf{Dec}(sk, c_1 \cdot c_2) = f(m_1, m_2) : \begin{array}{l} (pk, sk) \leftarrow \mathsf{KeyGen}(1^\kappa); \\ c_1 \leftarrow \mathsf{Enc}(pk, m_1), c_2 \leftarrow \mathsf{Enc}(pk, m_2) \end{array}\right] = 1$$

• 全同态 (fully homomorphic): 若 $\mathcal{C}$ 包含了 $M^n \to M$ 的所有多项式时间可计算函数, 则称方案是全同态的.

笔记　几乎所有公钥加密方案都构建在代数性质良好的结构上, 且大部分方案均天然满足部分同态, 如

• RSA [35]: 支持无限次的模乘运算.

• ElGamal [36]: 支持无限次的群加运算.

• Goldwasser-Micali [1]: 支持无限次的异或运算.

• Benaloh [37]: 支持无限次的模加运算.

• Paillier [38]: 支持无限次的模加运算.

• Sander-Young-Yung [39]: 支持 NC^1 电路运算.

• Boneh-Goh-Nissim [40]: 支持无限次的加法运算和一次乘法运算.

• Ishai-Paskin [41]: 支持多项式规模的分支程序 (branching program).

在 RSA 公钥加密方案横空出世仅一年后, Rivest, Adleman 和 Dertouzos[42] 即提出了全同态公钥加密的概念. 直到 31 年后, 才由 Gentry [43] 通过引入理想格 (ideal lattice) 构造出首个全同态加密方案. 自此突破之后, 全同态加密迅猛发展, 理论成果百花齐放, 效率不断提升, 成为隐私保护技术中重要且实用的密码学工具. 感兴趣的读者请参阅 Halevi 的综述文章 [44].

可重随机化　若给定公钥加密方案的公钥 pk 和密文 c, 生成新的密文 c', 使得 c 和 c' 的解密结果相同, 且 c' 的分布与真实密文分布统计不可区分, 则称该公钥加密方案是可公开重随机化的 (re-randomizable), 简称可重随机化. 正式地, 若公钥加密方案存在 PPT 算法 $\mathsf{ReRand}(pk, c) \to c'$, 且满足以下的解密正确性和密文不可区分性, 则称其可重随机化.

• **解密正确性**. 对于任意 $pp \leftarrow \mathsf{Setup}(1^\kappa)$, 任意 $(pk, sk) \leftarrow \mathsf{KeyGen}(pp)$, 任意 $m \in M$, 任意 $c \leftarrow \mathsf{Encrypt}(pk, m)$, 以及任意 $c' \leftarrow \mathsf{ReRand}(pk, c)$, 均有 $\mathsf{Decrypt}(sk, c) = \mathsf{Decrypt}(sk, c')$.

• **密文不可区分性**. 对于任意 $pp \leftarrow \mathsf{Setup}(1^\kappa)$, 任意 $(pk, sk) \leftarrow \mathsf{KeyGen}(pp)$, 任意 $m \in M$, 分布 $c \leftarrow \mathsf{Encrypt}(pk, m)$ 与分布 $c' \leftarrow \mathsf{ReRand}(pk, c)$ 相同.

上述完美的解密正确性和密文不可区分性可根据应用场景适当放宽, 允许解密存在可忽略误差或密文统计接近.

注记 3.3 (公钥加密的安全性与功能性权衡) 对于密码方案和协议, 安全性、功能性和效率之间通常存在权衡关系 (trade-off). 对于公钥加密方案, IND-CPA 安全性与同态性可以共存, 而更强的 IND-CCA 安全性与同态性之间就存在冲突, 无法兼得. 在现实世界中应用公钥加密方案时, 需根据应用场景的具体需求在安全性和功能效率之间做出恰当的选择, 切不可教条.

3.1.2 密钥封装机制

主流的公钥加密方案基于数论或者格基困难问题构造. 基于数论问题的公钥加密方案因需要进行高精度算术运算导致加解密速率较低, 基于格基困难问题的公钥加密方案存在公钥和密文尺寸较大的问题. 而对称加密方案因其功能简单, 仅需异或等逻辑运算即可完成, 且硬件支持良好 (如定制的指令), 因此相比公钥加密具有较大的性能优势, 在加密长明文的场景下更为显著.

如何解决公钥加密在加密长消息时的性能短板呢? 解决思路是混合加密 (hybrid encryption), 朴素的实现方式是 PKE+SKE, 如图 3.3 所示.

(1) 发送方首先随机选择对称密钥 k, 调用公钥加密算法用接收方的公钥 pk 加密 k 得到 c, 再调用对称加密算法用 k 加密明文 m 得到 c', 最终的密文为 (c, c').

(2) 接收方在接收到密文 (c, c') 后, 首先使用私钥 sk 解密 c 恢复对称密钥 k, 再使用 k 解密 c'.

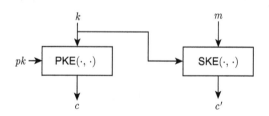

图 3.3 混合加密: PKE+SKE

混合加密方法既保留了公钥加密的功能性, 同时性能几乎与对称加密相当, 因此是使用公钥加密方案加密长明文时的通用范式. Cramer 和 Shoup[45] 观察到公钥加密在混合加密范式中起到的关键作用是发送方向接收方传输对称密钥, 而传递的方式并非必须是加解密. 基于该观察, Cramer 和 Shoup 提出了 "密钥封装-数据封装" 范式, 简称为 KEM+DEM(key/data-encapsulation mechanism), 该范式可以看作混合加密的另一种实现方式, 如图 3.4 所示. 顾名思义, KEM+DEM 范式包含 KEM 和 DEM 两个组件, DEM 可以粗略地等同为对称加密, KEM 是该范式的核心. 简言之, KEM 与 PKE 的不同在于发送方不再先显式选择对称密钥再加密, 而是封装一个随机的对称密钥.

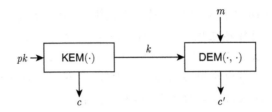

图 3.4　混合加密: KEM+DEM

定义 3.2 (密钥封装机制)　KEM 由以下 4 个 PPT 算法组成.

• Setup(1^{κ}): 系统生成算法以安全参数 1^{κ} 为输入, 输出公开参数 pp, 其中 pp 包含公钥空间 PK、私钥空间 SK、对称密钥空间 K 和密文空间 C 的描述. 该算法由可信第三方生成并公开, 系统中的所有用户共享, 所有算法均将 pp 作为输入. 当上下文明确时, 常常为了行文简洁省去 pp.

• KeyGen(pp): 密钥生成算法以公开参数 pp 为输入, 输出一对公/私钥对 (pk, sk), 其中公钥公开, 私钥秘密保存.

• Encaps($pk; r$): 封装算法以公钥 $pk \in PK$ 为输入, 输出对称密钥 $k \in K$ 和封装密文 $c \in C$.

• Decaps(sk, c): 解封装算法以私钥 $sk \in SK$ 和密文 $c \in C$ 为输入, 输出对称密钥 $k \in K$ 或者 $\perp$ 表示封装密文非法. 解封装算法通常为确定性算法.

注记 3.4　在 KEM 中, 对称密钥 k 起到的作用是在发送方和接收方之间建立安全的会话信道, 因此也常称为会话密钥.

正确性　该性质保证 KEM 的功能性, 即使用私钥可以正确恢复出封装密文所封装的会话密钥. 正式地, 对于任意会话密钥 $k \in K$, 有

$$\Pr[\mathsf{Decaps}(sk, c) = k : (c, k) \leftarrow \mathsf{Encaps}(pk)] = 1 - \mathsf{negl}(\kappa) \tag{3.2}$$

公式(3.2) 的概率建立在 Setup(1^{κ}) $\rightarrow pp$、KeyGen(pp) $\rightarrow (pk, sk)$ 和 Encaps(pk) $\rightarrow (c, k)$ 的随机带上. 如果上述概率严格等于 1, 则称 KEM 方案满足完美正确性.

安全性　定义 KEM 敌手 $\mathcal{A}$ 的优势函数如下:

$$\mathsf{Adv}_{\mathcal{A}}(\kappa) = \left| \Pr\left[\beta' = \beta : \begin{array}{l} pp \leftarrow \mathsf{Setup}(1^{\kappa}); \\ (pk, sk) \leftarrow \mathsf{KeyGen}(pp); \\ (c^*, k_0^*) \leftarrow \mathsf{Encaps}(pk), k_1^* \xleftarrow{\mathrm{R}} K; \\ \beta \xleftarrow{\mathrm{R}} \{0, 1\}; \\ \beta' \leftarrow \mathcal{A}^{\mathcal{O}_{\mathsf{decaps}}}(pp, pk, c^*, k_\beta^*) \end{array} \right] - \frac{1}{2} \right|$$

在上述定义中, $\mathcal{O}_{\mathsf{decaps}}(\cdot)$ 表示解封装谕言机, 其在接收到密文 c 的询问后输出 Decaps(sk, c). 如果任意的 PPT 敌手 $\mathcal{A}$ 在上述游戏中的优势函数均为可忽略函

数, 则称 KEM 方案是 IND-CPA 安全的; 如果任意的 PPT 敌手在可自适应访问 $\mathcal{O}_{\mathsf{decaps}}(\cdot)$ 的情形下仍仅具有可忽略优势, 则称 KEM 方案是 IND-CCA 安全的.

下面给出安全性定义的一些注记.

• 在 KEM 在安全游戏中, 不再需要分阶段定义敌手, 因为挑战密文的生成不受敌手控制, 正是这点不同使得 KEM 的安全性定义要比 PKE 的安全性定义简单.

• 为了避免定义无意义, 在 IND-CCA 的安全游戏中禁止敌手向 $\mathcal{O}_{\mathsf{decaps}}(\cdot)$ 询问挑战密文 c^*.

KEM 组件产生了随机密钥 k 及其封装 c, DEM 组件则是利用随机密钥 k 对消息 m 进行高效的加密, 在实践中, 常利用具有恰当安全性的对称加密方案对其进行实例化.

定义 3.3 (数据封装机制)   DEM 由以下 4 个 PPT 算法组成.

• Setup(1^κ): 以安全参数 1^κ 为输入, 输出公开参数 pp, 其中 pp 包含对称密钥空间 K、明文空间 M 和密文空间 C 的描述. 该算法由可信第三方生成并公开, 系统中的所有用户共享, 所有算法均将 pp 作为输入. 当上下文明确时, 常常为了行文简洁省去 pp.

• KeyGen(pp): 以公开参数 pp 为输入, 输出对称密钥 k. 对称密钥 k 的生成方式通常是对密钥空间 k 进行随机采样.

• Encrypt(k, m): 加密算法以对称密钥 $k \in K$ 和明文 $m \in M$ 为输入, 输出密文 $c \in C$.

• Decrypt(k, c): 以对称密钥 $k \in K$ 和密文 $c \in C$ 为输入, 输出 $\bot$ 表示密文非法. 解密算法通常为确定性算法.

正确性   该性质保证 DEM 的功能性, 即使用密钥可以正确恢复出密文所加密的明文. 正式地, 对于任意密钥 $k \in K$ 以及任意的 $m \in M$, 有

$$\Pr[\mathsf{Decrypt}(k, c) = m : c \leftarrow \mathsf{Encrypt}(k, m)] = 1 - \mathsf{negl}(\kappa) \tag{3.3}$$

公式 (3.3) 的概率建立在 Setup(1^κ) $\to pp$、KeyGen(pp) $\to k$ 和 Encrypt(k, m) $\to c$ 的随机带上. 如果上述概率严格等于 1, 则称 DEM 方案满足完美正确性.

安全性   定义 DEM 敌手 $\mathcal{A}$ 的优势函数如下:

$$\mathsf{Adv}_{\mathcal{A}}(\kappa) = \left| \Pr \left[\beta' = \beta : \begin{array}{l} pp \leftarrow \mathsf{Setup}(1^\kappa); \\ k \leftarrow \mathsf{KeyGen}(pp); \\ (m_0, m_1, state) \leftarrow \mathcal{A}_1(pp); \\ \beta \xleftarrow{\mathrm{R}} \{0, 1\}; c^* \leftarrow \mathsf{Encrypt}(k, m_\beta); \\ \beta' \leftarrow \mathcal{A}_2^{\mathcal{O}_{\mathsf{decrypt}}(\cdot)}(pp, state, c^*) \end{array} \right] - \frac{1}{2} \right|$$

在上述定义中, $\mathcal{A} = (\mathcal{A}_1, \mathcal{A}_2)$ 表示敌手 $\mathcal{A}$ 可划分为两个阶段, 划分界线是接收到挑战密文 c^* 前后, $state$ 表示 $\mathcal{A}_1$ 向 $\mathcal{A}_2$ 传递的信息, 记录部分攻击进展. $\mathcal{O}_{\mathrm{decrypt}}(\cdot)$ 表示解密谕言机, 其在接收到密文 c 的询问后输出 $\mathrm{Decrypt}(k, c)$. 为了避免定义平凡, 禁止 $\mathcal{A}_2$ 向 $\mathcal{O}_{\mathrm{decrypt}}(\cdot)$ 询问挑战密文 c^*. 如果任意的 PPT 敌手 $\mathcal{A}$ 在上述游戏中的优势函数均为可忽略函数, 则称 DEM 方案是 IND-CPA 安全的; 如果任意的 PPT 敌手 $\mathcal{A}$ 在第 2 阶段可自适应访问 $\mathcal{O}_{\mathrm{decrypt}}(\cdot)$ 的情形下仍仅具有可忽略优势, 则称 DEM 方案是 IND-CCA 安全的.

注记 3.5　DEM 的 IND-CCA 安全性定义与 PKE 定义的细微区别是禁止敌手在第 1 阶段询问 $\mathcal{O}_{\mathrm{decrypt}}(\cdot)$.

下面正式给出图 3.4 所示的 KEM+DEM 混合加密范式构造.

构造 3.1 (KEM+DEM 混合加密范式)

● Setup(1^{κ}): 系统生成算法以安全参数 1^{κ} 为输入, 输出公开参数 pp, 其中 pp 包含对公钥空间 PK、私钥空间 SK、对称密钥空间 K、明文空间 M 和密文空间 C_1, C_2 的描述. 该算法由可信第三方生成并公开, 系统中的所有用户共享, 所有算法均将 pp 作为输入. 当上下文明确时, 常常为了行文简洁省去 pp.

● KeyGen(pp): 调用 KEM.KeyGen(pp) 输出 (pk, sk) 作为密钥对.

● Encrypt(pk, m): 调用 KEM.Encaps(pk) 得到对称密钥 k 及其封装 c_1, 再调用 DEM.Encrypt(k, m) 对 m 加密得到 c_2, 输出 $c := (c_1, c_2)$.

● Decrypt(sk, c): 解析 $c = (c_1, c_2)$, 调用 KEM.Decaps(sk, c_1) 得到封装的对称密钥 k, 如果解封装出错, 则输出 $\bot$. 再调用 DEM.Decrypt(k, c_2) 得到明文 m, 如果解密错误, 则输出 $\bot$, 否则以 m 作为最终输出.

构造 3.1 所得 PKE 的安全性与 KEM 和 DEM 的安全性有关, 且不难通过混合论证技术进行证明 [45].

● 如果 KEM 和 DEM 均具有 IND-CPA 安全性, 则上述的混合加密方案为 IND-CPA 安全的.

● 如果 KEM 和 DEM 均具有 IND-CCA 安全性, 则上述的混合加密方案为 IND-CCA 安全的.

注记 3.6　KEM+DEM 范式是常见的 IND-CCA 安全 PKE 方案的构造方法, 但是需要注意, 该构造仅在一般的意义下需要 KEM 和 DEM 均是 IND-CCA 安全的. 对于具体的 KEM 和 DEM 方案, 有可能通过更弱安全性的 KEM 和 DEM 即可以构造 IND-CCA 安全的 PKE 方案, 并且通常更弱安全性的 KEM/DEM 构造将会更为高效, 从而整体的 PKE 方案将会更为高效, 例如著名的 Kurosawa-Desmedt KEM 及其对应的 PKE 方案的设计框架 [46].

3.1.3 两类混合加密范式的比较

PKE+SKE 以及 KEM+DEM 两类混合加密范式的共性都是首先生成对称密钥, 再利用对称密钥加密明文, 因此效率方面的差异体现在第一阶段. PKE+SKE 范式的非对称部分是先选择一个随机的密钥 k, 再使用 PKE 对其加密得到 c, 而 KEM+DEM 范式的非对称部分是两步并做一步完成. 如果使用 PKE+SKE 范式, 密文 c 必然存在密文扩张, 这是由概率加密的本质决定的; 而如果使用 KEM+DEM 的方法, 密文 c 相比 k 可能不存在扩张, 原因是此时 c 是对 k 的封装, 而非加密. 综上, 使用 KEM 代替 PKE, 不仅能够缩减整体密文尺寸, 也能够提升效率.

注记 3.7 通常 KEM 要比 PKE 构造简单, 这是因为 KEM 可以看作功能受限的 PKE, 因为其只允许加密随机的明文.

相比效率提升, KEM+DEM 的理论价值更大. 首先, KEM+DEM 范式实现了对 PKE 的功能解耦, 将 PKE 中的非对称内核抽取出来凝练为 KEM, 意义如下.

● KEM+DEM 范式极大简化了 PKE 的可证明安全. 我们只需证明 KEM 和 DEM 满足一定性质即可. 对比安全模型即可发现, 对于 PKE 有 CPA/CCA1/CCA 三个依次增强的安全性, 而 KEM 只有 CPA/CCA 两个依次增强的安全性. 最关键的是: 在 PKE 中敌手对挑战密文 c^* 有一定的控制能力, 而 KEM 中 c^* 完全由挑战者控制, 这一区别使得 KEM 安全证明中的归约算法更容易设计.

● KEM+DEM 范式有助于简化 PKE 的设计. 该范式将 PKE 的设计任务简化为对应的 KEM, 在后面的章节中可以看到, 在设计高等级安全的 PKE 时, 仅需设计满足相应安全性的 KEM 即可.

● KEM+DEM 范式有助于洞悉 PKE 本质. 该范式揭示了构造 PKE 的核心机制在于构造 KEM. 后续的章节揭示了 KEM 的本质是公开可求值的伪随机函数, 是伪随机函数在 Minicrypt 中的对应. 认识到这一点后, 不仅可以将几乎所有公钥加密的构造统一在同一框架下, 还可以将 SKE 和 PKE 的构造在伪随机函数的视角下实现高度统一.

注记 3.8 目前, 所有已知格基 KEM 的构造方式均为 "先采样随机会话密钥, 再使用 PKE 加密会话密钥" 的方式, 显得迂回笨重, 如何设计精巧纯粹的格基 KEM 是很有挑战意义的研究课题.

3.2 基于整数分解类难题的经典方案

3.2.1 Goldwasser-Micali PKE

Goldwasser 和 Micali[47] 在 1984 年基于 QR 假设构造出首个可证明安全的公钥加密方案. 该方案仅能加密一比特消息, 设计的思想可类比编码: 当明文为 0 时, 随机选取二次剩余元素作为密文; 当明文为 1 时, 随机选取 Jacobi 符号为 +1 的非二次剩余元素作为密文.

构造 3.2 (Goldwasser-Micali PKE)

• Setup(1^κ): 以安全参数 1^κ 为输入, 生成全局公开参数 pp, 包含对明文空间 $M = \{0,1\}$ 的描述.

• KeyGen(pp): 从 pp 中解析出 1^κ, 运行 GenModulus(1^κ) $\rightarrow$ (N,p,q), 随机选取 $z \in \mathcal{QNR}_N^{+1}$, 输出公钥 $pk = (N,z)$ 和私钥 $sk = (p,q)$.

• Encrypt(pk,m): 以公钥 $pk = (N,z)$ 和明文 $m \in \{0,1\}$ 为输入, 随机选择 $x \xleftarrow{\text{R}} \mathbb{Z}_N^*$, 输出密文 $c = z^m \cdot x^2 \bmod N$.

• Decrypt(sk,c): 以私钥 $sk = (p,q)$ 和密文 c 为输入, 利用私钥判定 c 是否是模 N 的二次剩余. 若是, 则输出 0; 否则输出 1.

Goldwasser-Micali PKE 的正确性显然, 安全性由以下定理保证.

定理 3.1 如果 QR 假设成立, 那么 Goldwasser-Micali PKE 是 IND-CPA 安全的.

证明 令 S_i 表示敌手在 Game_i 中的成功概率. 以游戏序列的方式组织证明如下.

Game_0: 该游戏是标准的 IND-CPA 游戏, 挑战者 $\mathcal{CH}$ 和敌手 $\mathcal{A}$ 交互如下.

• 初始化: $\mathcal{CH}$ 运行 Setup(1^κ) 生成公开参数 pp, 同时运行 KeyGen(pp) 生成公钥 $pk = (N,z)$ 和私钥 $sk = (p,q)$. $\mathcal{CH}$ 将 (pp,pk) 发送给 $\mathcal{A}$.

• 挑战: $\mathcal{A}$ 选择 $m_0, m_1 \in \mathbb{G}$ 并发送给 $\mathcal{CH}$. $\mathcal{CH}$ 选择随机比特 $\beta \in \{0,1\}$, 随机选择 $x \in \mathbb{Z}_N^*$, 计算 $c^* = z^{m_\beta} \cdot x^2 \bmod N$ 并发送给 $\mathcal{A}$.

• 猜测: $\mathcal{A}$ 输出对 β 的猜测 β'. $\mathcal{A}$ 成功当且仅当 $\beta' = \beta$.

根据定义, 我们有

$$\text{Adv}_{\mathcal{A}}(\kappa) = |\Pr[S_0] - 1/2|$$

Game_1: 与 Game_0 的唯一不同在于密钥对的生成方式, $\mathcal{CH}$ 将 pk 中元素 z 的选取由 Jacobi 符号为 +1 的随机非二次剩余元素切换为随机二次剩余元素. 在 Game_1 中, 无论 m_β 是 0 还是 1, 密文分布均是 $\mathcal{QR}_N$ 上的均匀分布, 完美掩盖了 β 的信息. 因此, 即使对于拥有无穷计算能力的敌手, 我们也有

$$\text{Adv}_{\mathcal{A}}(\kappa) = |\Pr[S_1] - 1/2| = 0$$

引理 3.1 如果 QR 假设成立, 那么对于任意 PPT 敌手我们均有 $|\Pr[S_0] - \Pr[S_1]| \leqslant \mathsf{negl}(\kappa)$.

证明 证明的思路是反证. 若存在 PPT 敌手 $\mathcal{A}$ 在 Game_0 和 Game_1 中成功的概率之差不可忽略, 则可构造出 PPT 算法 $\mathcal{B}$ 打破 QR 困难问题. 令 $\mathcal{B}$ 的 QR 挑战实例为 (N, z), $\mathcal{B}$ 的目标是区分挑战实例 z 选自 $\mathcal{QNR}_N^{+1}$ 还是 $\mathcal{QR}_N$ 上的均匀分布. 为此 $\mathcal{B}$ 扮演 IND-CPA 游戏中的挑战者与 $\mathcal{A}$ 交互如下.

- 初始化: $\mathcal{B}$ 根据它的挑战实例生成 pp, 令 $pk = (N, z)$, 将 (pp, pk) 发送给 $\mathcal{A}$.
- 挑战: $\mathcal{A}$ 选择 $m_0, m_1 \in \mathbb{G}$ 并发送给 $\mathcal{B}$. $\mathcal{B}$ 随机选择 $\beta \xleftarrow{\mathrm{R}} \{0, 1\}$, 随机选取 $x \in \mathbb{Z}_N^*$, 设置 $c^* = z^{m_\beta} \cdot x^2$ 并发送给 $\mathcal{A}$.
- 猜测: $\mathcal{A}$ 输出对 β 的猜测 β'. 如果 $\beta' = \beta$, $\mathcal{B}$ 输出 1.

对上述交互分析可知, 如果 $z \xleftarrow{\mathrm{R}} \mathcal{QNR}_N^{+1}$, 那么 $\mathcal{B}$ 完美地模拟了 Game_0; 如果 $z \xleftarrow{\mathrm{R}} \mathcal{QR}_N$, 那么 $\mathcal{B}$ 完美地模拟了 Game_1. 因此, $\mathcal{B}$ 解决 QR 挑战的优势 $\mathsf{Adv}_{\mathcal{B}}(\kappa) = |\Pr[S_0] - \Pr[S_1]|$. 如果 QR 假设成立, 我们有 $|\Pr[S_0] - \Pr[S_1]| \leqslant \mathsf{negl}(\kappa)$. $\qquad\square$

综上, 定理得证. $\qquad\square$

3.2.2 Rabin PKE

令 N 为 Blum 整数, 即 $N = p \cdot q$ 的素因子 p, q 均模 4 余 3. Rabin [48] 在 1979 年基于 SQR 假设构造出 $\mathcal{QR}_N$ 上的单向陷门置换 $f_N \stackrel{\mathrm{def}}{=} [x^2 \bmod N]$, 称为 Rabin TDP. 可以证明, 最低有效位 (least significant bit, lsb) 函数是 Rabin TDP 的 hardcore 谓词. 基于 Rabin TDP, 可以构造公钥加密方案如下.

构造 3.3 (Rabin PKE)

- Setup(1^κ): 以安全参数 1^κ 为输入, 生成全局公开参数 pp, 包含对明文空间 $M = \{0, 1\}$ 的描述.
- KeyGen(pp): 从 pp 中解析出 1^κ, 运行 GenModulus(1^κ) $\rightarrow (N, p, q)$, 其中 N 是 Blum 整数. 输出公钥 $pk = N$ 和私钥 $sk = (p, q)$.
- Encrypt(pk, m): 以公钥 $pk = N$ 和明文 $m \in \{0, 1\}$ 为输入, 随机选择 $x \xleftarrow{\mathrm{R}} \mathcal{QR}_N$, 计算 $c_0 = x^2 \bmod N$, 计算 $c_1 = m \oplus \mathsf{lsb}(x)$, 输出 $c = (c_0, c_1)$ 作为密文.
- Decrypt(sk, c): 以私钥 $sk = (p, q)$ 和密文 $c = (c_0, c_1)$ 为输入, 计算 x 满足 $x^2 = c_0 \bmod N$, 输出 $m' = c_1 \oplus \mathsf{lsb}(x)$.

Rabin PKE 的正确性由 $f_N \stackrel{\mathrm{def}}{=} [x^2 \bmod N]$ 是陷门置换这一事实保证, IND-CPA 安全性由陷门置换的单向性保证.

3.3 基于离散对数类难题的经典方案

3.3.1 ElGamal PKE

1985 年, ElGamal [36] 基于 Diffie-Hellman 非交互式密钥协商协议构造了 El-Gamal PKE 方案. 该方案设计简洁精巧, 对后续的研究有深远的影响.

构造 3.4 (ElGamal PKE)

- Setup(1^κ): 以安全参数 1^κ 为输入, 运行 GenGroup(1^κ) $\to (\mathbb{G}, q, g)$, 输出公开参数 pp, 其中包含对循环群 $\mathbb{G}$、公钥空间 $PK = \mathbb{G}$、私钥空间 $SK = \mathbb{Z}_q$、明文空间 $M = \mathbb{G}$ 和密文空间 $C = \mathbb{G}^2$ 的描述.

- KeyGen(pp): 随机选取 $sk \in \mathbb{Z}_q$ 作为私钥, 计算公钥 $pk := g^{sk}$.

- Encrypt(pk, m): 以公钥 pk 和明文 $m \in \mathbb{G}$ 为输入, 随机选择 $r \xleftarrow{\text{R}} \mathbb{Z}_q$, 计算 $c_0 = g^r$, $c_1 = pk^r \cdot m$, 输出密文 $c = (c_1, c_2) \in C$.

- Decrypt(sk, c): 以私钥 sk 和密文 $c = (c_0, c_1)$ 为输入, 输出 $m' := c_1/c_0^{sk}$.

正确性 以下公式 (3.4) 说明方案具有完美正确性:

$$m' = c_1/c_0^{sk} = pk^r \cdot m/(g^r)^{sk} = m \tag{3.4}$$

定理 3.2 如果 DDH 假设成立, 那么 ElGamal PKE 是 IND-CPA 安全的.

证明 令 S_i 表示敌手在 Game_i 中成功的概率. 以游戏序列的方式组织证明如下.

Game_0: 该游戏是标准的 IND-CPA 游戏, 挑战者 $\mathcal{CH}$ 和敌手 $\mathcal{A}$ 交互如下.

- 初始化: $\mathcal{CH}$ 运行 Setup(1^κ) 生成公开参数 pp, 同时运行 KeyGen(pp) 生成公私钥对 (pk, sk). $\mathcal{CH}$ 将 (pp, pk) 发送给 $\mathcal{A}$.

- 挑战: $\mathcal{A}$ 选择 $m_0, m_1 \in \mathbb{G}$ 并发送给 $\mathcal{CH}$. $\mathcal{CH}$ 选择随机比特 $\beta \in \{0, 1\}$, 随机选择 $r \in \mathbb{Z}_q$, 计算 $c^* = (g^r, pk^r \cdot m_\beta)$ 并发送给 $\mathcal{A}$.

- 猜测: $\mathcal{A}$ 输出对 β 的猜测 β'. $\mathcal{A}$ 成功当且仅当 $\beta' = \beta$.

根据定义, 我们有

$$\text{Adv}_{\mathcal{A}}(\kappa) = |\Pr[S_0] - 1/2|$$

Game_1: 与 Game_0 的唯一不同在于挑战密文的生成方式, $\mathcal{CH}$ 不再计算 pk^r 作为会话密钥掩蔽 m_β, 而是随机选取 $z \xleftarrow{\text{R}} \mathbb{Z}_q$, 用 g^z 作为会话密钥掩蔽 m_β, 得到挑战密文 $c^* = (g^r, g^z \cdot m_\beta)$. 在 Game_1 中, r 和 z 均为挑战者从 $\mathbb{Z}_q$ 中独立随机选取, 因此挑战密文 c^* 在 $\mathbb{G} \times \mathbb{G}$ 上均匀分布, 完美隐藏了 β 的信息. 因此, 即使对于拥有无穷计算能力的敌手, 我们也有

$$\text{Adv}_{\mathcal{A}}(\kappa) = |\Pr[S_1] - 1/2| = 0$$

引理 3.2 如果 DDH 假设成立, 那么对于任意 PPT 敌手, 我们均有 $|\Pr[S_0] - \Pr[S_1]| \leqslant \mathrm{negl}(\kappa)$.

证明 证明的思路是反证. 若存在 PPT 敌手 $\mathcal{A}$ 在 Game_0 和 Game_1 中成功的概率差不可忽略, 则可构造出 PPT 算法 $\mathcal{B}$ 打破 DDH 困难问题. 令 $\mathcal{B}$ 的 DDH 挑战实例为 (g, g^a, g^b, g^c), $\mathcal{B}$ 的目标是区分挑战实例是 DDH 四元组还是随机四元组. 为此, $\mathcal{B}$ 扮演 IND-CPA 游戏中的挑战者与 $\mathcal{A}$ 交互如下.

- 初始化: $\mathcal{B}$ 根据它的挑战实例生成 pp, 令 $pk = g^a$, 将 (pp, pk) 发送给 $\mathcal{A}$. 注意, $\mathcal{B}$ 并不知晓 a (这是符合逻辑的, 不然归约无意义).
- 挑战: $\mathcal{A}$ 选择 $m_0, m_1 \in \mathbb{G}$ 并发送给 $\mathcal{B}$. $\mathcal{B}$ 随机选择 $\beta \xleftarrow{\mathrm{R}} \{0, 1\}$, 设置 $c^* = (g^b, g^c \cdot m_\beta)$ 并发送给 $\mathcal{A}$. 该设定隐式的设定 $r = b$.
- 猜测: $\mathcal{A}$ 输出对 β 的猜测 β'. 如果 $\beta' = \beta$, $\mathcal{B}$ 输出 "1", 否则输出 "0".

对上述交互分析可知, 如果 $c = ab$, 那么 $\mathcal{B}$ 完美地模拟了 Game_0; 如果 c 在 $\mathbb{Z}_q$ 中随机选择, 那么 $\mathcal{B}$ 完美地模拟了 Game_1. 因此, $\mathcal{B}$ 解决 DDH 挑战的优势 $\mathrm{Adv}_{\mathcal{B}}(\kappa) = |\Pr[S_0] - \Pr[S_1]|$. 如果 DDH 假设成立, 我们有 $|\Pr[S_0] - \Pr[S_1]| \leqslant \mathrm{negl}(\kappa)$. □

综上, 定理得证. □

注记 3.9 (具有实际应用价值的同态) ElGamal PKE 构建在 q 阶循环群 $\mathbb{G} = \langle g \rangle$ 上, 明文空间是 $\mathbb{G}$, 使用公钥 pk 对明文 m 的加密所得密文为 $(g^r, pk^r \cdot m)$. 容易验证, ElGamal PKE 相对于 $\mathbb{G}$ 中的群运算 "·" 同态, 然而, 这种类型的同态并无实际意义, 现实应用中需要的是相对于 $\mathbb{Z}_q$ 上的模加运算 "+" 同态. 面向实际需求, ISO/IEC 标准化了指数上的 (exponential) ElGamal PKE 方案. 该方案同样构建在 q 阶循环群 $\mathbb{G} = \langle g \rangle$ 上, 所不同的是明文空间设定为 $\mathbb{G}$ 的自然同构 $\mathbb{Z}_q$, 使用公钥 pk 对明文 m 加密时, 首先计算 m 的自然同构映射结果 g^m, 再如常加密, 最终密文为 $(g^r, pk^r \cdot g^m)$. 容易验证, exponential ElGamal PKE 相对于 $\mathbb{Z}_q$ 中的 "+" 运算同态.

注记 3.10 (有实际意义的可重随机化性质) 目前, 几乎所有可重随机化的公钥加密方案都满足同态性, 这是因为同态性自然蕴含了可重随机化性质: 令待重随机化密文为 c, 随机生成对明文空间 M 中单位元的加密 c^*, 计算 $c + c^*$ 作为 c 的重随机化. 同态公钥加密方案均构建在群等代数结构上, 而真实的应用场景通常需要明文空间是 $\{0, 1\}^n$, 且 n 为较大的正整数如 128, 这就隐式地要求存在 $\{0, 1\}^n$ 到代数结构的高效编码方案. 然而, 若公钥加密方案的明文空间的二进制表示稀疏时 (如 ElGamal PKE 的明文空间为椭圆曲线群或 $\mathbb{Z}_q^*$ 的子群), 高效的编码方案是难以构造的, 这就形成实际应用中的痛点问题, 构成了密码学理论与应用之间的深坑裂隙: 理论上有完美的解决方案, 但找不到满足实际需求的高效实现.

　　注: 当代数结构的二进制表示稠密时或者明文空间较小时, 上述痛点问题有希望得到解决.

3.3.2　Twisted ElGamal PKE

　　近半个世纪, 随着网络技术的飞速发展, 计算模式逐渐由集中式迁移分布式. 新型计算模式对加密方案的需求也从单一的机密性保护扩展到对隐私计算的支持. 上一节注记中提到的 exponential ElGamal PKE 支持 $\mathbb{Z}_p$ 上的模加运算 "$+$" 同态, 适用于密态计算场景. 在区块链和机器学习等涉及恶意敌手的计算场景中, 还常需要以隐私保护的方式证明密文加密的明文满足声称的约束关系, 特别地, 在指定的区间内, 我们称之为零知识密态区间范围证明.

　　零知识密态区间范围证明又可以根据证明者的角色分为两类.

　　(1) 证明者为密文生成方: 证明者知晓加密随机数 r 和加密消息 m.

　　(2) 证明者为密文接收方: 证明者知晓解密私钥 sk 和加密消息 m.

　　我们称上面两种情形下完成密态证明的组件为 Gadget-1 和 Gadget-2. 下面详细讨论 Gadget-1 的构造, Gadget-2 的设计可以通过重加密技术归结为 Gadget-1.

　　当前最高效的零知识区间范围证明系统是构建在离散对数群上的 Bulletproof [49], 其接受的断言类型为 Pedersen 承诺. 尽管 exponential ElGamal PKE 密文的第二项 $pk^r g^m$ 也是 Pedersen 承诺的形式, 但是若证明者为密文生成方, 则其知晓承诺密钥 (pk, g) 之间的离散对数关系, 因此无法调用 Bulletproof 完成证明 (合理性得不到保证), 如图 3.5 所示.

图 3.5　ElGamal 无法与 Bulletproof 直接对接

　　解决该问题有两种技术手段.

　　(1) 文献 [50] 中的方法: 证明者首先设计 NIZKPoK 协议证明其知晓密文的随机数和消息, 再引入新的 Pedersen 承诺作为桥接, 并设计 NIZK 协议证明新承诺的消息与明文的一致性 (注: NIZK 协议可与前面的 NIZKPoK 协议合并设计), 再调用 Bulletproof 对桥接承诺进行证明, 如图 3.6 所示. 该方法的缺点是需要引入桥接承诺的额外的 Σ 协议, 增大了证明和验证的开销.

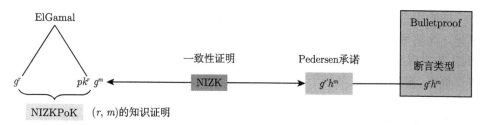

图 3.6 ElGamal PKE 的密态区间范围证明组件 Gadget-1 之设计方法一

(2) 文献 [51] 中的方法: 结合待证明的 ElGamal PKE 密文对 Bulletproof 进行重新设计, 使用量身定制的 Σ-Bulletproof 完成证明, 如图 3.7 所示. 该方法的缺点是需要对 Bulletproof 进行定制化的改动, 不具备模块化特性.

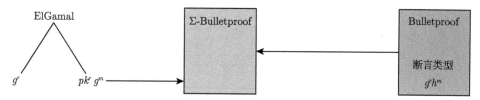

图 3.7 ElGamal PKE 的密态区间范围证明组件 Gadget-1 之设计方法二

上述两种技术手段均存在不足. 为了解决这一问题, Chen 等[52] 对 exponential ElGamal PKE 进行变形扭转, 将封装密文 g^r 与会话密钥 pk^r 的位置对调, 同时更改同构映射编码的基底, 得到 twisted ElGamal PKE.

构造 3.5 (twisted ElGamal PKE)

- Setup(1^κ): 运行 GenGroup(1^κ) $\to (\mathbb{G}, q, g)$, 随机选取 $\mathbb{G}$ 的另一生成元 h, 输出 pp 包含循环群和 h 的描述, 同时包含公钥空间 $PK = \mathbb{G}$、私钥空间 $SK = \mathbb{Z}_q$、明文空间 $M = \mathbb{Z}_q$ 和密文空间 $C = \mathbb{G}^2$ 的描述.
- KeyGen(pp): 随机选取 $sk \in \mathbb{Z}_q$ 作为私钥, 计算公钥 $pk := g^{sk}$.
- Encrypt(pk, m): 以公钥 pk 和明文 $m \in \mathbb{Z}_q$ 为输入, 随机选择 $r \xleftarrow{R} \mathbb{Z}_q$, 计算 $c_0 = pk^r$, $c_1 = g^r h^m$, 输出密文 $c = (c_1, c_2) \in C$.
- Decrypt(sk, c): 以私钥 sk 和密文 $c = (c_0, c_1)$ 为输入, 输出 $m' := \log_h c_1 / c_0^{sk^{-1}}$.

正确性 以下公式 (3.5) 说明方案具有完美正确性:

$$c_1/c_0^{sk^{-1}} = g^r h^m /(pk^r)^{sk^{-1}} = h^m \tag{3.5}$$

定理 3.3 如果 DDH 假设成立, 那么 twisted ElGamal PKE 是 IND-CPA 安全的.

证明与标准的 ElGamal PKE 证明类似, 我们留给读者作为练习.

☺ **笔记**　为获得 $\mathbb{Z}_q$ 上的加法同态, exponential ElGamal PKE 和 twisted ElGamal PKE 均将明文空间设定为 $\mathbb{Z}_q$, 加密时必须先进行同构编码, 解密时则在最后需要进行解码. 解码的过程等同于求解离散对数, 因此为了确保解密高效, 必须将有效的明文空间限制在较小的范围内, 如 $[0, 2^{40}]$.

零知识证明友好特性　新的加密方案与 exponential ElGamal PKE 的性能和安全性相当, 同样满足 $\mathbb{Z}_q$ 上的模加同态. 特别地, 密文的第二部分恰好是标准的 Pedersen 承诺形态 (承诺密钥陷门未知), 可无缝对接 Bulletproof 等一系列断言类型为 Pedersen commitment 的区间范围证明, 如图 3.8 所示. 我们称公钥加密方案的这种性质为零知识证明友好.

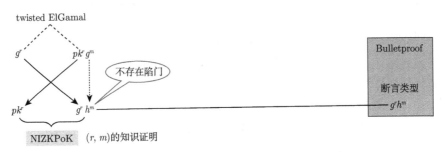

图 3.8　twisted ElGamal PKE 的密态区间范围证明组件 Gadget-1

twisted ElGamal PKE 的密态证明组件 Gadget-2 的设计可以通过如下步骤完成:

(1) 证明者使用 sk 对密文 $(pk^r, g^r h^m)$ 进行部分解密得到 h^m;

(2) 证明者选取新的随机数对 m 进行重加密得到新密文 $(pk^{r^*}, g^{r^*} h^m)$;

(3) 证明者设计 NIZK 协议证明新旧密文的一致性, 即均是对同一个消息的加密 (具体可通过证明 DDH 元组的 Sigma 协议实现);

(4) 证明者调用 Gadget-1 对新密文完成密态证明.

相比标准的 ElGamal PKE, twisted ElGamal PKE 的显著优势就在于零知识证明友好, 表 3.1 对比了两者的密态证明组件的效率.

表 3.1　标准 ElGamal 和 twisted ElGamal 与 Bulletproof 对接开销的对比

对接开销	PKE	证明大小	证明者开销	验证者开销
Gadgets-1/2	标准 ElGamal	$n(2|\mathbb{G}| + |\mathbb{Z}_p|)$	$n(4\text{Exp}+2\text{Add})$	$n(3\text{Exp}+2\text{Add})$
	twisted ElGamal	0	0	0

注: Exp 表示椭圆曲线上的点乘运算, Add 表示椭圆曲线上的点加运算.
在统计证明者和验证者开销时, 略去了数域上的操作, 因其开销相比椭圆曲线群上的操作可忽略. n 是需要证明的密文数. 在很多实际应用中, 单个证明者需要对多个密文通过 Gadget-1/2 进行区间范围证明. 当密文数量为百万量级时, 使用 twisted ElGamal 带来的性能提升是相当可观的.

3.4 基于格类难题的经典方案

3.4.1 Regev PKE

Regev[9] 提出了 LWE 困难问题, 并基于该问题构造了一个公钥加密方案, 称为 Regev PKE, 如图 3.9 所示.

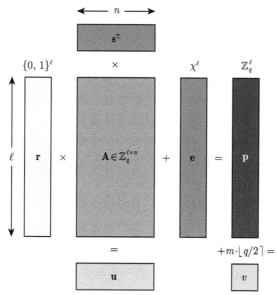

图 3.9 Regev PKE 加密方案示意图

构造 3.6 (Regev PKE)

• Setup(1^κ): 以安全参数 1^κ 为输入, 生成随机矩阵 $\mathbf{A} \in \mathbb{Z}_q^{\ell \times n}$ 作为公开参数.

• KeyGen(pp): 以公开参数 pp 为输入, 随机选取向量 $\mathbf{s} \xleftarrow{\mathrm{R}} \mathbb{Z}_q^n$ 作为私钥, 随机选取噪声向量 $\mathbf{e} \xleftarrow{\mathrm{R}} \chi^\ell$ (其中 $\chi^\ell = D_{\mathbb{Z}^\ell, r}$), 计算 $\mathbf{p} \leftarrow \mathbf{A} \cdot \mathbf{s} + \mathbf{e} \in \mathbb{Z}_q^\ell$ 作为公钥.

• Encrypt(pk, m): 以公钥 $pk = \mathbf{p}$ 和明文 $m \in \{0, 1\}$ 为输入, 随机选取向量 $\mathbf{r} \xleftarrow{\mathrm{R}} \{0, 1\}^\ell$ 计算 $\mathbf{u}^{\mathrm{T}} = \mathbf{r}^{\mathrm{T}} \mathbf{A}$ 和 $v = \mathbf{r}^{\mathrm{T}} \mathbf{p} + m \cdot \lfloor q/2 \rceil$, 输出密文 $(\mathbf{u}, v)$.

• Decrypt($\mathbf{s}, c$): 以私钥 $sk = \mathbf{s}$ 和密文 $c = (\mathbf{u}, v)$, 计算 $y = v - \mathbf{u}^{\mathrm{T}} \mathbf{s} \in \mathbb{Z}_q$, 若 y 接近 0 则输出 0; 若 y 接近 $\lfloor q/2 \rceil$ 则输出 1.

正确性 观察以下等式:

$$
\begin{aligned}
y &= v - \mathbf{u}^{\mathrm{T}} \mathbf{s} \\
&= \mathbf{r}^{\mathrm{T}} \mathbf{p} + m \cdot \lfloor q/2 \rceil - \mathbf{r}^{\mathrm{T}} \mathbf{A} \mathbf{s} \\
&= \mathbf{r}^{\mathrm{T}} (\mathbf{A} \mathbf{s} + \mathbf{e}) + m \cdot \lfloor q/2 \rceil - \mathbf{r}^{\mathrm{T}} \mathbf{A} \mathbf{s} \\
&= \mathbf{r}^{\mathrm{T}} \mathbf{e} + m \cdot \lfloor q/2 \rceil
\end{aligned}
$$

由上述推导可知, 当累计误差 $|\langle \mathbf{r}, \mathbf{e} \rangle| \leqslant q/4$ 时解密正确. 因此, 在参数选取时应令 q 的取值对于误差分布 χ 和 ℓ 相对较大. 比如, 当 $\chi = D_{\mathbb{Z},r}$ 是离散 Gaussian 分布时, $\langle \mathbf{r}, \mathbf{e} \rangle$ 是参数至多为 $r\sqrt{\ell}$ 的亚 Gaussian 分布, 其尺寸小于 $r\sqrt{\ell \ln(1/\varepsilon)/\pi}$ 的概率至少为 $1 - 2\varepsilon$. 为了确保解密错误的概率可忽略, 可设定 $r = \Theta(\sqrt{n})$, $q = \tilde{O}(n)$, 对应 LWE 错误率 $\alpha = r/q = 1/\tilde{O}(n)$.

定理 3.4　如果判定性 LWE 假设成立, 则 Regev PKE 是 IND-CPA 安全的.

证明　令 S_i 表示敌手在 Game_i 中的成功概率. 以游戏序列的方式组织证明如下.

Game_0: 该游戏是标准的 IND-CPA 游戏. 挑战者 $\mathcal{CH}$ 和敌手 $\mathcal{A}$ 交互如下.

• 初始化: $\mathcal{CH}$ 运行 $\mathsf{Setup}(1^\kappa)$ 生成公开参数 $\mathbf{A} \in \mathbb{Z}_q^{\ell \times n}$, 同时生成公私钥对, 其中私钥 sk 为随机向量 $\mathbf{s} \in \mathbb{Z}_q^n$, 公钥 pk 为 $\mathbf{p} = \mathbf{As} + \mathbf{e} \in \mathbb{Z}_q^\ell$, 其中 $\mathbf{e} \leftarrow \chi^\ell$.

• 挑战: $\mathcal{A}$ 选取 (m_0, m_1) 发送给 $\mathcal{CH}$. $\mathcal{CH}$ 随机选取 $\mathbf{r} \xleftarrow{\mathrm{R}} \{0,1\}^\ell$, $\beta \xleftarrow{\mathrm{R}} \{0,1\}$, 计算 $\mathbf{u} = \mathbf{r}^{\mathrm{T}} \mathbf{A}$, $v = \mathbf{r}^{\mathrm{T}} \mathbf{p} + m_\beta \cdot \lfloor q/2 \rfloor$, 发送 $(\mathbf{u}, v)$ 给 $\mathcal{A}$ 作为挑战密文.

• 猜测: $\mathcal{A}$ 输出对 β 的猜测 β'. $\mathcal{A}$ 成功当且仅当 $\beta = \beta'$.

根据定义, 我们有

$$\mathsf{Adv}_{\mathcal{A}}(\kappa) = |\Pr[S_0] - 1/2|$$

Game_1: 与 Game_0 唯一不同的是 $\mathcal{CH}$ 生成公钥的方式由计算 $\mathbf{As} + \mathbf{e}$ 变为随机选取 $\mathbb{Z}_q^\ell$ 上的向量. 在 Game_1 中, $\mathbf{A} = \mathbf{A} | \mathbf{p}$ 是 $\mathbb{Z}_q^{\ell \times n}$ 上的随机矩阵, 容易验证 $f_{\mathbf{A}}(\mathbf{r}) = \mathbf{r}^{\mathrm{T}} \mathbf{A}$ 是从 $\{0,1\}^\ell$ 到 $\mathbb{Z}_q^{n+1}$ 的一致哈希 (universal hash), 由参数选取 $\ell > n \log q$ 和剩余哈希引理 (leftover hash lemma) 可知, 函数的输出统计不可区分于 $\mathbb{Z}_q^{n+1}$ 上的均匀分布. 因此, 挑战密文几乎完美掩盖了 β 的信息. 故, 即使对于拥有无穷计算能力的敌手, 我们也有

$$\mathsf{Adv}_{\mathcal{A}}(\kappa) = |\Pr[S_1] - 1/2| = \mathsf{negl}(\kappa)$$

断言 3.1　如果判定性 LWE 假设成立, 那么对于任意 PPT 敌手均有 $|\Pr[S_0] - \Pr[S_1]| \leqslant \mathsf{negl}(\kappa)$.

证明　证明的思路是反证. 若存在 PPT 敌手 $\mathcal{A}$ 在 Game_0 和 Game_1 中成功的概率差不可忽略, 则可构造出 PPT 算法 $\mathcal{B}$ 打破 LWE 困难问题. 令 $\mathcal{B}$ 的 LWE 挑战实例为 $(\mathbf{A}, \mathbf{p})$, $\mathcal{B}$ 的目标是区分挑战实例是随机采样还是 LWE 采样. 为此 $\mathcal{B}$ 扮演 IND-CPA 游戏中的挑战者与 $\mathcal{A}$ 交互如下.

• 初始化: $\mathcal{B}$ 发送 $(\mathbf{A}, \mathbf{p})$ 给 $\mathcal{A}$. 该操作将 pk 隐式地设定为 $\mathbf{p}$.

• 挑战: $\mathcal{A}$ 选取 (m_0, m_1) 发送给 $\mathcal{CH}$. $\mathcal{CH}$ 随机选取 $\mathbf{r} \xleftarrow{\mathrm{R}} \{0,1\}^\ell$, $\beta \xleftarrow{\mathrm{R}} \{0,1\}$, 计算 $\mathbf{u} = \mathbf{r}^{\mathrm{T}} \mathbf{A}$, $v = \mathbf{r}^{\mathrm{T}} \mathbf{p} + m_\beta \cdot \lfloor q/2 \rfloor$, 发送 $(\mathbf{u}, v)$ 给 $\mathcal{A}$ 作为挑战密文.

• 猜测: $\mathcal{A}$ 输出对 β 的猜测 β'. 如果 $\beta = \beta'$, $\mathcal{B}$ 输出 1.

对上述交互分析可知, 如果 $\mathbf{p}$ 是 LWE 采样, 那么 $\mathcal{B}$ 完美模拟了 Game_0; 如果 $\mathbf{p}$ 是随机采样, 那么 $\mathcal{B}$ 完美模拟了 Game_1. 因此, $\mathcal{B}$ 解决 LWE 挑战的优势 $\mathsf{Adv}_{\mathcal{B}}(\kappa) = |\Pr[S_0] - \Pr[S_1]|$. 如果 LWE 假设成立, 我们有 $|\Pr[S_0] - \Pr[S_1]| \leqslant \mathsf{negl}(\kappa)$. □

综上, 定理得证. □

注记 3.11 Regev PKE 和 Goldwasser-Micali PKE 在设计上有异曲同工之处, 均采用的是有损加密思想, 即公钥存在正常和有损这两种计算不可区分的类型, 正常公钥生成的密文可以正确解密, 而有损公钥生成的密文丢失了明文的全部信息. 在安全性证明时, 利用两种类型公钥的计算不可区分性以及有损加密的性质, 即可完成 IND-CPA 安全的论证.

3.4.2 GPV PKE

Gentry, Peikert 和 Vaikuntanathan[53] 基于 LWE 假设构造出另一个 PKE 方案, 称为 GPV PKE, 如图 3.10 所示.

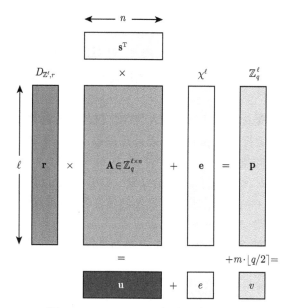

图 3.10 GPV PKE 加密方案示意图

构造 3.7 (GPV PKE)

• Setup(1^{κ}): 以安全参数 1^{κ} 为输入, 生成随机矩阵 $\mathbf{A} \in \mathbb{Z}_q^{\ell \times n}$ 作为公开参数.

• KeyGen(pp): 以公开参数 pp 为输入, 随机选取噪声向量 $\mathbf{r} \xleftarrow{\mathsf{R}} \{0,1\}^{\ell}$ 作为私钥, 计算 $\mathbf{u}^{\mathrm{T}} \leftarrow \mathbf{r}^{\mathrm{T}}\mathbf{A}$ 作为公钥. 从编码的角度, $\mathbf{u}$ 可以理解为 $\mathbf{r}$ 相对于 $\mathbf{A}$ 的校验子 (syndrome).

- Encrypt(pk, m): 以公钥 $pk = \mathbf{u}$ 和明文 $m \in \{0,1\}$ 为输入, 随机选取向量 $\mathbf{s} \xleftarrow{R} \mathbb{Z}_q^n$ 和 $\mathbf{e} \xleftarrow{R} \chi^\ell$, 随机选取 $e \xleftarrow{R} \chi$, 计算 $\mathbf{p} = \mathbf{As} + \mathbf{e} \in \mathbb{Z}_q^\ell$ 和 $v = \mathbf{u}^{\mathrm{T}}\mathbf{s} + e + m \cdot \lfloor q/2 \rfloor$, 输出密文 $(\mathbf{p}, v)$.

- Decrypt$(\mathbf{r}, c)$: 以私钥 $sk = \mathbf{r}$ 和密文 $c = (\mathbf{p}, v)$, 计算 $y = v - \mathbf{r}^{\mathrm{T}}\mathbf{p} \in \mathbb{Z}_q$, 若 y 接近 0, 则输出 0; 若 y 接近 $\lfloor q/2 \rfloor$, 则输出 1.

正确性 观察以下等式:

$$
\begin{aligned}
y &= v - \mathbf{r}^{\mathrm{T}}\mathbf{p} \\
&= \mathbf{u}^{\mathrm{T}}\mathbf{s} + e + m \cdot \lfloor q/2 \rfloor - \mathbf{r}^{\mathrm{T}}(\mathbf{As} + \mathbf{e}) \\
&= \mathbf{u}^{\mathrm{T}}\mathbf{s} + e + m \cdot \lfloor q/2 \rfloor - \mathbf{u}^{\mathrm{T}}\mathbf{s} - \mathbf{r}^T\mathbf{e} \\
&= m \cdot \lfloor q/2 \rfloor + e - \mathbf{r}^T\mathbf{e}
\end{aligned}
$$

由上述推导可知, 当累计误差 $|\langle e - \mathbf{r}^{\mathrm{T}}\mathbf{e}\rangle| \leqslant q/4$ 时解密正确. 通过恰当的参数选择, 可确保累计误差以接近 1 的绝对优势概率小于等于 $q/4$, 更多细节请参考文献 [53].

定理 3.5 如果判定性 LWE 假设成立, 则 GPV PKE 是 IND-CPA 安全的.

证明 令 S_i 表示敌手在 Game$_i$ 中的成功概率. 以游戏序列的方式组织证明如下.

Game$_0$: 该游戏是标准的 IND-CPA 游戏. 挑战者 $\mathcal{CH}$ 和敌手 $\mathcal{A}$ 交互如下.

- 初始化: $\mathcal{CH}$ 运行 Setup(1^κ) 生成公开参数 $\mathbf{A} \in \mathbb{Z}_q^{\ell \times n}$, 同时生成公私钥对, 其中私钥 sk 为随机向量 $\mathbf{r} \in D_{\mathbb{Z}^\ell, r}$, 公钥 pk 为 $\mathbf{u} = \mathbf{r}^{\mathrm{T}}\mathbf{A}$.

- 挑战: $\mathcal{A}$ 选取 (m_0, m_1) 发送给 $\mathcal{CH}$. $\mathcal{CH}$ 随机选取 $\mathbf{s} \xleftarrow{R} \mathbb{Z}_q^n$, 随机选取 $\mathbf{e} \xleftarrow{R} \chi^\ell$ 和 $e \xleftarrow{R} \chi$, $\beta \xleftarrow{R} \{0,1\}$, 计算 $\mathbf{p} = \mathbf{As} + \mathbf{e} \in \mathbb{Z}_q^\ell$, $v = \mathbf{u}^{\mathrm{T}}\mathbf{s} + e + m_\beta \cdot \lfloor q/2 \rfloor$ 作为密文. 发送 $(\mathbf{u}, v)$ 给 $\mathcal{A}$ 作为挑战密文.

- 猜测: $\mathcal{A}$ 输出对 β 的猜测 β'. $\mathcal{A}$ 成功当且仅当 $\beta = \beta'$.

根据定义, 我们有

$$\mathsf{Adv}_{\mathcal{A}}(\kappa) = |\Pr[S_0] - 1/2|$$

Game$_1$: 与 Game$_0$ 唯一不同的是 $\mathcal{CH}$ 生成公钥的方式由计算 $\mathbf{u}^{\mathrm{T}} = \mathbf{r}^{\mathrm{T}}\mathbf{A}$ 变为随机选取 $\mathbf{u} \xleftarrow{R} \mathbb{Z}_q^n$ 上的向量. 在 Game$_1$ 中, $(\mathbf{A}, \mathbf{p} = \mathbf{As} + \mathbf{e}, \mathbf{u}, \mathbf{u}^{\mathrm{T}}\mathbf{s} + e)$ 恰好构成 $\ell + 1$ 个 LWE 采样结果. 由 LWE 假设立刻可知, 敌手在 Game$_1$ 中的视角计算意义下隐藏了 β 的信息, 因此基于 LWE 假设有

$$\mathsf{Adv}_{\mathcal{A}}(\kappa) = |\Pr[S_1] - 1/2| \leqslant \mathsf{negl}(\kappa)$$

断言 3.2 对于任意的敌手 $\mathcal{A}$ (即使拥有无穷计算能力), 均有

$$|\Pr[S_0] - \Pr[S_1]| \leqslant \mathsf{negl}(\kappa)$$

证明 根据 $\ell \geqslant 2n\log q$ 的参数选择可知, 公钥 $\mathbf{u}$ 的分布与 $\mathbb{Z}_q^n$ 上的均匀分布统计不可区分, 因此敌手在 Game_0 和 Game_1 中的视图统计不可区分, 从而 $|\Pr[S_0] - \Pr[S_1]| \leqslant \mathsf{negl}(\kappa)$. $\square$

综上, 定理得证. $\square$

注记 3.12 Regev PKE 和 GPV PKE 在形式上相似, 构造使用了相同的元素 $\mathbf{A}, \mathbf{s}, \mathbf{r}, \mathbf{e}, \mathbf{p}, \mathbf{u}, v$, 但用途含义不完全相同, 构造互为对偶. Regev PKE 中, $\mathbf{p}$ 为公钥, $(\mathbf{s}, \mathbf{e})$ 为私钥, $\mathbf{u}$ 为密文; GPV PKE 中 $\mathbf{p}$ 为密文, $(\mathbf{s}, \mathbf{e})$ 为加密随机数, $\mathbf{u}$ 为公钥. 感兴趣的读者可以参阅 [54] 了解更多格密码学中的对偶性. Regev PKE 中, 公钥空间是稀疏的; 而在 GPV PKE 中, 公钥空间是稠密的, 这一特性使得我们可以借助随机谕言机将 GPV PKE 编译为身份加密方案——GPV IBE.

章后习题

练习 3.1 请试着给出公钥加密方案的另一种安全性定义, 并证明该定义与 IND-CPA 安全性的等价性.

练习 3.2 请证明 twisted ElGamal PKE 的 IND-CPA 安全性.

第3章习题答案

第 4 章

公钥加密的通用构造

章前概述

内容提要

❑ 单向陷门函数类   ❑ 程序混淆类
❑ 哈希证明系统类   ❑ 可公开求值伪随机函数类
❑ 可提取哈希证明系统类

本章开始介绍公钥加密的通用构造方法. 4.1 节介绍了基于各类单向陷门函数的构造, 4.2 节介绍了基于哈希证明系统的构造, 4.3 节介绍了基于可提取哈希证明系统的构造, 4.4 节介绍了基于程序混淆的构造, 4.5 节介绍了基于可公开求值伪随机函数的构造, 统一阐释上述通用构造.

4.1 单向陷门函数类

4.1.1 基于单向陷门函数的构造

单向陷门函数 (TDF) 是单向函数 (OWF) 在 Cryptomania 中的对应, 简言之, 其正向计算容易, 逆向计算困难但在有陷门信息辅助时容易.

定义 4.1 (单向陷门函数 (TDF)) 如图 4.1 所示, TDF 由以下 4 个 PPT 算法组成.

• Setup(1^κ): 以安全参数 1^κ 为输入, 输出公开参数 pp, 其中 pp 包含对定义域 D、值域 R、求值公钥空间 EK、求逆陷门空间 TD 和单向陷门函数族 $f : EK \times D \to R$ 的描述. 换言之, f 是由求值公钥索引的函数族. 不失一般性, D 支持高效的随机采样, 即存在 PPT 算法 SampDom, 可以从 D 中随机选取一个元素. 在多数情况下, D 和 R 是与求值公钥无关的 (该性质也被称为 index-independent), 但在有些情形下, D 和 R 是由求值公钥索引的空间簇. 为了叙述简洁, 以下均假设 D 和 R 是单一空间. 空间簇的情形由单一集合的情形自然推广得到.

- KeyGen(pp): 以公共参数 pp 为输入, 输出密钥对 (ek, td), 其中 ek 为求值公钥, td 为求逆陷门.
- Eval(ek, x): 以求值公钥 ek 和定义域元素 $x \in D$ 为输入, 输出 $y \leftarrow f_{ek}(x)$.
- TdInv(td, y): 以求逆陷门 td 和值域元素 $y \in R$ 为输入, 输出 $x \in D$ 或特殊符号 $\perp$ 指示 y 不存在原像.

定义以下两条性质.

- 单射: $\forall ek$, 称 f_{ek} 是单射的当且仅当 $x \neq x' \Rightarrow f_{ek}(x) \neq f_{ek}(x')$.
- 置换: $\forall ek$, $\mathrm{Img}(f_{ek}) = D = R$.

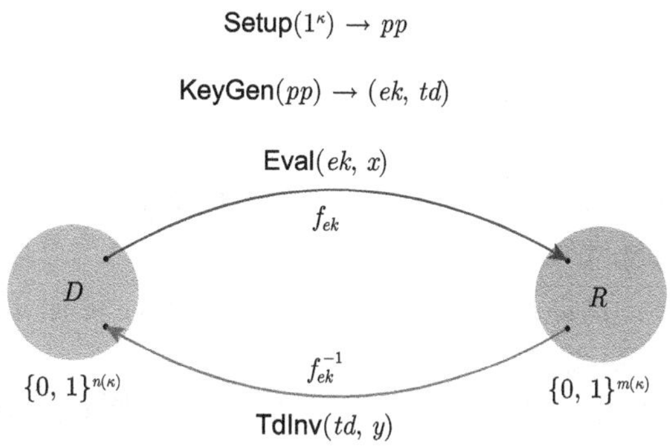

图 4.1

正确性 对于 $\forall \kappa \in \mathbb{N}$, $pp \leftarrow \mathsf{Setup}(1^\kappa)$, $(ek, td) \leftarrow \mathsf{KeyGen}(pp)$ 和 $x \in D$ 以及 $y = \mathsf{Eval}(ek, x)$, 有

$$\Pr[\mathsf{TdInv}(td, y) \in f_{ek}^{-1}(y)] = 1$$

单向性 定义单向陷门函数敌手 $\mathcal{A}$ 的优势函数如下:

$$\mathrm{Adv}_{\mathcal{A}}(\kappa) = \Pr\left[x \in f_{ek}^{-1}(y^*) : \begin{array}{l} pp \leftarrow \mathsf{Setup}(1^\kappa); \\ (ek, td) \leftarrow \mathsf{KeyGen}(pp); \\ x^* \xleftarrow{\mathrm{R}} D, y^* \leftarrow \mathsf{Eval}(ek, x^*); \\ x \leftarrow \mathcal{A}(pp, ek, y^*) \end{array} \right]$$

如果对于任意的 PPT 敌手 $\mathcal{A}$, 其优势函数均是可忽略的, 则称该陷门函数是单向的.

注记 4.1 (1) 不失一般性, 假定 D 和 R 均存在经典表示, 分别是 $\{0, 1\}^{n(\kappa)}$ 和 $\{0, 1\}^{m(\kappa)}$, 其中 $n(\cdot)$ 和 $m(\cdot)$ 是关于 κ 的多项式函数. 容易验证, 长度函数不

能过大, 如果 $n(\cdot)$ 或 $m(\cdot)$ 是超多项式函数, 则函数无法高效计算; 长度函数也不能小, 如果 $n(\cdot)$ 或 $m(\cdot)$ 是亚线性函数, 则函数不可能满足单向性.

(2) 在抽象定义中, 只限定了 $\mathsf{TdFInv}(td, \cdot)$ 在输入为像集元素时返回原像, 而未限定其输入为非像集元素时的行为. 在具体构造时, $\mathsf{TdFInv}(td, \cdot)$ 在输入为非像集元素时的行为往往需要精心设定, 以方便安全性证明.

(3) 在单向性的定义中, 敌手 $\mathcal{A}$ 仅观察到 ek 和 y^* 的信息. $x^* \xleftarrow{\mathrm{R}} D$ 可以放宽至 x^* 选自 D 上具有高最小熵 (high-min-entropy) 的分布, 即 $\mathsf{H}_\infty(x^*) \geqslant \omega(\log \kappa)$.

在介绍基于单向陷门函数的 PKE 构造前, 先展示一个基于单向陷门置换的朴素构造. 该构造并不安全, 但对得到正确的构造很有启发意义.

构造 4.1 (基于 TDP 的朴素 PKE 构造 (不安全))

• $\mathsf{Setup}(1^\kappa)$: 运行 $\mathsf{TDP.Setup}(1^\kappa)$ 生成公开参数 pp, 其中明文空间和密文空间均为单向陷门置换的定义域 D.

• $\mathsf{KeyGen}(pp)$: 运行 $\mathsf{TDP.KeyGen}(pp) \to (ek, td)$, 其中 ek 作为加密公钥, td 作为解密私钥.

• $\mathsf{Encrypt}(ek, m)$: 以公钥 ek 和明文 $m \in D$ 为输入, 运行 $\mathsf{TDP.Eval}(ek, m)$ 计算 $c \leftarrow f_{ek}(m)$ 作为密文.

• $\mathsf{Decrypt}(td, c)$: 以私钥 td 和密文 $c \in D$ 为输入, 运行 $\mathsf{TDP.TdInv}(td, c)$ 计算 $m \leftarrow f_{ek}^{-1}(c)$ 恢复明文.

上述构造来自 Diffie 和 Hellman 的经典论文 [5], 原始的 RSA 公钥加密方案就是该构造的具体实例化. 该构造的想法直观, 利用单向陷门置换将明文转化为密文, 同时利用陷门可以求逆从密文中恢复明文. 但其仅仅满足较弱的 OW-CPA 安全, 并不满足现在公认的最低要求 IND-CPA 安全, 因此其也被称为公钥加密的 textbook 构造①. 朴素构造不满足 IND-CPA 安全的根本原因是加密算法是确定型的而非概率型的, 因此敌手可以通过 “加密-比较” 即可打破 IND-CPA 安全. 因此, 强化朴素构造的第一步是选择定义域中的随机元素 x, 计算其函数值 $f_{ek}(x)$ 作为封装密文, 再用 x 作为会话密钥掩蔽明文. 强化构造仍然不满足 IND-CPA 安全性, 原因是 $f_{ek}(\cdot)$ 是公开可计算函数, 其函数值泄漏了原像信息, 使得原像在敌手的视角中不再伪随机. 针对性的强化方法是计算 x 的硬核函数值作为会话密钥.

以下首先介绍硬核函数 (图 4.2) 的概念.

定义 4.2 (硬核函数)   称多项式时间可计算的确定性函数 $\mathsf{hc}: D \to K$ 是函数 $f: D \to R$ 的硬核函数, 当且仅当

$$(f(x^*), \mathsf{hc}(x^*)) \approx_c (f(x^*), U_K)$$

---

① textbook 指其仅适合作为以科普为目的的教学.

其中概率空间建立在 $x^* \stackrel{\text{R}}{\leftarrow} D$ 的随机带上. 以安全实验的方式可如下定义, 即对于任意 PPT 敌手 $\mathcal{A}$, 其安全优势可忽略:

$$\mathsf{Adv}_{\mathcal{A}}(\kappa) = \left| \Pr \left[\beta' = \beta : \begin{array}{l} pp \leftarrow \mathsf{Setup}(1^\kappa); \\ x^* \stackrel{\text{R}}{\leftarrow} D, y^* \leftarrow f(x^*); \\ k_0^* \leftarrow \mathsf{hc}(x^*), k_1^* \stackrel{\text{R}}{\leftarrow} K, \beta \stackrel{\text{R}}{\leftarrow} \{0,1\}; \\ \beta' \leftarrow \mathcal{A}(pp, ek, y^*, k_\beta^*) \end{array} \right] - \frac{1}{2} \right|$$

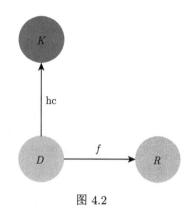

图 4.2

定理 4.1 (Goldreich-Levin 定理) 如果 $f : \{0,1\}^n \to \{0,1\}^m$ 是单向函数, 那么 $\mathsf{GL}(x) = \bigoplus_{i=1}^n x_i r_i$ 是 $\{0,1\}^n \to \{0,1\}$ 的单比特输出硬核函数 (硬核谓词).

注记 4.2 Goldreich-Levin 定理是现代密码学中极为重要的结论, 它的意义在于通过显式构造硬核函数, 建立起单向性与伪随机性之间的关联. 从另一个角度理解, GL 硬核谓词可以看作一个计算意义下的随机性提取器, 对 $x|f(x)$ 的计算熵进行随机性提取, 萃取出伪随机的一比特. 还需要特别说明的是, 到目前为止尚不知晓如何针对任意单向函数 f 设计一个确定型的硬核谓词. GL 是相对于 $g(x,r) := f(x)\|r$ 的硬核谓词, 或者可以将 $r \stackrel{\text{R}}{\leftarrow} \{0,1\}^n$ 理解为硬核谓词的描述, 将 GL 理解为 f 的随机性硬核谓词. 本书中采用第二种观点.

另一方面, GL 硬核谓词是通用的 (universal), 即构造对于任意单向函数均成立. 强通用性的代价是效率较低, 输出仅是单比特. 当单向函数具有特殊的结构 (如函数是置换) 或者依赖额外困难假设 (如判定性假设、差异输入程序混淆假设) 时, 存在更高效的构造.

以下我们展示如何基于单射的单向陷门函数构造 KEM 方案.

构造 4.2 (基于单射单向陷门函数的 CPA 安全的 KEM 构造)

• Setup(1^κ): 运行 TDF.Setup(1^κ) 生成公开参数 pp. pp 中不仅包含单向陷门函数 $f_{ek} : D \to R$ 的描述, 还包括相应硬核函数 $\mathsf{hc} : D \to K$ 的描述. KEM 方

案的密文空间是 TDF 的定义域 D, 密钥空间是硬核函数的值域 K.

- KeyGen(pp): 运行 TDF.KeyGen$(pp) \to (ek, td)$, 其中 ek 作为封装公钥 pk, td 作为解封装私钥 sk.
- Encaps(pk, m): 以公钥 $pk = ek$ 为输入, 随机选取 $x \xleftarrow{\text{R}} D$, 运行 TDF.Eval$(ek, x)$ 计算 $c \leftarrow f_{ek}(m)$ 作为封装密文, 计算 $k \leftarrow \text{hc}(x)$ 作为会话密钥.
- Decaps(sk, c): 以私钥 $sk = td$ 和密文 c 为输入, 运行 TDF.TdInv(td, c) 计算 $x \leftarrow f_{ek}^{-1}(c)$, 输出 $k \leftarrow \text{hc}(x)$.

正确性　由单向陷门函数的单射性质和求逆算法的正确性可知, 上述 KEM 构造满足正确性.

定理 4.2　如果 f_{ek} 是一族单射单向陷门函数, 那么上述 KEM 构造是 IND-CPA 安全的.

证明　可通过单一归约完成, 证明若存在敌手 $\mathcal{A}$ 打破 KEM 方案的 IND-CPA 安全性, 则存在敌手 $\mathcal{B}$ 打破 hc 的伪随机性, 进而与 f_{ek} 的单向性矛盾. 令 $\mathcal{B}$ 的挑战实例为 (pp, ek, y^*, k_β^*), 其中 pp 为单射单向陷门函数的公开参数, ek 为随机生成的求值密钥, $y^* \leftarrow f_{ek}(x^*)$ 是随机选取原像 x^* 的像, $k_0^* \leftarrow \text{hc}(x^*)$, $k_1^* \xleftarrow{\text{R}} K$, 敌手 $\mathcal{B}$ 的目标是判定 $\beta = 0$ 抑或 $\beta = 1$. $\mathcal{B}$ 与 $\mathcal{A}$ 交互如下.

- 初始化: $\mathcal{B}$ 根据 pp 生成 KEM 方案的公开参数, 并设定公钥 $pk := ek$, 将 (pp, ek) 发送给 $\mathcal{A}$.
- 挑战: $\mathcal{B}$ 设定 $c^* := y^*$, 将 (c^*, k_β^*) 发送给 $\mathcal{A}$.
- 猜测: $\mathcal{A}$ 输出 β', $\mathcal{B}$ 将 β' 转发给它自身的挑战者.

容易验证, $\mathcal{B}$ 完美地模拟了 KEM 方案中的挑战者, $\mathcal{B}$ 成功当且仅当 $\mathcal{A}$ 成功. 因此我们有

$$\text{Adv}_{\mathcal{A}}^{\text{KEM}}(\kappa) = \text{Adv}_{\mathcal{B}}^{\text{hc}}(\kappa)$$

由 f_{ek} 的单向性可知, hc 伪随机, 从 KEM 构造满足 IND-CPA 安全性.　□

以上的结果展示了单射单向陷门函数蕴含 IND-CPA 的公钥加密. 一个自然的问题是, 单向陷门函数需要满足何种性质才能蕴含 IND-CCA 的公钥加密. 以下, 我们按照时间先后顺序依次介绍单向陷门函数的三个增强版本, 并展示如何基于这些增强版本的单向陷门函数构造 IND-CCA 的公钥加密.

4.1.2　基于有损陷门函数的构造

理想世界中的镜中月和水中花体现的是信息完美复刻, 而现实世界中更多的现象体现的却是信息有损, 如拍照、录音, 无论设备和手段多么先进, 都无法做到完美复刻信源信息, 只能做到尽可能的高保真. 单射函数可以形象地理解为理想世界中信息无损的编码过程, 那么什么形式的函数刻画了现实世界中信息有损的编码过程呢? Peikert 和 Waters [55] 正是基于上述的思考, 在 2008 年开创性提出

了有损陷门函数 (lossy trapdoor function, LTDF) 的概念. 简言之, 有损陷门函数有两种模式, 即单射和有损模式. 在单射模式下, 函数是单射的, 像完全保留了原像的全部信息; 在有损模式下, 函数是有损的, 像在信息论意义下丢失了原像的部分信息. 两种模式之间的关联是计算不可区分.

定义 4.3 (有损陷门函数 (LTDF)) 如图 4.3 所示, 有损陷门函数由 n 和 τ 两个参数刻画, 包含以下 5 个 PPT 算法.

- Setup(1^κ): 以安全参数 1^κ 为输入, 输出公开参数 pp, 其中 pp 包含对定义域 X 和值域 Y 的描述, 其中 $|X| = 2^{n(\kappa)}$.

- GenInjective(pp): 以公共参数 pp 为输入, 输出密钥对 (ek, td), 其中 ek 为求值公钥, td 为求逆陷门. 该算法输出的 ek 定义了从 X 到 Y 的单射函数 f_{ek}, 拥有对应 td 可以对 f_{ek} 进行高效求逆.

- GenLossy(pp): 以公共参数 pp 为输入, 输出密钥对 $(ek, \bot)$, 其中 ek 为求值公钥, $\bot$ 表示陷门不存在无法求逆. 该算法输出的 ek 定义了从 D 到 R 的有损函数 f_{ek}, 像集的大小至多为 $2^{\tau(\kappa)}$.

- Eval(ek, x): 以求值公钥 ek 和定义域元素 $x \in X$ 为输入, 输出 $y \leftarrow f_{ek}(x)$.

- TdInv(td, y): 以求逆陷门 td 和值域元素 $y \in Y$ 为输入, 输出 $x \in X$ 或特殊符号 $\bot$ 指示 y 不存在原像.

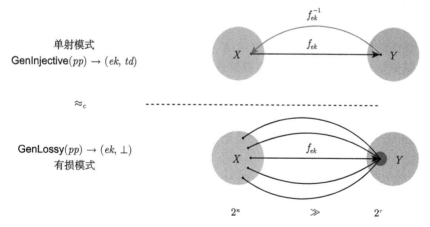

图 4.3 有损陷门函数 (LTDF) 示意图

有损陷门函数需满足以下性质.

模式不可区分性 GenInjective(pp) 和 GenLossy(pp) 的第一个输出构成的分布在计算意义下不可区分, 即任意 PPT 敌手无法判定求值公钥 ek 属于单射模式还是有损模式.

相比常规的单向陷门函数, 有损陷门函数额外具备一个计算不可区分的有损

模式, 这正是其威力的来源. 在利用有损陷门函数设计密码方案/协议时, 通常按照如下的步骤:

(1) 在单射模式下完成密码方案/协议的功能性构造 (功能性通常需要函数单射可逆);

(2) 在有损模式下完成密码方案/协议的安全性论证 (论证通常在信息论意义下进行);

(3) 利用单射模式和有损模式的计算不可区分性证明密码方案/协议在正常模式下计算安全性.

细心的读者可能已经发现了有损陷门函数的定义中并没有显式地要求函数在单射模式下具备单向性, 这是因为单射和有损模式的计算不可区分性已经隐式地保证了这一点. 以下进行严格证明, 具体展示应用有损陷门函数设计密码方案/协议的过程.

定理 4.3　令 $\mathcal{F}$ 是一族 (n, τ)-LTDF, 当 $n - \tau \geqslant \omega(\log \kappa)$ 时, $\mathcal{F}$ 的单射模式构成一族单射单向陷门函数.

证明　通过游戏序列组织.

Game_0: 该游戏是标准的单射单向陷门函数安全游戏. 挑战者 $\mathcal{CH}$ 和敌手 $\mathcal{A}$ 交互如下.

- 初始化: $\mathcal{CH}$ 运行 $pp \leftarrow \text{Setup}(\kappa)$, $(ek, td) \leftarrow \text{GenInjective}(pp)$, 发送 (pp, ek) 给 $\mathcal{A}$.
- 挑战阶段: $\mathcal{CH}$ 随机选择 $x^* \xleftarrow{\text{R}} X$, 发送 $y^* \leftarrow f_{ek}(x^*)$ 给 $\mathcal{A}$.
- 猜测阶段: $\mathcal{A}$ 输出 x', $\mathcal{A}$ 赢得游戏当且仅当 $x' = x^*$.

根据定义, 我们有

$$\text{Adv}_{\mathcal{A}}(\kappa) = \Pr[S_0]$$

Game_1: 该游戏与上一个游戏完全相同, 唯一不同的是将单射模式切换到有损模式.

- 初始化: $\mathcal{CH}$ 运行 $(ek, \perp) \leftarrow \text{GenLossy}(pp)$ 生成求值公钥 ek.

根据定义, 我们有

$$\text{Adv}_{\mathcal{A}}(\kappa) = \Pr[S_1]$$

断言 4.1　单射和有损两种模式的计算不可区分性保证了 $|\Pr[S_0] - \Pr[S_1]| \leqslant \text{negl}(\kappa)$.

证明　我们利用反证法完成归约论证: 若 $|\Pr[S_0] - \Pr[S_1]|$ 不可忽略, 则可构造出 PPT 的敌手 $\mathcal{B}$ 打破模式的不可区分性. $\mathcal{B}$ 在收到模式不可区分性的挑战 (pp, ek) 后, 将 (pp, ek) 发送给 $\mathcal{A}$, 随后随机选取 $x^* \xleftarrow{\text{R}} X$, 计算并发送 $y^* \leftarrow f_{ek}(x^*)$ 给 $\mathcal{A}$. 当收到 $\mathcal{A}$ 的输出 x' 后, 若 $x' = x^*$, $\mathcal{B}$ 输出 "1", 否则输出 "0". 分

析可知, 当 ek 来自单射模式时, $\mathcal{B}$ 完美地模拟了 Game_0; 当 ek 来自有损模式时, $\mathcal{B}$ 完美地模拟了 Game_1. 因此, 我们有

$$|\Pr[\mathcal{B}(ek) = 1 : ek \leftarrow \mathsf{GenInjective}(pp)] - \Pr[\mathcal{B}(ek)$$
$$= 1 : ek \leftarrow \mathsf{GenLossy}(pp)]| = |\Pr[S_0] - \Pr[S_1]|$$

其中 $pp \leftarrow \mathsf{Setup}(1^\kappa)$. □

断言 4.2 对于任意的敌手 $\mathcal{A}$ (即使拥有无穷计算能力), 其在 Game_1 中的优势也是可忽略的.

证明 Game_1 处于有损模式, 因此由链式引理可知, x^* 的平均条件最小熵 $\tilde{\mathsf{H}}_\infty(x^*|y^*) \geqslant n - \tau \geqslant \omega(\log \kappa)$, 从而断言得证. □

综合以上, 定理得证! □

注记 4.3 有损陷门函数相比标准单向陷门函数多了有损模式, 也正因为如此, 其具有标准单向陷门函数很多不具备的优势.

在安全方面, 根据上述论证容易验证只要参数设置满足一定约束, 则有损 (陷门) 函数在泄漏模型下仍然安全. 具体地, 在敌手获得关于原像任意长度为 ℓ 有界泄漏的情形下, 只要 $n - \tau - \ell \geqslant \omega(\log \kappa)$, 则单向性依然成立. 因此, 有损 (陷门) 函数是构造抗泄漏单向函数的重要工具[19,56].

在效率方面, 令 $\mathcal{H}$ 是一族从 X 到 $\{0,1\}^{m(\kappa)}$ 的两两独立哈希函数族 (pairwise independent hash function family), 只要 $n - \tau - m \geqslant \omega(\log \kappa)$, 那么从 $\mathcal{H}$ 中随机选择的 h 即构成单向函数的多比特输出硬核函数. 论证的方式是应用条件剩余哈希引理 (conditional leftover hash lemma) 和两两独立哈希函数族构成强随机性提取器的事实, 得到硬核函数输出和均匀随机输出不可区分的结论.

有损陷门函数还有一个非平凡的扩展, 称为全除一 (all-but-one, ABO) 有损陷门函数. 简言之, ABO-LTDF 存在一个分支集合 (branch set), 记为 B. 求值密钥 ek 和分支值 $b \in B$ 共同定义了从 X 到 Y 的函数 $f_{ek,b}$, 该函数当且仅当 b 等于某特定分支值时有损, 在其他分支均单射可逆. ABO-LTDF 的功能与安全性如图 4.4 所示.

定义 4.4 (全除一有损陷门函数) ABO-LTDF 由 n 和 τ 两个参数刻画, 包含以下 5 个 PPT 算法.

- $\mathsf{Setup}(1^\kappa)$: 以安全参数 1^κ 为输入, 输出公开参数 pp, 其中 pp 包含对定义域 X、值域 Y 和分支集合 B 的描述. 其中 $|X| = 2^{n(\kappa)}$.

- $\mathsf{Gen}(pp, b^*)$: 以公共参数 pp 和给定分支值 $b^* \in B$ 为输入, 输出密钥对 (ek, td), 其中 ek 为求值公钥, td 为求逆陷门. 该算法输出的 ek 和分支值 $b \in B$ 定义了从 X 到 Y 的函数 $f_{ek,b}$. 当 $b \neq b^*$ 时, $f_{ek,b}$ 单射且拥有对应 td 可高效求逆; 当 $b = b^*$ 时, f_{ek,b^*} 有损, 像集的大小至多为 $2^{\tau(\kappa)}$, b^* 因此称为有损分支.

- Eval(ek, b, x): 以求值公钥 ek、分支值 $b \in B$ 和定义域元素 $x \in X$ 为输入, 输出 $y \leftarrow f_{ek,b}(x)$.
- TdInv(td, b, y): 以求逆陷门 td、分支值 $b \in B$ 和值域元素 $y \in Y$ 为输入, 输出 $x \in X$ 或特殊符号 $\perp$ 指示 y 不存在原像.

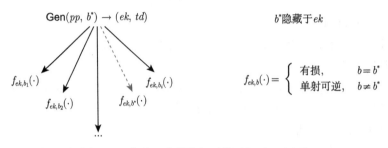

图 4.4　　全除一有损陷门函数 (ABO-LTDF)

全除一有损陷门函数须满足以下性质.

有损分支隐藏性　该性质刻画的安全性质是求值公钥不泄漏有损分支的信息. 严格定义类似公钥加密的不可区分安全或是承诺的隐藏性, 即 $\forall b_0, b_1 \in B$, 我们有

$$\mathsf{Gen}(pp, b_0) \approx_c \mathsf{Gen}(pp, b_1)$$

其中 $pp \leftarrow \mathsf{Setup}(1^\kappa)$.

注记 4.4　ABO-LTDF 可以理解为 LTDF 的扩展, 分支集合由 $\{0,1\}$ 延拓至 $\{0,1\}^b$. LTDF 已经有较为丰富的应用, 如 IND-CPA 的公钥加密方案、不经意传输、抗碰撞哈希函数等; LTDF 与 ABO-LTDF 结合有着更强的应用, 如 IND-CCA 的公钥加密方案. IND-CCA 的公钥加密方案构造原理蕴含在如何基于 LTDF 和 ABO-LTDF 构造更高级的单向陷门函数中 (将在章节中阐述), 为了避免重复, 此处不再详述.

以下展示如何给出 LTDF 和 ABO-LTDF 的具体构造. 构造的难点是需要巧妙设计密钥对生成算法, 使其可以工作在单射可逆和有损两个模式, 且两种模式在计算意义下不可区分. 设计的思路是令定义域 X 是向量空间, 输入 x 是向量空间中的元素, 求值公钥 ek 是刻画线性变换的矩阵, 函数求值 $f(ek, x)$ 的过程就是对输入进行线性变换, 当 ek 满秩时, 函数单射可逆; 当 ek 非满秩时, 函数有损. 隐藏 ek 工作模式的思路则是对其 "加密". 我们称上述技术路线为矩阵式方法.

下面展示矩阵式构造的一个具体例子, 以抽丝剥茧的方式阐明设计思想和关键技术.

隐藏矩阵生成　最简单的满秩矩阵是单位阵, 最简单的非满秩矩阵是全零阵, 两者之间差异显著, 为了保证计算不可区分性, 思路是生成一个伪随机的隐藏矩

阵 (concealer matrix) $\mathbf{M}$ 对其加密. 我们期望 $\mathbf{M}$ 满足如下结构: $\mathbf{M}$ 的所有行向量均处于同一个一维子空间, 后面可以看到子空间的描述将作为陷门信息使用. 具体地, 隐藏矩阵生成算法 $\mathsf{GenConcealMatrix}(n)$ 细节如下:

(1) 随机选择 $\mathbf{r} = (r_1, \cdots, r_n) \xleftarrow{\text{R}} \mathbb{Z}_p^n$ 和 $\mathbf{s} = (s_1, \cdots, s_m, 1) \xleftarrow{\text{R}} \mathbb{Z}_p^n \times \{1\}$;

(2) 计算张量积 $\mathbf{V} = \mathbf{r} \otimes \mathbf{s} = \mathbf{r}^t \mathbf{s} \in \mathbb{Z}_p^{n \times (n+1)}$,

$$\mathbf{V} = \begin{pmatrix} r_1 s_1 & r_1 s_2 & \cdots & r_1 s_n & r_1 \\ r_2 s_1 & r_2 s_2 & \cdots & r_2 s_n & r_2 \\ \vdots & \vdots & & \vdots & \vdots \\ r_n s_1 & r_n s_2 & \cdots & r_n s_n & r_n \end{pmatrix}$$

(3) 输出 $\mathbf{M} = g^{\mathbf{V}} \in \mathbb{G}^{n \times (m+1)}$ 作为隐藏矩阵, $\mathbf{s}$ 作为陷门信息.

$$\mathbf{M} = \begin{pmatrix} g^{r_1 s_1} & g^{r_1 s_2} & \cdots & g^{r_1 s_n} & g^{r_1} \\ g^{r_2 s_1} & g^{r_2 s_2} & \cdots & g^{r_2 s_n} & g^{r_2} \\ \vdots & \vdots & & \vdots & \vdots \\ g^{r_n s_1} & g^{r_n s_2} & \cdots & g^{r_n s_n} & g^{r_n} \end{pmatrix}$$

算法前两步的作用是生成特定结构: 通过张量积确保 $\mathbf{V}$ 中所有行向量均处于向量 $(s_1, \cdots, s_n, 1)$ 张成的一维子空间中. 当前向量定义在有限域 $\mathbb{F}_p$ 上, 而 ek 矩阵不可以定义在有限域 $\mathbb{F}_p$ 上, 否则存在高效的算法判定 ek 对应的矩阵是否满秩. 令 $\mathbb{G}$ 是 p 阶循环群, 其中 DDH 假设成立. 可以证明, 如果 ek 矩阵定义在 $\mathbb{G}$ 上, 那么满秩和非满秩无法有效判定. 因此, 算法的第三步利用从 $\mathbb{F}_p$ 到 $\mathbb{G}$ 的同构映射 $\phi : t \to g^t$ 将 $\mathbb{V}$ 中的所有元素从 $\mathbb{F}_p$ 提升到 $\mathbb{G}$ 中.

注记 4.5 如果将 $\mathbf{s}$ 截断为 $\mathbf{s}' = (s_1, \cdots, s_n)$, 那么 $g^{\mathbf{r} \otimes \mathbf{s}'} = (g^{r_i \cdot s_j}) \in \mathbb{G}^{n \times n}$ 恰好是 Naor-Reingold 基于 DDH 假设的伪随机合成器 (pseudorandom synthesizer) 构造.

● 伪随机合成器 $f(r, s)$ 是满足如下性质的函数: 令 $r_1, \cdots, r_n$ 和 $s_1, \cdots, s_m$ 独立随机分布, 当输入 (r, s) 取遍 (r_i, s_j) 组合时, 输出伪随机合成器.

● Naor 和 Reingold 证明了从 $\mathbb{Z}_p \times \mathbb{Z}_p$ 映射到 $\mathbb{G}$ 的函数 $f(r, s) = g^{rs}$ 是基于 DDH 假设的伪随机合成器.

引理 4.1 如果 DDH 假设成立, 那么由 $\mathsf{GenConcealMatrix}(n)$ 生成的矩阵 $\mathbf{M} = g^{\mathbf{V}}$ 在 $\mathbb{G}^{n \times (n+1)}$ 上伪随机.

证明 证明的过程分为两个步骤, 我们首先在一行上从左至右逐个列元素进行混合论证, 证明其与 $\mathbb{G}^{n+1}$ 上的随机向量计算不可区分, 再利用该结论从上到下逐行进行混合论证, 从而证明隐藏矩阵 $\mathbf{M}$ 在 $\mathbb{G}^{n \times (n+1)}$ 上伪随机分布.

● 逐列论证. 令 $r \xleftarrow{\text{R}} \mathbb{Z}_p$, $\mathbf{s} \xleftarrow{\text{R}} \mathbb{Z}_p^n$, $\mathbf{t} \xleftarrow{\text{R}} \mathbb{Z}_p^n$, 证明如下两个分布计算不可区分:

$$(g^{\mathbf{s}}, g^r, \mathbf{y} = g^{r \cdot \mathbf{s}}) \approx_c (g^{\mathbf{s}}, g^r, \mathbf{y} = g^{\mathbf{t}})$$

证明的方法是设计如下的游戏序列进行混合论证:

$$
\begin{array}{llllll}
\mathrm{Hyb}_0 : g^{\mathbf{s}} & g^{rs_1} & \cdots & g^{rs_n} & g^r \\
\mathrm{Hyb}_1 : g^{\mathbf{s}} & g^{t_1} & \cdots & g^{rs_n} & g^r \\
\mathrm{Hyb}_j : g^{\mathbf{s}} & g^{t_1} & \cdots g^{t_j} \cdots & g^{rs_n} & g^r \\
\mathrm{Hyb}_n : g^{\mathbf{s}} & g^{t_1} & \cdots & g^{t_n} & g^r
\end{array}
$$

基于 DDH 假设, 可以证明任意两个相邻的游戏中定义的分布簇均计算不可区分, 利用混合论证立刻可得 $\mathrm{Hyb}_0 \approx_c \mathrm{Hyb}_1$.

● 逐行论证. 基于上述结果, 我们再逐行变换, 每次将一行替换成 $\mathbb{G}^{n+1}$ 上的随机向量, 再次利用混合论证即可证明

$$(g^{\mathbf{s}}, \mathbf{M}) \approx_c (g^{\mathbf{s}}, U_{\mathbb{G}^{n \times (n+1)}}) \tag{4.1}$$

综上, $\mathbf{M}$ 在 $\mathbb{G}^{n \times (n+1)}$ 上伪随机分布. $\square$

注记 4.6 公式 (4.1) 事实上证明了比引理更强的结果, 即在敌手观察到 $g^{\mathbf{s}}$ 的情形下, $\mathbf{M}$ 仍与 $\mathbb{G}^{n \times (n+1)}$ 上随机矩阵计算不可区分. 在以上两个步骤的证明过程中, 横向的归约损失是 n, 纵向的归约损失为 n, 因此证明的总归约损失是 n^2. 可以利用 DDH 类假设的随机自归约性质 (random self-reducibility) 将归约损失降为 n.

以下首先展示基于 DDH 假设的 LTDF 构造.

构造 4.3 (基于 DDH 假设的 LTDF 构造)

● Setup(1^κ): 运行 GenGroup(1^κ) $\to (\mathbb{G}, g, p)$, 其中 $\mathbb{G}$ 是一个阶为素数 p 的循环群, 生成元为 g. 输出 $pp = (\mathbb{G}, g, p)$. pp 还包括了定义域 $X = \{0, 1\}^n$ 和值域 $Y = \mathbb{G}$ 的描述.

● GenInjective(n): 运行 GenConcealMatrix(n) $\to (g^{\mathbf{V}}, \mathbf{s})$, 输出 $g^{\mathbf{Z}} = g^{\mathbf{V} + \mathbf{I}'}$ 作为公钥 ek, 其中 $\mathbf{I}' \in \mathbb{Z}_p^{n \times (n+1)}$ 由 n 阶单位阵在最右侧补上全零列扩展得来 (即 $(\mathbf{e}_1, \cdots, \mathbf{e}_n, \mathbf{0})$), 输出 $\mathbf{s}$ 作为函数的陷门 td.

$$
g^{\mathbf{Z}} = \left(
\begin{array}{cccc|c}
g^{r_1 s_1 + 1} & g^{r_1 s_2} & \cdots & g^{r_1 s_n} & g^{r_1} \\
g^{r_2 s_1} & g^{r_2 s_2 + 1} & \cdots & g^{r_2 s_n} & g^{r_2} \\
\vdots & \vdots & & \vdots & \vdots \\
g^{r_n s_1} & g^{r_n s_2} & \cdots & g^{r_n s_n + 1} & g^{r_n}
\end{array}
\right)
$$

● GenLossy(n): GenConcealMatrix(n) $\to g^{\mathbf{V}}$, 输出 $g^{\mathbf{Z}} = g^{\mathbf{V}}$ 作为公钥 ek, 陷门 td 为 $\perp$.

$$
g^{\mathbf{Z}} = \begin{pmatrix} g^{r_1 s_1} & g^{r_1 s_2} & \cdots & g^{r_1 s_n} & g^{r_1} \\ g^{r_2 s_1} & g^{r_2 s_2} & \cdots & g^{r_2 s_n} & g^{r_2} \\ \vdots & \vdots & & \vdots & \vdots \\ g^{r_n s_1} & g^{r_n s_2} & \cdots & g^{r_n s_n} & g^{r_n} \end{pmatrix}
$$

- Eval$(ek, \mathbf{x})$: 以 $ek = g^{\mathbf{Z}}$ 和 $\mathbf{x} \in \{0,1\}^n$ 为输入, 计算 $\mathbf{y} \leftarrow g^{\mathbf{xZ}} \in \mathbb{G}^{n+1}$.
- TdInv$(td, \mathbf{y})$: 解析 $td = \mathbf{s} = (s_1, \cdots, s_n)$, 对每个 $i \in [n]$, 计算 $a_i = y_i / y_{n+1}^{s_i}$ 并输出 $x_i \in \{0,1\}$ 使得 $a_i = g^{x_i}$.

定理 4.4 基于 DDH 假设, 上述构造是一族 $(n, \log p)$-LTDF.

证明 单射可逆模式的正确性由算法 TdInv 的正确性保证. 在有损模式下, 所有输出 $\mathbf{y}$ 都具有 $g^{c\mathbf{s}}$ 的形式, 其中 $c = \langle \mathbf{x}, \mathbf{r} \rangle \in \mathbb{Z}_p$. 向量 $\mathbf{s}$ 被 ek 固定, 因此 $\mathrm{Img}(f_{ek}) \leqslant p$.

单射可逆模式和有损模式的计算不可区分性由 GenConcealMatrix 输出的伪随机性 (引理 4.1) 保证. $\square$

下面展示如何基于 DDH 假设构造 ABO-LTDF.

构造 4.4 (基于 DDH 假设的 ABO-LTDF 构造)

- Setup(1^κ): 运行 GenGroup$(1^\kappa) \to (\mathbb{G}, g, p)$, 其中 $\mathbb{G}$ 是一个阶为素数 p 的循环群, 生成元为 g. 输出 $pp = (\mathbb{G}, g, p)$. pp 还包括定义域 $X = \{0,1\}^n$、值域 $Y = \mathbb{G}$ 和分支集合 $B = \mathbb{Z}_p$ 的描述.
- Gen(pp, b^*): 运行 GenConcealMatrix$(n) \to (g^{\mathbf{V}}, \mathbf{s})$, 输出 $g^{\mathbf{Z}} = g^{\mathbf{V} - b^* \mathbf{I}'}$ 作为公钥 ek, 其中 $\mathbf{I}' = (\mathbf{e}_1, \cdots, \mathbf{e}_n, \mathbf{0}) \in \mathbb{Z}_p^{n \times (n+1)}$, 输出 $(b^*, \mathbf{s})$ 作为陷门 td.
- Eval$(ek, b, \mathbf{x})$: 以 $ek = g^{\mathbf{Z}}$ 和 $\mathbf{x} \in \{0,1\}^n$ 为输入, 计算 $\mathbf{y} \leftarrow g^{\mathbf{x}(\mathbf{Z} + b(\mathbf{e}_1, \cdots, \mathbf{e}_n, \mathbf{0}))} \in \mathbb{G}^{n+1}$, 记为 $y \leftarrow f(ek, b, x)$ 或 $y \leftarrow f_{ek,b}(x)$.
- TdInv$(td, b, \mathbf{y})$: 解析 td 为 $\mathbf{s} = (s_1, \cdots, s_n)$, 对每个 $i \in [n]$, 计算 $a_i = y_i / y_{n+1}^{s_i}$ 并输出 $x_i \in \{0,1\}$ 使得 $a_i = g^{(b-b^*)x_i}$.

$$\mathsf{Gen}(pp, b^*) \to (ek, \mathbf{s})$$

$$\mathsf{GenConcealMatrix}(n) = g^{\mathbf{V}}$$

$$\downarrow$$

$$\mathbf{x} \in \mathbb{Z}_2^n \times \begin{pmatrix} g^{r_1 s_1} & g^{r_1 s_2} & \cdots & g^{r_1 s_n} & g^{r_1} \\ g^{r_2 s_1} & g^{r_2 s_2} & \cdots & g^{r_2 s_n} & g^{r_2} \\ \vdots & \vdots & & \vdots & \vdots \\ g^{r_n s_1} & g^{r_n s_2} & \cdots & g^{r_n s_n} & g^{r_n} \end{pmatrix} \begin{matrix} -b^*(\mathbf{e}_1, \ldots, \mathbf{e}_n, \mathbf{0}) \\ +b(\mathbf{e}_1, \ldots, \mathbf{e}_n, \mathbf{0}) \\ \to \mathbf{y} \in \mathbb{G}^{n+1} \end{matrix}$$

$$\mathrm{DDH} \Rightarrow \approx_c U_{\mathbb{G}^{n \times (n+1)}}$$

定理 4.5 基于 DDH 假设, 上述构造是一族分支集合为 $B = \mathbb{Z}_p$ 的 $(n, \log p)$-ABO-LTDF.

证明 容易验证, 当 $b \neq b^*$ 时, $\mathbf{V} + (b - b^*)\mathbf{I}'$ 矩阵满秩, $f_{ek,b}$ 单射且可高效求逆; 当 $b = b^*$ 时, 矩阵 $\mathbf{V} + (b - b^*)\mathbf{I}'$ 的秩为 1, $\mathrm{Img}(f_{ek,b}) \leqslant p$. 有损分支隐藏性由 GenConcealMatrix 输出的伪随机性 (引理 4.1) 保证. □

注记 4.7 为了确保求逆算法的高效性, 以上构造有两个重要的设定: ① 首先在 ConcealMatrix 设置了辅助列 $(g^{r_1}, \cdots, g^{r_n})^{\mathrm{T}}$, 便于计算出 $a_i = g^{x_i}$; ② 从 a_i 中计算 x_i 需要求解离散对数, 因此定义域 X 设定为 $\mathbb{Z}_2^n$, 其中 2 可以进一步放宽至 $\kappa^{O(1)}$ (关于 κ 的多项式规模), 以保证可以在多项式时间完成离散对数求解.

扩展与深化

注意到在公钥加密的选择密文安全定义中, 敌手对解密谕言机的访问权限是全除一的, 由此可以看出全除一有损陷门函数的应用局限于 "全除一" 类安全的密码方案设计. Hofheinz [57] 引入了全除多有损陷门函数, 将有损分支的数量从 1 扩展到 poly(κ), 并展示了其在选择打开选择密文安全 (selective opening chosen-ciphertext security) 中的应用. 在有损陷门函数的应用中, 我们通常期望有损模式下函数丢失的信息尽可能多, 即像集尽可能小. 这是因为单射和有损模式的反差越大, 所蕴含的结果越强, 如更高的泄漏容忍能力、更紧的安全归约等. 但凡事有度, 物极必反, 在常规的一致归约 (universal reduction) 模型下, 有损模式的像集尺寸 2^r 不能过小, 至少是关于计算安全参数 κ 的超多项式规模, 否则 PPT 的敌手可以通过生日攻击有效地区分单射和有损模式. Zhandry [58] 创造性地提出了极度有损函数 (extremely lossy function, ELF). 在 ELF 中, 有损模式下函数的像集可以缩小至关于计算安全参数 κ 的多项式规模, 只要在指定 PPT 敌手的生日攻击能力之外即可. ELF 的有损模式之所以能够打破像集多项式界的关键是在更为精细的个体归约 (individual reduction) 模型 [2] 下进行安全性证明. Zhandry 基于不可区分程序混淆给出了 ELF 的构造, 并展示了其强大的应用. 在无须求逆的应用场景中, 不仅不需要陷门, 甚至是单射的性质也可以弱化. Chen 等 [59] 根据这一观察, 提出了规则有损函数 (regular lossy function, RLF). 相比标准的 LTDF, RLF 将单射可逆模式放宽至规则有损, 即每个像的原像集合大小相同. 正是这一弱化, 使得 RLF 不仅有更加高效的具体构造, 也可由哈希证明系统通用构造得出, 并在抗泄漏密码学领域有着重要的应用.

4.1.3 基于相关积单向陷门函数的构造

令 $\mathcal{F} = \{f_{ek} : X \to Y\}$ 是一族单向陷门函数, 可以自然对 $\mathcal{F}$ 进行 t 重延拓, 得到 $\mathcal{F}^t = \{f_{ek_1, \cdots, ek_t}^t : X^t \to Y^t\}$, 其中 $f_{ek_1, \cdots, ek_t}^t(x_1, \cdots, x_t) := (f_{ek_1}(x_1), \cdots, f_{ek_t}(x_t))$, 如图 4.5 所示. 我们称 $\mathcal{F}^t$ 为 $\mathcal{F}$ 的 t 重积 (t-wise product).

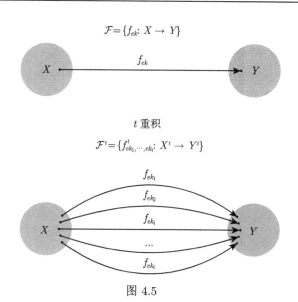

图 4.5

定理 4.6 如果 $\mathcal{F} = \{f_{ek}\}$ 是一族单向函数, 那么它的 t 重积 $\mathcal{F}^t = \{f^t_{ek_1,\cdots,ek_t}\}$ 也是一族单向函数.

证明 证明的思路简述如下: 如果存在 PPT 的敌手 $\mathcal{A}$ 打破 $\mathcal{F}^t$ 的单向性, 那么其必然以不可忽略的优势对 t 个单向函数的实例 $f_{ek_i}(\cdot)$ 求逆, 这显然与 $\mathcal{F}$ 的单向性冲突, 因此得证. $\quad\square$

注记 4.8 上述定理在 $ek_1 = \cdots = ek_t$ (即所有 f_{ek_i} 相同) 时仍然成立, 该情形恰好对应单向函数的单向性放大 (one-wayness amplification).

需要注意的是, $f^t_{ek_1,\cdots,ek_t}$ 单向性成立的前提是各分量输入 x_i 独立随机采样, 而当各分量输入相关时, 单向性则未必成立, 这是因为多个像的分量交叉组合可能会泄漏原像的信息.

构造 4.5 (相关积单向性与标准单向性的分离反例构造) 令 $\hat{f}_{ek} : X = \{0,1\}^n \to Y$ 是一个单向函数, 构造一个新的函数 $f_{ek} : \{0,1\}^{2n} \to Y\|\{0,1\}^n$ 如下:

$$f_{ek}(x_l\|x_r) := \hat{f}_{ek}(x_l)\|x_r$$

在上述构造中, f_{ek} 以 $\hat{f}_{ek}$ 为核, 因此如果 $\hat{f}_{ek}$ 是单向的, 那么 f_{ek} 也是单向的. 考察 2 重积 $f^2_{ek_1,ek_2}$ 在相关输入 $(x_1 = x_l\|x_r, x_2 = x_r\|x_l)$ 下的行为:

$$f^2_{ek_1,ek_2}(x_1,x_2) := (f_{ek_1}(x_1), f_{ek_2}(x_2)) = \hat{f}_{ek_1}(x_l)\|x_r\|\hat{f}_{ek_2}(x_r)\|x_l$$

根据 f_{ek} 的设计, $f^2_{ek_1,ek_2}$ 的原像信息 (x_1,x_2) 可以从像中的 (x_r,x_l) 完全恢复出来, 因此在输入呈如上相关时并不满足单向性. 上述反例构造的精髓是设计具有特殊结构的单向函数.

构造 4.5 所展示的反例说明单向函数的 t 重积在输入相关时并不一定仍然单向. Rosen 和 Segve [60] 引入了相关积 (correlated product) 单向陷门函数, 定义如下: 要求函数的 t 重积在输入分量相关时仍然保持单向性.

定义 4.5 (相关积单向性) 令 $\mathcal{F}: X \to Y$ 是一族单向函数, $\mathcal{C}_t$ 是定义在 X^t 上的分布 (分量相关). 如果 $\mathcal{F}$ 的 t 重积 $\mathcal{F}^t: X^t \to Y^t$ 在 $\mathcal{C}_t$ 相关积下仍然是单向的 (即对于任意 PPT 敌手 $\mathcal{A}$, 其在如下的安全实验中优势是可忽略的),

$$
\Pr\left[f_{ek_1,\cdots,ek_t}^t(x') = y^* : \begin{array}{l} ek_i \leftarrow \mathsf{Gen}(\kappa); \\ (x_1^*,\cdots,x_t^*) \xleftarrow{\mathrm{R}} \mathcal{C}_t; \\ y^* \leftarrow (f_{ek_1}(x_1^*),\cdots,f_{ek_t}(x_t^*)); \\ x' \leftarrow \mathcal{A}(ek_1,\cdots,ek_t,y^*) \end{array} \right]
$$

则称 $\mathcal{F}$ 是 $\mathcal{C}_t$ 相关积安全的 (correlated-product secure). 该定义可以自然延拓到陷门函数场景.

在给出 CP-TDF 的定义后, 接下来需要研究的问题是分析什么样的 $\mathcal{F}$ 在何种相关积下仍然单向. 本书中聚焦最为典型的一种 $\mathcal{C}_t$ 相关积——均匀重复相关积 $\mathcal{U}_t$, 即 $x_1 \xleftarrow{\mathrm{R}} X$ 且 $x_1 = \cdots = x_t$. Rosen 和 Segev [60] 基于 LTDF 给出了 CP-TDF 的一个通用构造, 揭示了两者之间的联系.

定理 4.7 令 $\mathcal{F}$ 是一族 (n, τ)-LTDF, 那么 $\mathcal{F}$ 在相关积 $\mathcal{U}_t$ 下仍然单向, 其中 $t \leqslant (n - \omega(\log \kappa))/\tau$.

证明 证明通过以下的游戏序列完成, 敌手在 Game_i 中成功的事件为 S_i.

Game_0: 对应真实的相关积单向性实验, 函数以单射模式运作.

- $\mathcal{CH}$ 独立运行 $\mathcal{F}.\mathsf{GenInjective}(\kappa)$ 算法 t 次, 生成 $ek = (ek_1, \cdots, ek_t)$ 并将其发送给 $\mathcal{A}$.

- $\mathcal{CH}$ 随机采样 $x^* \xleftarrow{\mathrm{R}} X$, 计算 $y^* \leftarrow (f_{ek_1}(x^*),\ \cdots,\ f_{ek_t}(x^*))$ 并将 y^* 发送给 $\mathcal{A}$.

- $\mathcal{A}$ 输出 x', 当且仅当 $x' = x^*$ 时成功.

根据定义, 我们有

$$
\mathsf{Adv}_{\mathcal{A}}^{\text{Game}_0}(\kappa) = \Pr[S_0]
$$

Game_1: 与上一游戏相同, 区别在于函数切换到有损模式运作.

- $\mathcal{CH}$ 独立运行 $\mathcal{F}.\mathsf{GenLossy}(\kappa)$ 算法 t 次, 生成 $ek = (ek_1, \cdots, ek_t)$ 并将其发送给 $\mathcal{A}$.

$$
\mathsf{Adv}_{\mathcal{A}}^{\text{Game}_1}(\kappa) = \Pr[S_1]
$$

断言 4.3 基于 LTDF 的单射/有损模式不可区分性, 任意 PPT 敌手 $\mathcal{A}$ 在 Game_0 和 Game_1 中的成功概率差可忽略.

证明 Game_0 和 Game_1 的差别在于 $(ek_1, \cdots, ek_t)$ 的生成模式. 基于 LTDF 的单射/有损模式不可区分性, 使用混合论证可以推出 $\text{Game}_0 \approx_c \text{Game}_1$, 进而保证 $|\Pr[S_0] - \Pr[S_1]| \leqslant \mathsf{negl}(\kappa)$. □

断言 4.4 对于任意敌手 $\mathcal{A}$ (即使拥有无穷计算能力), $\Pr[S_1] = \mathsf{negl}(\kappa)$.

证明 在 Game_1 中, 根据有损陷门函数 $\mathcal{F}$ 的参数选取, 因此像集的大小至多为 $2^{t \cdot \tau}$, 由链式引理可知 x^* 的平均最小熵 $\tilde{\mathsf{H}}_\infty(x^*|y^*) \geqslant n - t\tau$. 根据定理前提条件中的参数选取, 有 $\tilde{\mathsf{H}}_\infty(x^*|y^*) \geqslant \omega(\log \kappa)$, 因此断言得证. □

综上, 有 $\Pr[S_0] \leqslant \mathsf{negl}(\kappa)$. 定理得证! □

✎ **笔记** 追求简洁、消除冗余在科学和文学领域似乎都是真理. 然而, 正如知乎上一篇文章 [61] 所说:"尽管我们偏爱简洁, 但冗余让一切皆有可能". 相关积单向函数的定义和构造就充分诠释了冗余的力量.

4.1.4 基于自适应单向陷门函数的构造

构造 4.2仅具备 IND-CPA 安全性, 并不一定能够满足 IND-CCA 安全性. 这是因为底层的 TDF 可能具备诸如同态等优良的代数性质, 使得上层 PKE/KEM 方案具有可延展性. 从安全归约的角度分析, 归约算法无法对解密/解封装询问做出正确的应答. 基于以上分析, 一个自然的问题是: TDF 满足何种增强的性质才能够使得构造 4.2满足 IND-CCA 安全性.

Kiltz 等 [62] 提出了自适应单向性 (adaptive one-wayness), 该性质要求 TDF 的单向性在敌手能够访问求逆谕言机的情况下仍然成立.

定义 4.6 (自适应单向性) 令 $\mathcal{F}$ 是一族陷门函数, 定义敌手 $\mathcal{A}$ 的优势如下:

$$\Pr\left[x' \in f_{ek}^{-1}(y^*) : \begin{array}{l} pp \leftarrow \mathsf{Setup}(\kappa); \\ (ek, td) \leftarrow \mathsf{KeyGen}(pp); \\ x^* \xleftarrow{\text{R}} X, y^* \leftarrow f_{ek}(x^*); \\ x' \leftarrow \mathcal{A}^{\mathcal{O}_{\mathsf{inv}}}(ek, y^*) \end{array}\right]$$

其中 $\mathcal{O}_{\mathsf{inv}}$ 是求逆谕言机, $\forall y \neq y^*, \mathcal{O}_{\mathsf{inv}}(y) = \mathsf{TdInv}(td, y)$. 如果任意 PPT 敌手 $\mathcal{A}$ 在上述安全试验中的优势均为 $\mathsf{negl}(\kappa)$, 那么称 $\mathcal{F}$ 是自适应单向的.

为了方便在公钥加密场景中的应用, 引入自适应伪随机性如下.

定义 4.7 (自适应伪随机性) 令 $\mathcal{F}$ 是一族单向函数, hc 是其硬核函数. 定义敌手 $\mathcal{A}$ 的优势如下:

$$\Pr\left[\beta' = \beta : \begin{array}{l} (ek, td) \leftarrow \mathcal{F}.\mathsf{Gen}(); \\ x^* \xleftarrow{\text{R}} X, y^* \leftarrow f_{ek}(x^*); \\ k_0^* \leftarrow \mathsf{hc}(x^*), k_1^* \xleftarrow{\text{R}} K, \beta \xleftarrow{\text{R}} \{0,1\}; \\ \beta' \leftarrow \mathcal{A}^{\mathcal{O}_{\mathsf{inv}}}(ek, y^*, k_\beta^*) \end{array}\right] - \frac{1}{2}$$

其中 $\mathcal{O}_{\mathsf{inv}}$ 是求逆谕言机, hc 是 $\mathcal{F}$ 的硬核函数. 如果任意 PPT 敌手 $\mathcal{A}$ 在上述安全试验中的成功概率均为 $\mathsf{negl}(\kappa)$, 那么称 hc 是自适应伪随机的.

推论 4.1 $\mathcal{F}$ 的自适应单向性蕴含硬核函数的自适应伪随机性.

证明 Goldreich-Levin 定理的证明可以平行推广到求逆谕言机 $\mathcal{O}_{\mathsf{inv}}$ 存在的情形, $\mathsf{hc}(x^*)$ 自适应伪随机性由 x^* 的自适应单向性保证. $\qquad\square$

自适应单向陷门函数 (adaptive TDF, ATDF) 定义简洁, 威力强大, 将 ATDF 代入构造 4.2中, 得到的 KEM 满足 IND-CCA 安全. 从安全归约的角度观察, ATDF 的自适应单向性是为 KEM 的 CCA 安全性量身定制的, 都是 "全除一" 类型的安全定义. 那么, 如何构造 ATDF 呢? 文献 [62] 一方面基于实例独立 (instance-independent) 假设给出 ATDF 的具体构造, 另一方面分别基于 LTDF 和 CP-TDF 给出了 ATDF 的两个通用构造.

以下聚焦 ATDF 的通用构造, 首先展示如何基于 LTDF 构造 ATDF. 构造的技术困难点在于 ATDF 的安全试验中挑战者 $\mathcal{CH}$ 向敌手 $\mathcal{A}$ 提供了 "全除一" 式解密谕言机 $\mathcal{O}_{\mathsf{inv}}$, 而 LTDF 的安全试验中并没有提供类似的谕言机访问接口. 因此, 构造的思路是通过引入精巧的结构完成解密谕言机 $\mathcal{O}_{\mathsf{inv}}$ 的模拟. 总体的思路如下.

- 令 ATDF 的像 y 形如 (y_0, y_1), 确保 y_1 由 y_0 唯一确定, 可行的设计是计算原像 x 的 LTDF 值作为 y_0, 再以 y_0 为分支编号计算 x 的 ABO-LTDF 值作为 y_1.

$$y_0 \leftarrow f(ek_{\mathsf{ltdf}}, x), \quad y_1 \leftarrow g(ek_{\mathsf{abo}}, y_0, x)$$

- 上述设计利用 ABO-LTDF 的相对分支标签的 "全除一" 求逆陷门嵌入了相对于像的 "全除一" 可逆结构.

构造 4.6 (基于 LTDF 和 ABO-LTDF 的 ATDF 构造) 构造所需的组件是

- (n, τ_1)-LTDF —— $\mathcal{F}: X \to Y_1$;
- (n, τ_2)-ABO-LTDF —— $\mathcal{G}: X \to Y_2$ w.r.t. Y_1 作为分支集合;

其中 $\log_2 |X| = n$, $\log_2 |Y_1| = m_1$, $\log_2 |Y_2| = m_2$.

构造 $\mathsf{ATDF}: X \to Y_1 \times Y_2$ 如下.

- $\mathsf{Setup}(1^\kappa)$: 以安全参数 1^κ 为输入, 计算 $pp_{\mathsf{ltdf}} \leftarrow \mathcal{F}.\mathsf{Setup}(1^\kappa)$, $pp_{\mathsf{abo}} \leftarrow \mathcal{G}.\mathsf{Setup}(1^\kappa)$, 输出 $pp = (pp_{\mathsf{ltdf}}, pp_{\mathsf{abo}})$.

- $\mathsf{Gen}(pp)$: 以公开参数 $pp = (pp_{\mathsf{ltdf}}, pp_{\mathsf{abo}})$ 为输入, 计算 $(ek_{\mathsf{ltdf}}, td_{\mathsf{ltdf}}) \leftarrow \mathcal{F}.\mathsf{GenInjective}(pp_{\mathsf{ltdf}})$, $(ek_{\mathsf{abo}}, td_{\mathsf{abo}}) \leftarrow \mathcal{G}.\mathsf{Gen}(pp_{\mathsf{abo}}, 0^{m_1})$, 输出求值公钥 $ek = (ek_{\mathsf{ltdf}}, ek_{\mathsf{abo}})$ 和陷门 $td = (td_{\mathsf{ltdf}}, td_{\mathsf{abo}})$.

- $\mathsf{Eval}(ek, x)$: 以求值公钥 $ek = (ek_{\mathsf{ltdf}}, ek_{\mathsf{abo}})$ 和 $x \in \{0,1\}^n$ 为输入, 计算 $y_1 \leftarrow f_{ek_{\mathsf{ltdf}}}(x)$, $y_2 \leftarrow g_{ek_{\mathsf{abo}}}(y_1, x)$, 输出 $y = (y_1, y_2)$.

- TdInv(td, y): 以陷门 $td = (td_{\text{ltdf}}, td_{\text{abo}})$ 和 $y = (y_1, y_2)$ 为输入, 计算 $x \leftarrow$ $\mathcal{F}.\text{TdInv}(td_{\text{ltdf}}, y_1)$, 验证 $y_2 \stackrel{?}{=} g_{ek_{\text{abo}}}(y_1, x)$: 如果是输出 x, 否则输出 $\perp$.

上述构造的正确性显然成立. 安全性由如下定理保证.

定理 4.8 基于 LTDF 和 ABO-LTDF 的安全性, 上述构造在 $n - \tau_1 - \tau_2 \geqslant \omega(\log \kappa)$ 构成一族 ATDF.

证明 令 $(x^*, y^* = (y_1^*, y_2^*))$ 为单向挑战实例, 其中 x^* 是原像, y^* 是像. 证明的思路是将像 $y^* = (y_1^*, y_2^*)$ 的计算方式从单射无损模式逐步切换到有损模式, 最终在信息论意义下论证单向性.

Game$_0$: 真实的 ATDF 单向性试验. $\mathcal{CH}$ 与 $\mathcal{A}$ 交互如下.

- 初始化: $\mathcal{CH}$ 进行如下操作.

(1) 运行 $pp_{\text{ltdf}} \leftarrow \mathcal{F}.\text{Setup}(1^\kappa)$, $pp_{\text{abo}} \leftarrow \mathcal{G}.\text{Setup}(1^\kappa)$;

(2) 计算 $(ek_{\text{ltdf}}, td_{\text{ltdf}}) \leftarrow \mathcal{F}.\text{GenInjective}(pp_{\text{ltdf}})$, $(ek_{\text{abo}}, td_{\text{abo}}) \leftarrow \mathcal{G}.\text{Gen}$ $(pp_{\text{abo}}, 0^{m_1})$;

(3) 发送 $pp = (pp_{\text{ltdf}}, pp_{\text{abo}})$ 和 $ek = (ek_{\text{ltdf}}, ek_{\text{abo}})$ 给 $\mathcal{A}$.

- 挑战: $\mathcal{CH}$ 随机选取 $x^* \stackrel{\text{R}}{\leftarrow} X$, 计算 $y_1^* \leftarrow f_{ek_{\text{ltdf}}}(x^*)$, $y_2^* \leftarrow g_{ek_{\text{abo}}}(y_1^*, x^*)$, 发送 $y^* = (y_1^*, y_2^*)$ 给 $\mathcal{A}$.

- 求逆询问: 当 $\mathcal{A}$ 向 $\mathcal{O}_{\text{inv}}$ 询问 $y = (y_1, y_2)$ 的原像时, $\mathcal{CH}$ 分情况应答如下.

- $y_1 = y_1^*$: 直接返回 $\perp$.

- $y_1 \neq y_1^*$: 首先计算 $x \leftarrow \mathcal{F}.\text{TdInv}(td_{\text{ltdf}}, y_1)$, 如果 $y_2 = g_{ek_{\text{abo}}}(y_1, x)$ 则返回 x, 否则返回 $\perp$.

根据 ATDF 像的生成方式可知, 第一部分完全确定了第二部分, 当 $y_1 = y_1^*$ 时, 如 $y_2 = y_2^*$ 则 $\mathcal{A}$ 的询问为禁询点, 如 $y_2 \neq y_2^*$ 则像的格式不正确. 基于以上分析, $\mathcal{CH}$ 在应答形如 (y_1^*, y_2) 的求逆询问时, 无须进一步检查第二部分 y_2, 直接返回 $\perp$ 即可保证应答的正确性.

Game$_1$: 在 Game$_0$ 中 $\mathcal{CH}$ 使用 $\mathcal{F}$ 的陷门进行求逆, 因此 $\mathcal{F}$ 必须工作在单射可逆模式下. 为了将 y_1^* 的计算模式切换到有损模式, 需要利用 $\mathcal{G}$ 的陷门进行求逆. 注意到在 Game$_0$ 中 $\mathcal{G}$ 的 "全除一" 陷门根据预先设定的有损分支 0^{m_1} 生成, 因此必须先激活再使用, 因此 Game$_1$ 的设计目的是为激活做准备.

- $\mathcal{CH}$ 在初始化阶段即随机采样 $x^* \stackrel{\text{R}}{\leftarrow} X$, 并计算 $y_1^* \leftarrow f_{ek_{\text{ltdf}}}(x^*)$.

与 Game$_0$ 相比, Game$_1$ 仅将上述操作从挑战阶段提前至初始化阶段, 敌手的视图没有发生任何变化, 因此有

$$\text{Game}_0 \equiv \text{Game}_1$$

Game$_2$: 上一游戏已经做好激活 $\mathcal{G}$ 陷门的准备, 因此在 Game$_2$ 中将预设的有损分支值由 0^{m_1} 替换为 y_1^* 完成激活.

- $(ek_{abo}, td_{abo}) \leftarrow G.\mathsf{Gen}(pp_{abo}, y_1^*)$

由 ABO-LTDF 的有损分支隐藏性质, 可以得到

$$\mathrm{Game}_1 \approx_c \mathrm{Game}_2$$

Game_3: 使用 G 的陷门 td_{abo} 应答求逆询问, 当 $\mathcal{A}$ 发起询问 $y = (y_1, y_2)$ 时, $\mathcal{CH}$ 分情形应答如下.

- $y_1 = y_1^*$: 直接返回 $\bot$.
- $y_1 \neq y_1^*$: 计算 $x \leftarrow G.\mathsf{TdInv}(td_{abo}, y_1, y_2)$, 如果 $y_1 = f_{ek_{ltdf}}(x)$ 则返回 x, 否则返回 $\bot$.

像的生成方式和 G 求逆算法的正确性, 保证了 $\mathcal{O}_{inv}$ 应答的正确性, 因此有

$$\mathrm{Game}_2 \equiv \mathrm{Game}_3$$

Game_4: 将 y_1^* 的生成方式切换到有损模式.

- $\mathcal{CH}$ 在初始化阶段计算 $(ek_{ltdf}, \bot) \leftarrow \mathcal{F}.\mathsf{GenLossy}(pp_{ltdf})$.

LTDF 的单射/有损模式的计算不可区分性保证了

$$\mathrm{Game}_3 \approx_c \mathrm{Game}_4$$

断言 4.5   任意 PPT 敌手 $\mathcal{A}$ (即使拥有无穷计算能力) 在 Game_4 中的优势函数是忽略的.

证明   在 Game_4 中, 函数 $f_{ek_{ltdf}}(\cdot)$ 有损且像集大小至多为 2^{τ_1}, 函数 $g_{ek_{abo}}(y_1^*, \cdot)$ 有损且像集大小至多为 2^{τ_2}. 因此 y_1^* 和 y_2^* 均在信息论意义下损失了原像 x^* 的信息, 在敌手 $\mathcal{A}$ 的视图中, x^* 的平均最小熵为 $\tilde{\mathsf{H}}_\infty(x^*|(y_1^*, y_2^*)) \geqslant \mathsf{H}_\infty(x^*) - \tau_1 - \tau_2 = n - \tau_1 - \tau_2 \geqslant \omega(\log \kappa)$. 从而对于任意敌手 $\mathcal{A}$ 均有

$$\mathsf{Adv}_{\mathcal{A}}(\kappa) = \mathsf{negl}(\kappa)$$

断言得证!   □

综上, 定理得证!   □

注记 4.9   上述构造的设计思想值得读者反复拆解, 体会其精妙之处. 上述 ATDF 构造在形式上与 Naor-Yung 的双钥加密有异曲同工之处: 分别使用 $f_{ek_{ltdf}}(\cdot)$ 和 $g_{ek_{abo}}(\cdot, \cdot)$ 两个函数计算原像的函数值作为像. 一个自然的想法是上述构造显得冗余, 是否仅用 ABO-LTDF 即可呢? 答案是否定的, 如果仅依赖 ABO-LTDF 构造 ATDF, 需要满足以下四点.

- 求值分支可由输入公开确定计算得出, 以确保 ATDF 是公开可计算函数.

● 像所对应的求值分支可由像中计算得出, 以确保 ATDF 的求逆算法可以基于 ABO-LTDF 的求逆算法设计.

● 在安全归约中势必需要将 ATDF 的单向性建立在 ABO-LTDF 的信息有损性上, 也即 y^* 是 x^* 在有损分支的求值.

上述三点潜在要求 ATDF 的像包含两个部分, 一部分是原像对应的分支值, 另一部分是 ABO-LTDF 在该分支值下的像, 这使得在安全证明时存在如下两个障碍:

(1) 分支值泄漏原像的多少信息难以确定;

(2) 敌手可以从挑战的像中计算出有损分支值, 从而可以发起关于有损分支的求逆询问, 而归约算法无法应答.

通过上述的拆解分析, 便可看出 ATDF 设计的必然性. 引入 LTDF 并将分支值设定为原像的 LTDF 值有三重作用:

● LTDF 的陷门确保了 ATDF 构造存在功能完备的陷门.

● 可将分支值泄漏的关于原像信息量控制在指定范围.

● 分支值完全确定了像, 从而使得 ABO-LTDF 的陷门在归约证明中可用于模拟求逆谕言机 $\mathcal{O}_{\text{inv}}$.

LTDF+ABO-LTDF $\Rightarrow$ ATDF 的设计思路有如二级运载火箭, 第一级运载火箭 (LTDF) 在完成推动后从单射切换到有损模式, 同时激活第二级运载火箭 (ABO-LTDF).

我们再展示如何基于 CP-TDF 构造 ATDF. 构造的难点是在归约证明中, 归约算法如何在不掌握全部 CP-TDF 实例陷门的情况下正确模拟 $\mathcal{O}_{\text{inv}}$. 大体的设计思路和以上基于有损陷门函数构造 LTDF 相似, 通过多重求值引入冗余结构, 从而使得归约算法在掌握部分 CP-TDF 实例陷门时能够正确应答求逆询问.

● 设计像 y 形如 $(y_0, y_1, \cdots, y_n)$, 确保 y_0 能够唯一确定 $(y_1, \cdots, y_n)$.

● 令 y_0 是原像的 CP-TDF 函数值, 目的是确保 y_0 不会破坏最终 ATDF 函数的单向性;

● 令 $(y_1, \cdots, y_n)$ 是关于原像 x 的 $|y_0| = n$ 重冗余函数求值.

● 嵌入 "全除一" 求逆结构.

● 对 y_0^* 进行比特分解: 归约算法使用 Dolev-Dwork-Naor(DDN) 类技术逐比特嵌入对应的陷门, 使得对于点 $y = (y_0, y_1, \cdots, y_n)$ 处的求逆询问:

(1) $y_0 = y_0^*$, 归约算法可根据 $\mathcal{O}_{\text{inv}}$ 的定义直接拒绝, 返回 $\perp$;

(2) $y_0 \neq y_0^*$, $\mathcal{R}$ 可至少寻找到一个可用陷门用于应答 $\mathcal{O}_{\text{inv}}$.

构造 4.7 (基于 CP-TDF 的 ATDF 构造) 构造所需组件: 单射 CP-TDF $\mathcal{F}: X \to \{0,1\}^n$.

构造 ATDF: $X \to \{0,1\}^{n(n+1)}$ 如下.

- Setup(1^{κ}): 运行 $pp \leftarrow \mathcal{F}.\mathsf{Setup}(1^{\kappa})$, 输出 pp 作为公开参数.
- KeyGen(pp): 以公开参数 pp 为输入,

(1) 计算 $(\hat{ek}, \hat{td}) \leftarrow \mathcal{F}.\mathsf{KeyGen}(pp)$;

(2) 对于 $b \in \{0, 1\}$ 和 $i \in [n]$, 计算 $(ek_{i,b}, td_{i,b}) \leftarrow \mathcal{F}.\mathsf{KeyGen}(pp)$;

(3) 输出 $(\hat{ek}, (ek_{i,0}, ek_{i,1}), \cdots, (ek_{n,0}, ek_{n,1}))$ 作为求值公钥, 输出 $(\hat{td}, (td_{i,0}, td_{i,1}), \cdots, (td_{n,0}, td_{n,1}))$ 作为求逆陷门.

求值公钥和求逆陷门的结构如图 4.6 所示.

- Eval(ek, x): 以求值公钥 $ek = \hat{ek} || (ek_{1,0}, ek_{1,1}) \cdots (ek_{n,0}, ek_{n,1})$ 和原像 x 为输入,

(1) 计算 $y_0 \leftarrow f_{\hat{ek}}(x)$;

(2) 令 $b_i \leftarrow y_0[i]$, 对 $i \in [n]$ 计算 $y_i \leftarrow f_{ek_{i,b_i}}(x)$;

(3) 输出 $y = y_0 || y_1 || \cdots || y_n$.

Eval 算法的求值过程如图 4.7 所示.

- TdInv(td, y): 以陷门 $td = (\hat{td}, \{(td_{i,0}, td_{i,1})\}_{i \in [n]})$ 和像 $y = y_0 || y_1 || \cdots || y_n$ 为输入,

(1) 计算 $x_0 \leftarrow \mathcal{F}.\mathsf{TdInv}(\hat{td}, y_0)$;

(2) 令 $b_i \leftarrow y_0[i]$, 对所有 $i \in [n]$ 计算 $x_i \leftarrow \mathcal{F}.\mathsf{TdInv}(td_{i,b_i}, y_i)$;

(3) 检查 $x_i = x_0$ 是否对于 $i \in [n]$ 均成立, 若是则输出 x_0, 否则输出 $\bot$.

TdInv 算法的求逆过程如图 4.8 所示.

	$ek_{1,0}$	$ek_{2,0}$	$ek_{3,0}$
$\hat{ek}$	$td_{1,0}$	$td_{2,0}$	$td_{3,0}$
$\hat{td}$	$ek_{1,1}$	$ek_{2,1}$	$ek_{3,1}$
	$td_{1,1}$	$td_{2,1}$	$td_{3,1}$

图 4.6　$n = 3$ 时的求值公钥和求逆陷门图示

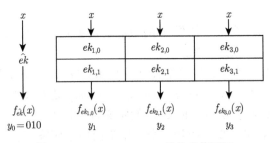

图 4.7　$n = 3$, $y = 010$ 时的求值图示

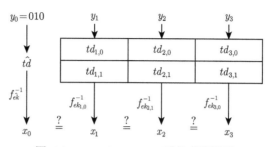

图 4.8 $n = 3$, $y = 010$ 时的求逆图示

上述 ATDF 构造的正确性显然. 构造中, 函数的像 $y = y_0||y_1||\cdots||y_n$ 是对原像的 $n+1$ 重求值, 其中 y_0 确定了使用哪些求值公钥 $ek_{i,b}$ 计算 y_i, 因此当底层的 CP-TDF 是单射函数时, y_0 可唯一确定 $y_1,\cdots,y_n$. 下面的定理就是利用上述结构特性模拟求逆谕言机 $\mathcal{O}_{\mathsf{inv}}$.

定理 4.9 如果 $\mathcal{F}$ 是一族相对于 $\mathcal{U}_{n+1}$ 安全的 CP-TDF, 那么上述构造是一族自适应单向陷门函数.

证明 使用反证法通过单一游戏完成归约证明. 假设存在 PPT 的敌手 $\mathcal{A}$ 能以不可忽略的优势打破 ATDF 的自适应单向性, 那么可以黑盒调用 $\mathcal{A}$ 的能力构造 PPT 的 $\mathcal{B}$ 打破 CP-TDF 相对于 $\mathcal{U}_{n+1}$ 的单向性, 如图 4.9 所示. $\mathcal{B}$ 的 CP-TDF 挑战是公开参数 pp、求值公钥 $(ek_0, ek_1, \cdots, ek_n)$ 和像 $y^* = (y_0^*, y_1^*, \cdots, y_n^*)$, 其中 $y_i^* \leftarrow f_{ek_i}(x^*)$, $x^* \xleftarrow{\mathrm{R}} X$. $\mathcal{B}$ 并不知晓 x^*, 其攻击目标是求解 x^*.

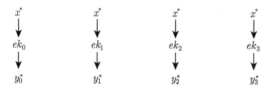

图 4.9 $n = 3$ 时 $\mathcal{B}$ 的 CP-TDF 挑战实例

令 b_i^* 是 y_0^* 的第 i 比特, $\mathcal{B}$(扮演挑战者) 与 $\mathcal{A}$ 在 ATDF 的自适应单向性游戏中交互如下.

- 初始化: $\mathcal{B}$ 将 CP-TDF 的 pp 设为 ATDF 的公开参数, 设定 $\hat{ek} := ek_0$, 对 $i \in [n]$ 设定 $ek_{i,b_i^*} := ek_i$, 计算 $(ek_{i,1-b_i^*}, td_{i,1-b_i^*}) \leftarrow \mathcal{F}.\mathsf{KeyGen}(\kappa)$. $\mathcal{B}$ 生成 ATDF 求值公钥与求逆陷门的结构如图 4.10 所示.
- 挑战阶段: $\mathcal{B}$ 发送 $(y_0^*, y_1^*, \cdots, y_n^*)$ 给 $\mathcal{A}$ 作为挑战.
- 求逆询问: $\mathcal{A}$ 向 $\mathcal{B}$ 发起求逆询问 $y = (y_0, y_1, \cdots, y_n)$, $\mathcal{B}$ 分情况应答如下.

(1) $y_0 = y_0^*$: 直接返回 $\perp$, 应答的正确性由以下两种细分情况保证.

- 对于所有的 $i \in [n]$ 均有 $y_i = y_i^*$: 询问为禁询点, 因此根据 $\mathcal{O}_{\mathsf{inv}}$ 的定义需返回 $\perp$.

● 对于某个 $i \in [n]$ 使得 $y_i \neq y_i^*$: $\mathcal{F}$ 的单射性质和像的生成方式保证了像的首项 y_0 确定了其余 n 项 $y_1, \cdots, y_n$.

(2) $y_0 \neq y_0^*$: 必然存在 $\exists j \in [n]$ 使得 $b_j \neq b_j^*$ 且 $y_j = f_{ek_{j,b_j}}(x)$, 其中 x 是未知原像. 如图 4.11 所示, 此时, $\mathcal{B}$ 拥有关于 ek_{j,b_j} 的求逆陷门 td_{j,b_j}, $\mathcal{B}$ 可计算 $x \leftarrow f_{ek_{j,b_j}}^{-1}(y_j)$.

● 如果 $y_0 = f_{ek_0}$ 且 $y_i = f_{ek_{i,b_i}}(x)$ 对其余所有 $i \neq j$ 也均成立, 那么返回 x, 否则返回 $\bot$.

● 求解: $\mathcal{A}$ 输出 x 作为 ATDF 的挑战应答, $\mathcal{B}$ 将 x 转发给 CP-TDF 的挑战者.

容易验证, $\mathcal{B}$ 的优势与 $\mathcal{A}$ 的优势相同. 定理得证!　　　　□

注记 4.10 (基于 CP-TDF 的 ATDF 构造优化)　以上 ATDF 构造的像 $(y_0, y_1, \cdots, y_n)$ 包含了对原像的 $(n+1)$ 重 CP-TDF 求值.

● y_0 构造中起到的作用是求值公钥的选择向量, 在归约证明中起到的作用是"全除一"求逆陷门的激活扳机 (trigger), 当 $y_0 \neq y_0^*$ 时即可激活求逆陷门.

	$ek_{1,0}$	$ek_{2,0}$	$ek_{3,0}$
$\hat{ek}$	$\bot$	$td_{2,0}$	$\bot$
$\bot$	$ek_{1,1}$	$ek_{2,1}$	$ek_{3,1}$
	$td_{1,1}$	$\bot$	$td_{3,1}$

图 4.10　$y_0^* = 010$ 时生成求值公钥和求逆陷门的过程图示

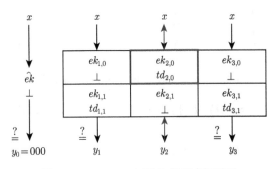

图 4.11　$y_0 = 000$ 时的求逆过程图示

y_0 的编码长度决定了像的冗余重数. 能否缩减 $|y_0|$ 以提高效率呢? 答案是肯定的, 可以使用密码组件进行定义域扩张 (domain extension) 的通用技术, 使用 y_0 的抗碰撞哈希值代替 y_0. 在上述构造中, 我们贴合 ATDF 的安全定义进行更为精细的处理, 使用定向抗碰撞哈希函数 (target collision resistant hash function, TCRHF) 代替 CRHF. 具体地, 令 TCR: $\{0,1\}^n \to \{0,1\}^m$, 使用 TCR(y_0) 代替

y_0 作为公钥选择向量和陷门激活扳机. 从而利用 TCR 压缩的性质将像的重数从 $1+n$ 缩减到 $1+m$. 安全论证仍然成立, 这是因为 TCR 的抗碰撞性质保证了在计算意义下,

$$y_0 \neq y_0^* \Longleftrightarrow \mathsf{TCR}(y_0) \neq \mathsf{TCR}(y_0^*)$$

类似的优化技术同样可以用于 LTDF+ABO-LTDF $\Rightarrow$ ATDF 的构造中: 使用 y_0 的 TCR 哈希值代替 y_0 作为分支值. 这样处理的好处是增加分支集合选择的灵活性.

笔记 LTDF+ABO-LTDF $\Rightarrow$ ATDF 与 CP-TDF $\Rightarrow$ ATDF 的构造分别与 Naor-Yung 范式 [32] 和 Dolev-Dwork-Naor 范式 [63] 在思想上极为相似, 总体思路都是通过冗余的结构来保证求逆谕言机的完美模拟.

自适应单向陷门关系

将 ATDF 中的确定性函数泛化为可公开高效验证的二元关系可得到自适应单向陷门关系 (adaptive trapdoor relation, ATDR).

- 确定性函数 $\rightsquigarrow$ 概率关系.
- 可高效计算 $\rightsquigarrow$ 可高效采样.

定义 4.8 (单向陷门关系 (TDR)) 一族单向陷门关系包含以下算法.

- Setup(κ): 以安全参数 1^κ 为输入, 输出公开参数 $pp = (X, Y, EK, TD, \mathsf{R})$, 其中 $\mathsf{R} = \{\mathsf{R}_{ek} : X \times Y\}_{ek \in EK}$ 是定义在 $X \times Y$ 上由 ek 索引的一族二元单向关系.
- KeyGen(pp): 以公开参数 pp 为输入, 输出公钥 ek 和陷门 td.
- Sample(ek): 输出二元关系的一个随机采样 $(x, y) \xleftarrow{\mathsf{R}} \mathsf{R}_{ek}$.
- TdInv(td, y): 以 td 和 $y \in Y$ 为输入, 输出 $x \in X \cup \bot$.

正确性 $\forall (ek, td) \leftarrow \mathsf{KeyGen}(pp), \forall (x, y) \leftarrow \mathsf{Sample}(ek)$, 总有 $(\mathsf{TdInv}(td, y), y) \in \mathsf{R}_{ek}$.

我们可以将函数的单射性质平行推广至二元关系的场景下: 如果 $\forall (x_1, y_1), (x_2, y_2) \in \mathsf{R}_{ek}$ 均有 $x_1 \neq x_2 \Rightarrow y_1 \neq y_2$, 即 y 唯一确定了 x, 那么称二元关系满足单射性.

笔记 Sample 是概率算法, 因此当 $y_1 \neq y_2$ 时, 存在 $x_1 = x_2$ 的可能.

定义 4.9 (自适应单向性) 令 R 是一族二元关系, 定义敌手 $\mathcal{A}$ 的优势如下:

$$\Pr \left[(x', y^*) \in \mathsf{R}_{ek} : \begin{array}{l} pp \leftarrow \mathsf{Setup}(\kappa); \\ (ek, td) \leftarrow \mathsf{KeyGen}(pp); \\ (x^*, y^*) \leftarrow \mathsf{Sample}(ek); \\ x' \leftarrow \mathcal{A}^{\mathcal{O}_{\mathsf{Inv}}}(ek, y^*) \end{array} \right]$$

其中 $\mathcal{O}_{\text{inv}}$ 是求逆谕言机, $\forall x \neq x^*$, $\mathcal{O}_{\text{inv}}(y) = \text{TdInv}(td, y)$. 如果任意 PPT 敌手 $\mathcal{A}$ 在上述安全试验中的优势均为 $\text{negl}(\kappa)$, 那么称 R 是自适应单向的.

ATDR 是 ATDF 的弱化, 弱化允许我们可以给出更加高效灵活的设计, 同时不严重降低可用性. 在给出 ATDR 的构造之前, 我们首先回顾基于 CP-TDF 的 ATDF 构造. 构造的关键之处是将像 y 设计为 y_0 和 $(y_1, \cdots, y_n)$ 两部分, 其中 y_0 设定为 $f_{\hat{ek}}(x)$, 通过单射性完美绑定了 $(y_1, \cdots, y_n)$, 同时在归约证明中起到了 "全除一" 陷门触发器的作用, 即当目标不再是构造确定性单向函数而是概率二元关系时, 我们有着更加灵活的选择, 使用一次性签名 (one-time signature, OTS) 的验证公钥作为 $(y_1, \cdots, y_n)$ 的求值选择器和求逆陷门触发器.

构造 4.8 (基于 CP-TDF 和 OTS 的 ATDR 构造)

　　构造组件: 单射 CP-TDF $\mathcal{F} : X \to Y$ 和强存在性不可伪造的 OTS (令 $|vk| = \{0, 1\}^n$, 签名空间为 Σ).

　　构造目标: ATDR $X \to VK \times Y^n \times \Sigma$.

- Setup(1^κ): 运行 $pp_{\text{cptdf}} \leftarrow \mathcal{F}.\text{Setup}(1^\kappa)$, $pp_{\text{ots}} \leftarrow \text{OTS.Setup}(1^\kappa)$, 输出 $pp = (pp_{\text{cptdf}}, pp_{\text{ots}})$.

- KeyGen(pp): 以 $pp = (pp_{\text{cptdf}}, pp_{\text{ots}})$ 为输入, 对 $b \in \{0, 1\}$ 和 $i \in [n]$ 运行 $(ek_{i,b}, td_{i,b}) \leftarrow \mathcal{F}.\text{KeyGen}(pp_{\text{cptdf}})$, 输出 $ek = ((ek_{i,0}, ek_{i,1}), \cdots, (ek_{n,0}, ek_{n,1}))$, $td = ((td_{i,0}, td_{i,1}), \cdots, (td_{n,0}, td_{n,1}))$. 求值公钥和求逆陷门的结构如图 4.12 所示.

$|vk| = 3$	$ek_{1,0}$	$ek_{2,0}$	$ek_{3,0}$
	$td_{1,0}$	$td_{2,0}$	$td_{3,0}$
	$ek_{1,1}$	$ek_{2,1}$	$ek_{3,1}$
	$td_{1,1}$	$td_{2,1}$	$td_{3,1}$

图 4.12　$|vk| = 3$ 时的求值公钥和求逆陷门生成图示

- Sample(ek): 以 $ek = (ek_{1,0}, ek_{1,1}) \cdots (ek_{n,0}, ek_{n,1})$ 为输入, 采样如下:

  (1) 生成 $(vk, sk) \leftarrow \text{OTS.KeyGen}(pp_{\text{ots}})$;

  (2) 随机选择 $x \in X$, 对 $i \in [n]$ 计算 $y_i \leftarrow f_{ek_{i,b_i}}(x)$, 其中 $b_i \leftarrow vk[i]$;

  (3) 计算 $\sigma \leftarrow \text{OTS.Sign}(sk, y_1 || \cdots || y_n)$;

输出 $y = (vk, y_1 || \cdots || y_n, \sigma)$. 采样过程如图 4.13 所示.

- TdInv(td, y): 以 $td = (\{(td_{i,0}, td_{i,1})\}_{i \in [n]})$ 和 $y = (vk, y_1 || \cdots || y_n, \sigma)$ 为输入, 求逆如下:

  (1) 检查 $\text{OTS.Verify}(vk, y_1 || \cdots || y_n, \sigma) \stackrel{?}{=} 1$, 如果签名无效则返回 $\bot$;

  (2) 对所有 $i \in [n]$ 计算 $x_i \leftarrow \mathcal{F}.\text{TdInv}(td_{i,b_i}, y_i)$, 其中 $b_i = vk[i]$.

  (3) 如果对所有 $i \in [n]$ 均有 $x_i = x_1$, 则返回 x_1, 否则返回 $\bot$. 求逆过程如图 4.14 所示.

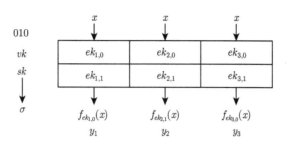

图 4.13 $vk = 010$ 时的采样过程

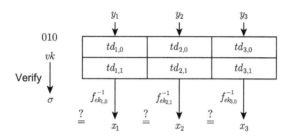

图 4.14 $vk = 010$ 时的求逆过程

构造的正确性显然, 构造的以下三个特性使得归约算法能够成功模拟 $\mathcal{O}_{\text{inv}}$.

- R_{ek} 是单射的并且 $y_1||\cdots||y_n$ 是对原像 x 的 n 重冗余求值.
- vk 是求值公钥的选择比特向量.
- 利用 OTS 的 sEUF-CMA 安全性, vk 在计算意义下绑定了 $(y_1, \cdots, y_n)$.

定理 4.10 如果 OTS 是 sEUF-CMA 安全的, 并且 $\mathcal{F}$ 是 $\mathcal{U}_n$ 相关积单向的, 那么构造 4.8 中的二元关系满足自适应单向性.

证明 通过以下游戏序列完成.

Game$_0$: 对应真实的 ATDR 自适应单向性安全试验. 令 $y^* = (vk^*, y_1^*||\cdots||y_n^*, \sigma^*)$ 是挑战的像.

Game$_1$: 与 Game$_0$ 相同, 唯一的区别是挑战者对于求逆询问 $y = (vk^*, y_1||\cdots||y_n, \sigma)$ 直接返回 $\perp$. 应答的合理性分情况解释如下.

(1) $(y_1||\cdots||y_v, \sigma) = (y_1^*||\cdots||y_v^*, \sigma^*)$: 禁询点.

(2) $(y_1||\cdots||y_v, \sigma) \neq (y_1^*||\cdots||y_v^*, \sigma^*)$: 构成 OTS 的存在性伪造.

记敌手发起第二种类型求逆询问的事件为 F, 那么利用差异引理 (difference lemma) 可以证明 $|\Pr[S_1] - \Pr[S_0]| \leqslant \Pr[F]$, 而基于 OTS 的 sEUF-CMA 安全性, 可以推出 $\Pr[F] \leqslant \mathsf{negl}(\kappa)$, 从而 $|\Pr[S_1] - \Pr[S_0]| \leqslant \mathsf{negl}(\kappa)$.

断言 4.6 如果 $\mathcal{F}$ 是 $\mathcal{U}_t$ 相关积安全的, 那么对于任意的 PPT 敌手均有 $\Pr[S_1] = \mathsf{negl}(\kappa)$.

证明　论证通过单一归约完成. 假设存在 PPT 的敌手 $\mathcal{A}$ 在 Game$_1$ 中的优势不可忽略, 那么尝试构造 PPT 算法 $\mathcal{B}$, 通过黑盒调用 $\mathcal{A}$ 的能力打破 CP-TDF 相对 $\mathcal{U}_n$ 的相关积单向性, 如图 4.15 所示. $\mathcal{B}$ 的 CP-TDF 挑战是公开参数 pp_{cptdf}, 求值公钥 $(ek_1, \cdots, ek_n)$ 和像 $(y_1^*, \cdots, y_n^*)$, 其中 $y_i^* \leftarrow f_{ek_i}(x^*)$, $x^* \xleftarrow{\text{R}} X$. $\mathcal{B}$ 并不知晓 x^*, 其攻击目标是求解 x^*.

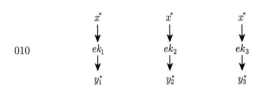

010

图 4.15　$n = 3$ 时 $\mathcal{B}$ 的 CP-TDF 挑战实例

$\mathcal{B}$(扮演挑战者) 与 $\mathcal{A}$ 在 Game$_1$ 中交互如下.

- 初始化: $\mathcal{B}$ 运行 $pp_{\text{ots}} \leftarrow$ OTS.Setup(1^κ), 生成 $(vk^*, sk^*) \leftarrow$ OTS.KeyGen(pp_{ots}). 令 b_i^* 是 vk^* 的第 i 比特, $\mathcal{B}$ 进行如下操作 (图 4.16).

(1) 对 $i \in [n]$ 设定 $ek_{i,b_i^*} := ek_i$.

(2) 对 $i \in [v]$ 计算 $(ek_{i,1-b_i^*}, td_{i,1-b_i^*}) \leftarrow \mathcal{F}$.KeyGen($pp_{\text{cptdf}}$). $\mathcal{B}$ 发送 $pp = (pp_{\text{cptdf}}, pp_{\text{ots}})$ 和 $ek = (ek_{1,0}, ek_{1,1}, \cdots, ek_{n,0}, ek_{n,1})$ 给 $\mathcal{A}$.

vk^*	$ek_{1,0}$	$ek_{2,0}$	$ek_{3,0}$
	$\perp$	$td_{2,0}$	$\perp$
sk^*	$ek_{1,1}$	$ek_{2,1}$	$ek_{3,1}$
	$td_{1,1}$	$\perp$	$td_{3,1}$

图 4.16　$|vk| = 010$ 时归约算法设定求值公钥和求逆陷门的过程图示

- 挑战: $\mathcal{B}$ 计算 $\sigma^* \leftarrow$ OTS.Sign($sk^*, (y_1^*, \cdots, y_n^*)$), 发送 $(vk^*, y_1^*, \cdots, y_n^*, \sigma^*)$ 给 $\mathcal{A}$ 作为挑战.

- 求逆询问: 对于求逆询问 $y = (vk, y_1 || \cdots || y_v, \sigma)$, $\mathcal{B}$ 应答如下 (求逆过程如图 4.17 所示).

(1) $vk = vk^*$: 直接返回 $\perp$.

(2) $vk \neq vk^*$: 必然存在 $\exists j \in [n]$ 使得 $b_j \neq b_j^*$ 且 $y_j = f_{ek_j,b_j}(x)$, 其中 x 是未知原像. 此时, $\mathcal{B}$ 拥有关于 ek_{j,b_j} 的求逆陷门 td_{j,b_j}, $\mathcal{B}$ 可计算 $x \leftarrow f_{ek_j,b_j}^{-1}(y_j)$.

- 如果 $y_i = f_{ek_i,b_i}(x)$ 对所有的 $i \neq j$ 也均成立, 那么返回 x, 否则返回 $\perp$.

由 $\mathcal{F}$ 的单射性可知, $\mathcal{B}$ 完美地模拟了 Game$_1$ 中的 $\mathcal{O}_{\text{inv}}$ 应答.

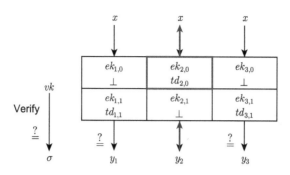

图 4.17 $vk = 010$ 时归约算法求逆过程图示

• 求解: $\mathcal{A}$ 输出 x 作为 Game_1 中 ATDF 的挑战应答, $\mathcal{B}$ 将 x 转发给 CP-TDF 的挑战者.

容易验证, $\mathcal{B}$ 的优势与 $\mathcal{A}$ 的优势相同. 断言得证.　　　　　　　　　　□

综上, 定理得证!　　　　　　　　　　　　　　　　　　　　　　　　　　　□

小结

本节中各类单向函数之间的蕴含关系如图 4.18 所示. Rosen 和 Segev [60] 证明了 LTDF 与 CP-TDF 之间存在黑盒分离, Kiltz 等 [62] 证明了 CP-TDF 与 LTDF 之间也存在黑盒分离. 很长一段时期, ATDF 和 ATDR 是黑盒意义下构造 CCA-KEM 所需的最弱单向陷门函数类组件. 一个重要的公开问题是: 不带有任何增强安全属性的 TDF 是否能蕴含 CCA 安全的 PKE 方案? Hohenberger

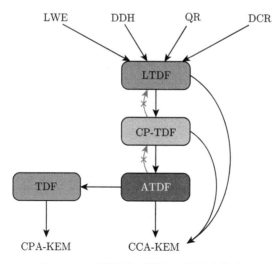

图 4.18   各类单向函数之间的蕴含关系

等 [64] 在 2020 年美国密码学会议 (美密会) 的最佳论文中给出了肯定的答案, 即单射 TDF 可蕴含 CCA 安全的 PKE 方案. 这里的技术细节不再展开, 感兴趣的读者请查阅该论文.

4.2 哈希证明系统类

1998 年, Cramer 和 Shoup [65] 基于判定性 Diffie-Hellman 问题构造出首个标准模型下高效的 PKE 方案, 称为 CS98-PKE. 2002 年, Cramer 和 Shoup [66] 再度合作, 提出了哈希证明系统 (hash proof system, HPS) 的概念, 给出了标准模型下构造 CCA 安全 PKE 的全新范式, 完美地阐释了 CS98-PKE 的设计原理. 以下首先介绍 HPS 的定义和相关性质.

定义 4.10 (哈希证明系统 (HPS)) 如图 4.19 所示, HPS 包含以下 4 个 PPT 算法.

- Setup(1^κ): 以安全参数 1^κ 为输入, 输出公开参数 $pp = (H, SK, PK, X, L, W, \Pi, \alpha)$, 其中 $H: SK \times X \to \Pi$ 是由私钥集合 SK 索引的一族带密钥哈希函数 (keyed hash function), L 是定义在 X 上的 $\mathcal{NP}$ 语言, W 是对应的证据集合, α 是从私钥集合 SK 到公钥集合 PK 的投射函数 (projection function).

$$pp \leftarrow \mathsf{Setup}(1^\kappa)$$

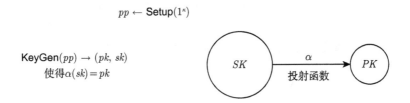

KeyGen(pp) → (pk, sk)
使得 $\alpha(sk) = pk$

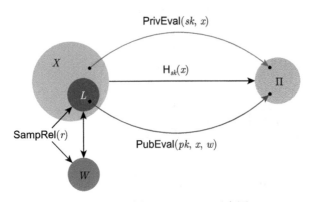

图 4.19   HPS 示意图

- KeyGen(pp): 以公开参数 pp 为输入, 随机采样 $sk \xleftarrow{\text{R}} SK$, 计算 $pk \leftarrow \alpha(sk)$, 输出 (pk, sk).
- PrivEval(sk, x): 以私钥 sk 和 $x \in X$ 为输入, 输出 $\pi = \mathsf{H}_{sk}(x)$.
- PubEval(pk, x, w): 以公钥 pk、$x \in L$ 以及相应的 w 为输入, 输出 $\pi = \mathsf{H}_{sk}(x)$, 其中 $\alpha(sk) = pk$.

HPS 的定义围绕 $L \subset X$ 展开, 引入了 KeyGen、PrivEval 和 PubEval 这三个核心算法. 以下性质刻画了哈希函数在输入 $x \in L$ 上的行为, 用于保证上层密码方案的功能性.

投射性 (projective): $\forall x \in L$, 函数值 $\mathsf{H}_{sk}(x)$ 由 x 和私钥的投射 $pk \leftarrow \alpha(sk)$ 完全确定.

以下性质由弱到强刻画了哈希函数在输入 $x \in X \backslash L$ 上的行为, 用于保证上层密码方案的安全性.

平滑性 (smooth): $\mathsf{H}_{sk}(\cdot)$ 在输入 $x \xleftarrow{\text{R}} X \backslash L$ 时的输出与 Π 上的均匀分布统计接近, 即

$$(pk, \mathsf{H}_{sk}(x)) \approx_s (pk, \pi)$$

其中 $(pk, sk) \leftarrow \mathsf{KeyGen}(pp)$, $\pi \xleftarrow{\text{R}} \Pi$.

1-一致性 (universal$_1$): $\mathsf{H}_{sk}(\cdot)$ 在任意输入的输出与 Π 上的均匀分布统计接近, 即 $\forall x \in X \backslash L$, 有

$$(pk, \mathsf{H}_{sk}(x)) \approx_s (pk, \pi)$$

其中 $(pk, sk) \leftarrow \mathsf{KeyGen}(pp)$, $\pi \xleftarrow{\text{R}} \Pi$.

2-一致性 (universal$_2$): 在给定某点 $x^* \in X \backslash L$ 哈希函数值的情形下, $\mathsf{H}_{sk}(\cdot)$ 在任意输入的输出仍与 Π 上的均匀分布统计接近, 即 $\forall x, x^* \in X \backslash L$ 且 $x \neq x^*$, 有

$$(pk, \mathsf{H}_{sk}(x^*), \mathsf{H}_{sk}(x)) \approx_s (pk, \mathsf{H}_{sk}(x^*), \pi)$$

其中 $(pk, sk) \leftarrow \mathsf{KeyGen}(pp)$, $\pi \xleftarrow{\text{R}} \Pi$.

笔记 以上三条性质由弱到强. 平滑性同时建立在 $sk \xleftarrow{\text{R}} SK$ 和 $x \xleftarrow{\text{R}} X \backslash L$ 两根随机带上, 1-一致性仅建立在 $sk \xleftarrow{\text{R}} SK$ 一根随机带上, 而 2-一致性则可解读为要求 1-一致性在随机带 $sk \xleftarrow{\text{R}} SK$ 有偏时 (将 $\mathsf{H}_{sk}(x^*)$ 理解为关于 sk 的泄漏) 仍然成立. 特别注意, 三条性质均刻画的是输入在语言外时哈希函数的行为.

4.2.1 哈希证明系统的起源释疑

很多读者在阅读 HPS 相关的文献时, 都会对这个范式的命名和引入动机感到疑惑. 事实上, HPS 是一类指定验证者的非交互式零知识证明系统 (designated verifier NIZK), 引入的动机来自以下的思考: Naor-Yung 双重加密范式使用标准

的 NIZK 来证明密文的合法性 (well-formedness), 然而密文的合法性并非一定是可公开验证的 (public verifiable), 解密私钥 sk 的持有者可验证即可. 指定可验证弱于公开可验证, 因此 DV-NIZK 的效率通常高于 NIZK. 想必 Cramer 和 Shoup 正是基于以上的思考, 引入了 HPS, 目的是在标准模型下构造高效的 IND-CCA 安全的 PKE.

笔记   图 4.20 解释了 HPS 的命名渊源, 其本质上是指定验证者零知识证明, 证明的形式是实例的哈希值, 故名哈希证明系统.

  • DV-NIZK 的完备性由 $\mathsf{H}_{sk}(\cdot)$ 的投射性保证:

$$\forall x \in L, \quad \mathsf{H}_{sk}(x) = \mathsf{PubEval}(pk, x, w)$$

  • DV-NIZK 的合理性由 1-一致性保证 $\forall x \notin L$, $\mathsf{H}_{sk}(x)$ 随机分布, 即使拥有无限计算能力的证明者 P^* 也无法预测, 因此通过验证的概率可忽略. 2-一致性则保证了更强的合理性, 即敌手在看到一个 No 实例的有效证明后, 也无法为一个新的 No 实例生成有效证明.

  • DV-NIZK 的零知识性是显然且平凡的: 指定验证者拥有私钥, 因此可以对任意的 $x \in L$ (甚至对于 $x \in X \backslash L$) 生成正确的证明.

此外, 证明系统是有效的, 即证明者在拥有证据时可以高效计算出实例的证明, 这对于基于 HPS 密码方案的功能性至关重要.

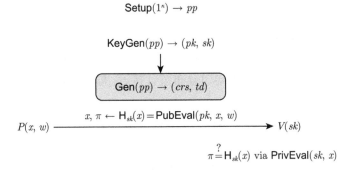

图 4.20   从 DV-NIZK 的视角解析 HPS

4.2.2   哈希证明系统的实例化

以下通过介绍 L_{DDH} 语言的 HPS 实例化协议建立对 HPS 的直观认识. 首先运行 $\mathsf{GroupGen}(1^\kappa) \to (\mathbb{G}, p, g)$, 其中 $\mathbb{G}$ 是阶为素数 p 的群, g 是生成元; 再随机选取 $\mathbb{G}$ 中的两个生成元 g_1, g_2. 令 $pp = (\mathbb{G}, p, g_1, g_2)$ 是公开参数, 定义由 pp 索引的 $\mathcal{NP}$ 语言如下:

$$L_{\mathrm{DDH}} = \{(x_1, x_2) \in X : \exists w \in W \text{ s.t. } x_1 = g_1^w \wedge x_2 = g_2^w\}$$

其中 $X = \mathbb{G} \times \mathbb{G}$, $W = \mathbb{Z}_p$.

容易验证, 语言中的元素是 DH 对, 语言外的元素是非 DH 对, $(x_1, x_2) \xleftarrow{\mathrm{R}} L_{\mathrm{DDH}}$. DDH 假设蕴含 $L \subset X$ 上的 SMP 困难问题成立, 即

- $U_L \approx_c U_X$: 随机 DH 对与 X 中的随机二元组计算不可区分.
- 由于 $|L|/|X| = 1/p = \mathrm{negl}(\kappa)$, L 在 X 中稀疏, 所以可以进一步得到 $U_L \approx_c U_{X \setminus L}$: 随机 DH 对与随机非 DH 对计算不可区分.

构造 4.9 (L_{DDH} 语言的 HPS 构造) L_{DDH} 的 HPS 构造如下, 如图 4.21所示.

- Setup(1^κ): 以安全参数 1^κ 为输入, 输出公开参数 $pp = (\mathbb{G}, p, g_1, g_2)$. pp 还包括了对 $SK = \mathbb{Z}_p \times \mathbb{Z}_p$, $PK = \mathbb{G}$, L_{DDH}, $X = \mathbb{G} \times \mathbb{G}$ 和 $W = \mathbb{Z}_p$ 的描述.
- KeyGen(pp): 以公开参数 pp 为输入, 随机采样 $sk \xleftarrow{\mathrm{R}} \mathbb{Z}_p^2$, 计算 $pk \leftarrow \alpha(sk) = g_1^{sk_1} g_2^{sk_2}$, 输出 (pk, sk).
- PrivEval(sk, x): 以私钥 sk 和 $x \in X$ 为输入, 输出 $\pi = \mathsf{H}_{sk}(x) = x_1^{sk_1} x_2^{sk_2}$.
- PubEval(pk, x, w): 以公钥 pk, $x \in L_{\mathrm{DDH}}$ 以及相应的 w 为输入, 输出 $\pi = pk^w$, 其中 $\alpha(sk) = pk$. 以下等式说明了公开求值算法的正确性,

$$pk^w = (g_1^{sk_1} g_2^{sk_2})^w = x_1^{sk_1} x_2^{sk_2} = \mathsf{H}_{sk}(x)$$

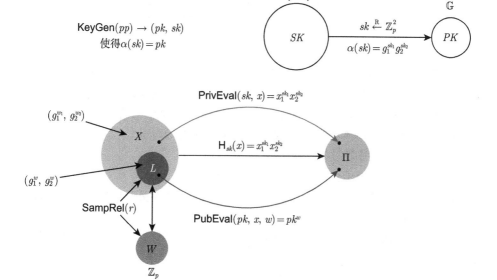

图 4.21 L_{DDH} 的 HPS

引理 4.2 以上关于 L_{DDH} 的 HPS 满足 1-一致性.

证明 目标是

$$\forall x \in X \backslash L, \quad (pk, \mathsf{H}_{sk}(x)) \approx_s (pk, \pi)$$

其中 $(pk, sk) \leftarrow \mathsf{KeyGen}(pp)$, $\pi \xleftarrow{\mathrm{R}} \Pi$.

首先固定 $x = (x_1 = g_1^{w_1}, x_2 = g_2^{w_2}) \in X \backslash L$, 其中 $w_1 \neq w_2$. 将左式表示为关于 sk 函数的形式:

$$(pk, \mathsf{H}_{sk}(x)) = f_{g_1, g_2, x_1, x_2}(sk_1, sk_2) := (g_1^{sk_1} g_2^{sk_2}, x_1^{sk_1} x_2^{sk_2})$$

用矩阵的形式描述函数作用过程:

$$\begin{pmatrix} g_1 & g_2 \\ g_1^{w_1} & g_2^{w_2} \end{pmatrix} \begin{pmatrix} sk_1 \\ sk_2 \end{pmatrix} = \begin{pmatrix} pk \\ \mathsf{H}_{sk}(x) \end{pmatrix}$$

令 $g_2 = g_1^{\beta}$, 其中 $\beta \in \mathbb{Z}_p^*$, 将最左边矩阵进行等价变形:

$$\begin{pmatrix} g_1 & g_2 \\ g_1^{w_1} & g_2^{w_2} \end{pmatrix} = \begin{pmatrix} g_1 & g_1^{\beta} \\ g_1^{w_1} & g_1^{w_2\beta} \end{pmatrix} = g_1 \underbrace{\begin{pmatrix} 1 & \beta \\ w_1 & w_2\beta \end{pmatrix}}_{M}$$

$\det(M) = \beta(w_1 - w_2) \Rightarrow M$ 满秩 $\Rightarrow f$ 单射. 又由于函数的定义域和值域大小相等, 最终得出

$$\underbrace{\begin{pmatrix} g_1 & g_2 \\ g_1^{w_1} & g_2^{w_2} \end{pmatrix}}_{\text{满秩 } 2\times 2} \underbrace{\begin{pmatrix} sk_1 \\ sk_2 \end{pmatrix}}_{\text{在 } \mathbb{Z}_p^2 \text{ 上均匀分布}} = \underbrace{\begin{pmatrix} pk \\ \mathsf{H}_{sk}(x) \end{pmatrix}}_{\text{在 } \mathbb{G}^2 \text{ 上均匀分布}}$$

从而 1-一致性得证! $\square$

注记 4.11 HPS 并不一定要求 $L \subseteq X$ 之上一定存在 SMP 问题, 但只有当 $L \subseteq X$ 之上存在 SMP 问题时, 相应的 HPS 有密码学意义. 这是因为 HPS 中所有关于哈希函数的性质均是针对输入在语言外时定义的, 只有当 SMP 问题存在时, 才能间接刻画出哈希函数在输入为语言中元素时的行为.

HPS 存在两个局限:

• 证明只支持私密验证, 不满足公开验证性;

• 证明的表达能力有限, 目前仅能证明群中的子群成员归属问题, 尚未知能否延伸到任意的 NP 语言.

在很多具体的零知识证明应用场合, 公开验证性和强大的表达能力均不是必须的, 因此用标准的零知识证明系统有大材小用之嫌, 哈希证明系统可以做得更快更好, 其中效率的优势恰恰源自局限. 以下展示如何基于 HPS 设计 IND-CPA 和 IND-CCA 的 KEM 方案.

4.2.3　基于哈希证明系统的 KEM 构造

我们首先介绍如何基于 HPS 构造 IND-CPA 安全的 KEM. 设计的思路如下:

• 发送方扮演 HPS 中的证明者, 选择 L 中的随机实例 x 作为密文 c, 利用公钥 pk 和相应的证据 w 计算其哈希证明 π 作为会话密钥 k.

• 接收方扮演 HPS 中的验证者, 使用私钥 sk 计算 x 的哈希证明以恢复会话密钥 k.

构造 4.10 (基于 HPS 的 CPA 安全的 KEM 构造)　从平滑 HPS 出发, 构造 CPA 安全的 KEM 如下.

• Setup(κ): 运行 $pp \leftarrow$ HPS.Setup(1^κ), 输出 $pp = (\mathsf{H}, SK, PK, X, L, W, \Pi, \alpha)$ 作为公开参数, 其中 X 作为密文空间, Π 作为会话密钥空间.

• KeyGen(pp): 运行 $(pk, sk) \leftarrow$ HPS.KeyGen(pp), 输出公钥 pk 和私钥 sk.

• Encaps($pk; r$): 以公钥 pk 和随机数 r 为输入, 执行如下步骤:

(1) 运行 $(x, w) \leftarrow$ SampRel(r) 生成随机实例和相应的证据;

(2) 通过 HPS.PubEval(pk, x, w) 计算实例 x 的哈希证明 $\pi \leftarrow \mathsf{H}_{sk}(x)$;

(3) 输出实例 x 作为密文 c, 输出哈希证明 π 作为会话密钥 k.

• Decaps(sk, c): 以私钥 sk 和密文 c 为输入, 通过 HPS.PrivEval(sk, c) 计算 c 的哈希证明 $\pi \leftarrow \mathsf{H}_{sk}(x)$ 以恢复会话密钥 k.

KEM 方案的正确性由 HPS 的完备性保证. 安全性由如下定理保证.

定理 4.11　如果 $L \subseteq X$ 上的 SMP 问题成立, 那么构造 4.10 中的 KEM 是 IND-CPA 安全的.

证明　我们将通过游戏序列组织证明. 游戏序列的编排次序由如下证明思路指引.

• 将诚实生成的密文分布 $x \xleftarrow{\text{R}} L$ 切换为 $x \xleftarrow{\text{R}} X \backslash L$.

• 论证当 $x \xleftarrow{\text{R}} X \backslash L$ 时, $(pk, \pi = \mathsf{H}_{sk}(x))$ 的分布与 $(pk, \pi \xleftarrow{\text{R}} \Pi)$ 统计接近.

Game_0: 对应真实的游戏, 其中挑战密文 $x^* \xleftarrow{\text{R}} L$, 计算会话密钥的方式是对 $\mathsf{H}_{sk}(x^*)$ 进行公开求值.

• 初始化: $\mathcal{CH}$ 计算 $pp \leftarrow$ HPS.Setup(1^κ), $(pk, sk) \leftarrow$ HPS.KeyGen(pp), 将 pp 和 pk 发送给 $\mathcal{A}$.

• 挑战: $\mathcal{CH}$ 按照以下步骤生成挑战.

(1) 随机采样 $(x^*, w^*) \leftarrow$ SampRel(r^*).

(2) 通过HPS.PubEval(pk, x^*, r^*) 公开计算 $\pi^* \leftarrow \mathsf{H}_{sk}(x^*)$.

(3) 令 $c^* = x^*$, $k_0^* = \pi^*$, 随机采样 $k_1^* \xleftarrow{\text{R}} \Pi$.

(4) 随机选取 $\beta \xleftarrow{\text{R}} \{0, 1\}$, 将 (c^*, k_β^*) 发送给 $\mathcal{A}$ 作为挑战.

敌手 $\mathcal{A}$ 在游戏中的视图包括 (pp, pk, x^*, k_β^*).

● 应答: $\mathcal{A}$ 输出对 β 的猜测 β', $\mathcal{A}$ 成功当且仅当 $\beta' = \beta$.

为了准备将挑战密文的分布从 $x^* \in L$ 切换到 $x^* \in X \backslash L$, 首先需要引入以下的游戏作为过渡, 这是因为分布切换后, x^* 已经不在语言 L 内, $\mathcal{CH}$ 无法再以公开求值的方式计算哈希证明, 所以需要提前改变 $\mathcal{CH}$ 的求值方式.

Game$_1$: 与 Game$_0$ 相比唯一的区别在于挑战阶段的步骤 (2), $\mathcal{CH}$ 通过HPS. PrivEval(sk, x^*) 秘密计算 $\pi^* \leftarrow \mathsf{H}_{sk}(x^*)$. $\mathsf{H}_{sk}(\cdot)$ 的投射性质保证了当 $x^* \in L$ 时, PubEval$(pk, x^*, w^*) = \mathsf{H}_{sk}(x^*) = \mathsf{PrivEval}(sk, x^*)$. 因此在敌手的视角中, $\mathcal{CH}$ 所作出的改变完全不可察觉, 我们有

$$\text{Game}_0 \equiv \text{Game}_1$$

经过 Game$_1$ 的铺垫, 我们可以顺利过渡到以下的 Game$_2$.

Game$_2$: 与 Game$_1$ 相比唯一的区别是调用 SampNo(r^*) 采样 $x^* \leftarrow X \backslash L$. SMP 问题的困难性保证了敌手在相邻游戏中的视图计算不可区分:

$$\text{Game}_1 \approx_c \text{Game}_2$$

Game$_3$: 与 Game$_2$ 的唯一不同是在挑战阶段随机采样 $\pi^* \xleftarrow{\text{R}} \Pi$ 替代 $\pi^* \leftarrow \mathsf{H}_{sk}(x^*)$. 由 $\mathsf{H}_{sk}(\cdot)$ 的平滑性保证:

$$\text{Game}_2 \approx_s \text{Game}_3$$

在 Game$_3$ 中, k_0^* 和 k_1^* 均是 Π 上的均匀分布, 因此即使对于拥有无穷计算能力的敌手 $\mathcal{A}$, 其优势也为 0. 综合以上, 定理得证!　　　　　　　　　　　　　□

接下来, 我们将介绍如何基于 HPS 构造 IND-CCA 安全的 KEM. 在此之前, 先以自问自答的方式分析构造难点.

构造 4.10 中的 KEM 方案是 IND-CCA 安全的吗?

● 从归约证明的角度粗略分析似乎并没有技术困难, 因为归约算法 $\mathcal{R}$ 始终掌握私钥 sk, 可以回答任意的解封装询问. 然而细致分析后发现并非如此. 与 IND-CPA 安全游戏相比, 在 IND-CCA 安全游戏中, 敌手的视图额外包括了对解封装询问的应答. 当解封装询问 $c = x$ 的密文 $x \notin L$ 时, 应答会泄漏更多关于 sk 的信息 (公钥 pk 可以看作关于 sk 的部分泄漏). 因此我们无法再使用平滑性得出 Game$_2 \approx_s$ Game$_3$ 的结论.

接上问, 既然当 $x \in X \backslash L$ 时的解封装询问会泄漏 sk 的信息, 那拒绝此类询问是否可以达到 IND-CCA 安全性呢?

● 不可以. 这是因为 SMP 问题的困难性使得 PPT 的解密者无法判定 x 是否属于 L. 善于思考的读者很能发现解密者还拥有解密私钥 sk, 然而解密者 (对

应诚实用户) 仅拥有一个解密私钥, 依然无法判定是否 $x \in L$. 那是否有巧妙的方案设计使得解密者拥有多个解密私钥, 从而解密者可以通过检测多个私钥求值的一致性来判定 $x \in ?L$ 了. 答案依然是否定的, 因为 SMP 的困难性否定了此类方案设计算法的存在性. 反过来, 如果解密者拥有了对应 SMP 问题公开参数对应的秘密参数, 那么确实可以设计方案使得解密者拥有多个解密私钥, 比如考虑 L_{DDH} 语言的 HPS 4.9, 如果解密者知晓 α 使得 $g_1^\alpha = g_2$, 那么任取 $\Delta \in \mathbb{Z}_p$, 均有

$$(sk_1, sk_2) \sim (sk_1' = sk_1 + \alpha\Delta, sk_2' = sk_2 - \Delta) \Leftrightarrow g_1^{sk_1} g_2^{sk_2} = g_1^{sk_1'} g_2^{sk_2'}$$

上述设计方案已经暗含了 SMP 问题的困难性对解密者不复存在, 这使得安全归约将会在 $\text{Game}_1 \approx_c \text{Game}_2$ 的步骤失败, 原因是归约算法 (针对 SMP 问题的敌手) 不掌握 α, 从而无法模拟解密者的行为.

通过以上的分析, 不难得出基于 HPS 构造 CCA 安全的 KEM 的一种思路是杜绝 "危险" 的解密询问.

• $x \in L$ 属于安全的解密询问, 这是因为应答 $\pi = \text{HPS.PubEval}(pk, x, w)$ 没有额外泄漏关于 sk 的信息, 因此不会破坏平滑性.

• $x \notin L$ 属于危险的解密询问, 杜绝的思路在密文中嵌入 "私密认证结构", 使得 PPT 的敌手无法生成有效的 (valid) 危险密文, 同时解密者能够判定密文是否有效. 具体的设计思路是将哈希证明作为信息论意义下的一次性消息验证码 (information-theoretic one-time MAC), 此处需要满足 2-一致性的 HPS.

构造 4.11 (基于 HPS 的 CCA 安全的 KEM 构造) 构造的组件是

• 满足平滑性质的 HPS_1;

• 满足 2-一致性的 HPS_2.

构造如下.

• $\text{Setup}(1^\kappa)$:

(1) 运行 $pp_1 \leftarrow \text{HPS}_1.\text{Setup}(1^\kappa)$, 其中 $pp_1 = (\mathsf{H}_1, SK_1, PK_1, X, L, W, \Pi_1, \alpha_1)$;

(2) 运行 $pp_2 \leftarrow \text{HPS}_2.\text{Setup}(1^\kappa)$, 其中 $pp_2 = (\mathsf{H}_2, SK_2, PK_2, X, L, W, \Pi_2, \alpha_2)$;

(3) 输出公开参数 $pp = (pp_1, pp_2)$. 公钥空间 $PK = PK_1 \times PK_2$, 私钥空间 $SK = SK_1 \times SK_2$, 密文空间 $C = X \times \Pi_2$, 会话密钥空间 $K = \Pi_1$.

• $\text{KeyGen}(pp)$: 解析 $pp = (pp_1, pp_2)$, 执行以下步骤.

(1) 计算 $(pk_1, sk_1) \leftarrow \text{HPS}_1.\text{KeyGen}(pp_1)$.

(2) 计算 $(pk_2, sk_2) \leftarrow \text{HPS}_2.\text{KeyGen}(pp_2)$.

(3) 输出公钥 $pk = (pk_1, pk_2)$ 和私钥 $sk = (sk_1, sk_2)$.

• $\text{Encaps}(pk; r)$: 以公钥 $pk = (pk_1, pk_2)$ 和随机数 r 为输入, 执行以下步骤.

(1) 运行 $(x, w) \leftarrow \text{SampRel}(r)$ 随机采样语言 L_1 中的实例和相应证据.

(2) 通过 $\text{HPS}_1.\text{PubEval}(pk_1, x, w)$ 计算实例 x 在 HPS_1 中的哈希证明 $\pi_1 \leftarrow \mathsf{H}_1(sk_1, x)$.

(3) 通过 $\text{HPS}_2.\text{PubEval}(pk_2, x, w)$ 计算实例 x 在 HPS_2 中的哈希证明 $\pi_2 \leftarrow \mathsf{H}_2(sk_2, x)$.

(4) 输出实例 x 和 π_2 作为密文 c, 其中 π_2 可以看作 x 的 MAC 值; 输出哈希证明 π_1 作为会话密钥 k.

● $\text{Decap}(sk, c)$: 以私钥 $sk = (sk_1, sk_2)$ 和密文 $c = (x, \pi_2)$ 为输入, 通过 $\text{HPS}_2.\text{PrivEval}(sk_2, x)$ 计算 x 的哈希证明 $\pi_2' \leftarrow \mathsf{H}_2(sk_2, x)$; 如果 $\pi_2 \neq \pi_2'$ 则输出 $\bot$, 否则通过 $\text{HPS}_1.\text{PrivEval}(sk_1, x)$ 计算 x 的哈希证明 $\pi_1 \leftarrow \mathsf{H}_1(sk_1, x)$ 以恢复会话密钥 k.

构造 4.11 的正确性由 HPS_1 和 HPS_2 的完备性保证, 安全性由以下定理保证.

定理 4.12　如果 $L \subseteq X$ 上的 SMP 问题成立, 那么构造 4.11 中的 KEM 是 IND-CCA 安全的.

证明　为了便于安全分析, 首先对密文 $c = (x, \pi_2)$ 做如下的分类:

● 良生成的 (well-formed) $\iff x \in L$;

● 有效的 (valid) $\iff \mathsf{H}_{sk_2}^2(x) = \pi_2$.

根据以上定义, 良生成的密文有可能是无效的, 有效的密文也可能是非良生成的. 在基于 HPS 构造的 KEM 中, 非良生成的密文是 "危险的", 因为解封装询问的结果会泄漏关于私钥的信息.

以下通过游戏序列完成定理证明.

Game_0: 对应真实的游戏.

● 初始化: $\mathcal{CH}$ 生成 $pp_1 \leftarrow \text{HPS}_1.\text{Setup}(1^\kappa)$, $pp_2 \leftarrow \text{HPS}_2.\text{Setup}(1^\kappa)$, 计算 $(pk_1, sk_1) \leftarrow \text{HPS}_1.\text{KeyGen}(pp_1)$, $(pk_2, sk_2) \leftarrow \text{HPS}_2.\text{KeyGen}(pp_2)$, 发送 $pp = (pp_1, pp_2)$ 和 $pk = (pk_1, pk_2)$ 给敌手 $\mathcal{A}$.

● 挑战: $\mathcal{CH}$ 执行以下操作生成挑战.

(1) 运行 $(x^*, w^*) \leftarrow (r^*)$ 随机采样 L 中的实例和证据.

(2) 通过 $\text{HPS}_1.\text{PubEval}(pk_1, x^*, w^*)$ 计算哈希证明 $\pi_1^* \leftarrow \mathsf{H}_1(sk_1, x^*)$.

(3) 通过 $\text{HPS}_2.\text{PubEval}(pk_2, x^*, w^*)$ 计算哈希证明 $\pi_2^* \leftarrow \mathsf{H}_2(sk_2, x^*)$.

(4) 令 $c^* = (x^*, \pi_2^*)$, $k_0^* = \pi_1^*$, $k_1^* \xleftarrow{\mathsf{R}} \Pi$.

(5) 选择随机比特 $\beta \xleftarrow{\mathsf{R}} \{0, 1\}$, 发送 (c^*, k_β^*) 给 $\mathcal{A}$ 作为挑战.

● 解封装询问: 当敌手发起解封装询问 $c = (x, \pi_2)$ 时, $\mathcal{CH}$ 分情况应答如下.

● $c = c^*$: 返回 $\bot$.

● $c \neq c^*$: 如果 $\pi_2 = \text{HPS}_2.\text{PrivEval}(sk_2, x)$ 返回 $\text{HPS}_1.\text{PrivEval}(sk_1, x)$; 否则返回 $\bot$.

Game_1: 与 CPA 构造情形类似, 该游戏的引入是为了将密文 c^* 由语言 L 内切换到语言外. 在挑战阶段, $\mathcal{CH}$ 通过 HPS$_1$.PrivEval(sk_1, x^*) 计算 $\pi_1^* \leftarrow \mathsf{H}_1(sk_1, x^*)$, 通过 HPS$_2$.PrivEval$(sk_2, x^*)$ 计算 $\pi_2^* \leftarrow \mathsf{H}_2(sk_2, x^*)$. HPS 的投射性保证了 Game$_0 \equiv$ Game$_1$.

Game$_2$: 将随机采样 L 中的实例和证据 $(x^*, w^*) \xleftarrow{\text{R}} \mathsf{SampRel}(r^*)$ 切换为随机采样 $X \backslash L$ 中的实例 $x^* \leftarrow \mathsf{SampNo}(r^*)$. SMP 问题的困难性保证了敌手在相邻游戏中的视图计算不可区分:

$$\text{Game}_1 \approx_c \text{Game}_2$$

在游戏序列演进过程中, 仅在论证 Game$_1 \approx_c$ Game$_2$ 时依赖计算困难假设; 其余的分析均在信息论 (information-theoretic) 意义下完成, 从此刻起挑战者 $\mathcal{CH}$ 拥有无穷计算能力.

Game$_3$: 微调解密规则, 将直接拒绝非良生成但有效的 (ill-formed but valid) 密文. 对于解封装询问 $c = (x, \pi_2)$, 只要 $x \notin L$, 那么即使 $\pi_2 = \mathsf{H}_{sk_2}^2(x)$ 也直接返回 $\perp$ 表示拒绝. 改变规则的目的是拒绝所有危险密文, 从而确保解封装询问的应答不泄漏关于私钥的信息.

断言 4.7 $|\Pr[S_3] - \Pr[S_2]| \leqslant \mathsf{negl}(\kappa)$.

证明 注意到正常的解封装算法会对此类密文返回解封装结果, 并不是直接返回 $\perp$ 拒绝. 为了分析规则改变引发的差异, 引入如下事件 E.

- $\mathcal{A}$ 发起非良生成但有效的解封装询问, 即 $x \notin L \land \pi_2 = \mathsf{H}_{sk_2}^2(x)$.

显然如果事件 E 不发生, 那么 Game$_2$ 与 Game$_3$ 完全相同. 令 Q 表示 $\mathcal{A}$ 发起解封装询问的最大次数, HPS$_2$ 的 2-一致性保证了:

$$\Pr[E] \leqslant Q/|\Pi_2| = \mathsf{negl}(\kappa)$$

利用差异引理, 断言得证. □

Game$_4$: 对所有良生成的解封装询问 $c = (x, \pi_2)$ 也即 $x \in L$, $\mathcal{CH}$ 使用公钥 $pk = (pk_1, pk_2)$ 和相应的证据 w 应答. 注意到 $\mathcal{CH}$ 拥有无穷计算能力, 因此能够计算出 $x \in L$ 的证据 w. 该规则变化仅是为了说明对良生成密文的解封装不会额外泄漏关于私钥的信息, 不会引发敌手视图的任何改变, 因此 Game$_3 \equiv$ Game$_4$.

Game$_5$: 随机采样 $\pi_1^* \xleftarrow{\text{R}} \Pi_1$ 代替 $\pi^* \leftarrow \mathsf{H}_1(sk_1, x^*)$.

断言 4.8 敌手 $\mathcal{A}$ 在 Game$_4$ 和 Game$_5$ 中的视图统计不可区分.

证明 敌手 $\mathcal{A}$ 在 Game$_4$ 和 Game$_5$ 中的视图均由以下部分组成.

- 公开参数: $pp = (pp_1, pp_2)$.
- 公钥: $pk = (pk_1, pk_2)$.
- 挑战: 密文 $c^* = (x^*, \pi_2^*)$ 和会话密钥 k_β^*.

● 解封装询问: 由公钥 pk 和敌手 $\mathcal{A}$ 的询问确定.

接下来, 我们通过递增分布项的方式证明断言.

(1) 首先由 HPS_1 的平滑性可知, 当 $x^* \xleftarrow{\mathrm{R}} X \backslash L$ 时有

$$(pk_1, x^*, \boxed{\mathsf{H}_1(sk_1, x^*)}) \approx_s (pk_1, x^*, \boxed{U_{\Pi_1}})$$

(2) 将 (pk_2, π_2^*) 表示为 $g_{sk_2}(x^*)$, 其中 $g_{sk_2}(x) := (\alpha_2(sk_2), \mathsf{H}_2(sk_2, x))$. 复合引理 (composition lemma) 可推出 $X \approx_s Y \Rightarrow f(X) \approx_s f(Y)$, 其中 f 可以是任意 (概率) 函数. 将上面公式左右两边的分布分别看成 X 和 Y, 令 $f(pk_2, x^*, \pi_2) = (g_{sk_2}(x^*), pk_2, x^*, \pi_2)$, 应用复合引理即可得

$$(pk_2, \pi_2^*, pk_1, x^*, \mathsf{H}^1_{sk_1}(x^*)) \approx_s (pk_2, \pi_2^*, pk_1, x^*, U_{\Pi_1})$$

令 $view' = (pk, x^*, \pi_2^*, k_\beta^*)$, 上面公式可以简写为 $view'_4 \approx_s view'_5$.

(3) 在左右两边添加解封装结果. $\mathcal{CH}$ 对解封装询问的应答总可以表示为 $f_{\mathsf{decaps}}(view')$, f_{decaps} 编码了敌手 $\mathcal{A}$ 选择密文 $\{c_i\}$ 的策略和解封装算法, 易知 f_{decaps} 是一个 PPT 算法. 再次应用复合引理, 可以得到

$$(f_{\mathsf{decaps}}(view'_4), view'_4) \approx_s (f_{\mathsf{decaps}}(view'_5), view'_5)$$

根据敌手视图的定义, 可以得到 $\mathrm{Game}_4 \approx_s \mathrm{Game}_5$, 断言得证.　　　□

在 Game_5 中, k_0^* 和 k_1^* 均从 Π_1 中随机采样. 因此对于任意敌手均有 $\Pr[S_5] = 0$. 综合以上, 定理得证!　　　□

小结

HPS 给出了基于 SMP 类型判定性问题构造公钥加密的范式, 在论证安全性时遵循如下的三步走 (三板斧) 套路 (图 4.22):

(1) 真实游戏中挑战密文为语言中的随机实例 $x \in L$;

(2) 理想游戏中挑战密文为语言外的随机实例 $x \notin L$, 在信息论意义下证明敌手优势可忽略;

(3) 利用 SMP 完成语言内外的切换, 论证 PPT 敌手在真实游戏和理想游戏中的优势差可忽略.

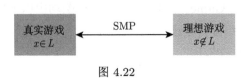

图 4.22

在很多情形下, 公钥加密的私钥嵌入于底层困难问题, 因此设计高等级安全公钥加密的一个常见难点是归约证明过程中, 归约算法 $\mathcal{R}$ 需要在未知私钥的情形下模拟与私钥相关的谕言机. 一个具体的例子就是难以证明 ElGamal PKE 具备私钥抗泄漏安全性, 因为私钥嵌入在底层 DDH 困难问题中. Cramer 和 Shoup 另辟蹊径, 绕过了该难点, 关窍是在基于 HPS 的公钥加密设计中, 公钥加密的密文嵌入于底层困难问题, 归约算法 $\mathcal{R}$ 始终掌握私钥, 从而可以完美模拟任意与私钥相关的谕言机. 正是该特性使得 HPS 的用途极为广泛, 远远超越了最初的 CCA 安全的公钥加密, 如 HPS 在基于口令认证的密钥交换 (password authenticated key exchange, PAKE)、不经意传输 (oblivious transfer, OT) 的构造中均有重要应用, 更是达成密钥泄漏安全、消息依赖密钥安全等高等级安全的主流技术工具.

4.3 可提取哈希证明系统类

1991 年, Rackoff 和 Simon [67] 提出了构造 CCA 安全 PKE 的另一条技术路线:

(1) 发送方随机选择会话密钥 k 并使用接收方的公钥对其加密得到密文 c, 同时生成关于 k 的非交互式零知识知识证明 π, 将 c 和 π 一起发送给接收方;

(2) 接收方先验证 π 的正确性, 若验证通过, 则利用私钥解密恢复会话密钥.

该条技术路线被称为 Rackoff-Simon 范式, 与 Naor-Yung 范式/Sahai 范式的不同之处是前者需要使用非交互式零知识知识证明 (NIZKPoK), 而后者使用的是非交互式零知识证明 (NIZK).

Cramer 和 Shoup 于 2002 年正式提出的哈希证明系统 [66] 是 NIZK 的弱化: 公开可验证弱化为指定验证者, 表达能力由任意 $\mathcal{NP}$ 语言限制为群论语言, 证明的形式特殊化为哈希值. 2010 年, Wee [68] 提出了可提取哈希证明系统 (extractable hash proof system, EHPS), 并展示了如何基于 EHPS 以一种简洁、模块化的方式构造 CCA 安全的 PKE. 该构造范式统一了几乎所有已知的基于计算性假设的 CCA 安全 PKE 方案. 相对 HPS 是 NIZK 的弱化, EHPS 是 NIZKPoK 的弱化. 以下首先介绍 EHPS 的定义和相关性质.

定义 4.11 (可提取哈希证明系统) 如图 4.23 所示, EHPS 包含以下 4 个 PPT 算法.

• Setup(1^κ): 以安全参数 1^κ 为输入, 输出公开参数 $pp = (\mathrm{H}, PK, SK, L, W, \Pi)$, 其中 L 是由困难关系 R_L 定义的平凡 $\mathcal{NP}$ 语言, $\mathrm{H}: PK \times L \to \Pi$ 是由公钥集合 PK 索引的一族带密钥哈希函数. 关系 R_L 支持随机采样, 即存在 PPT 算法 SampRel 以随机数 r 为输入, 输出随机的 "实例-证据" 元组 $(x, w) \in \mathrm{R}_L$. 为了方便后续的应用, SampRel 可以进一步分解为 SampYes 和 SampWit, 前者

随机采样语言中的实例, 后者随机采样证据, 对于任意随机数 $r \in R$, 有 (Samp-Yes(r), SampWit(r)) $\in R_L$.

- KeyGen(pp): 以公开参数 pp 为输入, 输出公钥 pk 和私钥 sk.
- PubEval(pk, x, r): 以公钥 pk、$x \in L$ 和随机数 r 为输入, 输出证明 $\pi \in \Pi$. 正确性要求是当 r 是采样 x 的随机数时 (即 $(x, w) \leftarrow$ SampRel(r)), 算法正确计算出哈希证明: $\pi = H_{pk}(x)$. 注意, 当给定采样随机数 r 时, 可以运行算法 SampRel 恢复 x, 因此算法的第 2 项输入 x 可以省去.
- Ext(sk, x, π): 以私钥 sk、$x \in L$ 和证明 $\pi \in \Pi$ 为输入, 输出证据 $w \in W \cup \bot$. 正确性要求是

$$\pi = H_{pk}(x) \iff (x, \mathsf{Ext}(sk, x, \pi)) \in R_L$$

- KeyGen$'(pp)$: 以公开参数 pp 为输入, 输出公钥 pk 和私钥 sk'.
- PrivEval(sk', x): 以私钥 sk 和 $x \in L$ 为输入, 输出证明 $\pi \in \Pi$. 正确性要求是 PrivEval 正确计算出哈希证明 $\pi = H_{pk}(x)$.

以上算法中, KeyGen、PubEval 和 Ext 在真实模式下工作, KeyGen$'$ 和 PrivEval 在模拟模式下工作, 两种模式共享同一个 Setup 算法生成公开参数. 两种模式之间的关联是公钥的分布统计不可区分, 即

$$\mathsf{KeyGen}(pp)[1] \approx_s \mathsf{KeyGen}'(pp)[1]$$

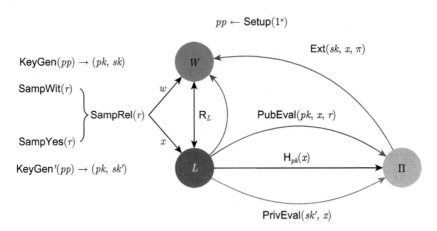

图 4.23　EHPS 的示意图

4.3.1　可提取哈希证明系统的起源释疑

笔记　图 4.24 解释了 EHPS 的命名渊源, 其本质上是指定验证者零知识知识证明, 证明的形式是实例的哈希值, 故名为可提取哈希证明系统.

- DV-NIZKPoK 的完备性和可提取性由 Ext 的正确性保证, 即在正常模式下,

$$\pi = \mathsf{H}_{pk}(x) \iff (x, \mathsf{Ext}(sk, x, \pi)) \in \mathsf{R}_L$$

其中 $\mathsf{KeyGen}(pp) \to (pk, sk)$.

- DV-NIZKPoK 的零知识性论证如下, 令 $\mathsf{KeyGen}(pp) \to (pk, sk')$, KeyGen' $(pp) \to (pk, sk')$, 对于 $\forall x \in L$, 我们有

$$pk \approx_s pk \Rightarrow (pk, \mathsf{H}_{pk}(x)) \approx_s (pk, \mathsf{H}_{pk}(x))$$

再由秘密求值算法的正确性 $\mathsf{H}_{pk}(x) = \mathsf{PrivEval}(sk', x)$ 可以得到

$$(pk, \mathsf{H}_{pk}(x)) \approx_s (pk, \mathsf{PrivEval}(sk', x))$$

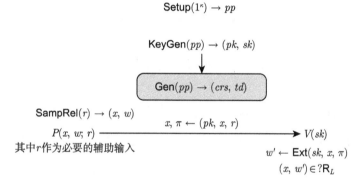

图 4.24 从 DV-NIZKPoK 的视角解析 EHPS

4.3.2 可提取哈希证明系统的实例化

我们以针对 L_{CDH} 语言的 EHPS 构造为例, 获得对 EHPS 设计方式的直观认识. 令 $(\mathbb{G}, p, g)$ 是算法 $\mathsf{GroupGen}(1^\kappa)$ 的输出, 其中 $\mathbb{G}$ 是阶为素数 p 的群, g 是生成元. 随机选取 $\mathbb{G}$ 中的另一生成元 g^α, 其中 $\alpha \xleftarrow{\mathrm{R}} \mathbb{Z}_p$. 令 $pp = (\mathbb{G}, p, g, g^\alpha)$ 是公开参数, 定义由 pp 索引的平凡 $\mathcal{NP}$ 语言如下:

$$L_{\mathrm{CDH}} = \{x \in X : \exists w \in W \text{ s.t. } w = x^\alpha\}$$

其中 $L = X = \mathbb{G}$, $W = \mathbb{G}$. 定义 L_{CDH} 的二元关系为 $\mathsf{R}_{\mathrm{CDH}}$, $(x, w) \in \mathsf{R}_{\mathrm{CDH}} \iff$ $w = x^\alpha$. 容易验证:

- $\mathsf{R}_{\mathrm{CDH}}$ 基于 CDH 假设是困难的;
- $\mathsf{R}_{\mathrm{CDH}}$ 是高效可采样的, 存在 PPT 采样算法 $\mathsf{SampRel}$ 随机选取 $r \xleftarrow{\mathrm{R}} \mathbb{Z}_p$, 输出 $(g^r, (g^\alpha)^r) \in \mathsf{R}_{\mathrm{CDH}}$.

- 如果 $\mathbb{G}$ 是双线性映射群, 则 R_{CDH} 是公开可验证的.

构造 4.12 (L_{CDH} 语言的 EHPS 构造)　L_{CDH} 的 EHPS 构造如下, 如图 4.25 所示.

- Setup(1^κ): 以安全参数 1^κ 为输入, 输出公开参数 $pp = (\mathbb{G}, p, g, g^\alpha)$, 其中 pp 还包括了对 $SK = \mathbb{Z}_p$, $PK = \mathbb{G}$, $L_{\mathrm{CDH}} = X = \mathbb{G}$ 和 $W = \mathbb{G}$ 的描述.

- KeyGen(pp): 以公开参数 pp 为输入, 随机采样 $sk \xleftarrow{\mathrm{R}} \mathbb{Z}_p$, 计算 $pk = g^{sk} \in \mathbb{G}$, 输出 (pk, sk).

- PubEval(pk, x, r): 以公钥 pk、实例 $x \in L_{\mathrm{CDH}}$ 和 $r \in \mathbb{Z}_p$ 为输入, 输出 $\pi \leftarrow (g^\alpha \cdot pk)^r$.

- Ext(sk, x, π): 以私钥 sk、实例 $x \in L_{\mathrm{CDH}}$ 和 π 为输入, 计算 $w \leftarrow \pi/x^{sk}$, 如果 $(x, w) \in R_L$, 则返回 w, 否则返回 $\bot$. 正确性由以下公式保证:

$$\pi/x^{sk} = (g^\alpha \cdot pk)^r/x^{sk} = (g^\alpha \cdot g^{sk})^r/g^{r \cdot sk} = (g^\alpha)^r = w$$

- KeyGen$'$(pp): 以公开参数 pp 为输入, 随机采样 $sk' \xleftarrow{\mathrm{R}} \mathbb{Z}_p$, 计算 $pk \leftarrow g^{sk'}/g^\alpha$.

- PrivEval(sk', x): 以私钥 sk' 和实例 $x \in L_{\mathrm{CDH}}$ 为输入, 输出 $w \leftarrow x^{sk'}$. 正确性由以下公式保证:

$$\mathsf{H}_{pk}(x) = (g^\alpha \cdot pk)^r = (g^\alpha \cdot g^{sk'}/g^\alpha)^r = (g^{sk'})^r = x^{sk'}$$

容易验证, 两种模式下生成的 pk 服从同样的分布——$\mathbb{G}$ 上的均匀分布.

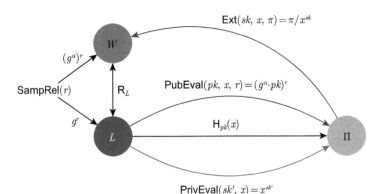

图 4.25　L_{CDH} 的 EHPS

4.3.3　基于可提取哈希证明系统的 KEM 构造

我们首先介绍如何基于 EHPS 构造 CPA 安全的 KEM. 设计的思路源自 Rackoff-Simon 范式. 令 R_L 为定义在 $X \times W$ 上的单向关系, $\mathsf{hc}: W \to K$ 为相应的硬核函数.

• 发送方扮演 EHPS 中的证明者, 运行 SampRel(r) 算法随机采样 $(x,w) \in$ R_L, 利用公钥 pk 和随机数 r 计算 x 的哈希证明 π, 生成密文 $c = (x, \pi)$, 计算证据 w 的硬核函数值作为会话密钥 k.

• 接收方扮演 EHPS 中的验证者: 使用私钥 sk 从密文 (x, π) 中恢复 w, 进而恢复会话密钥.

构造 4.13 (基于 EHPS 的 CPA 安全的 KEM 构造) 从语言 L 的 EHPS 出发, 构造 CPA 安全的 KEM 如下.

• Setup(1^κ): 运行 $pp \leftarrow$ EHPS.Setup(1^κ), 输出 $pp = (\mathsf{H}, SK, PK, X, L, W, \Pi)$ 作为公开参数, 其中 $X \times \Pi$ 作为密文空间, 关系 R_L 对应的硬核函数值域 K 作为会话密钥空间.

• KeyGen(pp): 运行 $(pk, sk) \leftarrow$ EHPS.KeyGen(pp), 输出公钥 pk 和私钥 sk.

• Encaps$(pk; r)$: 以公钥 pk 和随机数 r 为输入, 执行如下步骤.

(1) 运行 $(x, w) \leftarrow$ SampRel(r) 生成随机实例和相应证据.

(2) 通过 EHPS.PubEval(pk, x, r) 计算实例 x 的哈希证明 $\pi \leftarrow \mathsf{H}_{pk}(x)$.

(3) 输出 (x, π) 作为密文, 计算 $k \leftarrow$ hc(w) 作为会话密钥.

• Decaps(sk, c): 以私钥 sk 和密文 $c = (x, \pi)$ 为输入, 计算 $w \leftarrow$ EHPS.Ext(sk, x, π), 如果 $(x, w) \notin \mathsf{R}_L$, 则输出 $\perp$, 否则输出 $k \leftarrow$ hc(w).

KEM 的正确性由 EHPS 的完备性和 R_L 的单射性保证, 安全性由如下定理保证.

定理 4.13 如果 R_L 是单向的, 那么构造 4.13中的 KEM 是 IND-CPA 安全的.

证明 目标是论证会话密钥 hc(w^*) 在敌手 $\mathcal{A}$ 的视图中是伪随机的, 其中 $\mathcal{A}$ 的视图包括:

• 公开参数 pp;

• 公钥 pk, 与 w^* 无关;

• 密文 $c^* = (x^*, \pi^*)$, R_L 的单向性保证了 x^* 隐藏了 w^*, EHPS 的零知识性进一步保证了 π^* (相对于 x^*) 不会额外泄漏关于 w^* 的信息.

通过以下的游戏序列组织证明.

Game$_0$: 对应真实的游戏. $\mathcal{CH}$ 在真实模式下运行 EHPS 与敌手 $\mathcal{A}$ 交互.

• 初始化: $\mathcal{CH}$ 计算 $pp \leftarrow$ EHPS.Setup(1^κ), $(pk, sk) \leftarrow$ EHPS.KeyGen(pp), 将 pp 和 pk 发送给 $\mathcal{A}$.

• 挑战: $\mathcal{CH}$ 按照以下步骤生成挑战.

(1) 随机采样 $(x^*, w^*) \leftarrow$ SampRel(r^*).

(2) 通过EHPS.PubEval(pk, x^*, r^*) 公开计算 $\pi^* \leftarrow \mathsf{H}_{pk}(x^*)$.

(3) 计算 $k_0^* \leftarrow$ hc(w^*), 随机采样 $k_1^* \xleftarrow{\text{R}} K$.

(4) 随机选取 $\beta \xleftarrow{\text{R}} \{0,1\}$, 将 $(c^* = (x^*, \pi^*), k_\beta^*)$ 发送给 $\mathcal{A}$ 作为挑战.

- 应答: $\mathcal{A}$ 输出对 β 的猜测 β', $\mathcal{A}$ 成功当且仅当 $\beta' = \beta$.

为了利用 EHPS 的零知识性论证 π^* 不额外泄漏关于 w^* 的信息, 需要将 EHPS 由真实模式切换到模拟模式.

Game_1: $\mathcal{CH}$ 在模拟模式下运行 EHPS 与敌手 $\mathcal{A}$ 交互.

- 初始化: $\mathcal{CH}$ 计算 $(pk, sk') \leftarrow \text{EHPS.KeyGen}'(pp)$.
- 挑战: $\mathcal{CH}$ 在第二步通过 EHPS.PrivEval(sk', x^*) 计算 $\pi^* \leftarrow \text{H}_{pk}(x^*)$.

敌手 $\mathcal{A}$ 在游戏中的视图为 (pp, pk, x^*, k_β^*). 容易验证, EHPS 的零知识性保证了 $\text{Game}_0 \approx_s \text{Game}_1$.

断言 4.9　如果 R_L 是单向的, $\text{Adv}_{\mathcal{A}}^{\text{Game}_1} = \text{negl}(\kappa)$.

证明　思路是如果存在 $\mathcal{A}$ 以不可忽略的优势赢得 Game_1, 那么可以构造出 $\mathcal{B}$ 以不可忽略的优势打破 hc 的伪随机性, 从而与单向性假设冲突. 给定关于 hc 的伪随机性挑战 pp 和 (x^*, k_β^*), 其中 $(x^*, w^*) \leftarrow \text{SampRel}(r^*)$, $\mathcal{B}$ 模拟 Game_1 中的挑战者 $\mathcal{CH}$ 与 $\mathcal{A}$ 交互, 目标是猜测 β.

- $\mathcal{B}$ 运行 EHPS 的模拟模式与 $\mathcal{A}$ 在 Game_1 进行交互, 在初始化阶段不再采样 x^* 而是直接嵌入接收到的 x^*, 在挑战阶段将 R_L 的挑战 (x^*, k_β^*) 作为 $\mathcal{A}$ 的 KEM 挑战. 最终, $\mathcal{B}$ 输出 $\mathcal{A}$ 的猜测 β'.

容易验证, $\mathcal{B}$ 在 Game_1 中的模拟是完美的. 因此 $\mathcal{B}$ 打破 R_L 伪随机性的优势与 $\text{Adv}_{\mathcal{A}}^{\text{Game}_1}(\kappa)$ 相同. 断言得证!　　　　□

综上, 定理得证!　　　　□

在介绍如何基于 EHPS 构造 IND-CCA 安全的 KEM 之前, 首先从安全归约的角度分析设计难点. EHPS 模拟模式下的 sk' 可以在不知晓采样实例 x 随机数的情况下正确计算出相应的哈希证明, 但无法提取出证据, 因此归约算法无法应答解密询问. 因此, 为了构造 IND-CCA 的 KEM, 需要赋予 EHPS 更丰富的功能.

PKE/KEM 的选择密文安全游戏是 "全除一"(all-but-one, ABO) 式的——$\mathcal{A}$ 可以发起除挑战密文 x^* 以外的任意解密/解封装询问. Wee [68] 引入了量身定制的 ABO-EHPS.

定义 4.12 (全除一可提取哈希证明系统 (ABO-EHPS))　ABO-EHPS 与 EHPS 的定义差别集中在模拟模式, 真实模式下完全相同. 与 EHPS 相比, ABO-EHPS 在模拟模式下的功能更加丰富.

- KeyGen$'(pp, x^*)$: 以公开参数 pp 和 $x^* \in L$ 为输入, 输出 (pk, sk').
- PrivEval(sk', x^*): 以私钥 sk' 和 x^* 为输出, 输出证明 $\pi^* = \text{H}_{pk}(x^*)$.
- Ext$'(sk', x, \pi)$: 以私钥 sk'、$x \neq x^*$ 和 $\pi \in \Pi$ 为输入, 输出证据 $w \in W$. 正确性的要求是

$$\pi = \text{H}_{pk}(x) \iff (x, \text{Ext}'(sk', x, \pi)) \in \text{R}_L$$

KeyGen′ 算法以预先嵌入的点 x^* 为输入, 输出相应的密钥对 (pk, sk'). ABO 的含义是模拟模式中的 sk' 具备以下功能.

- "一除全" 哈希求值 (one-out-all hash evaluation): sk' 可以计算 x^* 的哈希值 $\mathsf{H}_{pk}(x^*)$.

- "全除一" 证据抽取 (all-but-one witness extraction): sk' 可以从除 x^* 以外的点 x 和相应的证明中正确抽取出证据 $\mathsf{Ext}'(sk', x, \pi)$.

注记 4.12 模拟模式下 sk' 的功能在 CCA 安全归约中起到如下作用.

- "一除全" 哈希求值允许归约算法 $\mathcal{R}$ 生成挑战密文 $c^* = (x^*, \pi^*)$.

- "全除一" 证据抽取允许归约算法 $\mathcal{R}$ 回答所有合法的解封装询问 $c \neq c^*$.

Wee [68] 展示了如何基于 EHPS 构造 ABO-EHPS.

构造 4.14 (基于 EHPS 的 ABO-EHPS 构造)

起点: 二元关系 R_L 的 EHPS.

设计目标: 二元关系 R_L 的 ABO-EHPS.

设计思路: 不妨设 L 中每个实例均可编码为长度 n 的比特串, 利用 DDN 结构 [63] 实现 ABO 功能. 具体构造如下.

- Setup(1^κ): 运行 $pp \leftarrow$ EHPS.Setup(1^κ).

- KeyGen(pp): 独立运行 EHPS.KeyGen(pp) 算法 $2n$ 次, 生成 $\{(pk_{i,b}, sk_{i,b})\}_{i\in[n],b\in\{0,1\}}$, 输出公钥 $pk = \{pk_{i,0}, pk_{i,1}\}_{i\in[n]}$ 和私钥 $sk = \{sk_{i,0}, sk_{i,1}\}_{i\in[n]}$. 真实模式下的密钥对结构如图 4.26 所示.

- PubEval(pk, x, r): 对所有的 $i \in [n]$, 计算 $\pi_i \leftarrow$ EHPS.PubEval(pk_{i,x_i}, x, r), 输出 $\pi = (\pi_1, \cdots, \pi_n)$. 真实模式下的哈希证明计算过程如图 4.27 所示.

- Ext(sk, x, π): 对所有的 $i \in [n]$, 计算 $w_i \leftarrow$ EHPS.Ext(sk_{i,x_i}, x, π_i), 如果所有结果一致则输出, 否则返回 $\bot$. 真实模式下证据提取过程如图 4.28 所示.

- KeyGen′(pp, x^*): 独立运行 EHPS.KeyGen′(pp) 算法 n 次生成 $\{(pk_{i,x_i^*}, sk_{i,x_i^*})\}_{i\in[n]}$, 独立运行 EHPS.KeyGen($pp$) 算法 n 次生成 $\{(pk_{i,1-x_i^*}, sk_{i,1-x_i^*})\}_{i\in[\ell]}$, 输出 $pk = (pk_{i,0}, pk_{i,1})_{i\in[n]}$, $sk' = (sk_{i,0}, sk_{i,1})_{i\in[n]}$. 真实模式下的密钥对结构如图 4.29 所示.

- PrivEval(sk', x^*): 对所有的 $i \in [n]$, 计算 $\pi_i \leftarrow$ EHPS.PrivEval′(sk_{i,x_i^*}, x^*), 输出 $\pi = (\pi_1, \cdots, \pi_n)$. 模拟模式下的哈希证明计算过程如图 4.30 和图 4.31 所示.

- Ext′(sk', x, π): 对所有满足 $x_i^* = x_i$ 的索引 $i \in [n]$, 验证 $\pi_i =$ EHPS.PrivEval(sk_{i,x_i}, x) 是否成立, 如果不成立则输出 $\bot$, 如果成立则继续对所有满足 $x_i^* \neq x_i$ 的索引 $i \in [n]$, 计算 EHPS.Ext(sk_{i,x_i}, x, π_i), 如果提取结果一致则输出, 否则输出 $\bot$. 模拟模式下的证据提取过程如图 4.32 所示.

ABO-EHPS 真实模式下算法的正确性由 EHPS 对应算法保证.

$n = 3$

$pk_{1,0}$ $sk_{1,0}$	$pk_{2,0}$ $sk_{2,0}$	$pk_{3,0}$ $sk_{3,0}$
$pk_{1,1}$ $sk_{1,1}$	$pk_{2,1}$ $sk_{2,1}$	$pk_{3,1}$ $sk_{3,1}$

图 4.26 真实模式下 $n = 3$ 时密钥结构图示

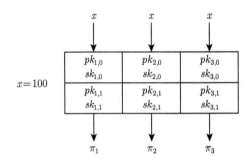

图 4.27 真实模式下 $x = 100$ 时哈希证明计算图示

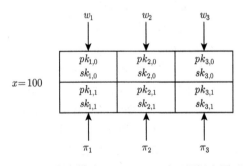

图 4.28 真实模式下 $x = 100$ 时证据提取图示

$x^* = 010$

$pk_{1,0}$ $sk'_{1,0}$	$pk_{2,0}$ $sk_{2,0}$	$pk_{3,0}$ $sk'_{3,0}$
$pk_{1,1}$ $sk_{1,1}$	$pk_{2,1}$ $sk'_{2,1}$	$pk_{3,1}$ $sk_{3,1}$

图 4.29 模拟模式下 $n = 3$, $x^* = 010$ 时的密钥生成

ABO-EHPS 模拟模式下算法的正确性由 DDN 结构和 EHPS 对应算法保证. ABO-EHPS 两种模式下公钥分布的统计不可区分性由 EHPS 两种模式下公钥分布的统计不可区分性与各公钥分量生成的独立性保证.

不知晓随机数, 使用PrivEval(sk', x)计算

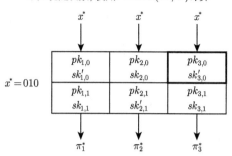

图 4.30 模拟模式下 $x^* = 010$ 时哈希证明计算

知晓随机数, 使用PubEval(pk, x, r)计算

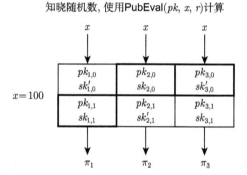

图 4.31 模拟模式下 $x = 100$ 时哈希证明计算

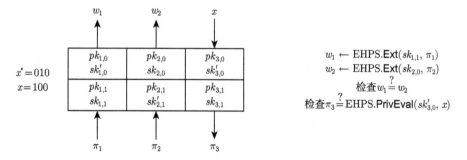

图 4.32 模拟模式下 $x = 100$ 时证据提取过程

基于 ABO-EHPS 设计 IND-CCA KEM 的方式与构造 4.13 完全相同. KEM 构造的正确性由 ABO-EHPS 的正确性和 R_L 的单射性保证, 安全性由以下定理保证.

定理 4.14 如果 R_L 是单向的, 那么 KEM 是 IND-CCA 安全的.

证明　思路仍然是首先由真实模式切换到模拟模式, 再在模拟模式下利用零知识性证明安全性. 证明的要点是保证两种模式下对解密谕言机 $\mathcal{O}_{\text{decap}}$ 回复的一致性. 以下通过游戏序列完成定理证明.

Game_0: 对应真实的游戏. $\mathcal{CH}$ 在真实模式下运行 ABO-EHPS 与敌手 $\mathcal{A}$ 交互.

- 初始化: $\mathcal{CH}$ 计算 $pp \leftarrow \text{Setup}(1^\kappa)$, $(pk, sk) \leftarrow \text{KeyGen}(pp)$, 将 pp 和 pk 发送 $\mathcal{A}$.
- 挑战: $\mathcal{CH}$ 按照以下步骤生成挑战.
 (1) 随机采样 $(x^*, w^*) \leftarrow \text{SampRel}(r^*)$.
 (2) 通过 $\text{PubEval}(pk, x^*, r^*)$ 公开计算 $\pi^* \leftarrow \mathsf{H}_{pk}(x^*)$.
 (3) 计算 $k_0^* \leftarrow \text{hc}(w^*)$, 随机采样 $k_1^* \xleftarrow{\text{R}} K$.
 (4) 随机选取 $\beta \xleftarrow{\text{R}} \{0,1\}$, 将 $(c^* = (x^*, \pi^*), k_\beta^*)$ 发送给 $\mathcal{A}$ 作为挑战.
- 解封装询问 $c = (x, \pi) \neq c^*$: 计算 $w \leftarrow \text{Ext}(sk, x, \pi)$, 如果 $(x, w) \in \mathsf{R}_L$, 则输出 $\text{hc}(w)$, 否则输出 $\perp$.
- 应答: $\mathcal{A}$ 输出对 β 的猜测 β', $\mathcal{A}$ 成功当且仅当 $\beta' = \beta$.

为了利用 ABO-EHPS 的零知识性论证 π^* 和解封装询问不额外泄漏关于 w^* 的信息, 需要将 ABO-EHPS 由真实模式切换到模拟模式. 为此, 先引入以下游戏作为过渡.

Game_1: 与 Game_0 完全相同, 唯一的区别是 $\mathcal{CH}$ 将 $(x^*, w^*) \leftarrow \text{SampRel}(r^*)$ 由挑战阶段提前至初始化阶段. 显然, 该变化不会对敌手的视图有任何改变. 因此有

$$\text{Game}_0 \equiv \text{Game}_1$$

Game_2: 本游戏对解封装应答方式稍加改动, 以便于后续游戏将密文的 ABO 解封装询问转化为 ABO-EHPS 相对于 x^* 的 ABO 证据抽取. 对于解封装询问 $c = (x, \pi) \neq c^*$, $\mathcal{CH}$ 应答如下.

- $x = x^* \wedge \pi \neq \pi^*$: 直接返回 $\perp$.
- $x \neq x^*$: 计算 $w \leftarrow \text{Ext}(sk, x, \pi)$, 如果 $(x, w) \in \mathsf{R}_L$, 则返回 $\text{hc}(w)$, 否则返回 $\perp$.

由于 H_{pk} 是确定性算法, 因此 Game_2 与 Game_1 中的解封装应答完全相同.

Game_3: $\mathcal{CH}$ 在模拟模式下运行 ABO-EHPS 与敌手 $\mathcal{A}$ 交互.

- 初始化: $\mathcal{CH}$ 与上一游戏的区别在于通过 $(pk, sk') \leftarrow \text{KeyGen}'(pp, x^*)$ 生成密钥对.
- 挑战: $\mathcal{CH}$ 与上一游戏的区别在于通过 $\text{PrivEval}(sk', x^*)$ 计算 $\pi^* \leftarrow \mathsf{H}_{pk}(x^*)$.
- 解封装询问 $c = (x, \pi) \neq c^*$: $\mathcal{CH}$ 应答如下.

- $x = x^* \land \pi \neq \pi^*$：直接返回 $\bot$.
- $x \neq x^*$：计算 $w \leftarrow \mathsf{Ext}'(sk', x, \pi)$，如果 $(x, w) \in \mathsf{R}_L$，则返回 $\mathsf{hc}(w)$，否则返回 $\bot$.

基于以下事实，我们有 $\mathsf{Game}_2 \approx_s \mathsf{Game}_3$.

- $\mathsf{KeyGen}(pp)[1] \approx_s \mathsf{KeyGen}'(pp, x^*)[1]$.
- $\mathsf{PubEval}(pk, x^*, r^*) = \mathsf{H}_{pk}(x^*) = \mathsf{PrivEval}(sk', x^*)$.
- 对于解封装询问 $c = (x, \pi)$：当 $x = x^*$ 时，均返回 $\bot$；当 $x \neq x^*$ 时，ABO-EHPS 真实模式和模拟模式的正确性以及解封装算法 "提取-检验" 的设计保证了应答一致.

断言 4.10 如果 R_L 是单向的，那么 $\mathsf{Adv}_{\mathcal{A}}^{\mathsf{Game}_3} = \mathsf{negl}(\kappa)$.

证明 思路是如果存在 $\mathcal{A}$ 以不可忽略的优势赢得 Game_3，那么可以构造出 $\mathcal{B}$ 以不可忽略的优势打破 hc 的伪随机性，从而与 R_L 的单向性假设冲突. 给定关于 hc 的伪随机性挑战 pp 和 (x^*, k_β^*)，其中 $(x^*, w^*) \leftarrow \mathsf{SampRel}(r^*)$，$\mathcal{B}$ 模拟 Game_3 中的挑战者 $\mathcal{CH}$ 与 $\mathcal{A}$ 交互，目标是猜测 β.

- $\mathcal{B}$ 运行 ABO-EHPS 的模拟模式与 $\mathcal{A}$ 进行交互，其在初始化阶段不再采样 x^* 而是直接嵌入接收到的 x^*，在挑战阶段将 hc 的挑战 (x^*, k_β^*) 作为 $\mathcal{A}$ 的 KEM 挑战. 最终，$\mathcal{B}$ 输出 $\mathcal{A}$ 的猜测 β'.

容易验证，$\mathcal{B}$ 在 Game_3 中的模拟是完美的. 因此 $\mathcal{B}$ 打破 hc 伪随机性的优势与 $\mathsf{Adv}_{\mathcal{A}}^{\mathsf{Game}_3}$ 相同. 断言得证！ $\square$

综上，定理得证！ $\square$

Wee [68] 展示了 ABO-EHPS 蕴含 ATDR.

构造 4.15 (基于 ABO-EHPS 的 ATDR 构造)

- $\mathsf{Setup}(1^\kappa)$：运行 $pp \leftarrow$ ABO-EHPS.$\mathsf{Setup}(1^\kappa)$.
- $\mathsf{KeyGen}(pp)$：运行 $(pk, sk) \leftarrow$ ABO-EHPS.$\mathsf{KeyGen}(pp)$，令 pk 为求值公钥 ek，sk 为求逆陷门 td.
- $\mathsf{Sample}(pk; r)$：运行 $(x, w) \leftarrow \mathsf{SampRel}(r)$，通过 ABO-EHPS.$\mathsf{PubEval}(pk, x, r)$ 计算 $\pi \leftarrow \mathsf{H}_{pk}(x)$，输出 $(w, (x, \pi))$.
- $\mathsf{TdInv}(td, (x, \pi))$：计算 $w \leftarrow$ ABO-EHPS.$\mathsf{Ext}(sk, (x, \pi))$，如果 $(x, w) \in \mathsf{R}$，则返回 w，否则返回 $\bot$.

上述 ATDR 构造的自适应单向性由 ABO-EHPS 的性质 R_L 的单向性保证. 该构造也在更抽象的层面解释了基于 ABO-EHPS 设计 CCA 安全 KEM 的实质是在构造 ATDR.

小结

如图 4.33 所示, EHPS 的理论价值在于它阐释统一了一大类标准模型下的基于计算性假设的 IND-CCA 安全的 PKE 方案 [27,69-71], 尚未解决的公开问题是能否构造出关于格基困难问题的 EHPS. 目前, 绝大多数标准模型下的 PKE 构造都可纳入 EHPS 和 HPS 的设计范式, 这也从公钥加密的角度展现了零知识证明的强大威力.

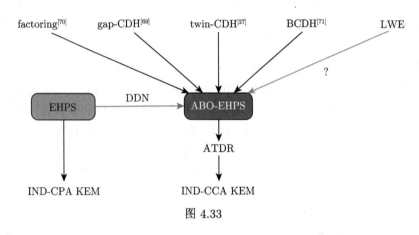

图 4.33

HPS 与 EHPS 的对比

相同点
- 均可看成指定验证者的零知识证明系统 (DV-NIZK).
- 证明的形式是哈希值.

不同点
- HPS 是标准的证明系统, 而 EHPS 是知识的证明系统.
- HPS 中哈希函数族 H_{sk} 由私钥索引, EHPS 中哈希函数族 H_{pk} 由公钥索引.
- 在基于 HPS 的 PKE 构造中, 密文 c 是实例 x, 会话密钥 k 是证明 π.
- HPS 的正确性保证了 PKE 的正确性.
- HPS 的合理性 (哈希函数的平滑性、一致性) 与 SMP 问题的困难性保证了 PKE 的安全性, 在证明过程中, 挑战实例需要从语言 L 上切换到语言外 $X \backslash L$.
- 在基于 EHPS 的 PKE 构造中, 密文 c 由实例 x 和证明 π 组成, 会话密钥 k 是证据 w.
- EHPS 的知识提取性质保证了 PKE 的正确性.
- EHPS 的零知识性和二元关系的单向性保证了 PKE 的安全性, 在证明过程中, EHPS 需要由真实模式切换为模拟模式.

4.4 程序混淆类

4.4.1 程序混淆的定义与安全性

程序混淆 (program obfuscation) 是一种编译的方法技术, 它将容易理解的源程序转化成难以理解的形式, 同时保持原有功能性不变, 如图 4.34 所示. 程序混淆概念起源于 20 世纪 70 年代的代码混淆领域, 在软件保护领域 (如软件水印、防逆向工程) 有着广泛的应用, 然而一直缺乏严格的安全定义.

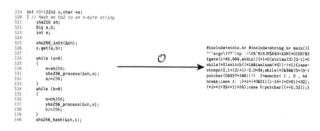

图 4.34 程序混淆

Barak 等 [72] 首次将程序混淆引入密码学领域, 将程序从狭义的代码泛化为广义的算法, 同时提出了几乎黑盒 (virtual black-box, VBB) 混淆的严格定义, 如图 4.35 所示.

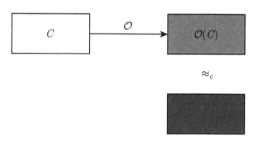

图 4.35 几乎黑盒混淆

定义 4.13 (几乎黑盒混淆) 我们称一个 PPT 算法 $\mathcal{O}$ 是电路簇 $\{\mathcal{C}_\kappa\}$ 的几乎黑盒混淆器当且仅当其满足以下两个条件.

● 功能保持: 对于任意安全参数 $\kappa \in \mathbb{N}$、任意的 $C \in \mathcal{C}_\kappa$ 和所有输入 $x \in \{0,1\}^*$ 有

$$\Pr[C'(x) = C(x) : C' \leftarrow \mathcal{O}(\kappa, C)] = 1$$

● 几乎黑盒混淆: 存在 PPT 的模拟器 $\mathcal{S}$, 对于任意 $C \in \{\mathcal{C}_\kappa\}$, 对于任意 PPT 敌手 $\mathcal{A}$, 有

$$\mathcal{A}(\mathcal{O}(C)) \approx_c \mathcal{S}^C$$

其中公式左边表示 $\mathcal{A}$ 的视图, 公式右边表示 $\mathcal{S}$ 在通过对 C 进行黑盒访问所输出的视图.

📝 笔记 几乎黑盒混淆的安全性定义是基于模拟方式, 刻画的是 PPT 敌手从混淆程序 $\mathcal{O}(C)$ 中获取的任何信息不会比黑盒访问 C 获得的信息更多. 换言之, 掌握 $\mathcal{O}(C)$ 的敌手视图可以由模拟器通过黑盒访问 C 模拟得出. VBB 试图隐藏程序 C 的所有细节. 比如 C 以平方差公式计算 $x^2 - 1$, 即 $C(x) = (x+1)(x-1)$. 那么敌手在获得 $\mathcal{O}(C)$ 后, 掌握的所有信息与输入输出元组 $(x, x^2 - 1)$, 即 $(1,0)$, $(2,3)$, $(3,8)$, $\cdots$ 相同.

　　VBB 混淆定义强到极致, 因此在密码学中应用起来颇为简单直观. 事实上, 在 1976 年 Diffie 和 Hellman 的划时代论文 [5] 中, 就已经提出了利用混淆器将对称加密方案编译为公钥加密方案的想法 (图 4.36):

　　(1) 将 SKE 加密算法 $\mathsf{Enc}(sk, m, r)$ 中的第一个输入固化为电路常量, 得到 $\mathsf{Enc}_{sk}(m, r)$;

　　(2) 利用混淆器编译 $\mathsf{Enc}_{sk}(\cdot, \cdot)$, 将得到的混淆程序作为公钥 pk.

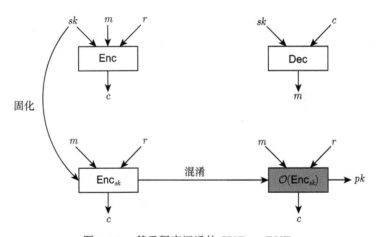

图 4.36　基于程序混淆的 SKE $\Rightarrow$ PKE

　　VBB 混淆的定义至强, Barak 等 [72] 指出 VBB 不存在针对任意电路 (通用, general-purpose) 的 VBB 混淆. VBB 混淆因为安全太强以至于不存在, Garg 等 [73] 降低了安全性要求, 引入了不可区分混淆 (indistinguishability obfuscator, $i\mathcal{O}$), 如图 4.37 所示.

　　定义 4.14 (不可区分混淆 ($i\mathcal{O}$))　我们称一个 PPT 算法 $i\mathcal{O}$ 是电路簇 $\{\mathcal{C}_\kappa\}$ 的不可区分混淆器当且仅当其满足以下两个条件.

　　• 功能保持: 对于任意安全参数 $\kappa \in \mathbb{N}$、任意的 $C \in \mathcal{C}_\kappa$ 和所有输入 $x \in$

$\{0,1\}^*$ 有

$$\Pr[C'(x) = C(x) : C' \leftarrow i\mathcal{O}(\kappa, C)] = 1$$

- 不可区分混淆: 对于任意 PPT 敌手 $(\mathcal{S}, \mathcal{D})$, 存在关于安全参数的可忽略函数 α, 使得如果 $\Pr[\forall x, C_0(x) = C_1(x) : (C_0, C_1, aux) \leftarrow \mathcal{S}(\kappa)] \geqslant 1 - \alpha(\kappa)$, 那么有

$$|\Pr[\mathcal{D}(aux, i\mathcal{O}(\kappa, C_0)) = 1] - \Pr[\mathcal{D}(aux, i\mathcal{O}(\kappa, C_1)) = 1]| \leqslant \alpha(\kappa)$$

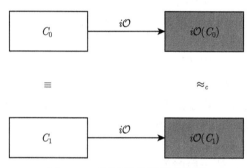

图 4.37　不可区分混淆示意图

注记 4.13

- 不可区分混淆的定义类似加密方案的不可区分性, 对于任意功能相同的电路 C_0 和 C_1, 均有 $i\mathcal{O}(C_0) \approx_c i\mathcal{O}(C_1)$. 这里, 可以把电路 C 类比为消息, $i\mathcal{O}$ 类比为加密算法. 与 VBB 试图隐藏电路的所有信息不同, $i\mathcal{O}$ 只试图隐藏电路的部分信息: 比如 $C_0(x) = (x+1)(x-1)$, $C_1(x) = (x+2)(x-2)+3$, 那么如果混淆后的程序均是 $x^2 - 1$, 即可满足不可区分安全性. 非严格地说, $i\mathcal{O}$ 试图在以统一的方式完成同质的计算.

- 在上述定义中, 条件 $\Pr[\forall x, C_0(x) = C_1(x) : (C_0, C_1, aux) \leftarrow \mathcal{S}(\kappa)] \geqslant 1 - \alpha(\kappa)$ 并不意味着 C_0 和 C_1 存在差异输入 (differing-inputs), 而指的是 C_0 和 C_1 以极高的概率功能性完全相同, 这一点体现在概率空间定义在 $\mathcal{S}$ 的随机带而与 x 无关.

- aux 表示 $\mathcal{S}$ 在采样 C_0, C_1 过程中得到的任意信息, 用于辅助 $\mathcal{D}$ 区分 $i\mathcal{O}(C_0)$ 和 $i\mathcal{O}(C_1)$.

差异输入混淆　如果在上述 $i\mathcal{O}$ 定义中, 将 $\mathcal{S}$ 所采样两个电路的要求由功能性完全相同放宽为允许存在差异输入, 则得到的是更强的混淆器, 称为差异输入混淆 (differing-input obfuscation, $di\mathcal{O}$). 文献 [74] 中给出了正面结果: 证明了 $i\mathcal{O}$ 蕴含多项式级别差异输入规模的 $di\mathcal{O}$. 文献 [75] 中给出了负面结果: 证明了亚指数安全 (sub-exponentially secure) 的单向函数存在, 则针对无界输入图灵机 (TMs with unbounded inputs) 亚指数安全的 $di\mathcal{O}$ 不存在.

我们再把注意力转回不可区分混淆. 如上所述, VBB 易用但对于通用电路并不存在, iO 弱化了安全要求, 从而有了基于合理困难假设的构造. 安全性弱化后 iO 是否还有着强大的威力? 如何去应用呢? 直观上: 混淆后的程序既可以保持功能性, 又能够在某种程度上隐藏常量. 常量皆程序. 在密码学中, 公钥和私钥均可以看作一段程序, 其中固化 (hardwired) 原本的公钥和私钥作为常量, 比如加密就是以明文和随机数为输入, 运行 "公钥程序", 输出密文; 解密就是以密文为输入, 运行 "解密程序", 输出明文. 混淆在密码学中的一类强大应用就是完成从 Minicrypt 到 Cryptomania 的穿越, 因为借助混淆, 可以在不泄漏秘密的情况下以公开的方式执行某个任务.

- 保持功能性 ⇒ 确保密码方案的功能性.
- 在某种程度上隐藏常量 (对应需要保护的秘密) ⇒ 确保密码方案的安全性.

注记 4.14　混淆的威力强大如魔法, 其力量的来源在于对底层密码组件的调用方式是非黑盒的 (non-black-box), 因此可以绕过黑盒意义下的不可能结果 (black-box impossibilities).

在 iO 提出后最初的一段时间, 应用只局限于属性加密 (ABE). 原因是应用 iO 设计密码方案并非易事, 需要解决的技术难题是精准地隐藏 "部分信息". 2014 年, Sahai 和 Waters[18] 创造性地发展了可穿孔编程技术 (puncture program technique), 以此给出了应用 iO 的范式, 展示了 iO 的巨大威力——结合单向函数和 iO 重构了几乎所有的密码组件, 包括公钥加密/密钥封装、可否认加密、数字签名、单向陷门函数、非交互式零知识证明、不经意传输等.

4.4.2　基于不可区分混淆的 KEM 构造

本章将逐步地展示如何基于 iO 构造 KEM, 实现 Diffie-Hellman 当年的梦想.

起点方案　首先将对称场景下基于 PRF 的 KEM 表达为程序的形式, 如下所示.

Encaps

Input: 伪随机函数的私钥 $\boxed{sk}$ 和随机数 x.
(1) 输出 $c = x$, $k \leftarrow \mathsf{PRF}(sk, c)$.

再对程序进行微调, 将 sk 由输入变为固化常量, 如下所示.

Encaps

Constants: 伪随机函数的私钥 sk.

Input: 随机数 x.

(1) 输出 $c = x$, $k \leftarrow F(sk, c)$.

由于通用的 VBB 混淆器并不存在, 因此尝试用 $i\mathcal{O}$ 对程序混淆, 将混淆后的结果作为公钥

$$pk \leftarrow i\mathcal{O}(\text{Encaps})$$

技术困难 1　在将 KEM 的 IND-CCA 安全性归约到 PRF 的伪随机性时, 会遇到以下矛盾点:

- 在构造层面, 归约算法 $\mathcal{R}$ 需要掌握 sk 以生成 pk;
- 为了让归约有意义, 归约算法 $\mathcal{R}$ 不能掌握私钥 sk.

观察到 KEM 的 IND-CCA 安全仅要求随机挑战密文 c^* 封装的会话密钥是伪随机的, 因此消除矛盾点的核心想法是使用可穿孔伪随机函数替代标准伪随机函数, 在挑战密文 c^* 处穿孔:

- 生成 sk_{c^*} 得以对 c^* 外的所有点求值, 同时保持 $F_{sk}(c^*)$ 的伪随机性;
- 利用 sk_{c^*} 替代 sk 构建程序并混淆生成公钥.

Encaps

Constants: 可穿孔伪随机函数的私钥 sk.

Input: 随机数 x.

(1) 输出 $c \leftarrow x$, $k \leftarrow F(sk, c)$.

方案构造: $pk \leftarrow i\mathcal{O}(\text{Encaps})$

Encaps*

Constants: 可穿孔伪随机函数的穿孔私钥 sk_{c^*} 和穿孔点 c^*.

Input: 随机数 x.

(1) 输出 $c \leftarrow x$, $k \leftarrow F(sk_{c^*}, c)$.

归约证明: $pk \leftarrow i\mathcal{O}(\text{Encaps}^*)$

技术困难 2　首先来分析归约证明中将要遇到的困难. 在模拟游戏中, 归约算法 $\mathcal{R}$ 仅需要使用 sk_{c^*} 即可构建程序 Encaps, 因此会话密钥 $k^* \leftarrow F(sk, c^*)$ 的伪随机性可以归约到可穿孔伪随机函数的安全性上. 我们仍需证明敌手在真实游戏与模拟游戏中的视图不可区分. 在此过程中, 遇到的第一个障碍是由于在 $x^* := c^*$ 处穿孔, 敌手可以通过观察程序在 x^* 的输出从而轻易区分真实游戏与模拟游戏.

- 真实游戏: $\mathrm{Encaps}(x^*)$ 返回 k^* (已经不安全).
- 模拟游戏: $\mathrm{Encaps}^*(x^*)$ 返回 $\bot$.

以上设计不成立的根本原因是密文的设定 $\boxed{c = x}$ $\Rightarrow$ 差异输入 x^* 将被挑战密文 c^* 直接暴露.

为了隐藏差异输入, 初步的尝试为 $c = x \rightsquigarrow \boxed{c = f(x)}$, 其中 f 是单向函数.

使用单向函数对挑战点进行隐藏并没有消除差异输入, Encaps_{sk} 与 $\mathrm{Encaps}^*_{sk_{c^*}}$ 的输入输出行为存在不一致, 因此不满足 $i\mathcal{O}$ 的应用条件, 需要使用更强的 $di\mathcal{O}$, 如图 4.38 所示.

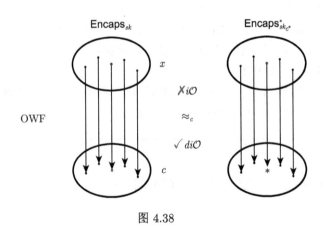

图 4.38

消除差异输入的方法是将穿孔点 c^* 以敌手不可察觉的方式移到输入计算路径之外. 如图 4.39 所示, 大致的技术路线如下.

- 真实构造: $c \leftarrow \mathrm{OWF}(x) \rightsquigarrow \boxed{c \leftarrow \mathrm{G}(x)}$, 其中 G 是伪随机数发生器.
- 过渡游戏: 将 $c^* \leftarrow \mathrm{G}(x^*)$ 切换为 $c^* \xleftarrow{\mathrm{R}} \{0,1\}^{2\kappa}$, 利用 PRG 的安全性保证切换不可察觉.
- 最终游戏: 利用 sk_{c^*} 替代 sk, 利用 $i\mathcal{O}$ 的安全性保证替代不可察觉.

综合以上, 最终的构造如下.

构造 4.16 (基于不可区分混淆的 CCA 安全的 KEM 构造)

构造所需的组件是

- 不可区分混淆 $i\mathcal{O}$;
- 伪随机数发生器 PRG $G : \{0,1\}^\kappa \to \{0,1\}^{2\kappa}$;
- 可穿孔伪随机函数 PPRF $F : SK \times \{0,1\}^{2\kappa} \to Y$.

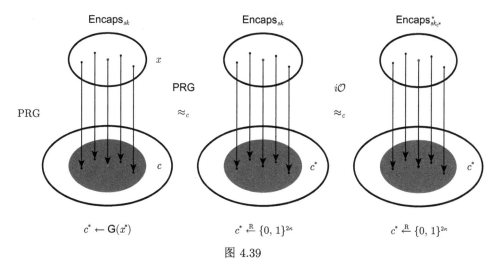

图 4.39

构造 KEM 如下.

- Setup(1^κ): 运行 $pp \leftarrow$ PPRF.Setup(1^κ) 生成公开参数, 私钥空间 SK 为可穿孔伪随机函数的密钥空间 K、密文空间 $C = \{0,1\}^{2\kappa}$、会话密钥空间 $K = Y$.
- KeyGen(pp): 随机采样 $sk \overset{\text{R}}{\leftarrow} SK$, 计算 $pk \leftarrow i\mathcal{O}(\text{Encaps})$.
- Encaps$(pk; r)$: 运行 $(c, k) \leftarrow pk(r)$.
- Decaps(sk, c): 输出 $k \leftarrow F(sk, c)$.

Encaps

Constants: 可穿孔伪随机函数的私钥 sk.

Input: 随机数 $x \in \{0,1\}^\kappa$.

　　1. 输出 $c \leftarrow G(x)$, $k \leftarrow F(sk, c)$.

构造 4.16 的正确性显然, 安全性由以下定理保证.

定理 4.15 　如果 F 是安全的可穿孔伪随机函数、G 是安全的伪随机数发生器、$i\mathcal{O}$ 是不可区分混淆, 则构造 4.16 满足 IND-CCA 安全性.

证明 　以下通过游戏序列完成定理证明.

Game_0: 对应真实游戏.

- 初始化: $\mathcal{CH}$ 运行 PPRF.Setup(1^κ) 生成公开参数, 随机采样 $sk \xleftarrow{\text{R}} SK$, 生成公钥 $pk \leftarrow i\mathcal{O}(\text{Encaps})$.
- 挑战阶段: $\mathcal{CH}$ 随机采样 $x^* \xleftarrow{\text{R}} \{0,1\}^\kappa$, 计算 $c^* \leftarrow \mathsf{G}(x^*)$, $k_0^* \leftarrow F(sk, c^*)$, 随机采样 $k_1^* \xleftarrow{\text{R}} K$, $\beta \xleftarrow{\text{R}} \{0,1\}$, 将 (c^*, k_β^*) 发送给 $\mathcal{A}$ 作为挑战.
- 解封装询问: $\mathcal{A}$ 发起询问 $c \in C$, $\mathcal{CH}$ 返回 $k \leftarrow F(sk, c)$.
- 猜测: $\mathcal{A}$ 输出对 β 的猜测 β', 攻击成功当且仅当 $\beta = \beta'$.

Game$_1$: 与 Game$_0$ 的区别是 $\mathcal{CH}$ 在挑战阶段随机采样 $c^* \xleftarrow{\text{R}} \{0,1\}^{2\kappa}$ 而非计算 $c^* \leftarrow \mathsf{G}(x^*)$. PRG 的伪随机性保证了

$$\text{Game}_0 \approx_c \text{Game}_1$$

Game$_2$: 与 Game$_0$ 的区别是 $\mathcal{CH}$ 将 c^* 的生成从挑战阶段提前到初始化阶段 (为后续使用可穿孔伪随机函数做准备). 该变化完全隐藏于敌手, 因此有

$$\text{Game}_1 \equiv \text{Game}_2$$

Game$_3$: $\mathcal{CH}$ 在初始化阶段计算 $pk \leftarrow i\mathcal{O}(\text{Encap}^*)$ 而非之前的 $pk \leftarrow i\mathcal{O}(\text{Encap})$; 在应答解封装询问时, 使用 sk_c^* 计算并返回 $k \leftarrow F(sk_{c^*}, c)$, 代替之前使用 k 计算并返回 $k \leftarrow F(sk, c)$.

Encaps*

Constants: 可穿孔伪随机函数的穿孔私钥 sk_{c^*} 和穿孔点 c^*.

Input: 随机数 $x \in \{0,1\}^\kappa$.

(1) 输出 $c \leftarrow \mathsf{G}(x)$, $k \leftarrow F(sk_{c^*}, c)$.

- 由于 $\Pr[c^* \in \text{Img}(\mathsf{G})] = 1/2^\kappa$, 因此 c^* 落在 G 的像集中的概率可忽略, 故而穿孔导致程序输入输出行为差异的概率可忽略, 即 $\Pr[\text{Encaps}_{sk} \equiv \text{Encaps}_{sk_{c^*}}] = 1 - 1/2^\kappa$. $i\mathcal{O}$ 的安全性保证了公钥的分布计算不可区分

$$i\mathcal{O}(\text{Encaps}) \approx_c i\mathcal{O}(\text{Encaps}^*)$$

- 对于所有合法的解密询问 $c \neq c^*$, 可穿孔伪随机函数的正确性保证了 $F(sk, c) = F(sk_{c^*}, c)$.

因此, 我们有

$$\text{Game}_2 \approx_c \text{Game}_3$$

Game$_4$: $\mathcal{CH}$ 随机采样 $k_0^* \xleftarrow{\text{R}} K$ 代替上一游戏的 $k_0^* \leftarrow F(sk, c^*)$. 可穿孔伪随机函数的弱伪随机性保证了

$$\text{Game}_3 \approx_c \text{Game}_4$$

在 Game_4, k_0^* 和 k_1^* 均从 K 中均匀随机采样, 因此即使 $\mathcal{A}$ 拥有无穷的计算能力, 其在 Game_4 中的优势也是 0.

综合以上, 定理得证! □

注记 4.15 构造 4.16 中的 KEM 也具备可穿孔性质. 该构造充分展示了 $i\mathcal{O}$ 的魔力——使得在不暴露秘密的情况下可以公开执行"内嵌秘密值"的程序:

- 将私钥组件编译为公钥组件.

4.5 可公开求值伪随机函数类

前面的章节已经展示了若干种构造公钥加密的通用方法, 包括单向陷门函数、哈希证明系统、可提取哈希证明系统以及不可区分混淆结合可穿孔伪随机函数. 这些通用构造阐释了绝大多数公钥加密方案, 然而令人颇感意外的是, 它们无法阐释最经典的 ElGamal PKE [36] 和 Goldwasser-Micali PKE [47]. 另一方面, 伪随机函数是密码学的核心基本组件之一, 应用范围极其广泛, 特别地, 伪随机函数蕴含了简洁优雅的, 也是目前唯一的 IND-CPA SKE 通用构造.

$$\text{Enc}(sk, m; r) \to (r, F(sk, x) \oplus m)$$

然而伪随机函数属于 Minicrypt, 因此在黑盒意义下无法蕴含 PKE.

以上的现象促使我们考虑如下的问题.

思考 4.1 是否存在新型的伪随机函数能够让 PRF-based SKE 延拓到公钥场景? 新型的伪随机函数是否能蕴含统一上述的不同构造, 并阐释经典 PKE 方案的设计机理?

我们首先分析基于 PRF 构造 PKE 的技术难点.

- 密文必须可以公开计算: 显然, PRF-based SKE 的构造正是因为这个原因无法延拓到公钥加密场景中

$$(x, F(sk, x) \oplus m)$$

因为 F 的伪随机性意味着其不可能公开求值.

解决上述问题的关键在于探求伪随机性 (pseudorandomness) 和可公开求值性 (public evaluability) 是否能够共存. 标准的伪随机函数处处伪随机, 即对于定义域中任意 $x \in X$, PPT 敌手 $\mathcal{A}$ 都无法区分 $F_k(x)$ 和随机值.

- 观察 1: 构造 IND-CPA KEM 仅需要弱伪随机性 (weak pseudorandomness), 即对于挑战者随机选择的挑战输入, 其 PRF 值是伪随机的.

• 观察 2: 如果掌握输入 x 的某些辅助信息 aux (比如采样 x 的随机数), 是有可能在不使用 sk 的情形下对 $F_{sk}(x)$ 公开求值. 如果 aux 在平均意义下是难以抽取的, 则公开求值性与弱伪随机性不冲突.

综合以上, 在 KEM 中由发送方生成 x, 因此其知晓 aux 信息, 从而以下两点成为可能.

• 功能性方面: 发送方可以借助 aux 对 $F_{sk}(x)$ 公开求值从而生成密文.
• 安全性方面: $F_{sk}(x)$ 在 $\mathcal{A}$ 的视图中仍然伪随机.

4.5.1   可公开求值伪随机函数的定义与安全性

正是基于上面的思考, Chen 和 Zhang[76] 提出了可公开求值伪随机函数 (publicly evaluable PRFs, PEPRF). PEPRF 考虑了定义域 X 包含 $\mathcal{NP}$ 语言 L 的情形, 使用私钥可以对全域求值, 而使用公钥和证据可以对语言 L 内的元素求值. 在安全性上, PEPRF 要求函数在语言 L 上弱伪随机.

定义 4.15 (可公开求值伪随机函数)   如图 4.40 所示, PEPRF 包含以下 4 个 PPT 算法.

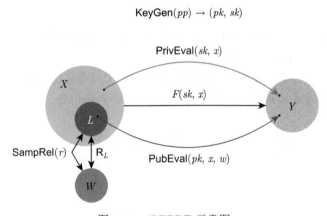

图 4.40   PEPRF 示意图

• Setup(1^κ): 以安全参数 1^κ 为输入, 输出公开参数 $pp = (F, PK, SK, X, L, W, Y)$, 其中 $F: SK \times X \to Y \cup \perp$ 是由 SK 索引的一族函数, $L \subseteq X$ 是由困难关系 R_L 定义的 $\mathcal{NP}$ 语言, 其中 W 是相应的证据集合. R_L 是高效可采样的, 存在 PPT 算法 SampRel 以随机数 r 为输入, 输出实例证据元组 $(x, w) \in \mathrm{R}_L$.
• KeyGen(pp): 以公开参数 pp 为输入, 输出公钥 pk 和私钥 sk.
• PrivEval(sk, x): 以私钥 sk 和元素 $x \in X$ 为输入, 输出 $y \in Y \cup \perp$.

• PubEval(pk, x, w): 以公钥 pk、实例 $x \in L$ 以及相应的证据 $w \in W$ 为输入, 输出 $y \in Y$.

注记 4.16 在有些场景中有必要将单一语言 L 泛化为由 PK 索引的一族语言 $\{L_{pk}\}_{pk \in PK}$. 相应地, 采样算法 SampRel 将以 pk 为额外输入, 随机采样 $(x, w) \in \mathrm{R}_{L_{pk}}$.

正确性 对于任意 $pp \leftarrow \mathsf{Setup}(1^\kappa)$ 和 $(pk, sk) \leftarrow \mathsf{KeyGen}(pp)$, 我们有

$$\forall x \in X : \quad F_{sk}(x) = \mathsf{PrivEval}(sk, x)$$
$$\forall x \in L \text{ 以及证据 } w : \quad F_{sk}(x) = \mathsf{PubEval}(pk, x, w)$$

(自适应) 弱伪随机性 定义敌手 $\mathcal{A}$ 的优势函数如下:

$$\Pr\left[\beta = \beta' \left|
\begin{array}{l}
pp \leftarrow \mathsf{Setup}(1^\kappa); \\
(pk, sk) \leftarrow \mathsf{KeyGen}(pp); \\
r^* \xleftarrow{\mathrm{R}} R, (x^*, w^*) \leftarrow \mathsf{SampRel}(r^*); \\
y_0^* \leftarrow F_{sk}(x^*), y_1^* \leftarrow Y; \\
\beta \leftarrow \{0, 1\}; \\
\beta' \leftarrow \mathcal{A}^{\mathcal{O}_{\mathsf{eval}}(\cdot)}(pp, pk, x^*, y_b^*)
\end{array}
\right.\right] - \frac{1}{2}$$

其中 $\mathcal{O}_{\mathsf{eval}}$ 表示求值谕言机, 以 $x \neq x^* \in X$ 为输入, 返回 $F_{sk}(x)$. 如果任意 PPT 敌手 $\mathcal{A}$ 在上述游戏中的优势函数均为可忽略函数, 则称可公开求值伪随机函数是弱伪随机的. 如果敌手在上述游戏中可以访问 $\mathcal{O}_{\mathsf{eval}}$ 谕言机, 则称可公开求值伪随机函数是自适应弱伪随机的.

注记 4.17 在 PEPRF 中, 私钥用于秘密求值, 公钥则可在知晓相应证据时对语言内的元素进行公开求值. 密钥成对出现这一点对于 PEPRF 是自然的, 因为 PEPRF 是作为 PRF 在 Cryptomania 中的对应引入的. 另一方面, 标准的 PRF 也总是可以设置公钥用于发布与私钥相关联但可公开的信息, 例如在基于 DDH 假设的 Naor-Reingold PRF [77] 中, $F_{\mathbf{a}}(x) = (g^{a_0})^{\prod_{i : x_i = 1} a_i}$, 其中 $\mathbf{a} = (a_0, a_1, \cdots, a_n) \in \mathbb{Z}_p^n$ 是私钥, $\{g^{a_i}\}_{1 \leqslant i \leqslant n}$ 则可发布为公钥. 如果没有信息可公开, 可设定 $pk = \{\perp\}$. 如此可保持 PRF 与 PEPRF 的语法定义保持一致.

为什么 PEPRF 只定义了弱伪随机性呢? 这是因为在公开求值算法 PubEval 存在的前提下, 这是可达的最强安全性.

为了加深对概念的理解, 表 4.1 对比分析 PRF 与 PEPRF 的异同. 正是由于上述区别, 我们可以基于 PEPRF 构造 KEM.

PEPRF 的定义可以进一步泛化以包容更多实例化构造.

表 4.1   PRF 与 PEPRF 的比较

	PRF	PEPRF
带密钥函数	✓	✓
可公开求值	$\forall x \in X$ ✗	$x \in L$ ✓
安全性	$\forall x \in X$, 在 X 上伪随机	$x \xleftarrow{\text{R}} L$, 在 L 上弱伪随机

定义 4.16 (可公开采样伪随机函数 (PSPRF, Publicly Sampleable PRF))   P-SPRF 将 PEPRF 的可公开求值功能放宽为可公开采样功能, 如图 4.41 所示, 即 PubEval 算法由以下的 PPT 随机采样算法替代.

- PubSamp$(pk; r) \to (x, y) \in L \times Y$ 使得 $y = F_{sk}(x)$.

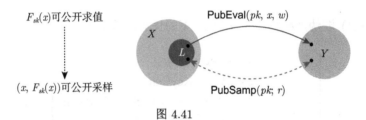

图 4.41

显然, 可以综合关系采样算法和函数公开求值算法构造公开采样算法, 因此 PEPRF 蕴含 PSPRF.

- PubSamp$(pk; r)$: 运行 $(x, w) \leftarrow$ SampRel(r), 输出 $(x, \text{PEPRF.PubEval}(pk, x, w))$.

4.5.2   基于可公开求值伪随机函数的 KEM 构造

本章将展示如何基于 PEPRF 构造 KEM.

构造 4.17 (基于 PEPRF 的 KEM 构造)

构造思路: 随机采样语言中的元素作为密文, 计算其函数值作为会话密钥 k.

起点: PEPRF $F : SK \times X \to Y \cup \bot$, 其中 $L \subseteq X$ 是定义在 X 上的 $\mathcal{NP}$ 语言.

构造如下.

- Setup(1^κ): 运行 $pp \leftarrow$ PEPRF.Setup(1^κ), 其中密文空间 $C = X$, 会话密钥空间 $K = Y$.

- KeyGen(pp): 运行 $(pk, sk) \leftarrow$ PEPRF.KeyGen(pp).

- Encaps$(pk; r)$: 随机采样 $(x, w) \leftarrow$ SampRel(r), 输出 $c = x$ 作为密文, 通过 PEPRF.PubEval(pk, x, w) 公开计算 $k \leftarrow F_{sk}(x)$ 作为会话密钥.

- Decaps(sk, c): 通过运行 PEPRF.PrivEval(sk, c) 秘密计算 $k \leftarrow F_{sk}(x)$ 恢复会话密钥.

构造 4.17 的正确性由 PEPRF 的正确性保证, 安全性由以下定理保证.

定理 4.16 如果 PEPRF 是弱伪随机的, 则构造 4.17 是 IND-CPA 安全的; 如果 PEPRF 是自适应弱伪随机的, 则构造 4.17 是 IND-CCA 安全的.

证明 IND-CPA 安全性的归约是显然的, 建立 IND-CCA 安全性的关键是令归约算法利用 $\mathcal{O}_{\mathrm{eval}}$ 模拟 $\mathcal{O}_{\mathrm{decaps}}$. □

注记 4.18 在上述的 KEM 构造中, 可以将 PEPRF 弱化为 PSPRF.

4.5.3 可公开求值伪随机函数的构造

本章节展示如何基于具体的困难假设和 (半) 通用的密码组件构造 PEPRF.

1. 基于 DDH 假设的 PEPRF 构造

图 4.42 展示了基于 DDH 假设的 PEPRF 构造, 其中可公开求值功能利用了 DH 函数的可交换性、弱伪随机性建立在 DDH 假设之上. 将实例化代入构造 4.17 中, 得到的正是经典的 ElGamal PKE 方案[36].

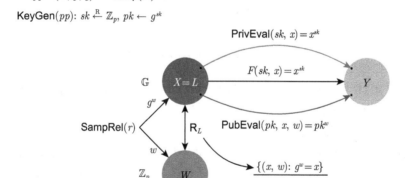

图 4.42　基于 DDH 假设的 PEPRF

构造 4.18 (基于 DDH 假设的 PEPRF)

- Setup(1^κ): 运行 $(\mathbb{G}, p, g) \leftarrow \mathsf{GroupGen}(1^\kappa)$, 生成公开参数 $pp = (F, PK, SK, X, L, W, Y)$, 其中 $X = Y = PK = L = \mathbb{G}$, $SK = W = \mathbb{Z}_p$, $F : SK \times X \to Y$ 定义为 $F_{sk}(x) = x^{sk}$, 语言 $L = \{x : \exists w \in W \text{ s.t. } x = g^w\}$, 相应的采样算法 $\mathsf{SampRel}$ 以随机数 r 为输入, 随机采样证据 $w \xleftarrow{\mathrm{R}} \mathbb{Z}_p$, 计算实例 $x = g^w$.

- KeyGen(pp): 随机采样私钥 $sk \xleftarrow{\mathrm{R}} \mathbb{Z}_p$, 计算公钥 $pk = g^{sk}$.

- PrivEval(sk, x): 输出 x^{sk}.

- PubEval(pk, x, w): 输出 pk^w.

2. 基于 QR 假设的 PEPRF 构造

图 4.43 展示了基于 QR 假设的 PEPRF 构造, 其中可公开求值功能利用了语言 L 的 OR 型定义, 弱伪随机性建立在 QR 假设之上. 将实例化代入构造 4.17 中, 得到的正是 Goldwasser-Micali PKE 方案[47] 内蕴的 KEM.

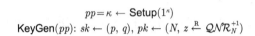

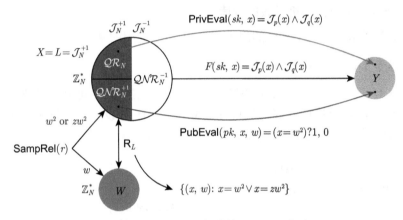

图 4.43　基于 QR 假设的 PEPRF 构造

构造 4.19 (基于 QR 假设的 PEPRF 构造)　如图 4.43 所示, 基于 QR 假设的 PEPRF 构造如下.

- Setup(1^κ): 输出 $pp = \kappa$.
- KeyGen(pp): 运行 $(N, p, q) \leftarrow$ GenModulus(1^κ), 选取 $z \in \mathcal{QNR}_N^{+1}$, 输出公钥 $pk = (N, z)$ 和私钥 $sk = (p, q)$. pk 还包含了以下信息: 函数定义域 $X = \mathbb{Z}_N^*$、值域 $Y = \{0, 1\}$、证据集合 $W = \mathbb{Z}_N^*$、语言 $L_{pk} = \{x : \exists w \in W \text{ s.t. } x = w^2 \bmod N \vee x = zw^2 \bmod N\}$($\mathbb{Z}_N^*$ 中 Jacobi 符号为 +1 的元素). 采样算法 SampRel 以公钥 pk 和随机数 r 为输入, 随机采样 $w \xleftarrow{\text{R}} \mathbb{Z}_p$, 随机生成实例 $x = w^2 \bmod N$ 或 $x = zw^2 \bmod N$.
- PrivEval(sk, x): 如果 $x \in \mathcal{QR}_N$ 则输出 1, 如果 $x \in \mathcal{QNR}_N^{+1}$ 则输出 0.
- PubEval(pk, x, w): 如果 $x = w^2 \bmod N$ 则输出 1, 如果 $x = zw^2 \bmod N$ 则输出 0.

3. 基于 TDF 的 PEPRF 构造

通过扭转单射 TDF, 可以构造 PEPRF 如下.

构造 4.20 (基于 TDF 的 PEPRF 构造) 如图 4.44 所示, 基于 TDF 的 PEPRF 构造如下.

• Setup(1^κ): 运行 $pp = (G, EK, TD, S, U) \leftarrow$ TDF.Setup(1^κ), 令 hc : $S \rightarrow K$ 是相应的硬核函数; 生成 PEPRF 的公开参数 $pp = (F, PK, SK, X, L, W, Y)$, 其中 $PK = EK$, $SK = TD$, $Y = K$, $X = U$, $W = S$, $F_{sk}(x) = \text{hc}(G_{td}^{-1}(x))$. 算法 TDF.Eval 自然定义了一族定义在 X 上的 $\mathcal{NP}$ 语言 $L = \{L_{pk}\}_{pk \in PK}$, 其中 $L_{pk} = \{x : \exists w \in W \text{ s.t. } x = \text{TDF.Eval}(pk, w)\}$. 采样算法 SampRel 以随机数 r 为输入, 首先随机采样定义域中元素 $s \leftarrow$ SampDom(r), 再计算 $u \leftarrow$ TDF.Eval(pk, s), 输出实例 $x = u$ 和证据 $w = s$.

• KeyGen(pp): 运行 $(ek, td) \leftarrow$ TDF.KeyGen(pp), 输出 $pk = ek$ 和 $sk = td$.

• PrivEval(sk, x): 以私钥 sk 和元素 $x \in X$ 为输入, 输出 $y \leftarrow F_{sk}(x) = \text{hc}(\text{TDF.TdInv}(sk, x))$.

• PubEval(pk, x, w): 以公钥 pk、实例 $x \in L_{pk}$ 和证据 w 为输入, 输出 $y \leftarrow \text{hc}(w)$.

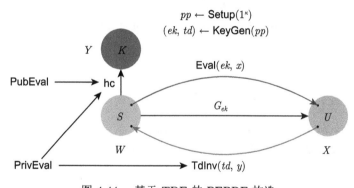

图 4.44 基于 TDF 的 PEPRF 构造

构造 4.20 的正确性由单向陷门函数的正确性和单射性保证, 安全性由如下定理保证.

定理 4.17 如果 TDF 是 (自适应) 单向的, 那么构造 4.20 中的 PEPRF 是 (自适应) 弱伪随机的.

4. 基于 HPS 的 PEPRF 构造

本章节展示如何基于哈希证明系统构造具有不同安全性质的可公开求值伪随机函数.

首先展示如何基于平滑 HPS 构造弱伪随机的 PEPRF.

构造 4.21 (基于平滑 HPS 的 PEPRF 构造) 如图 4.45 所示, 基于平滑 HPS

的 PEPRF 构造如下.

- Setup(1^κ): 运行 HPS.Setup(1^κ) 生成 HPS 的公开参数 $pp = (\mathsf{H}, PK, SK, X, L, W, \Pi, \alpha)$, 输入 PEPRF 的公开参数 $pp = (F, PK, SK, X, L, W, Y)$, 其中 $F = \mathsf{H}$, $Y = \Pi$.

- KeyGen(pp): 运行 $(pk, sk) \leftarrow$ HPS.KeyGen(pp) 生成密钥对.

- PrivEval(sk, x): 以私钥 sk 和元素 $x \in X$ 为输入, 计算 $y \leftarrow$ HPS.PrivEval (sk, x).

- PubEval(pk, x, w): 以公钥 pk、语言中的元素 $x \in L$ 和相应的证据 $w \in W$ 为输入, 计算 $y \leftarrow$ HPS.PubEval(pk, x, w).

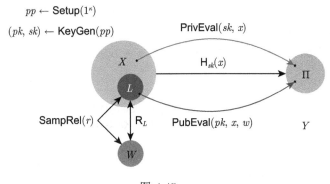

图 4.45

构造 4.21 的正确性由平滑 HPS 的正确性保证, 安全性由如下定理保证.

定理 4.18　基于 $L \subset X$ 上的 SMP 假设, 构造 4.21 中的 PEPRF 满足弱伪随机性.

PEPRF 与 HPS 在语法上非常相似, 但存在以下微妙的不同, 如表 4.2 所示.

表 4.2　HPS 与 PEPRF 的不同

	HPS	PEPRF
投射性	✓	非必需
L 与 X 的关系	$L \subset X$	$L \subseteq X$
弱伪随机性	$x \xleftarrow{\mathsf{R}} X \backslash L$	$x \xleftarrow{\mathsf{R}} L$

下面展示如何基于平滑和一致 HPS 构造自适应伪随机的 PEPRF.

构造 4.22 (基于平滑和一致 HPS 的自适应伪随机的 PEPRF 构造)　构造组件: 针对同一语言 $\tilde{L} \subset \tilde{X}$ 的平滑 HPS$_1$ 和 HPS$_2$, 构造如下.

- Setup(1^κ): 运行 $pp_1 = (\mathsf{H}_1, PK_1, SK_1, \tilde{X}, \tilde{L}, W, \Pi_1, \alpha_1) \leftarrow$ HPS$_1$.Setup(1^κ) 生成平滑 HPS 的公开参数, 运行 $pp_2 = (\mathsf{H}_2, PK_2, SK_2, \tilde{X}, \tilde{L}, \tilde{W}, \Pi_2, \alpha_2) \leftarrow$ HPS$_2$.

Setup(1^κ) 生成 2-一致性 HPS 的公开参数, 基于 pp_1 和 pp_2 生成 PEPRF 的公开参数 $pp = (F, PK, SK, X, L, W, Y)$, 其中 $X = \tilde{X} \times \Pi_2$, $Y = \Pi_1 \cup \bot$, $PK = PK_1 \times PK_2$, $L = \{L_{pk}\}_{pk \in PK}$ 定义在 $X = \tilde{X} \times \Pi_2$ 上, 其中 $L_{pk} = \{x = (\tilde{x}, \pi_2) : \exists w \in W \text{ s.t. } \tilde{x} \in \tilde{L} \wedge \pi_2 = \text{HPS}_2.\text{PubEval}(pk_2, \tilde{x}, w)\}$, 相应的采样算法 SampRel 以公钥 $pk = (pk_1, pk_2)$ 和随机数 r 为输入, 首先随机采样语言 $\tilde{L}$ 的随机实例证据元组 $(\tilde{x}, w)$, 计算 $\pi_2 \leftarrow \text{HPS}_2.\text{PubEval}(pk_2, \tilde{x})$, 输出语言 L 的实例 $x = (\tilde{x}, \pi_2)$ 和证据 $w = \tilde{w}$. 不失一般性, 令 pp 包含 pp_1 和 pp_2 中的所有信息.

• KeyGen(pp): 从 pp 中解析出 pp_1 和 pp_2, 运行 $(pk_1, sk_1) \leftarrow \text{HPS}_1.\text{KeyGen}(pp_1)$ 和 $(pk_2, sk) \leftarrow \text{HPS}_2.\text{KeyGen}(pp_2)$, 输出 $pk = (pk_1, pk_2)$ 和 $sk = (sk_1, sk_2)$.

• PrivEval(sk, x): 以私钥 $sk = (sk_1, sk_2)$ 和 $x = (\tilde{x}, \pi_2)$ 为输入, 如果 $\pi_2 = \text{HPS}_2.\text{PrivEval}(sk_2, \tilde{x})$ 则返回 $\bot$, 否则返回 $y \leftarrow \text{HPS}_1.\text{PrivEval}(sk_1, \tilde{x})$. 该算法定义了 $F: SK \times X \rightarrow Y \cup \bot$.

• PubEval(pk, x, w): 以公钥 $pk = (pk_1, pk_2)$、元素 $x = (\tilde{x}, \pi_2) \in L_{pk}$ 以及证据 w 为输入, 输出 $y \leftarrow \text{HPS}_1.\text{PubEval}(pk_1, \tilde{x}, w)$.

定理 4.19 基于 $\tilde{L} \subset \tilde{X}$ 上的 SMP 假设, 构造 4.22 中的 PEPRF 是自适应弱伪随机的.

注记 4.19 构造 4.21 相对直接, 构造 4.22 稍显复杂, 其中蕴含的设计思想与基于哈希证明系统构造 CCA 安全的 PKE 相似: 使用 "弱" HPS 封装随机会话密钥, 使用 "强" HPS 生成证明以杜绝 "危险" 解密询问.

5. 基于 EHPS 的 PEPRF 构造

本节展示如何基于 (ABO-)EHPS 构造 PEPRF.

构造 4.23 (基于 (ABO-)EHPS 的 PEPRF 构造) 如图 4.46 所示, 基于 EHPS 的 PEPRF 构造如下.

• Setup(1^κ): 运行 $pp = (\text{H}, PK, SK, \tilde{L}, \tilde{W}, \Pi) \leftarrow \text{EHPS}.\text{Setup}(1^\kappa)$ 生成 EHPS 的公开参数, 令 $\text{hc}: \tilde{W} \rightarrow Z$ 是单向关系 $\text{R}_{\tilde{L}}$ 的硬核函数; 生成 PEPRF 的公开参数 $pp = (F, PK, SK, X, L, W, Y)$, 其中 $X = \tilde{L} \times \Pi$, $Y = Z$, $W = R$, $L = \{L_{pk}\}_{pk \in PK}$ 定义在 $X = \tilde{L} \times \Pi$ 上, 其中 $L_{pk} = \{x = (\tilde{x}, \pi) : \exists w \in W \text{ s.t. } \tilde{x} = \text{SampYes}(w) \wedge \pi = \text{EHPS}.\text{PubEval}(pk, \tilde{x}, w)\}$, 相应的采样算法以公钥 pk 和随机数 w 为输入, 首先以 w 作为证据生成实例 $\tilde{x} \xleftarrow{\text{R}} \tilde{L}$, 再计算 $\pi \leftarrow \text{EHPS}.\text{PubEval}(pk, \tilde{x}, w)$, 输出实例 $x = (\tilde{x}, \pi)$ 和证据 w. $F_{sk}(x) := \text{hc}(\text{EHPS}.\text{Ext}(sk, x))$.

• KeyGen(pp): 运行 $(pk, sk) \leftarrow \text{EHPS}.\text{KeyGen}(pp)$ 生成密钥对.

• PrivEval(sk, x): 以私钥 sk 和 $x \in X$ 为输入, 将 x 解析为 $(\tilde{x}, \pi)$, 计算 $\tilde{w} \leftarrow \text{EHPS}.\text{Ext}(sk, \tilde{x}, \pi)$, 输出 $y \leftarrow \text{hc}(\tilde{w})$.

• PubEval(pk, x, w): 以公钥 pk、$x \in L_{pk}$ 以及相应的证据 w 为输入, 计算 $\tilde{w} \leftarrow \mathsf{SampWit}(w)$, 输出 $y \leftarrow \mathsf{hc}(\tilde{w})$.

定理 4.20　如果 $\mathsf{R}_{\tilde{L}}$ 是单向的, 基于 (ABO-)EHPS 的 PEPRF 是 (自适应) 弱伪随机的.

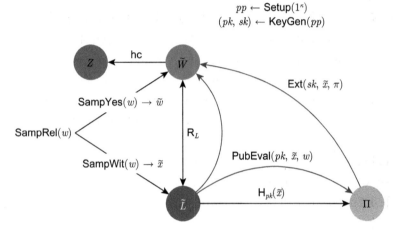

图 4.46　基于 EHPS 的 PEPRF 构造

6. 基于程序混淆的 PEPRF 构造

本节展示如何基于不可区分程序混淆构造 PEPRF.

构造 4.24 (基于 $i\mathcal{O}$ 和 PPRF 的 PEPRF 构造)　如图 4.47 所示, 构造组件: 不可区分程序混淆 $i\mathcal{O}$、伪随机数发生器和可穿孔伪随机函数.

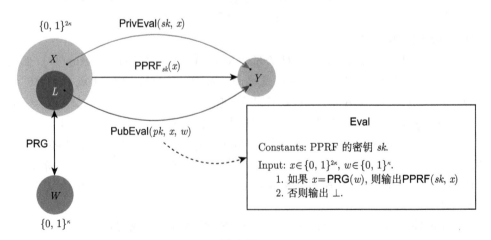

图 4.47

构造如下.

- Setup(1^{κ}): 生成对电路族 $\mathcal{C}_{\kappa}$ 的不可区分程序混淆 $i\mathcal{O}$, 选取长度倍增的伪随机数发生器 PRG : $\{0,1\}^{\kappa} \to \{0,1\}^{2\kappa}$ 和可穿孔伪随机函数 PPRF : $K \times \{0,1\}^{2\kappa} \to Y$; 生成 PEPRF 的公开参数 $pp = (F, PK, SK, X, L, W, Y)$, 其中 $PK = i\mathcal{O}(\mathcal{C}_{\kappa})$, $SK = K$, $X = \{0,1\}^{2\kappa}$, $F := \mathsf{PPRF}$, $W = \{0,1\}^{\kappa}$, $L = \{x \in X : \exists w \in W \text{ s.t. } x = \mathsf{PRG}(w)\}$, 相应的采样算法 SampRel 以随机数 $r \in \{0,1\}^{\kappa}$ 为输入, 输出实例 $x \leftarrow \mathsf{PRG}(r)$ 和证据 $w = r$.

- KeyGen(pp): 随机采样 $k \in K$ 作为私钥 sk, 计算 $pk \leftarrow i\mathcal{O}(\mathsf{Eval})$ 作为公钥.
- PrivEval(sk, x): 输出 $y \leftarrow \mathsf{PPRF}(sk, x)$.
- PubEval(pk, x, w): 将公钥 pk 解析为程序, 计算 $y \leftarrow pk(x, w)$.

定理 4.21 基于不可区分程序混淆、伪随机数发生器和可穿孔伪随机函数的安全性, 构造 4.24 中的 PEPRF 满足自适应弱伪随机性.

注记 4.20 上述构造实质上展示了 $i\mathcal{O}$ 可以将 Minicrypt 中的可穿孔伪随机函数编译为 Cryptomania 中的可公开求值伪随机函数.

小结

本章中引入了 PEPRF 这一全新的密码组件, 展示了它与已有密码组件之间的联系以及它的应用, 如图 4.48 所示. 引入 PEPRF 最大的理论意义在于它不仅首次阐明了经典的 Goldwasser-Micali PKE 和 ElGamal PKE 的构造机理, 还统一了几乎所有已知的构造范式. 作为首个实用的公钥加密, RSA PKE 影响深远,

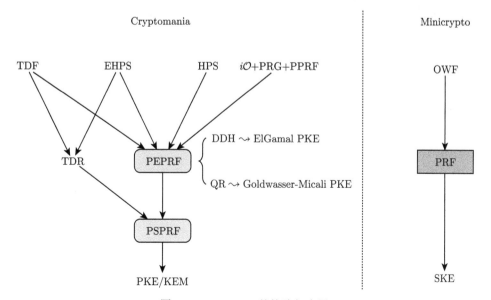

图 4.48 PEPRF 的构造与应用

令单向陷门函数的概念深入人心, 使得人们常有 "构造公钥加密必须有陷门" 的错觉. PEPRF 树立了正确的认知, 指出构造公钥加密的实质在于构造可公开求值的伪随机函数, 核心技术是 "令同一函数存在两种求值方法". 基于 PEPRF 的 PKE 构造恰与 Minicrypt 中基于 PRF 的 SKE 构造形成完美的形式契合与思想共鸣.

　　　PEPRF 的强大威力来源于其高度抽象, 它诠释了公钥加密设计的 "万法同源, 殊途同归".

笔记　抽象的概念是美妙的, 相信读者能够通过 PEPRF 感受到 "大繁至简" 的优雅与 "高屋建瓴" 的力量. 然而抽象概念是果, 具体构造是因. 切不能刻意过度地抽象而忽视具体构造, 正是多种多样具体构造才让我们能够有机缘洞见事物本质, 使得高度凝练的概念内涵丰富、意义深刻.

章后习题

　　练习 4.1　请比较分析抗碰撞哈希函数和一致哈希函数 (universal hash function, UHF) 之间的差异, 并尝试结合有损函数和一致哈希函数构造抗碰撞哈希函数.

　　练习 4.2　构造 4.8 使用 CP-TDF 和 OTS 构造 ATDR, 其中所得 ATDR 的求值密钥尺寸和像尺寸均和 OTS 的验证公钥尺寸有关. 请问, 是否能够通过对验证公钥尺寸进行极致的压缩 (如缩减到常数级别) 以提高 ATDR 构造的效率?

　　练习 4.3　请问是否能够基于 EHPS 构造出平滑 HPS?

　　练习 4.4　请问是否存在对 LWE 问题的平滑 HPS?

第4章习题答案

第 5 章

公钥加密的安全性增强

章前概述

内容提要

❏ 抗泄漏安全   ❏ 消息依赖密钥安全
❏ 抗篡改安全

　　本章开始介绍公钥加密的安全性增强方法. 5.1 节介绍了基于哈希证明系统的抗泄漏公钥加密的构造, 5.2 节介绍了基于自适应单向陷门关系的抗篡改公钥加密的构造, 5.3 节介绍了基于同态哈希证明系统的消息依赖密钥公钥加密的构造.

5.1　抗泄漏安全

　　侧信道攻击, 又称边信道攻击或旁路攻击, 利用密码算法在实现过程中泄漏的物理信息, 如运行时间 [79]、电磁辐射 [80]、能量功耗 [81] 等来攻击密码算法的安全性. 图 5.1 展示了侧信道攻击的方法, 其中, F 代表一种密码算法函数, 如签名算法、解密算法等. 除了私钥 sk 外, 算法的输入可能还包括签名消息或解密密文 x. 敌手可以利用上述侧信道攻击方法在算法 F 执行过程中获取私钥 sk 的部分信息, 记作 leak(sk). 2008 年, Halderman 等 [82] 还发现另一类特殊的侧信道攻击方法, 即 "冷启动" 攻击 (又称内存攻击). 简单来说, 计算机断电后内存中存储的信息并不是立即被擦除掉, 而是通过短暂的物理访问可以恢复动态随机存取存储器中的数据或密钥. 上述这些物理信息都有可能泄漏私钥的部分信息, 因此这类侧信道攻击统称为密钥泄漏攻击. 与传统的数学分析方法相比, 这类新型分析技术更有效, 对密码算法的安全性构成巨大的威胁. 早期抵御侧信道攻击的方法主要通过在算法实现过程中引入一些随机信息以减少泄漏的物理信息中含有的密钥信息, 可参考文献 [83] 第 29 章及其引文. 然而这种方式难以同时抵抗多种类型的侧信道攻击技术, 并且这些方法缺少严格的安全性证明. 类似不可区分选择密文攻击模型, 如何建立合理的抗密钥泄漏攻击的安全模型, 并从算法角度设计可证明安全的抗密钥泄漏密码方案是抗泄漏密码学研究的主要问题.

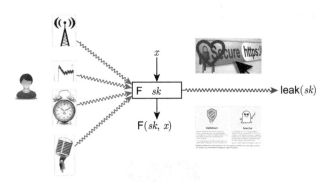

图 5.1　侧信道攻击方法示意图

根据泄漏函数的形式不同, 密钥泄漏模型可以分为有界密钥泄漏模型和无界密钥泄漏模型. 2009 年, Akavia 等 [84] 受 "冷启动" 攻击的启发, 提出一种非常实用的刻画密钥泄漏的模型. 该模型允许攻击者获得密钥的任意信息, 只要所有获取的信息比特长度不超过某一阈值 ℓ 即可. 因此, 该模型一般称为有界泄漏模型 (bounded-leakage model, BLM). 具体来讲, 攻击者可以通过一系列有效、可计算函数 f, 称为泄漏函数, 适应性地访问私钥 sk, 并获取相应的泄漏信息 $f(sk)$, 而对攻击者的要求是所有泄漏函数的输出长度之和不超过该阈值. 由于 BLM 模型既简单又能涵盖广泛的侧信道攻击方法, 近年来, 该模型受到了密码学界的广泛关注. 特别地, 有界密钥泄漏模型可以涵盖以下两种密钥泄漏情形: 相对泄漏 (relative leakage) 和绝对泄漏 (absolute leakage).

  • 相对泄漏: 总体泄漏量与私钥长度的比率是相对固定的. 这一比率通常称为相对泄漏比率. 例如, 攻击者得到的泄漏信息长度不超过私钥长度的一半. 相对泄漏能够刻画多种侧信道攻击的情景, 包括 Halderman 等的 "冷启动" 攻击、针对智能卡的微波攻击等. 因此, 很多抗密钥泄漏方案都是在相对泄漏模型下设计的.

  • 绝对泄漏: 相对泄漏量可以巨大. 这种模型在一些场合是非常实用的. 例如, 当系统中存有恶意软件时, 病毒程序可能会将用户大量的敏感数据传送给远程的控制服务器. 但是在很多情况下, 病毒程序下载巨量数据消耗的时间和代价很大. 因此, 抵御这种类型侧信道攻击最好的方法是将私钥变得巨大, 以至于攻击者无法获取超过阈值的信息量. Crescenzo 等 [85] 和 Dziembowski [86] 将这一模型称为有界恢复模型 (bounded retrieval model, BRM). 在有界恢复模型中, 设计密码算法的基本方式是通过增加敏感数据的存储空间来实现安全性, 但是不能影响系统其他方面的性能. 特别地, 合法用户仅需要访问很小一部分的密钥信息, 而他的计算和通信开销并不会有太大的增加.

有界恢复模型可以看作内存泄漏模型的推广. 在 BRM 模型中设计方案的困难性主要在于方案效率仅能依赖方案的安全参数, 而不能依赖私钥的大小. 在相对泄漏模型中, 方案的效率一般与私钥大小有关. 通过扩大私钥空间来提高私钥泄漏量的同时, 方案的效率往往会显著下降. 尽管如此, 在 BRM 模型中设计方案通常先在相对泄漏模型中进行设计. 为此, 本节重点介绍相对泄漏模型下的抗泄漏公钥加密方案的典型设计方法.

5.1.1 抗泄漏安全模型

本节主要介绍公钥加密方案在相对密钥泄漏攻击和自适应选择密文攻击下的安全模型, 简称 ℓ–LR-CCA 安全模型, 其中 ℓ 表示密钥泄漏量的上界. 在该模型中, 敌手不仅可以访问解密谕言机, 而且可以获得密钥的部分信息. 密钥泄漏查询由任意一组输出长度之和不超过泄漏上界 ℓ 的函数组成. 敌手可以适应性地选择函数 f 并获得密钥的函数值 $f(sk)$. 很显然, 如果函数 f 的输出没有任何限制, 则任何 (公钥) 加密方案都不可能抵抗密钥泄漏攻击.

LR-CCA 安全性 定义公钥加密方案敌手 $\mathcal{A} = (\mathcal{A}_1, \mathcal{A}_2)$ 的优势函数如下:

$$\mathsf{Adv}_{\mathcal{A}}(\kappa) = \left| \Pr \left[\beta' = \beta : \begin{array}{l} pp \leftarrow \mathsf{Setup}(1^\kappa); \\ (pk, sk) \leftarrow \mathsf{KeyGen}(pp); \\ (m_0, m_1, state) \leftarrow \mathcal{A}_1^{\mathcal{O}_{\mathsf{decrypt}}, \mathcal{O}_{\mathsf{leak}}}(pp, pk); \\ \beta \xleftarrow{\text{R}} \{0, 1\}; \\ c^* \leftarrow \mathsf{Encrypt}(pk, m_\beta); \\ \beta' \leftarrow \mathcal{A}_2^{\mathcal{O}_{\mathsf{decrypt}}}(pp, pk, state, c^*) \end{array} \right] - \frac{1}{2} \right|$$

在上述定义中, $\mathcal{A} = (\mathcal{A}_1, \mathcal{A}_2)$ 的含义类似 IND-CCA 安全模型中的敌手, 表示敌手 $\mathcal{A}$ 可划分为两个阶段, 划分界线是接收到挑战密文 c^* 前后, $state$ 表示 $\mathcal{A}_1$ 向 $\mathcal{A}_2$ 传递的信息, 记录部分攻击进展. $\mathcal{O}_{\mathsf{decrypt}}$ 表示解密谕言机, 其在接收到密文 c 的询问后输出 $\mathsf{Decrypt}(sk, c)$. $\mathcal{O}_{\mathsf{leak}}$ 表示密钥泄漏谕言机, 其在接收到泄漏函数 $f_i : \{0, 1\}^* \to \{0, 1\}^{\ell_i}$ 的询问后输出 $f_i(sk)$ 且所有泄漏函数输出长度之和满足 $\sum_i \ell_i \leqslant \ell$. 如果任意的 PPT 敌手 $\mathcal{A}$ 在上述游戏中的优势函数 $\mathsf{Adv}_{\mathcal{A}}(\kappa)$ 均为可忽略函数, 则称公钥加密方案是 ℓ-LR-CCA 安全的. 如果不允许敌手访问解密谕言机, 则称公钥加密方案是 ℓ-LR-CPA 安全的.

笔记 在 LR-CCA 模型中, 敌手在获得挑战密文后是不允许再访问密钥泄漏谕言机的. 否则, 敌手可以将挑战密文的解密函数作为一种特殊的密钥泄漏函数, 通过访问密钥泄漏谕言机获得明文的部分比特信息, 从而区分挑战密文加密的是 m_0 还是 m_1. 如果允许敌手在看到挑战密文后继续访问密钥泄漏函数, 则模型的安全目标必然会降低. 为此, 2011 年, Halevi 和 Lin [87] 提出 "after-the-fact" 密钥泄漏模型, 利用明文的剩余熵来刻画方案的安全性. 在上述定义中, 若令 $\ell = 0$, 即敌手没有访问密钥泄漏谕言机, 则上述定义即是标准 IND-CCA 安全性的定义. 图 5.2 展示了 PKE 的抗泄漏模型与传统安全模型之间的关系.

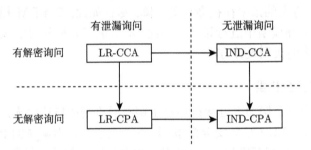

图 5.2　公钥加密的抗泄漏模型与传统安全模型之间的关系

5.1.2　基于哈希证明系统的 LR 安全 PKE

2009 年, Naor 和 Segev [88] 基于哈希证明系统提出一种抗泄漏 PKE 方案的通用构造. 该构造结构简单, 是哈希证明系统在抗泄漏密码学中的一个经典应用案例.

构造 5.1 (基于 HPS 的 LR-PKE)　令 $\ell = \ell(\kappa)$ 为密钥泄漏量的上界, ϵ_1 和 ϵ_2 是两个可忽略量. 构造所需组件是

- ϵ_1-universal$_1$ 哈希证明系统 HPS = (Setup, KeyGen, PubEval, PrivEval).
- 一个平均意义 $(\log \Pi - \ell, \epsilon_2)$-强随机性提取器 $\text{ext} : \Pi \times \{0,1\}^d \to \{0,1\}^\kappa$.

构造 PKE 如下.

- Setup(1^κ): 运行 HPS.Setup(1^κ), 输出 HPS 的一个实例参数 $pp = (\mathsf{H}, SK, PK, X, L, W, \Pi, \alpha)$. 选择一个平均意义 $(\log \Pi - \ell, \epsilon_2)$-强随机性提取器 $\text{ext} : \Pi \times \{0,1\}^d \to \{0,1\}^\kappa$. 将 $\hat{pp} = (pp, \text{ext})$ 作为公开参数, 其中 $\{0,1\}^\kappa$ 作为明文空间 M, $X \times \{0,1\}^d \times \{0,1\}^\kappa$ 作为密文空间 C.

- KeyGen($\hat{pp}$): 运行 $(pk, sk) \leftarrow$ HPS.KeyGen(pp), 输出公钥 pk 和私钥 sk.

- Encrypt(pk, m): 以公钥 pk 和明文 $m \in \{0,1\}^\kappa$ 为输入, 执行如下步骤.

(1) 运行 $(x, w) \leftarrow$ SampRel(r) 和相应的证据, 其中 r 是采样算法使用的随机数.

(2) 通过 HPS.PubEval(pk, x, w) 计算实例 x 的哈希证明 $\pi \leftarrow \mathsf{H}_{sk}(x)$.

(3) 随机选择 $s \xleftarrow{\mathrm{R}} \{0,1\}^d$, 计算 $\psi = \text{ext}(\pi, s) \oplus m$.

(4) 输出 (x, s, ψ) 作为密文 c.

• Decrypt(sk, c): 以私钥 sk 和密文 $c=(x, s, \psi)$ 为输入, 通过 HPS.PrivEval(sk, x) 计算 x 的哈希证明 $\pi \leftarrow \mathsf{H}_{sk}(x)$, 再恢复明文 $m' = \psi \oplus \mathsf{ext}(\pi, s)$.

正确性 根据哈希证明系统的正确性, 即 HPS.PrivEval(sk, x) = HPS.PubEval(pk, x, w) = $\mathsf{H}_{sk}(x)$, 以下公式说明方案具有完美正确性:

$$
\begin{aligned}
m' &= \psi \oplus \mathsf{ext}(\text{HPS.PrivEval}(sk, x), s) \\
&= \mathsf{ext}(\text{HPS.PubEval}(pk, x, w), s) \oplus m \oplus \mathsf{ext}(\text{HPS.PrivEval}(sk, x), s) \\
&= \mathsf{ext}(\mathsf{H}_{sk}(x), s) \oplus m \oplus \mathsf{ext}(\mathsf{H}_{sk}(x), s) \\
&= m
\end{aligned}
\tag{5.1}
$$

构造 5.1 中的 PKE 方案的抗密钥泄漏安全性可由以下定理保证.

定理 5.1 如果 HPS 是一个 ϵ_1-universal$_1$ 哈希证明系统, ext 是一个平均意义 $(\log \Pi - \ell, \epsilon_2)$-强随机性提取器, 那么构造 5.1 中的 PKE 是 ℓ-LR-CPA 安全的, 其中 $\ell \leqslant \log |\Pi| - \omega(\kappa) - \kappa$.

笔记 Naor-Segev PKE 方案的设计思路和安全性证明思路几乎是完美统一的. 如图 5.3 所示, 给定一个 HPS 公钥 pk, 存在若干个私钥 sk 满足 $\alpha(sk) = pk$, 记 $SK_{pk} = \{sk|\alpha(sk) = pk\}$ 表示与公钥 pk 对应的所有可能私钥组成的空间. 当 $x \in L$ 时, 哈希证明系统可以看作一个从私钥空间 SK_{pk} 到哈希证明空间上的多对一投射函数, 即对于任意两个不同的私钥 $sk_0, sk_1 \in SK_{pk}$, 都有 $\mathsf{H}_{sk_0}(x) = \mathsf{H}_{sk_1}(x)$. 当 $x \in X \setminus L$ 时, 哈希证明系统可以看作一个从私钥空间 SK_{pk} 到哈希证明空间 Π 上的一对一映射函数, 即对于任意两个不同的私钥 $sk_0, sk_1 \in SK_{pk}$, 则有 $\mathsf{H}_{sk_0}(x) \neq \mathsf{H}_{sk_1}(x)$. 基于子集成员判断问题困难性, 即使在知道私钥 sk 的情况下, 这两种映射函数在计算意义上也是不可区分的. 对于第二种情况, 在公钥确定的情况下, 封装的哈希证明 π 依然具有一定的信息熵. 当私钥 sk 泄漏部分信息时, 由于映射函数 H 是一一映射, 所以只会降低 π 的信息熵, 从而利用一个平均强随机性提取器 ext 依然可以提取出具有均匀随机性的比特串用于掩盖真实的消息 m. 这一证明思路同时解释了为什么 Naor-Segev 方案需要引入一个平均强随机性提取器来掩盖消息, 从而能够容忍密钥泄漏.

具体地, 定理 5.1 可通过一系列不可区分游戏来实现. 在原始游戏的基础上, 第一步, 利用 HPS 公开计算和私有计算两种模式的等价性, 可以将哈希证明的计算方式从公开计算模式转化为私有计算模式. 第二步, 利用子集成员判定问题的困难性, 可将随机实例 x 的采样从集合 L 转化为集合 $X \setminus L$. 第三步, 利用哈希证明 π 具有信息熵的性质, 也就说 HPS 的 1-一致性, 进一步将 π 从私有计算转化为随机选取. 最后, 证明在私钥泄漏部分信息的情况下, 利用强随机性提取器 ext 的性质依然可以提取出均匀随机比特串, 从而掩盖消息 m_b 的信息, 实现密文不可区分性.

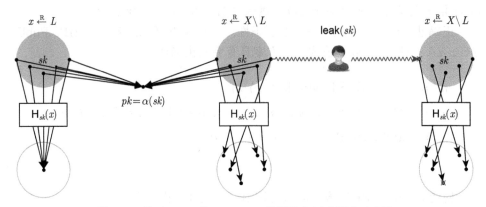

图 5.3　基于 HPS 的 LR-PKE 的设计和证明思路示意图

证明　令 S_i 表示事件 "敌手在 Game_i 中成功". 以游戏序列的方式组织证明如下.

Game_0: 该游戏是标准的 LR-CPA 游戏, 挑战者 $\mathcal{CH}$ 和敌手 $\mathcal{A}$ 交互如下.

- 初始化: $\mathcal{CH}$ 运行 $\mathsf{Setup}(1^\kappa)$ 生成公开参数 $\hat{pp}$, 同时运行 $\mathsf{KeyGen}(\hat{pp})$ 生成公私钥对 (pk, sk). $\mathcal{CH}$ 将 $(\hat{pp}, pk)$ 发送给 $\mathcal{A}$.

- 询问: 假设 $f_i : \{0,1\}^* \to \{0,1\}^{\ell_i}$ 是 $\mathcal{A}$ 的第 i 次泄漏谕言机 $\mathcal{O}_{\mathsf{leak}}$ 查询. $\mathcal{CH}$ 首先判断 $\sum_i \ell_i \leqslant \ell$ 是否成立, 若成立则返回 $f_i(sk)$, 否则返回 $\bot$.

- 挑战: $\mathcal{A}$ 选择 $m_0, m_1 \in \{0,1\}^\kappa$ 并发送给 $\mathcal{CH}$. $\mathcal{CH}$ 选择随机比特 $\beta \in \{0,1\}$, 作如下计算:

(1) 运行 $(x, w) \leftarrow \mathsf{SampRel}(r)$ 生成随机实例 x 及其证据 w;

(2) 通过 $\mathsf{HPS.PubEval}(pk, x, w)$ 计算实例 x 的哈希证明 $\pi \leftarrow \mathsf{H}_{sk}(x)$;

(3) 随机选择 $s \xleftarrow{\mathrm{R}} \{0,1\}^d$, 计算 $\psi = \mathrm{ext}(\pi, s) \oplus m_\beta$;

(4) 输出 (x, s, ψ) 作为挑战密文 c^* 并发送给 $\mathcal{A}$.

- 猜测: $\mathcal{A}$ 输出对 β 的猜测 β'. $\mathcal{A}$ 成功当且仅当 $\beta' = \beta$.

根据定义, 则有

$$\mathsf{Adv}_{\mathcal{A}}(\kappa) = |\Pr[S_0] - 1/2|$$

Game_1: 该游戏与 Game_0 的唯一不同在于挑战密文中哈希证明的生成方式. $\mathcal{CH}$ 不再通过 $\mathsf{HPS.PubEval}(pk, x, w)$ 计算哈希证明, 而是通过 $\mathsf{HPS.PrivEval}(sk, x)$ 计算 x 的哈希证明 $\pi \leftarrow \mathsf{H}_{sk}(x)$. 根据 HPS 两种工作模式的等价性可知, 敌手 $\mathcal{A}$ 在游戏 Game_0 和 Game_1 中的视图是一样的, 则有

$$\mathrm{Game}_0 \equiv \mathrm{Game}_1$$

Game$_2$: 该游戏与 Game$_1$ 的唯一不同在于挑战密文中随机实例 x 的选取方式. $\mathcal{CH}$ 调用 SampNo(r) 采样 $x \xleftarrow{\text{R}} X \backslash L$. 根据 SMP 问题的困难性, 敌手 $\mathcal{A}$ 在游戏 Game$_1$ 和 Game$_2$ 中的视图计算不可区分, 则有

$$\text{Game}_1 \approx_c \text{Game}_2$$

Game$_3$: 该游戏与 Game$_2$ 的唯一不同在于挑战密文中哈希证明 π 的计算方式. $\mathcal{CH}$ 随机选取 $\pi \xleftarrow{\text{R}} \Pi$. 根据 HPS 的 1-一致性, 可以证明敌手 $\mathcal{A}$ 在游戏 Game$_2$ 和 Game$_3$ 中的视图统计上不可区分, 即

$$\text{Game}_2 \approx_s \text{Game}_3$$

这是因为, 在没有任何密钥泄漏的情况下, 根据 HPS 的 ϵ_1-universal$_1$ 性质, 则有

$$\Delta((pk, x, \mathsf{H}_{sk}(x)), (pk, x, \pi)) \leqslant \epsilon_1$$

令密钥泄漏谕言机输出的信息为 leak. 由于 leak 的分布由公钥 pk、随机实例 x 和哈希证明 $\mathsf{H}_{sk}(x)$ 完全确定, 即 leak $=$ leak$(pk, x, \mathsf{H}_{sk}(x))$, 根据统计距离的性质, 可得

$$\Delta((pk, x, \mathsf{H}_{sk}(x), \mathsf{leak}(pk, x, \mathsf{H}_{sk}(x))), (pk, x, \pi, \mathsf{leak}(pk, x, \pi))) \leqslant \epsilon_1$$

由于强随机性提取器 ext 作用在上述两个分布上不会增加它们的统计距离, 故有

$$\Delta((pk, x, \mathsf{ext}(\mathsf{H}_{sk}(x), s), s, \mathsf{leak}), (pk, x, \mathsf{ext}(\pi, s), s, \mathsf{leak})) \leqslant \epsilon_1$$

通过上述分析可知, 敌手 $\mathcal{A}$ 在上述两个游戏中的视图统计距离相差不超过 ϵ_1, 即 Game$_2 \approx_s$ Game$_3$.

Game$_4$: 该游戏与 Game$_3$ 的唯一不同在于挑战密文中强随机性提取器 $\mathsf{ext}(\pi, s)$ 的选取方式. $\mathcal{CH}$ 随机选择 $k \xleftarrow{\text{R}} \{0,1\}^\kappa$, 再计算 $\psi = k \oplus m_\beta$. 由于 k 是随机且独立于消息 m_β 选取的, 所以在该游戏中敌手没有任何优势猜测挑战消息, 即 $\mathcal{A}$ 在该游戏中成功的概率为

$$\Pr[S_4] = 1/2$$

最后, 证明即使在泄漏 ℓ 比特密钥信息的情况下, 敌手在 Game$_3$ 和 Game$_4$ 两个游戏中的视图仍然是不可区分的.

对于分布 $(pk, x, k, \mathsf{ext}(\pi, s), s, \mathsf{leak})$, ℓ 比特的密钥泄漏量 leak 最多使 π 的平均最小熵减少 ℓ, 即

$$\tilde{\mathsf{H}}_\infty(\pi | (pk, x, \mathsf{leak})) \geqslant \mathsf{H}_\infty(\pi | (pk, x)) - \ell = \log \Pi - \ell$$

利用平均强随机性提取器 ext 的性质, 可得

$$\Delta((pk, x, \mathsf{ext}(\pi, s), s, \mathsf{leak}), (pk, x, k, s, \mathsf{leak})) \leqslant \epsilon_2$$

其中, $k \in \{0,1\}^\kappa$ 是独立且随机选取的. 由此可知, 敌手 $\mathcal{A}$ 在上述两个游戏中的视图统计距离相差不超过 ϵ_2.

综上, 定理 5.1 得证. □

将 4.2 节关于 L_{DDH} 的 $\dfrac{1}{q}$-universal$_1$ 哈希证明系统 (构造 4.9) 应用于 Naor-Segev 的通用构造中, 即可得到一个基于 DDH 问题的 LR-CPA 安全的 PKE 方案.

构造 5.2 (基于 DDH 问题的 LR-CPA 安全 PKE)

- Setup(1^κ): 运行 GenGroup(1^κ), 生成一个循环群 $(\mathbb{G}, q, g)$. 令 $\ell = \ell(\kappa)$ 是泄漏参数 (泄漏量上界). 选择一个平均意义 $(\log q - \ell, \epsilon)$-强随机性提取器 ext : $\mathbb{G} \times \{0,1\}^d \to \{0,1\}^\kappa$, 输出公开参数 $pp = (\mathbb{G}, q, g, \mathsf{ext})$.

- KeyGen(pp): 随机选择 $x_1, x_2 \in \mathbb{Z}_q$ 和 $g_1, g_2 \in \mathbb{G}$ 并计算 $h = g_1^{x_1} g_2^{x_2}$, 输出公钥 $pk = (g_1, g_2, h)$ 和私钥 $sk = (x_1, x_2)$.

- Encrypt(pk, m): 输入公钥 pk 和明文 $m \in \{0,1\}^\kappa$, 随机选择 $r \in \mathbb{Z}_q$ 和 $s \in \{0,1\}^d$, 输出密文 $c = (g_1^r, g_2^r, s, \mathsf{ext}(h^r, s) \oplus m)$.

- Decrypt(sk, c): 输入私钥 $sk = (x_1, x_2)$ 和密文 $c = (u_1, u_2, s, e)$, 输出明文 $m' := e \oplus \mathsf{ext}(u_1^{x_1} u_2^{x_2}, s)$.

根据定理 5.1, 可以直接得到下述结论.

引理 5.1　如果 DDH 假设成立, 那么构造 5.2 中的 PKE 是 ℓ-LR-CPA 安全的, 其中 $\ell = \log q - \omega(\log \kappa) - \kappa$.

✑ 笔记　由上述引理可知, 实例化方案的密钥泄漏量可达 $(1/2 - o(1))|sk|$, 其中 $|sk|$ 表示私钥的比特长度. 然而, 该方案仅是 LR-CPA 安全的. 为了实现 LR-CCA 安全性, 一种直接的方法是将 Naor-Yung "双密钥加密范式" 应用于一个 ℓ-LR-CPA 安全的公钥加密方案上, 从而得到一个密钥泄漏比率不变且抗选择密文攻击安全的 LR-CCA 安全公钥加密方案. 该方法需要引入适应性安全的非交互式零知识证明系统, 然而, 标准模型下构造的非交互式零知识证明系统在效率上具有一定的局限性. 另一种方法是结合一个 2-一致性 HPS 实现 CCA 安全性, 如图 5.4. 其中 HPS$_1$ 满足 1-一致性, 用于掩盖消息, 而 HPS$_2$ 满足 2-一致性, 用于验证密文的有效性. 在加密阶段, 当 $x \in L$ 时, 只需要利用 HPS 的公开计算模式, 而不需要输入 HPS 的私钥 sk_1 和 sk_2. HPS 的私钥仅在解密和安全性证明中使用. 由于任意一个 HPS 的私钥不可能完全泄漏, 否则系统无任何安全性保障. 对于整个私钥 $sk = (sk_1, sk_2)$ 而言, 能够容忍的密钥泄漏量不会超过 sk 的一半. 因此, 在理论上, 这种构造方式能够容忍的密钥泄漏比率不会超过 $1/2 - o(1)$. 实际上, 基于

该方法设计的方案容忍密钥泄漏的比率更小, 如在文献 [88] 中, 基于 DDH 问题设计的 CCA 安全 PKE 方案的密钥泄漏比率仅为 $1/6 - o(1)$, 而在优化的设计方案 [89,90] 中, 密钥泄漏比率也只能提升至 $1/4 - o(1)$. 为了提升密钥泄漏比率, 同时保证方案的效率, 一种可行的方法是将第二个 HPS 替换为一种类似非交互式零知识证明系统的无密钥、信息泄漏量少 (固定) 且高效的密码原语, 如一次有损过滤器 [91,92]、规则有损函数 [59,93] 等.

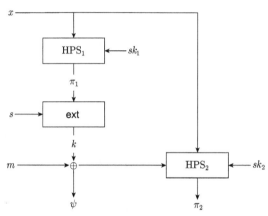

图 5.4 基于 HPS 的 LR-CCA 安全 PKE 的构造思路

5.2 抗篡改安全

侧信道攻击不仅可能获取密码算法在实现过程中的部分内部状态信息, 还可能通过错误注入等方式改变密码算法实现的内部状态. 当敌手篡改密码算法的密钥并观察在篡改密钥下的密码算法输出结果时, 这类侧信道攻击即是密钥篡改攻击. 被篡改的密钥可以是签名方案的签名密钥也可以是加密方案的解密密钥. 密钥篡改攻击也称相关密钥攻击 (related-key attack, RKA), 最早是由 Biham [94] 和 Knudsen [95] 提出的. 2003 年, Bellare 和 Kohno [96] 给出它的形式化定义. 设计抵抗密钥篡改攻击的密码算法的目标之一是能够抵抗范围更广的密钥篡改函数. 早期设计的密码算法仅能抵抗简单的线性密钥篡改攻击, 例如 Bellare 和 Cash [97] 提出的基于 DDH 假设的抗相关密钥攻击的伪随机函数 (RKA-PRF). 2011 年, Bellare 等 [98] 给出如何从 RKA-PRF 和其他非 RKA 安全的密码算法来实现 RKA 安全的密码算法, 包括公钥加密、对称加密、签名和身份加密. 同年, Applebaum 等 [99] 提出基于 LPN 和 LWE 假设的抗线性密钥篡改语义安全对称加密方案. 2012 年, Wee [100] 提出利用特殊性质的自适应单向陷门函数构造抗线性篡改的 RKA-CCA 安全公钥加密方案, 并给出基于因子分解、DBDH 和 LWE 等困难问题的具体实现.

5.2.1 抗篡改安全模型

一个密码系统通常由系统参数、算法 (程序实现的代码) 和密钥 (公钥/私钥) 三部分组成. 公钥/私钥是最有可能受到 RKA 攻击的, 而系统参数和算法假定是不受攻击的. 这是因为, 系统参数并不包含用户的密钥信息, 与用户是独立的. 它可以在用户密钥选取之前确定并且可以嵌入到算法的实现代码中. 令 $\Phi = \{\phi : SK \to SK\}$ 是一个从密钥空间 SK 到自身的变换函数族. 一个公钥加密方案 PKE 的 RKA-CCA 安全模型的定义如下.

RKA-CCA 安全性 定义公钥加密方案 PKE 的 RKA-CCA 敌手 $\mathcal{A} = (\mathcal{A}_1, \mathcal{A}_2)$ 的优势函数如下:

$$\mathsf{Adv}_{\mathcal{A}}(\kappa) = \left| \Pr\left[\beta' = \beta : \begin{array}{l} pp \leftarrow \mathsf{Setup}(1^\kappa); \\ (pk, sk) \leftarrow \mathsf{KeyGen}(pp); \\ (m_0, m_1, state) \leftarrow \mathcal{A}_1^{\mathcal{O}_{\mathsf{rka}}}(pp, pk), \mathrm{s.t.} |m_0| = |m_1|; \\ \beta \xleftarrow{\mathrm{R}} \{0, 1\}; \\ c^* \leftarrow \mathsf{Encrypt}(pk, m_\beta); \\ \beta' \leftarrow \mathcal{A}_2^{\mathcal{O}_{\mathsf{rka}}}(pp, pk, state, c^*) \end{array} \right] - \frac{1}{2} \right|$$

上述定义中, 敌手 $\mathcal{A}$ 在接收到挑战密文前后两阶段都可以访问密钥篡改谕言机同时获得在篡改密钥下的解密结果. 具体地, 谕言机 $\mathcal{O}_{\mathsf{rka}}$ 的输入为一对篡改函数和密文 (ϕ, c), 其中 $\phi \in \Phi$, 输出为 $\mathsf{Decrypt}(\phi(sk), c)$. 在第 2 阶段询问中, 敌手不能进行满足条件 $(\phi(sk), c) = (sk, c^*)$ 的询问, 否则敌手直接获取了挑战密文的解密结果, 使安全模型失去了实际意义. 如果对于任意的 PPT 敌手 $\mathcal{A}$, 优势函数 $\mathsf{Adv}_{\mathcal{A}}(\kappa)$ 是可忽略的, 则称公钥加密方案 PKE 是 Φ-RKA-CCA 安全的.

笔记 在 RKA 攻击中, Φ 称为密钥篡改函数族. 如果对于所有密钥 $sk \in SK$ 及所有不同的篡改函数 $\phi, \phi' \in \Phi$ 都有 $\phi(sk) \neq \phi'(sk)$, 则密钥篡改函数族 Φ 称为 "claw-free" 的. 在已有的 RKA 安全加密或其他密码方案中, 大部分方案仅能抵抗这类篡改函数. "claw-free" 篡改函数是一种特殊的函数, 在实际中, 绝大部分篡改攻击函数都是非 "claw-free" 的. 从前面的定义可以看出 RKA-CCA 与 IND-CCA 安全性之间有着密切的联系. 在两种模型中, 敌手都可以访问解密服务. 不同之处在于 RKA 敌手还可以访问篡改密钥下的解密服务. 此外, 只要 $\phi(sk) \neq sk$, 敌手是可以访问挑战密文的解密服务的. 这也是 RKA-CCA 安全性比 IND-CCA 安全性更难实现的原因之一. 如果密钥篡改函数仅包含恒等函数 1_ϕ, 则 $\{1_\phi\}$-RKA-CCA 等价于 IND-CCA.

5.2.2 基于自适应单向陷门关系的 RKA-CCA 安全 PKE

自适应单向陷门关系 (ATDR) 在构造 IND-CCA 安全公钥加密方面具有强大的优势. 而 RKA-CCA 安全的 PKE 本身也是 IND-CCA 安全的, 那么一个自然的问题是自适应单向陷门关系能否用于构造 RKA-CCA 安全的公钥加密方案, 需要满足哪些特殊的性质, 篡改函数集的形式又如何呢? 2012 年, Wee [100] 给出了这些问题的答案, 提出一种基于自适应单向陷门关系的 RKA-CCA 安全公钥加密方案的通用构造. 带标签自适应单向陷门关系在随机采样和求逆算法中会额外输入一个标签, 而该标签与自适应单向陷门关系的陷门无关. 一个带标签自适应单向陷门关系 ATDR = (Setup, KeyGen, Sample, TdInv) 需要满足以下两个额外的性质.

● Φ-密钥同态 (key homomorphism) 性质: 对于任意 $\phi \in \Phi$ 和任意的陷门 td、标签 tag、关系值 y, 存在一个 PPT 算法 T, 使得

$$\mathsf{TdInv}(\phi(td), tag, y) = \mathsf{TdInv}(td, tag, T(pp, \phi, tag, y))$$

● Φ-指纹识别 (fingerprinting) 性质: 类似于指纹认证, 对于一个固定的关系值 (指纹) y^*, 对陷门的任何篡改, 通过求逆算法都可以被检测出来. 具体地, 定义敌手 $\mathcal{A}$ 的优势函数如下:

$$\mathsf{Adv}_{\mathcal{A}}(\kappa) = \Pr\left[\begin{array}{l} \mathsf{TdInv}(\phi(td), tag^*, y^*) \neq \bot \\ \wedge \phi \in \Phi \wedge \phi(td) \neq td \end{array} : \begin{array}{l} pp \leftarrow \mathsf{Setup}(1^\kappa); \\ tag^* \leftarrow \mathcal{A}(pp); \\ (ek, td) \leftarrow \mathsf{KeyGen}(pp); \\ (s^*, y^*) \xleftarrow{\mathrm{R}} \mathsf{Sample}(ek, tag^*); \\ \phi \leftarrow \mathcal{A}(pp, ek, td, y^*) \end{array}\right]$$

对于任意 PPT 敌手 $\mathcal{A}$, 如果优势函数 $\mathsf{Adv}_{\mathcal{A}}(\kappa)$ 都是可忽略的, 则称 ATDR 是 Φ-满足指纹识别性质的.

✎ 笔记 上面这两个额外的性质为 RKA-CCA 安全性的证明提供了一种简洁的解决办法. 首先, 密钥同态性实际上提供了一种通过原始求逆谕言机 $\mathsf{TdInv}(td, tag, \cdot)$ 来回答在篡改密钥 $\phi(td)$ 下的求逆询问. 指纹识别性实际上保证了敌手不能查询挑战关系值在原始陷门下的求逆询问. 当用 ATDR 构造 IND-CCA 安全的公钥加密方案时, 这两种额外的性质可以直接用于 RKA-CCA 安全性中, 从而使得构造 IND-CCA 安全的公钥加密方案也是 RKA-CCA 安全的.

在 Φ-fingerprinting 性质中, 敌手知晓陷门 td. 这一事实在后面的证明中至关重要, 等价于挑战者知道自适应单向陷门关系的陷门, 从而可以正确应答解密询问.

下面介绍如何基于 ATDR 构造一个 RKA-CCA 安全的公钥加密方案.

构造 5.3 (基于 ATDR 的 RKA-CCA 安全 PKE)　　构造所需的组件是

- 自适应单向陷门关系 ATDR = (Setup, KeyGen, Sample, TdInv);
- 强不可伪造一次签名方案 OTS = (Setup, KeyGen, Sign, Verify);
- 伪随机函数 $\mathsf{G}: X \to \{0,1\}^l$.

构造 PKE 如下.

- Setup(1^κ): 运行 ATDR.Setup(1^κ) 和 OTS.Setup(1^κ), 分别输出 ATDR 的系统参数 pp_1 和 pp_2. 选择一个伪随机函数 $\mathsf{G}: X \to \{0,1\}^l$, 其中 X 为 ATDR 的原像空间. 输出公钥加密方案的公开参数 $pp = (pp_1, pp_2, \mathsf{G})$, 其中 $\{0,1\}^l$ 作为明文空间.

- KeyGen(pp): 运行 $(ek, td) \leftarrow$ ATDR.KeyGen(pp), 输出公钥 $pk := ek$ 和私钥 $dk := td$.

- Encrypt(pk, m): 以公钥 $pk := ek$ 和明文 $M \in \{0,1\}^l$ 为输入. 执行如下步骤.

  (1) 运行 $(vk, sk) \leftarrow$ OTS.KeyGen(pp_2) 生成一次签名的公钥和私钥.

  (2) 运行 $(x, y) \leftarrow$ ATDR.Sample(ek, vk) 生成一个随机采样 (x, y).

  (3) 计算 $\psi = \mathsf{G}(x) \oplus m$.

  (4) 运行 $\sigma \leftarrow$ OTS.Sign($sk, y\|\psi$).

  (5) 输出密文 $c = (vk, \sigma, y, \psi)$.

- Decrypt(dk, c): 以私钥 $dk := td$ 和密文 $c = (vk, \sigma, y, \psi)$ 为输入, 执行如下步骤.

  (1) 验证 OTS.Verify($vk, y\|\psi, \sigma$) = 1. 若不成立, 则返回 $\bot$, 否则执行后续步骤.

  (2) 计算 $x \leftarrow$ ATDR.TdInv(td, vk, y). 若 $x = \bot$, 则返回 $\bot$, 否则执行后续步骤.

  (3) 计算 $m' = \mathsf{G}(x) \oplus \psi$ 并返回明文 m'.

正确性　构造 5.3 的正确性可由自适应单向陷门关系的正确性直接推导出来. 下面主要介绍方案的 RKA-CCA 安全性的证明.

定理 5.2　如果 ATDR 是一族自适应单向陷门关系, 且满足 Φ-密钥同态性和 Φ-指纹识别性, OTS 是一个强不可伪造一次签名方案, 那么构造 5.3 中的 PKE 是 Φ-RKA-CCA 安全的.

证明　令 S_i 表示敌手在 Game$_i$ 中的成功事件. 以游戏序列的方式组织证明如下.

Game$_0$: 该游戏是标准的 RKA-CCA 游戏, 挑战者 $\mathcal{CH}$ 和敌手 $\mathcal{A}$ 交互如下.

- 初始化: $\mathcal{CH}$ 运行 Setup(1^κ) 生成公开参数 pp, 同时运行 KeyGen(pp) 生成公私钥对 (pk, sk). $\mathcal{CH}$ 将 (pp, pk) 发送给 $\mathcal{A}$.

- 询问: 对于敌手的任意询问 (ϕ, c), $\mathcal{CH}$ 首先判断 $\phi \in \Phi$ 是否成立. 如果成立, 则返回 $\mathsf{Decrypt}(\phi(sk), c)$ 的解密结果; 否则, 返回 $\perp$.
- 挑战: $\mathcal{A}$ 选择 $m_0, m_1 \in \mathbb{G}$ 并发送给 $\mathcal{CH}$. $\mathcal{CH}$ 选择随机比特 $\beta \in \{0, 1\}$, 作如下计算.

(1) 运行 $(vk^*, sk^*) \leftarrow \mathsf{OTS.KeyGen}(pp_2)$ 生成一次签名的公钥和私钥.

(2) 运行 $(x^*, y^*) \leftarrow \mathsf{ATDR.Sample}(ek, vk^*)$ 生成一个随机采样 (x^*, y^*).

(3) 计算 $\psi^* = \mathsf{G}(x^*) \oplus m_\beta$.

(4) 运行 $\sigma^* \leftarrow \mathsf{OTS.Sign}(sk^*, y^* \| \psi^*)$.

(5) 输出密文 $c^* = (vk^*, \sigma^*, y^*, \psi^*)$ 并发送给 $\mathcal{A}$.

- 猜测: $\mathcal{A}$ 输出对 β 的猜测 β'. $\mathcal{A}$ 成功当且仅当 $\beta' = \beta$.

根据定义, 则有

$$\mathsf{Adv}_{\mathcal{A}}(\kappa) = |\Pr[S_0] - 1/2|$$

Game_1: 该游戏与 Game_0 的唯一不同在于拒绝解密查询的条件. 对于解密查询 (ϕ, c), 其中 $c = (vk, \sigma, y, \psi)$, 若 $vk = vk^*$, 则 $\mathcal{CH}$ 直接拒绝提供解密服务并返回 $\perp$. 若 $vk \neq vk^*$, 则 $\mathcal{CH}$ 提供的解密谕言机与 Game_0 完全一样. 下面分四种情况讨论敌手在两个连续游戏中的视图之间的区别.

- 情形 1: $vk \neq vk^*$. 在这种情况下, 游戏 Game_0 与 Game_1 中的解密谕言机是完全一样的.
- 情形 2: $vk = vk^*$ 且 $(\sigma, y \| \psi) = (\sigma^*, y^* \| \psi^*)$ 且 $\phi(dk) = dk$. 该情况实际上等价于 $(\phi(dk), c) = (sk, c^*)$. 根据 RKA-CCA 安全模型的定义, 这种情况在两个游戏中都是不允许进行解密查询的.
- 情形 3: $vk = vk^*$ 且 $(\sigma, y \| \psi) \neq (\sigma^*, y^* \| \psi^*)$. 根据一次签名的强不可伪造性, 可以直接证明 $(y \| \psi, \sigma)$ 通过验证的概率是可忽略的. 因此, 对于任意攻击一次签名强不可伪造性的敌手 $\mathcal{B}_1$, 则有

$$\Pr\left[\mathsf{OTS.Verify}(vk, y \| \psi, \sigma) = 1\right] \leqslant \mathsf{Adv}_{\mathcal{B}_1}(\kappa)$$

- 情形 4: $vk = vk^*$ 且 $(\sigma, y \| \psi) = (\sigma^*, y^* \| \psi^*)$ 且 $\phi(sk) \neq sk$. 根据 ATDR 的 Φ-指纹识别性, 解密服务在计算 $x \leftarrow \mathsf{ATDR.TdInv}(td, vk, y)$ 时, $x \neq \perp$ 的概率是可忽略的. 若 $x = \perp$, 则解密谕言机直接返回 $\perp$. 此时, 两个游戏中解密谕言机返回的结果是一样的. 因此, 对于任意攻击自适应单向陷门关系 Φ-指纹识别性的敌手 $\mathcal{B}_2$, 则有

$$\Pr\left[\mathsf{ATDR.TdInv}(\phi(dk), vk^*, y) \neq \perp\right] \leqslant \mathsf{Adv}_{\mathcal{B}_2}(\kappa)$$

由上述分析可知, 敌手在两个游戏中的视图区别是可忽略的, 故有

$$|\Pr[S_0] - \Pr[S_1]| \leqslant \mathsf{Adv}_{\mathcal{B}_1}(\kappa) + \mathsf{Adv}_{\mathcal{B}_2}(\kappa)$$

Game$_2$: 该游戏与 Game$_1$ 的唯一不同在于挑战者利用 ATDR 的自适应性来回答解密询问. 对于敌手提交的解密查询 (ϕ, c), 其中 $c = (vk, \sigma, y, \psi)$, 解密谕言机的工作方式如下.

- 若 $vk = vk^*$ 或者 OTS.Verify$(vk, y||\psi, \sigma) = 0$, 返回 $\perp$.
- 计算 $x := $ ATDR.TdInv$(td, vk, T(pp, \phi, vk, y))$. 如果 $x = \perp$, 返回 $\perp$.
- 否则, 计算并返回 $m' = \mathsf{G}(x) \oplus \psi$.

根据 Φ-密钥同态性, 则有 ATDR.TdInv$(td, vk, T(pp, \phi, vk, y)) = $ ATDR.TdInv$(\phi(td), vk, y)$. 也就是说, 挑战者在 Game$_2$ 中模拟的解密谕言机和 Game$_1$ 中的是完全一致的, 故有

$$\Pr[S_1] = \Pr[S_2]$$

Game$_3$: 该游戏与 Game$_2$ 的唯一不同在于挑战密文中 ψ^* 的计算方式. $\mathcal{CH}$ 随机选择 $K \xleftarrow{\text{R}} \{0,1\}^l$, 计算 $\psi^* = K \oplus m_\beta$. 根据 ATDR 的自适应单向性及函数 G 输出结果的伪随机性, 可以证明敌手在这两个连续游戏中的视图区别不超过 $\mathsf{Adv}_{\mathcal{B}_3}(\kappa)$. 因此, 对于任意攻击自适应单向陷门关系的单向性的敌手 $\mathcal{B}_3$, 则有

$$|\Pr[S_2] - \Pr[S_3]| \leqslant \mathsf{Adv}_{\mathcal{B}_3}(\kappa)$$

在最后一个游戏中, 由于 ψ^* 的分布与挑战比特 β 完全独立不相关, 从而敌手在游戏中的优势为零, 即

$$\Pr[S_3] = \frac{1}{2}$$

综上, 定理 5.2 得证. $\qquad\square$

笔记　一次签名方案的强不可伪造安全性与自适应单向陷门关系的指纹识别性相结合, 完美地避免了挑战密文中的标签 vk^* 被敌手重用. 再结合密钥同态性, 又完美地将解密谕言机转化为 ATDR 的自适应求逆谕言机. 最后, 再根据 ATDR 的单向性及函数 G 的伪随机性, 将挑战密文 ψ^* 变得完全随机, 从而不会泄漏挑战比特 β 的任何信息.

5.3　消息依赖密钥安全

在传统的公钥加密方案中, 加密的消息一般是根据明文空间的某一概率分布选择的, 而与方案的私钥无关. 然而在硬盘加密、匿名证书系统等应用环境下, 加密的消息与私钥有关甚至是私钥本身, 如 $f(sk)$, 这里的 f 是一个从密钥空间到消

息空间的函数. 因此, 传统的安全模型并不能完全满足这类应用的需求. 实际上, 早在 1984 年 Goldwasser 和 Micali [47] 提出概率加密方案时, 已经指出当加密的消息与私钥相关时, 无法保证方案的语义安全性. 针对这一问题, Black 等 [101] 提出消息依赖密钥安全性 (key-dependent message security, KDM-安全性) 的概念. Camenisch 和 Lysyanskaya [102] 针对多用户环境提出的循环加密安全性 (circular security) 也可以看作一种特殊的 KDM 安全性. 通俗地讲, 即使敌手获得一些与私钥相关的消息的密文, KDM 安全性仍然能够保障方案的语义安全性. KDM 安全性不仅能够解决实际应用中面临的安全问题, 而且还可以用于设计 CCA 安全的公钥加密方案和单向陷门函数 [103].

针对不同的应用环境, KDM 安全性可由不同形式的私钥函数族刻画. 一般情况下, 简单的仿射函数即可满足需求. 然而, 即使在这种情况下, 设计 KDM 安全的公钥加密方案也是相当困难的. 2008 年, Boneh 等 [104] 利用私钥的密文公开可计算性的思想, 设计了第一个标准模型下基于 DDH 假设的循环加密方案. 后来, 学者们基于类似思想提出了不同计算假设下的 KDM 安全的公钥加密方案, 如 Applebaum 等基于 LWE 假设的方案 [105] 和 Brakerski 和 Goldwasser [106] 基于 QR 和 DCR 的方案. 尽管这些方案的 KDM 安全性仅针对简单的仿射函数族, 通过扩大 KDM 函数族的技术 [107-110], 可以解决这一问题. 2016 年, Wee [111] 将这些方案的设计思想统一为同态哈希证明系统技术. 尽管这些方案具有 KDM 安全性, 但是仅能抵抗选择明文攻击. 对于选择密文攻击, 由于私钥的密文公开可计算性与解密服务之间是相矛盾的, 因此设计抗选择密文攻击的 KDM 安全加密方案更具有挑战性. 一种方式是利用从 CPA 到 CCA 转化的 Naor-Yung"双密钥加密范式" [112]. 另一种方式是寻找特殊的密码工具实现 KDM-CCA 安全性, 如有损代数过滤器 [113]、辅助输入安全的认证加密 [4] 等. 此外, KDM 安全性在拓展的属性加密、身份加密等密码原语中也有着重要意义, 学者们也提出了不同密码原语的 KDM 安全性方案构造 [114-116].

本节内容主要介绍消息依赖密钥的安全性模型和基于同态哈希证明系统的 KDM-CPA 安全 PKE 的通用构造方法.

5.3.1 消息依赖密钥安全模型

在消息依赖密钥安全模型中, 存在一个与密钥相关的函数集合 $\mathcal{F}$ 将 (一组) 密钥映射到消息空间. 与密钥泄漏安全模型不同, 消息依赖密钥加密泄漏的不是该密钥的函数值而是它的密文, 如 $\mathsf{Encrypt}(pk, f(sk))$.

KDM-CCA 安全性   对于任意 $n \in \mathbb{N}$, 令 $\mathcal{F} = \{f : SK^n \to M\}$ 是一个从 n 维密钥空间到消息空间的 KDM 函数族. 定义公钥加密方案 PKE 的 KDM-CCA 敌手 $\mathcal{A}$ 的优势函数如下:

$$\mathsf{Adv}_{\mathcal{A}}(\kappa) = \left| \Pr \left[\beta' = \beta : \begin{array}{l} pp \leftarrow \mathsf{Setup}(1^{\kappa}); \\ (pk_i, sk_i) \leftarrow \mathsf{KeyGen}(pp), \forall i \in [n]; \\ \mathsf{Set}\ CL = \varnothing, \mathbf{pk} = (pk_1, \cdots, pk_n), \mathbf{sk} = (sk_1, \cdots, sk_n); \\ \beta \xleftarrow{\mathrm{R}} \{0,1\}; \\ \beta' \leftarrow \mathcal{A}^{\mathcal{O}_{\mathsf{encrypt}}, \mathcal{O}_{\mathsf{decrypt}}}(pp, \mathbf{pk}) \end{array} \right] - \frac{1}{2} \right|$$

其中, 加密谕言机和解密谕言机的定义如下.

• 加密谕言机 $\mathcal{O}_{\mathsf{encrypt}}$: 输入 (i, f), 其中 $i \in [n]$, $f \in \mathcal{F}$, 如果 $\beta = 0$, 返回 $c = \mathsf{Encrypt}(pk_i, f(\mathbf{sk}))$; 如果 $\beta = 1$, 返回 $c = \mathsf{Encrypt}(pk_i, 0^{|M|})$. 最后, 将 (i, c) 添加至密文列表 CL 中.

• 解密谕言机 $\mathcal{O}_{\mathsf{decrypt}}$: 输入 (i, c), 其中 $i \in [n]$. 如果 $(i, c) \in CL$, 返回 $\bot$; 否则, 返回 $\mathsf{Decrypt}(sk_i, c)$.

上述定义中, 如果对于任意的 PPT 敌手 $\mathcal{A}$, 优势函数 $\mathsf{Adv}_{\mathcal{A}}(\kappa)$ 是可忽略的, 则称公钥加密方案 PKE 是 $\mathcal{F}$-KDM-CCA 安全的. 如果不允许敌手访问解密谕言机, 则称公钥加密方案 PKE 是 $\mathcal{F}$-KDM-CPA 安全的.

笔记 KDM-CCA 安全模型说明了敌手在解密谕言机的帮助下, 也无法区分一组密文加密的是私钥相关的函数值还是某一固定消息, 例如 $0^{|M|}$. 不同类型的函数族 $\mathcal{F}$ 对于实现 KDM 安全性的难度是不同的. 若 $\mathcal{F}$ 是常数函数族 $\{f_m : \mathbf{sk} \to m\}_{m \in M}$, 则 KDM-CPA 安全性等价于传统的语义安全性 (IND-CPA). 而 KDM-CCA 安全性即是传统的 IND-CCA 安全性. 若 $\mathcal{F}$ 是选择函数族 $\{f_i : \mathbf{sk} \to sk_i\}$, 此时的 KDM 安全性也称为循环加密安全性. 消息依赖密钥加密也可以看作一种特殊的密钥泄漏函数. Brakerski 等设计的 KDM-CPA 安全的 PKE 方案同时满足 LR-CPA 安全性, 也说明二者之间存在一定的联系.

通过上述定义可以看出, KDM 安全性蕴含语义安全性, 反之未必成立. 事实上, 不是所有语义安全的加密方案都是 KDM 安全的 [117].

构造 5.4 (KDM-PKE 反例构造) 假设 PKE = (Setup, KeyGen, Encrypt, Decrypt) 是任意一个语义安全的 PKE 方案. 在该方案的基础上构造一个新的加密方案 PKE′ = (Setup′, KeyGen′, Encrypt′, Decrypt′), 其中 Setup′ 和 KeyGen′ 与原方案一样, Encrypt′ 和 Decrypt′ 的定义如下:

$$\mathsf{Encrypt}'(m) = \begin{cases} \mathsf{Encrypt}(m)||0, & \text{如果}\ m \neq sk \\ \mathsf{Encrypt}(m)||1, & \text{如果}\ m = sk \end{cases}$$

$$\mathsf{Decrypt}'(c||b) = \begin{cases} \mathsf{Decrypt}(c), & \text{如果}\ b = 0 \\ sk, & \text{如果}\ b = 1 \end{cases}$$

在语义安全性模型中, 消息是从明文空间中公开选取的, 被加密的消息等于私钥 sk 的概率是可忽略的, 所以密文的形式以压倒性的概率是 $\mathsf{Encrypt}(m)||0$. 由

此可得, PKE′ 仍然是语义安全的. 在消息依赖密钥加密模型中, 根据挑战比特 β 的不同, 消息可能等于或不等于私钥 sk, 并且两种情况下的密文形式是可以直接区分的. 由此可得, PKE′ 不是 KDM 安全的.

5.3.2 基于同态哈希证明系统的 KDM-CPA 安全 PKE

同态哈希证明系统的概念 令 HPS = (Setup, KeyGen, PrivEval, PubEval) 是一个哈希证明系统. 运行 Setup(1^κ) 输出一组公开参数 $pp = (\mathsf{H}, SK, PK, X, L,$ $W, \Pi, \alpha)$, 运行 KeyGen(pp) 将输出一对密钥 (pk, sk), 其中 $sk \xleftarrow{\mathrm{R}} SK$, $pk = \alpha(sk)$. 同态哈希证明系统除了具有私有可计算、公开可计算、平滑性等性质外, 还需要具有同态性. 具体如下.

- 私有可计算性: 对于任意 $x \in X$, 存在算法 PrivEval(sk, x), 输出 $\pi = \mathsf{H}_{sk}(x)$.
- 公开可计算性: 对于任意 $x \in L$ 以及相应的 w, 存在算法 PubEval(pk, x, w), 输出 $\pi = \mathsf{H}_{sk}(x)$.
- 平滑性: 在输入 $x \xleftarrow{\mathrm{R}} X$ 时, $\mathsf{H}_{sk}(x)$ 与 Π 上的均匀分布统计接近, 即

$$(pk, \mathsf{H}_{sk}(x)) \approx_s (pk, \pi)$$

其中 $(pk, sk) \leftarrow$ KeyGen(pp), $\pi \xleftarrow{\mathrm{R}} \Pi$.

- 同态性: 对于所有 $sk \in SK$ 和所有 $x_0, x_1 \in X$, 则有 $\mathsf{H}_{sk}(x_0) \cdot \mathsf{H}_{sk}(x_1) = \mathsf{H}_{sk}(x_0 \cdot x_1)$.

构造 5.5 (基于同态哈希证明系统的 KDM-CPA 安全 PKE) 构造所需的组件是

- 一个同态哈希证明系统 HPS = (Setup, KeyGen, PrivEval, PubEval).
- 一个从消息空间 M 到哈希值空间 Π 的可公开计算且可逆的映射 $\phi: M \to \Pi$.

构造 KDM-CPA PKE 如下.

- Setup(1^κ): 运行 $pp \leftarrow$ HPS.Setup(1^κ), 输出系统参数 $pp = (\mathsf{H}, SK, PK,$ $X, L, W, \Pi, \alpha)$.
- KeyGen(pp): 运行 $(pk, sk) \leftarrow$ HPS.KeyGen(pp), 输出公钥 pk 和私钥 sk, 其中 $sk \xleftarrow{\mathrm{R}} SK$, $pk = \alpha(sk)$.
- Encrypt(pk, m): 以公钥 pk 和明文 $m \in M$ 为输入. 执行如下步骤:
  (1) 运行 $(x, w) \leftarrow$ SampRel(r) 生成随机实例 $x \in L$ 及相应的证据 w;
  (2) 通过 HPS.PubEval(pk, x, w) 计算实例 x 的哈希证明 $\pi = \mathsf{H}_{sk}(x)$;
  (3) 计算 $\psi = \pi \cdot \phi(m)$;
  (4) 输出密文 $c = (x, \psi)$.

• Decrypt(sk, c): 以私钥 sk 和密文 $c=(x, \psi)$ 为输入, 计算 $m' = \phi^{-1}(\mathsf{H}_{sk}(x)^{-1} \cdot \psi)$ 并返回明文 m'.

正确性　方案的正确性可由哈希证明系统的正确性保证, 安全性由如下定理保证.

定理 5.3　如果 HPS 是一个哈希证明系统, 且满足平滑性和同态性, 那么构造 5.5 中的 PKE 是 $\mathcal{F}$-KDM-CPA 安全的, 其中 $\mathcal{F} = \{f_{e,k} : sk \to \phi^{-1}(\mathsf{H}_{sk}(e) \cdot k) \mid e \in X, k \in \Pi\}$.

定理 5.3 的证明思路主要是将密钥函数值 $f_{x,\pi}(sk)$ 的密文转化为函数参数 (x, π) 的密文, 由此使得 KDM 密文与私钥 sk 无关. 转化的技术是哈希证明系统的同态性. 即, 将 $f_{x,\pi}(sk)$ 的密文

$$\mathsf{Encrypt}(pk, f_{e,k}(sk)) = (x, \mathsf{H}_{sk}(x) \cdot f_{e,k}(sk))$$

转化为

$$\mathsf{Encrypt}(pk, f_{e,k}(sk)) = (x \cdot e^{-1}, \mathsf{HPS.PubEval}(pk, x, w) \cdot k) \tag{5.2}$$

从而使得挑战者在不知道私钥 sk 的情况下, 也可以回答敌手的 KDM 加密询问. 下面给出详细的证明过程.

证明　令 S_i 表示敌手在 Game_i 中的成功事件. 以游戏序列的方式组织证明如下.

Game_0: 该游戏是标准的 KDM-CPA 游戏, 挑战者 $\mathcal{CH}$ 和敌手 $\mathcal{A}$ 交互如下.

• 初始化: $\mathcal{CH}$ 运行 $\mathsf{Setup}(1^\kappa)$ 生成公开参数 pp, 同时运行 $\mathsf{KeyGen}(pp)$ 生成公私钥对 (pk, sk). $\mathcal{CH}$ 将 (pp, pk) 发送给 $\mathcal{A}$.

• 挑战: $\mathcal{CH}$ 选择随机比特 $\beta \in \{0, 1\}$.

• 询问: 对于敌手的任意询问 $f_{e,k} \in \mathcal{F}$, $\mathcal{CH}$ 作如下计算.

(1) 如果 $\beta = 0$, $\mathcal{CH}$ 随机选择 $x \in L$ 及相应的证据 w, 计算密文 $C = (x, \psi)$, 其中

$$\psi = \mathsf{HPS.PubEval}(pk, x, w) \cdot \phi(f_{e,k}(sk)) = \mathsf{HPS.PubEval}(pk, x, w) \cdot \mathsf{H}_{sk}(e) \cdot k$$

(2) 如果 $\beta = 1$, $\mathcal{CH}$ 随机选择 $x \in L$ 及相应的证据 w, 计算密文 $C = (x, \psi)$, 其中

$$\psi = \mathsf{HPS.PubEval}(pk, x, w) \cdot \phi(0^{|M|})$$

(3) $\mathcal{CH}$ 将密文 $C = (x, \psi)$ 返回给敌手.

• 猜测: $\mathcal{A}$ 输出对 β 的猜测 β'. $\mathcal{A}$ 成功当且仅当 $\beta' = \beta$.

根据定义, 则有

$$\mathsf{Adv}_{\mathcal{A}}(\kappa) = |\Pr[S_0] - 1/2|$$

Game_1: 该游戏与 Game_0 的唯一不同在于 $\beta = 0$ 时加密谕言机的工作方式. 具体地, 对于敌手的任意加密询问 $f \in \mathcal{F}$, 当 $\beta = 0$ 时, $\mathcal{CH}$ 返回形如公式(5.2)中的密文.

假设 $\mathcal{A}$ 询问加密谕言机的次数最多为 Q 次, 则可以利用混合游戏的思想在 Game_0 和 Game_1 之间定义 $Q - 1$ 个混合游戏 $\text{Game}_{0,i}$, 其中 $i \in \{1, \cdots, Q - 1\}$. 在 $\text{Game}_{0,i}$ 中, 当 $\beta = 0$ 时, $\mathcal{A}$ 的前 i 个询问的密文是公式(5.2)中的形式, 而后 $Q - i$ 次询问的密文按正常方式加密得来. 显然, $\text{Game}_{0,0} = \text{Game}_0$, $\text{Game}_{0,Q} = \text{Game}_1$. 对于任意的 i, 敌手在两个连续游戏中的视图是不可区分的, 即 $\text{Game}_{0,i-1} \approx \text{Game}_{0,i}$. 这是因为

$$
\begin{aligned}
&\mathsf{Encrypt}(pk, f_{e,k}(sk)) \\
={}& (x, \mathsf{HPS.PubEval}(pk, x, w) \cdot \mathsf{H}_{sk}(e) \cdot k) && //(x, w) \leftarrow \mathsf{SampRel}(r) \\
={}& (x, \mathsf{H}_{sk}(x) \cdot \mathsf{H}_{sk}(e) \cdot k) && //\text{投射性质} \\
\approx_c{}& (x, \mathsf{H}_{sk}(x) \cdot \mathsf{H}_{sk}(e) \cdot k) && //x \xleftarrow{\text{R}} X, \text{SMP 问题} \\
={}& (x, \mathsf{H}_{sk}(x \cdot e) \cdot k) && //x \xleftarrow{\text{R}} X, \text{同态性质} \\
={}& (x \cdot e^{-1}, \mathsf{H}_{sk}(x) \cdot k) && //x \xleftarrow{\text{R}} X \\
\approx_c{}& (x \cdot e^{-1}, \mathsf{H}_{sk}(x) \cdot k) && //(x, w) \leftarrow \mathsf{SampRel}(r) \\
={}& (x \cdot e^{-1}, \mathsf{HPS.PubEval}(pk, x, w) \cdot k) && //(x, w) \leftarrow \mathsf{SampRel}(r), \text{投射性质}
\end{aligned}
$$

特别注意, 在上式的演进过程中, 密钥 sk 是完全公开的. 因此, 在前 i 次询问时, $\mathcal{CH}$ 可以用公钥和 KDM 函数 $f_{e,k}$ 计算密文 $(x \cdot e^{-1}, \mathsf{HPS.PubEval}(pk, x, w) \cdot k)$, 而对于后 $Q - i$ 次询问, $\mathcal{CH}$ 可以用私钥 sk 和 KDM 函数 $f_{e,k}$ 计算密文 $\mathsf{Encrypt}(pk, f_{e,k}(sk))$. 由此可知

$$|\Pr[S_1] - \Pr[S_2]| \leqslant \mathsf{negl}(\kappa)$$

Game_2: 该游戏与 Game_1 的唯一不同在于 $\beta = 0$ 时加密谕言机的工作方式. 具体地, 对于敌手的任意加密询问 $f \in \mathcal{F}$, 当 $\beta = 0$ 时, $\mathcal{CH}$ 返回一个随机密文 (x, ψ), 其中 $x \xleftarrow{\text{R}} X$, $\psi \xleftarrow{\text{R}} \Pi$. 在 Game_1 中, 由于 KDM 密文可以由公钥 pk 和 KDM 函数的参数 (e, k) 公开计算, 因此, 只需要证明

$$(x \cdot e^{-1}, \mathsf{HPS.PubEval}(pk, x, w) \cdot k) \approx (x, \psi)$$

其中 $(x, w) \leftarrow \mathsf{SampRel}(r)$, $x \xleftarrow{\text{R}} X$, $\psi \xleftarrow{\text{R}} \Pi$. 这是因为

$$(x \cdot e^{-1}, \mathsf{HPS.PubEval}(pk, x, w) \cdot k)$$

$$= (x \cdot e^{-1}, \mathsf{H}_{sk}(x) \cdot k) \qquad\qquad //(x, w) \leftarrow \mathsf{SampRel}(r), \text{投射性质}$$

$$\approx_c (x \cdot e^{-1}, \mathsf{H}_{sk}(x) \cdot k) \qquad\qquad //x \xleftarrow{\text{R}} X, \text{SMP 性质}$$

$$\approx_s (x \cdot e^{-1}, \pi \cdot k) \qquad\qquad //x \xleftarrow{\text{R}} X, \pi \xleftarrow{\text{R}} \Pi, \text{平滑性}$$

$$= (x, \psi) \qquad\qquad //x \xleftarrow{\text{R}} X, \psi \xleftarrow{\text{R}} \Pi$$

由此可知, 在游戏 Game_2 中, 当 $\beta = 0$ 时, 加密谕言机返回的密文都是随机的, 与 KDM 函数值 $f_{e,k}(sk)$ 无关. 所以,

$$|\Pr[S_1] - \Pr[S_2]| \leqslant \mathsf{negl}(\kappa)$$

Game_3: 该游戏与 Game_2 的唯一不同在于 $\beta = 1$ 时加密谕言机的工作方式. 具体地, 对于敌手的任意加密询问 $f \in \mathcal{F}$, 当 $\beta = 1$ 时, $\mathcal{CH}$ 返回一个随机密文 (x, ψ), 其中 $x \xleftarrow{\text{R}} X, \psi \xleftarrow{\text{R}} \Pi$. 当 $\beta = 1$ 时, 加密谕言机返回的密文形式是 $\mathsf{Encrypt}(pk, 0^{|M|})$. 利用哈希证明系统的平滑性, 可以直接证明消息 $0^{|M|}$ 的密文与一个随机密文是不可区分的, 即

$$|\Pr[S_2] - \Pr[S_3]| \leqslant \mathsf{negl}(\kappa)$$

在 Game_3 中, 不管 $\beta = 0$ 还是 $\beta = 1$, 加密谕言机返回的都是一个随机密文, 与挑战比特 β 完全无关. 由此, 可得

$$\Pr[S_3] = 1/2$$

综上, 定理得证!　　　　　　　　　　　　　　　　　　　　　　　　　　　□

下面介绍一种 L_{nDDH} 语言的同态哈希证明系统. L_{nDDH} 语言可以看作是 L_{DDH} 的扩展. 首先, 运行 $(\mathbb{G}, q, g) \leftarrow \mathsf{GroupGen}(1^\kappa)$, 其中 $\mathbb{G}$ 是一个阶为素数 q、 g 是生成元的有限循环群, 且 DDH 问题在群 $\mathbb{G}$ 上是困难的. 令 n 为任意正整数, $X = \mathbb{G}^n$, $W = \mathbb{Z}_q$. 随机选择 $g_1, g_2, \cdots, g_n \xleftarrow{\text{R}} \mathbb{G}$. 则群 $\mathbb{G}$ 上的 $\mathcal{NP}$ 语言定义如下:

$$L_{\text{nDDH}} = \{(x_1, x_2, \cdots, x_n) \in X : \exists w \in W \text{ s.t. } x_1 = g_1^w \wedge x_2 = g_2^w \wedge \cdots \wedge x_n = g_n^w\}$$

可以验证, DDH 假设蕴含 $L_{\text{nDDH}} \subset X$ 上的 SMP 困难问题成立.

构造 5.6

• $\mathsf{Setup}(1^\kappa)$: 以安全参数 1^κ 为输入, 运行 $(\mathbb{G}, q, g) \leftarrow \mathsf{GroupGen}(1^\kappa)$, 随机选择 n 个生成元 $g_1, g_2, \cdots, g_n \xleftarrow{\text{R}} \mathbb{G}^n$, 输出系统参数 $pp = (\mathsf{H}, SK, PK, X, L, W, \Pi, \alpha)$. 其中

$$PK = \mathbb{G}, \quad SK = \{0, 1\}^n, \quad X = \mathbb{G}^n, \quad L = L_{\text{nDDH}}, \quad W = \mathbb{Z}_p, \quad \Pi = \mathbb{G}$$

对于任意 $sk = (s_1, s_2, \cdots, s_n) \in SK$ 和 $(x_1, x_2, \cdots, x_n) \in X$, α 和 H 的定义如下:

$$\alpha(sk) = g_1^{s_1} g_2^{s_2} \cdots g_n^{s_n} \in \mathbb{G}, \qquad \mathsf{H}_{sk}(x) = x_1^{s_1} x_2^{s_2} \cdots x_n^{s_n} \in \mathbb{G}$$

- KeyGen(pp): 以公开参数 pp 为输入, 随机采样 $sk = (s_1, s_2, \cdots, s_n) \xleftarrow{\text{R}} \{0,1\}^n$, 计算 $pk = \alpha(sk)$, 输出 (pk, sk).
- PrivEval(sk, x): 以私钥 sk 和 $x = (x_1, x_2, \cdots, x_n) \in X$ 为输入, 输出 $\pi = \mathsf{H}_{sk}(x)$.
- PubEval(pk, x, w): 以公钥 pk、$x \in L$ 以及相应的 w 为输入, 输出 $\pi = pk^w$. 以下公式说明了公开求值算法的正确性:

$$pk^w = (g_1^{s_1} g_2^{s_2} \cdots g_n^{s_n})^w = x_1^{s_1} x_2^{s_2} \cdots x_n^{s_n} = \mathsf{H}_{sk}(x)$$

引理 5.2 当 $n \geqslant 2\log p + 2\log(1/\epsilon)$ 时, 构造 5.6 在 DDH 假设下满足 ϵ-平滑性质.

证明 当 $n \geqslant 2\log q + 2\log(1/\epsilon)$ 时, 根据剩余哈希引理, 则 $\mathsf{H}_{sk}(x)$ 是一个平均意义 $(n - \log q, \epsilon)$-强随机性提取器, 则有

$$\Delta((pk, x, \mathsf{H}_{sk}(x)), (pk, x, \pi)) \leqslant \epsilon$$

其中 $x \xleftarrow{\text{R}} X$, $\pi \xleftarrow{\text{R}} \Pi$. 所以 H 是一个 ϵ-平滑哈希证明系统. $\square$

引理 5.3 构造 5.6 满足同态性.

证明 对于任意两个元素 $x = (x_1, x_2, \cdots, x_n), y = (y_1, y_2, \cdots, y_n) \in X$, 由于

$$\mathsf{H}_{sk}(x) = x_1^{s_1} x_2^{s_2} \cdots x_n^{s_n}, \qquad \mathsf{H}_{sk}(y) = y_1^{s_1} y_2^{s_2} \cdots y_n^{s_n}$$

所以

$$\mathsf{H}_{sk}(x) \cdot \mathsf{H}_{sk}(y) = (x_1 \cdot y_1)^{s_1}(x_2 \cdot y_2)^{s_2} \cdots (x_n \cdot y_n)^{s_n} = \mathsf{H}_{sk}(x \cdot y)$$

从而同态性质得证! $\square$

综上可知, 构造 5.6 是一个满足同态性的哈希证明系统. 结合 KDM-CPA PKE 的通用构造 5.5, 可以得到一个基于 DDH 问题的 KDM-CPA 安全的 PKE 方案. 该方案也是 Boneh 等 [104] 在 2008 年美密会上提出的首个标准模型下的 KDM-CPA 安全的 PKE 方案. Wee 等通过同态哈希证明系统的高度概括, 使得方案的 KDM 安全性理解起来更加直观和容易.

章后习题

练习 5.1　请思考哈希证明系统的一致性 (universal) 和平滑性 (smooth) 这两个性质在 Naor-Segev 的抗泄漏公钥加密方案中是否都可以使用, 简要分析你的理由.

练习 5.2　请试着给出公钥加密方案的抗随机数泄漏的安全性定义, 并给出满足定义的构造.

练习 5.3　请试着给出公钥加密方案的抗随机数篡改的安全性定义, 并给出满足定义的构造.

练习 5.4　请思考密钥泄漏和消息依赖密钥加密之间有什么内在联系, 如果这两种攻击同时存在, 如何定义公钥加密方案的安全性, 能否设计出满足定义的方案?

练习 5.5　一致哈希 (universal hash) 函数是构造平均强随机性提取器的重要工具. 一族哈希函数 $\mathcal{H} = \{h_s : \mathcal{X} \to \mathcal{Y}\}_{s \in S}$ 的一致性是指对于任意不同的 $x_1, x_2 \in \mathcal{X}$, 则有 $\Pr[h_s(x_1) = h_s(x_2)] \leqslant \dfrac{1}{|\mathcal{Y}|}$, 其中 $s \xleftarrow{\text{R}} S$. 令 $(\mathbb{G}, q, g) \leftarrow \mathsf{GenGroup}(1^\kappa)$. 试证明:

(1) $\mathcal{H} = \{h_s : \mathbb{G}^2 \to \mathbb{G}\}_{s \in \mathbb{Z}_q}$ 是一族一致哈希函数, 其中 $h_s(\pi_0, \pi_1) = \pi_0 \cdot \pi_1^s$.

(2) $\mathcal{H} = \{h_s : \mathbb{G}^2 \to \mathbb{G}\}_{s \in \mathbb{Z}_q}$ 是一个平均意义 (n, ϵ)-强随机性提取器, 其中 $n \geqslant \log q + 2\log(1/\epsilon)$.

请进一步思考, 如何结合上述强随机性提取器和构造 5.2, 设计一个消息空间为 $\mathbb{G}$ 的 LR-CPA 安全的 PKE 方案.

练习 5.6　RSA 算法的解密速度一般较慢. 利用中国剩余定理 (CRT) 可以将解密时间减少到原来的四分之一左右, 从而显著提高解密效率. 但是这也使 CRT-RSA 算法容易遭受故障攻击. 以下是 CRT-RSA 加密算法的基本原理.

● $\mathsf{KeyGen}(1^\kappa)$: RSA 密钥构造过程如下:

(1) 运行 $\mathsf{GenModulus}(1^\kappa)$, 生成 (N, p, q), 计算 $\phi(N) = (p-1)(q-1)$;

(2) 随机地选择 e, 使 $1 < e < \phi(N)$, $\gcd(e, \phi(N)) = 1$;

(3) 利用欧几里得扩展算法求 e 模 $\phi(N)$ 的逆元 d $(1 < d < \phi(N))$, 使其满足

$$ed \equiv 1 \mod \phi(N)$$

(4) 计算 $d_p = d \mod (p-1)$, $d_q = d \mod (q-1)$.

输出公钥 $pk = (N, e)$ 和私钥 $sk = (N, p, q, d_p, d_q)$.

● $\mathsf{Encrypt}(pk, m)$: 输入公钥 $pk = (N, e)$ 和明文 $m \in \mathbb{Z}_N$, 输出密文 $c = m^e \mod N$.

- Decrypt(sk, c): 输入私钥 $sk = (N, p, q, d_p, d_q)$ 和密文 $c \in \mathbb{Z}_N$, 计算

$$\begin{cases} m_1 = c^{d_p} \mod p \\ m_2 = c^{d_q} \mod q \end{cases}$$

输出消息 $m = m_1 + ((m_2 - m_1) \cdot p^{-1} \mod q) \cdot p$.

根据上述 CRT-RSA 算法的原理, 试分析:

(1) 假设存储的私钥 d_q 遭到篡改, 即 $d_q \neq d \mod (q-1)$, 并且攻击者截获了消息 m 的密文 c 在错误密钥下的解密结果 m', 试设计一种方法破解 RSA 算法.

(2) 利用上述攻击方法, 试分解 N. 已知 $N = 2110512983$, $e = 7$, $m = 20240716$, $c = 1367573911$ 的解密结果为 $m' = 422312734$.

第5章习题答案

第 6 章

公钥加密的功能性扩展

章前概述

内容提要

❑ 确定性公钥加密　　　　　　❑ 门限公钥加密

❑ 可搜索公钥加密　　　　　　❑ 代理重加密

本章开始介绍公钥密码学的第 6 章——公钥加密的功能性扩展. 6.1 节介绍了确定性公钥加密的基本概念和基于对偶哈希证明系统的通用构造方法, 6.2 节介绍了可搜索公钥加密的基本概念、性质和基于双线性映射的构造方法, 6.3 节介绍了门限公钥加密的基本概念、性质和基于门限可提取哈希证明系统的通用构造方法, 6.4 节介绍了代理重加密的基本概念、性质和基于双线性映射的构造方法.

6.1　确定性公钥加密

顾名思义, 确定性公钥加密 (deterministic public-key encryption, DPKE) 是一种非随机化的加密算法, 每个明文对应唯一一个密文. 经典的 (教科书式) RSA 加密方案就是一种确定性公钥加密方案. 确定性公钥加密方案无法实现标准的语义安全性, 但是在加密数据检索、数据安全去重等方面具有广泛的应用. 2007 年, Bellare 等 [121] 首次给出了确定性公钥加密尽可能严格的隐私性定义及其构造和应用. 目前, 确定性加密得到了广泛而深入的研究, 包括确定性加密的安全模型 [122,123]、确定性加密方案的构造 [100,124,125]、确定性加密的功能推广 [126,127] 等.

确定性公钥加密在选择明文攻击下不可能实现语义安全性, 那么如何来刻画一个确定性公钥加密方案的敌手能力和可能达到的安全目标呢? 例如, 一个单向陷门函数 $y = f(x)$ 可以看作一个确定性公钥加密算法. 在不知道求逆陷门的情况下, 恢复完整的 x 是困难的, 但是这并不等于恢复 x 的部分信息是困难的, 甚至有些单项陷门函数的像本身就包含了原像的部分信息. 如果消息空间的信息熵不是足够大的, 通过不断地加密测试, 也可能从一个密文中恢复出明文. 因此, 一个确定性公钥加密方案的消息空间足够大才有意义. 如果按照消息空间的分布随机选择一个消息进行加密, 那么实现类似语义安全性的目标是有可能的. 本节余下内容重点介绍在已知消息的部分信息的情况下, 如何刻画确定性公钥加密的语义安全性及其通用构造方法.

6.1.1 DPKE 的辅助输入安全模型

与概率公钥加密方案相同, 一个 DPKE 包含 4 个算法: 参数生成算法 Setup、密钥生成算法 KeyGen、加密算法 Encrypt 和解密算法 Decrypt. 明文空间要求具有较高的最小熵, 否则敌手可以根据明文分布推出密文所对应的明文. 2011 年, Brakerski 和 Segev [128] 提出确定性公钥加密的辅助输入安全模型. 在该模型中, 除了明文分布信息外, 敌手还拥有被加密明文的额外信息, 但是从该额外信息恢复明文是困难的. 敌手的这种攻击能力可以通过定义消息空间 M 上的一组难以求逆辅助输入 (hard-to-invert auxiliary inputs) 函数 $\mathcal{F} = \{f_\kappa\}$ 来刻画. 对于任意 PPT 敌手 $\mathcal{A}$ 和随机选取的消息 $x \xleftarrow{\text{R}} M$, 如果下面的不等式成立,

$$\Pr\left[\mathcal{A}(1^\kappa, f_\kappa(x)) = x\right] \leqslant \delta$$

则称一个可有效计算的函数族 $\mathcal{F} = \{f_\kappa\}$ 关于可有效采样 (消息) 分布 M 是 δ-难以求逆的.

下面通过不可区分游戏在辅助输入模型下描述 DPKE 方案的消息隐私性, 记作 PrivInd 安全性.

PrivInd 安全性 令 $\mathcal{F} = \{f : M \to \{0,1\}^*\}$ 是一个从消息空间到任意长度空间的难以求逆辅助输入函数族. 定义 DPKE 方案的辅助输入敌手 $\mathcal{A}$ 的优势函数如下:

$$\mathsf{Adv}_\mathcal{A}(\kappa) = \left| \Pr\left[\beta' = \beta : \begin{array}{l} pp \leftarrow \mathsf{Setup}(1^\kappa); \\ (pk, sk) \leftarrow \mathsf{KeyGen}(pp); \\ (m_0, m_1) \xleftarrow{\text{R}} M; \\ \beta \xleftarrow{\text{R}} \{0,1\}; \\ c \leftarrow \mathsf{Encrypt}(pk, m_\beta); \\ \beta' \leftarrow \mathcal{A}(pk, c, f(m_0), f(m_1)) \end{array} \right] - \frac{1}{2} \right|$$

如果对于任意的 PPT 敌手 $\mathcal{A}$, 优势函数 $\mathsf{Adv}_\mathcal{A}(\kappa)$ 关于安全参数 κ 是可忽略的, 则称 DPKE 方案是 $(\mathcal{F}, M)$-PrivInd 安全的.

6.1.2　DPKE 的通用构造

2012 年, Wee [100] 提出对偶哈希证明系统 (dual hash proof system, DHPS) 的概念. 它可以看作 HPS 的一个种变体. 不同之处是对于语言之外的元素, HPS 的输出结果是随机的 (平滑性), 而 DHPS 要求输出结果能够唯一确定哈希密钥, 且存在一个陷门有效恢复哈希密钥. 下面给出 DHPS 的定义, 其中部分符号无特殊说明外, 与 HPS 定义中的符号含义一致.

定义 6.1 (对偶哈希证明系统)　对偶哈希证明系统包含以下 5 个 PPT 算法.

- Setup(1^κ): 以安全参数 1^κ 为输入, 输出公开参数 $pp = (\mathsf{H}, SK, PK, X, L, W, \Pi, \alpha)$, 其中 $\mathsf{H} : X \times SK \to \Pi$ 是一个由集合元素 $u \in X$ 索引的一族带密钥哈希函数, 记作 $\mathsf{H}_u(sk)$ [①], L 是定义在 X 上的 $\mathcal{NP}$ 语言, W 是对应的证据集合, $\alpha(\cdot)$ 是从私钥空间 SK 到公钥空间 PK 的投射函数. 这里将 L 称为 Yes 实例, $X \setminus L$ 称为 No 实例. 特别地, 存在两个抽样算法: 算法 SampleYes(pp) 输出一对随机 Yes 实例 (u, w), 其中 u 在 L 上均匀分布, w 是相应的证据, 算法 SampleNo(pp) 输出一对随机 No 实例 (u, td), 其中 u 在 $X \setminus L$ 上均匀分布, td 是相应的 (求逆) 陷门. 此外, 对偶哈希证明系统要求类型 2 的子集成员判定问题是困难的.

- KeyGen(pp): 以公开参数 pp 为输入, 随机采样 $sk \stackrel{\mathrm{R}}{\leftarrow} SK$, 计算 $pk \leftarrow \alpha(sk)$, 输出 (pk, sk).

- PrivEval(sk, u): 以私钥 sk 和 $u \in X$ 为输入, 输出 $\pi = \mathsf{H}_u(sk)$.

- PubEval(pk, u, w): 以公钥 pk, $u \in L$ 及相应的 w 为输入, 输出 $\pi = \mathsf{H}_u(sk)$, 其中 $pk = \alpha(sk)$.

- TdInv(td, pk, π): 对于任意 $(u, td) \leftarrow$ SampleNo(pp) 和任意 $sk \in SK$, 若 $pk = \alpha(sk)$, $\pi = \mathsf{H}_u(sk)$, 则算法输出 $sk \in SK$, 使得 $\alpha(sk) = pk$, $\mathsf{H}_u(sk) = \pi$.

下面介绍一种对偶哈希证明系统关于 DLIN 问题的具体构造.

令 $\mathbb{G}$ 是一个阶为素数 q 的循环群, g 是它的一个生成元. d-DLIN 假设描述如下: 给定 $g_1, \cdots, g_{d+1}, g_1^{r_1}, \cdots, g_d^{r_d}$, 其中 $g_1, \cdots, g_{d+1} \stackrel{\mathrm{R}}{\leftarrow} \mathbb{G}$, $r_1, \cdots, r_d \stackrel{\mathrm{R}}{\leftarrow} \mathbb{Z}_q$, 则 $g_{d+1}^{r_1+\cdots+r_d}$ 依然是伪随机的, 与 $\mathbb{G}$ 中的随机元素在计算上不可区分. 显然, 经典的 DDH 假设可以看作 $d = 1$ 的 DLIN 假设.

构造 6.1 (DLIN 问题上的对偶哈希证明系统)　一个关于 d-DLIN 问题的对偶哈希证明系统由以下五个算法组成.

- Setup(1^κ): 公开参数定义为 $pp = (\mathbb{G}, g^{\mathbf{P}})$, 其中 $\mathbf{P} \stackrel{\mathrm{R}}{\leftarrow} \mathbb{Z}_q^{d \times m}$. 除此之外, 公开参数还定义了私钥空间 $SK = \{0, 1\}^m$、公钥空间 $PK = \mathbb{G}^m$、Yes 实例集合 $L = \{g^{\mathbf{WP}} : \mathbf{W} \in \mathbb{Z}_q^{m \times d}\}$ 和 No 实例集合 $X \setminus L = \{g^{\mathbf{A}} : \mathbf{A} \in \mathbb{Z}_q^{m \times m}$ 满秩$\}$、证据空间 $W = \mathbb{Z}_q^{m \times d}$、哈希值空间 $\Pi = \mathbb{G}^m$. 对于任意 $\mathbf{x} \in SK$ 和任意 $\mathbf{U} \in X$, 哈希

[①] 不同于哈希证明系统, 这里用集合 X 中的元素作为哈希函数的索引, 而将私钥空间中的元素作为哈希函数的输入.

函数 H 和投射映射 $\alpha(pp, \cdot)$ 的定义分别如下:

$$H_{\mathbf{U}}(\mathbf{x}) = \mathbf{U}^{\mathbf{x}} \in \mathbb{G}^m, \qquad \alpha(pp, \mathbf{x}) = g^{\mathbf{Px}}$$

采样算法 SampleYes 和 SampleNo 分别定义如下:

$$(u = g^{\mathbf{WP}}, w = \mathbf{W}) \leftarrow \mathsf{SampleYes}(pp), \qquad (u = g^{\mathbf{A}}, td = \mathbf{A}^{-1}) \leftarrow \mathsf{SampleNo}(pp)$$

其中 $\mathbf{W} \xleftarrow{\mathrm{R}} \mathbb{Z}_q^{m \times d}$, $\mathbf{A} \xleftarrow{\mathrm{R}} \mathbb{Z}_q^{m \times m}$.

- KeyGen(pp): 以公开参数 pp 为输入, 随机选择 $sk = \mathbf{x} \xleftarrow{\mathrm{R}} SK$, 计算 $pk \leftarrow \alpha(pp, sk) = g^{\mathbf{Px}}$.

- PrivEval(sk, u): 以私钥 $sk = \mathbf{x} \in \{0, 1\}^m$ 和 $u = \mathbf{U} \in \mathbb{G}^{m \times m}$ 为输入, 输出 $\pi = H_u(sk) = \mathbf{U}^{\mathbf{x}}$.

- PubEval(pk, u, w): 以公钥 $pk = g^{\mathbf{Px}}$, $u = g^{\mathbf{WP}} \in L$ 及相应的 $w = \mathbf{W}$ 为输入, 输出 $\pi = H_u(sk) = g^{\mathbf{W} \cdot \mathbf{Px}}$.

- TdInv(td, pk, π): 对于任意 $(u = g^{\mathbf{A}}, td = \mathbf{A}^{-1}) \leftarrow \mathsf{SampleNo}(pp)$ 和任意 $sk = \mathbf{x} \in SK$, 由于

$$\pi = H_u(sk) = g^{\mathbf{Ax}}$$

且 $\mathbf{x} \in \{0, 1\}^m$, 所以, 已知 $\mathbf{A}^{-1}$ 和 π, 可以计算出 $g^{\mathbf{x}}$, 从而得到 $\mathbf{x}$.

根据文献 [104], 在 DLIN 假设下, 集合 L 与 $X \setminus L$ 中的元素是不可区分的. 当 $\mathbf{A}$ 从集合 $\mathbb{Z}_q^{m \times m}$ 中随机选取时, 矩阵 $\mathbf{A}$ 以压倒性的概率是满秩的, 从而保证 $\mathbf{A}$ 的逆矩阵存在. 利用 $\mathbf{A}^{-1}$ 和指数上的矩阵运算, 从 $g^{\mathbf{Ax}}$ 可以恢复 $g^{\mathbf{x}}$. 由于 $\mathbf{x}$ 从空间 $\{0, 1\}^m$ 中选取, 所以求解 $g^{\mathbf{x}}$ 的离散对数问题是非常容易的. 适当扩大 $\mathbf{x}$ 每个分量的取值范围, 如从 $\{0, 1\}$ 扩大到 $\{0, 1, \cdots, D\}$, 其中 $D = \mathrm{poly}(\kappa)$, 通过遍历方式也可以从 $g^{\mathbf{x}}$ 中恢复 $\mathbf{x}$, 从而可以扩大消息空间的大小.

构造 6.2 (基于对偶哈希证明系统的 DPKE 方案) 假设 DHPS = (Setup, KeyGen, PrivEval, PubEval, TdInv) 是一个对偶哈希证明系统, 则确定性公钥加密方案的构造如下.

- Setup(1^κ): 运行 $pp \leftarrow$ DHPS.Setup(1^κ), 输出系统参数 $pp = (H, SK, PK, X, L, W, \Pi, \alpha)$.

- KeyGen(pp): 运行 $(u, td) \leftarrow$ DHPS.SampleNo(pp), 输出公钥 $pk = u$ 和私钥 $sk = td$.

- Encrypt(pk, m): 以公钥 $pk = u$ 和明文 $m \in SK$ 为输入, 输出密文 $c = \alpha(m) \| H_u(m)$.

- Decrypt(sk, c): 以私钥 $sk = td$ 和密文 $C = y_0 \| y_1$ 为输入, 输出明文 $m' =$ DHPS.TdInv(td, y_0, y_1).

结合对偶哈希证明系统的实例化方案 (见构造 6.1), 可以得到一个基于 DLIN 假设的确定性公钥加密方案 [128].

笔记　在 4.2 节中, 利用哈希证明系统构造公钥加密或密钥封装方案时, 哈希证明系统的公钥和私钥分别作为加密或密钥封装方案的公钥和私钥, 而随机抽样元素则作为密文的一部分. 在构造确定性加密方案时, 哈希证明系统的公钥作为密文, 而随机抽样的元素则作为公钥, 用法刚好相反, 这也是对偶哈希证明系统名称的来历.

在分析构造 6.2 的安全性之前, 先回顾一下可重构提取器 (reconstructive extractor) 的概念 [129].

定义 6.2 (可重构提取器)　一个 (ϵ, δ)-可重构提取器包含如下两个函数 (Ext, Rec).

- Ext : $\{0,1\}^n \times \{0,1\}^d \to \Sigma$ 是一个提取算法.
- Rec$(1^n, 1/\epsilon)$: 对于任意 $x \in \{0,1\}^n$ 和任意函数 $\mathcal{D}$ 满足

$$|\Pr[\mathcal{D}(r, \text{Ext}(x, r)) = 1] - \Pr[\mathcal{D}(r, \sigma) = 1]| \geqslant \epsilon$$

其中 $r \xleftarrow{\text{R}} \{0,1\}^d$, $\sigma \xleftarrow{\text{R}} \Sigma$, 则以 $(1^n, 1/\epsilon)$ 为输入, 在运行时间 poly$(n, 1/\epsilon, \log|\Sigma|)$ 内, Rec 输出 $x \in \{0,1\}^n$ 的概率至少为 δ, 即

$$\Pr[\text{Rec}^{\mathcal{D}}(1^n, 1/\epsilon) = x] \geqslant \delta$$

根据文献 [129], 任意 (ϵ, δ)-可重构提取器也是一个极小熵为 $1/\delta$ 的强提取器. 类似地, 对于 $\delta \cdot \text{negl}(\cdot)$-难以求逆辅助输入, 任意 (ϵ, δ)-可重构提取器的输出结果是伪随机的.

可重构提取器的构造　事实证明, 随机线性函数不仅是一个好的随机数提取器, 也是一个好的可重构提取器 [106], 有以下引理.

引理 6.1　令 q 是一个素数, 则函数 Ext : $\{0,1\}^n \times \mathbb{Z}_q^n \to \mathbb{Z}_q$, 定义为 $(\mathbf{x}, \mathbf{a}) \mapsto \mathbf{x}^{\text{T}}\mathbf{a}$, 是一个 $\left(\epsilon, \dfrac{\epsilon^3}{512nq^2}\right)$-可重构提取器.

根据引理 6.1, Ext 将 $(x_1, \cdots, x_n)$ 和 $(a_1, \cdots, a_n)$ 映射为 $a_1 x_1 + \cdots + a_n x_n \pmod{q}$. 此外, 该引理可以推广到以下情况:

- $\mathbb{G}$ 是一个阶为素数 q 的循环群, g 是生成元, Ext : $\{0,1\}^n \times \mathbb{G}^n \to \mathbb{G}$, 定义为 $(\mathbf{x}, g^{\mathbf{a}}) \mapsto g^{\mathbf{x}^{\text{T}}\mathbf{a}}$.

构造 6.2 的安全性由下面的定理保证.

定理 6.1　如果 $(x, pp) \mapsto \alpha(pp, x)$ 是一个 (ϵ, δ)-可重构提取器, 子集成员判定问题是困难的, 则构造 6.2 中的 DPKE 是 $(\mathcal{F}, M)$-PrivInd 安全的.

笔记 利用哈希证明系统设计公钥加密/密钥封装方案时, 密文中的子集元素 u 要取自 Yes 实例 L, 从而保证利用 x 的凭证 w 可以公开计算密文. 而在证明方案安全性时, 又要把 u 转化为 No 实例 $X \setminus L$ 以保证密文的伪随机性. 在设计确定性公钥加密方案及其安全性证明时, 这种用法恰恰相反. 利用子集成员判断问题的困难性, 可以将公钥中的 u 从 No 实例变为 Yes 实例, 从而使得 $H_u(m)$ 的取值由 m 的投射密钥 $\alpha(pp, m)$ 完全确定. 而投射变换 $\alpha(pp, \cdot)$ 又可以看作有限循环群上的一个可重构提取器. 因此, 若存在算法能够将 $\alpha(pp, m)$ 与 PK 上随机选择的元素可区分, 那么就存在一个有效算法从 $f(m)$ 中恢复 m, 从而与 $f(m)$ 是求逆辅助输入困难相矛盾.

注记 6.1 笔者认为, $\alpha(pp, \cdot)$ 就是一个从空间 M 到 PK 上的一致哈希函数. 根据剩余哈希引理, $\alpha(pp, \cdot)$ 也是一个平均强随机性提取器, 从而说明 $\alpha(pp, m)$ 与 $pk \xleftarrow{\text{R}} PK$ 在统计上不可区分.

证明 令 S_i 表示敌手在 Game_i 中的成功事件. 以游戏序列的方式组织证明如下.

Game_0: 该游戏是标准的 PrivInd 游戏, 挑战者 $\mathcal{CH}$ 和敌手 $\mathcal{A}$ 交互如下.

● 初始化: $\mathcal{CH}$ 运行 $\text{Setup}(1^\kappa)$ 生成公开参数 pp, 同时运行 $\text{KeyGen}(pp)$ 生成公私钥对 $(pk, sk) = (u, td)$. $\mathcal{CH}$ 将 (pp, u) 发送给 $\mathcal{A}$.

● 挑战: $\mathcal{CH}$ 随机选择消息 $(m_0, m_1) \xleftarrow{\text{R}} M$ 和比特 $\beta \in \{0, 1\}$, 将 $c = \alpha(m_\beta) \| H_u(m_\beta) \leftarrow \text{Encrypt}(pk, m_\beta)$, $f(m_0)$ 和 $f(m_1)$ 发送给 $\mathcal{A}$.

● 猜测: $\mathcal{A}$ 输出对 β 的猜测 β'. $\mathcal{A}$ 成功当且仅当 $\beta' = \beta$.

根据定义, 则有

$$\text{Adv}_{\mathcal{A}}(\kappa) = |\Pr[S_0] - 1/2|$$

Game_1: 该游戏与 Game_0 的唯一不同在于公钥 pk 的选择方式. 将 $(u, td) \leftarrow \text{SampleNo}(pp)$ 替换为 $(u, w) \leftarrow \text{SampleYes}(pp)$, 即公钥 u 从 Yes 实例集合中选择. 根据子集成员判定问题困难性, 则有

$$|\Pr[S_0] - \Pr[S_1]| \leqslant \text{negl}(\kappa)$$

Game_2: 该游戏与 Game_1 的唯一不同在于密文 $H_u(m_\beta)$ 的计算方式变为 $\text{PubEval}(\alpha(pp, m_\beta), u, w)$. 根据对偶哈希证明系统的性质, Game_1 和 Game_2 的分布是完全一样的. 故有

$$\Pr[S_1] = \Pr[S_2]$$

Game_3: 该游戏与 Game_2 的唯一不同在于密文 $\alpha(pp, m_\beta)$ 的计算方式变为随机选择 $\sigma \xleftarrow{\text{R}} \Sigma$. 具体地, 密文从 $\alpha(pp, m_\beta) \| \text{PubEval}(\alpha(pp, m_\beta), u, w)$ 变为

$\sigma \| \mathsf{PubEval}(\sigma, u, w)$. 可以证明, 如果敌手 $\mathcal{A}$ 在 Game_2 和 Game_3 中的优势相差至多 2ϵ. 否则, 可以利用 $\mathcal{A}$ 构造一个区分器 $\mathcal{D}$, 使得

$$|\Pr[\mathcal{D}(pp, \alpha(pp, m), f(m)) = 1] - \Pr[\mathcal{D}(pp, \sigma, f(m)) = 1]| \geqslant \epsilon$$

其中 $pp \leftarrow \mathsf{DHPS.Setup}(1^\kappa)$, $m \xleftarrow{\mathrm{R}} M$, $\sigma \xleftarrow{\mathrm{R}} \Sigma$. 区分器 $\mathcal{D}$ 模拟 $\mathcal{A}$ 的视图方式如下: 首先, $\mathcal{D}$ 随机选择 $(u, w) \leftarrow \mathsf{SampleYes}(pp)$, 将 u 作为公钥发送给 $\mathcal{A}$; 其次, $\mathcal{D}$ 随机选择 $\beta \xleftarrow{\mathrm{R}} \{0, 1\}$, 将自己的挑战信息 m 作为 m_β, 并从空间 M 中随机选择一个消息作为 $m_{1-\beta}$; 接下来, $\mathcal{D}$ 利用公钥 u 及其证据 w 计算 $y_1 = \mathsf{PubEval}(y_0, u, w)$ 并将密文 $y_0 \| y_1$ 发送给 $\mathcal{A}$; 最后, 根据敌手 $\mathcal{A}$ 的输出结果 β', 如果 $\beta = \beta'$, $\mathcal{D}$ 输出 1, 否则输出 0. 显然, 若 $y_0 = \alpha(pp, m)$, 则 $\mathcal{D}$ 完美地模拟了 $\mathcal{A}$ 在 Game_2 中的视图; 若 $y_0 = \sigma$, 则 $\mathcal{D}$ 完美地模拟了 $\mathcal{A}$ 在 Game_3 中的视图. 由于这两种情况的概率各为 $1/2$, 所以 $\mathcal{D}$ 的区分概率至少为 ϵ. 由此, 可以利用 $\mathsf{Rec}^{\mathcal{D}}$ 以概率 δ 从 $f(m)$ 中恢复 m. 也就是说, 以至少 $\epsilon \cdot \delta$ 的概率在分布 M 上能够求出函数 f 的逆. 这与假设相矛盾. 由此可得

$$|\Pr[S_2] - \Pr[S_3]| \leqslant 2\epsilon$$

在 Game_3 中, 由于 $\mathcal{A}$ 的视图与挑战比特 β 完全独立, 所以 $\Pr[S_3] = \dfrac{1}{2}$.

综上, 定理得证!　　　　　　　　　　　　　　　　　　　　　　　　　　□

6.2　可搜索公钥加密

　　网络技术的发展使得个人以及企业的数据规模迅速膨胀, 海量的数据资源受限于硬件设备而不能妥善保存. 随着云存储技术的逐渐成熟, 许多大型互联网公司开始搭建大容量的云存储服务设施, 为个人及企业的数据存储提供支持. 越来越多的用户选择将本地数据上传至云存储服务器以便减轻本地数据的存储和管理开销. 由于云存储服务器的提供商并不是一个完全可信的实体, 黑客针对云存储服务器的攻击也层出不穷, 用户在接受云服务的同时面临数据泄密的风险[130]. 因此, 个人及企业的隐私数据不能以明文形式存储在云服务器上, 用户在数据上传之前需要对本地数据进行加密处理, 确保云端数据即使在遭受恶意攻击或不可信云存储服务器主动泄密数据的情况下仍能维护其安全性. 传统的数据加密技术能保证数据的安全特性, 然而这种保护对于云上数据的技术阻碍数据检索的高效性. 云服务器将数据提供者的密文数据存储起来, 当数据使用者检索所需信息时, 只能将所有密文从云端下载、解密之后才能进行检索. 这种方式的效率极低且容易对网络资源造成巨大的浪费, 无法满足数据使用者检索隐私数据时的效率需求.

为了在保证隐私数据安全的同时解决数据检索的效率问题, 可搜索加密 (searchable encryption, SE) 这一概念应运而生. 用户在本地提取明文数据中的关键词信息构造关键词密文索引, 利用云服务器存储这些密文索引, 具备检索能力的用户再根据其所要检索的关键词信息生成检索令牌发送至云服务器, 云服务器通过其检索匹配算法对其所寻求的密文信息进行搜索并返回结果. 如此, 便可在不需要解密云端密文的情况下完成对需求数据的高效率检索. 根据加密密钥是否可公开, 可搜索加密可以划分为可搜索对称加密 [131] 和可搜索公钥加密 [132].

可搜索公钥加密技术的产生可以追溯到最初的加密邮件路由问题. 如图 6.1 所示, Email 用户可以将邮件中包含的关键词信息提取出来, 并使用邮件接收者的公钥将其加密为关键词密文索引, 并与邮件内容的密文一起上传到服务器. 而邮件接收者可以利用自己的私钥生成一个关键词 w 的检索令牌 t_w 发送给 Email 服务器, 使得服务器能够返回所有包含关键词 w 的邮件, 而服务器不会得到密文关键词的其他信息. 由于该系统利用邮件接收者的公钥加密关键词, Boneh 等 [132] 将其称为可搜索公钥加密 (public-key encryption with keyword search, PEKS).

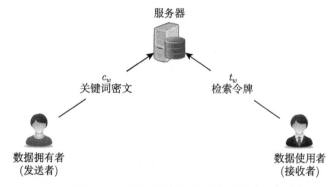

图 6.1   可搜索公钥加密的应用模式

在索引建立方面, 一般采用比较流行的倒排索引结构, 每个关键词对应了多个包含该关键词的文档. 在传统倒排索引结构基础上, 只需要利用可搜索公钥加密算法对关键词列表进行加密, 而文档内容可采用其他方式进行加密保护, 如图 6.2 所示. PEKS 方案的设计初衷是保护关键词索引信息的隐私, 存储服务器或恶意敌手无法从密态关键词索引中获取关键词的相关信息, 同时能够保证合法用户从密态关键词索引中检索出指定的关键词, 从而利用倒排索引结构获取所有包含该关键词的文档.

除了对密态关键词索引进行检索外, 也有工作如文献 [133]— [135] 将 PKE 和 PEKS 结合不仅能够实现密态关键词索引的检索, 而且可以正确恢复出原始的关键词, 这类方案也称为 PKE+PEKS 方案. 标准的 PEKS 安全模型和 PKE+PEKS

安全模型仅考虑对关键词密文的安全性保护, 而无法保护检索令牌中的关键词的安全性, 使其容易遭受关键词猜测攻击[136,137]. 特别地, 在支持关键词解密操作的 PKE+PEKS 方案中, 部分方案的检索令牌甚至包含明文形式的检索关键词, 如文献 [138]. 近年来, 许多学者在 PEKS 方案的基础上研究如何保护检索令牌隐私和抵抗关键词猜测攻击的方法, 如文献 [139] — [141]. 其中一种较为流行的方法是公钥认证可搜索加密 (public-key authenticated encryption with keyword search, PAEKS). PAEKS 是在标准的 PEKS 基础上, 通过引入关键词加密者的私钥, 以防止非法用户生成合法密文的目的, 从而避免检索令牌遭受关键词猜测攻击. 本节主要讨论 PEKS 的基本概念、性质和构造方法.

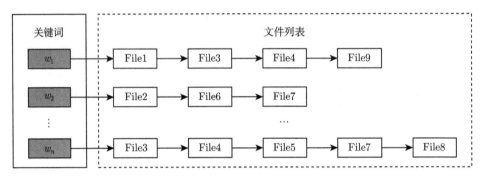

图 6.2　倒排索引结构

6.2.1　可搜索公钥加密的定义与安全性

定义 6.3 (可搜索公钥加密)　可搜索公钥加密方案包含 5 个 PPT 算法.

● Setup(1^κ): 系统参数生成算法以安全参数 1^κ 为输入, 输出公开参数 pp, 其中 pp 包含了用户的公钥空间 PK、私钥空间 SK、关键词空间 W、密文空间 C 和检索令牌空间 T 的描述. 类似公钥加密方案, 该算法由可信第三方生成并公开, 系统中的所有用户共享, 所有算法均将 pp 作为输入的一部分.

● KeyGen(pp): 密钥生成算法以公开参数 pp 为输入, 输出一对公/私钥 (pk, sk), 其中 pk 公开, sk 保密.

● Encrypt(pk, w): 加密算法以公钥 $pk \in PK$ 和关键词 $w \in W$ 为输入, 输出关键词 w 的一个可搜索密文 $c_w \in C$.

● TokenGen(sk, w): 检索令牌生成算法以私钥 $sk \in SK$ 和关键词 $w \in W$ 为输入, 输出关键词 w 的一个检索令牌 t_w.

● Test($t_{w'}, c_w$): 检索算法以关键词 w' 的检索令牌 $t_{w'}$ 和关键词 w 的密文 c_w 为输入, 如果 $w = w'$, 则输出 1; 否则, 输出 0.

正确性　该性质保证了 PEKS 密文的可检索功能, 即利用私钥可以生成关

键词的检索令牌并检索出所有包含匹配关键词的密文. 正式地, 对于任意关键词 $w \in W$, 有

$$\Pr[\text{Test}(t_w, \text{Encrypt}(pk, w)) = 1] \geqslant 1 - \text{negl}(\kappa) \tag{6.1}$$

在公式 (6.1) 中, Test 算法输出 1 的概率建立在系统参数 $pp \leftarrow \text{Setup}(1^\kappa)$、公/私钥对 $(pk, sk) \leftarrow \text{KeyGen}(pp)$、检索令牌 $t_w \leftarrow \text{TokenGen}(sk, w)$ 和关键词密文 $c_w \leftarrow \text{Encrypt}(pk, w)$ 的随机带上. 如果上述概率严格等于 1, 则称 PEKS 方案满足完美正确性.

一致性 该性质保证了 PEKS 密文的检索错误率, 即检索令牌仅能与所有包含匹配关键词的密文通过检索算法. 也就是说, 对于任意关键词 $w, w' \in W$ 且 $w \neq w'$, 有

$$\Pr[\text{Test}(t_{w'}, \text{Encrypt}(pk, w)) = 1] \leqslant \text{negl}(\kappa) \tag{6.2}$$

与 PKE 方案不同, PEKS 方案不仅需要满足正确性, 还要满足一致性. Abdalla 等 [142,143] 研究了 PEKS 方案的完美一致性、统计一致性和计算一致性. 一般地, 仅考虑计算一致性即可. 许多 PEKS 方案满足正确性的同时也满足一致性, 而忽略对 PEKS 方案一致性的分析. 下面介绍一致性的两种形式化定义: 弱一致性和强一致性.

弱一致性 定义一个 PEKS 方案敌手 $\mathcal{A}$ 的弱一致性优势函数如下:

$$\text{Adv}_{\mathcal{A}}(\kappa) = \Pr \left[\text{Test}(t_{w'}, c_w) = 1 : \begin{array}{l} pp \leftarrow \text{Setup}(1^\kappa); \\ (pk, sk) \leftarrow \text{KeyGen}(pp); \\ (w, w') \leftarrow \mathcal{A}^{\mathcal{O}_{\text{tokengen}}}(pp, pk); \\ c_w \leftarrow \text{Encrypt}(pk, w); \\ t_{w'} \leftarrow \text{TokenGen}(sk, w') \end{array} \right]$$

在上述定义中, $\mathcal{O}_{\text{tokengen}}$ 表示检索令牌谕言机, 其在接收到关键词 w 的询问后, 输出 $\text{TokenGen}(sk, w)$. 如果任意的 PPT 敌手 $\mathcal{A}$ 在上述定义中的优势函数是可忽略的, 则称 PEKS 方案是弱一致的.

强一致性 定义一个 PEKS 方案敌手 $\mathcal{A}$ 的强一致性优势函数如下:

$$\text{Adv}_{\mathcal{A}}(\kappa) = \Pr \left[\text{Test}(t_{w'}, c_w) = 1 : \begin{array}{l} pp \leftarrow \text{Setup}(1^\kappa); \\ (pk, sk) \leftarrow \text{KeyGen}(pp); \\ (w, w', c_w) \leftarrow \mathcal{A}^{\mathcal{O}_{\text{tokengen}}}(pp, pk); \\ t_{w'} \leftarrow \text{TokenGen}(sk, w') \end{array} \right]$$

在上述定义中, $\mathcal{O}_{\text{tokengen}}$ 表示检索令牌谕言机. 如果任意的 PPT 敌手 $\mathcal{A}$ 在上述定义中的优势函数是可忽略的, 则称 PEKS 方案是强一致的.

注记 6.2　弱一致性和强一致性的区别主要在于匹配检索的密文是通过合法途径生成的还是敌手设法伪造的.

可搜索公钥加密的语义安全性是为了防止敌手 (恶意存储服务器) 从关键词密文 PEKS(pk, w) 中得到 w 的任何额外信息, 除非敌手获取了 w 的检索令牌. 此外, 敌手可以自适应地获取其他关键词 w' 的检索令牌 $t_{w'}$. 下面通过两个关键词密文的不可区分性来描述可搜索加密的语义安全性, 即自适应选择关键词攻击下的密文不可区分安全性, 简称 CI-CKA 安全性.

CI-CKA 安全性　定义一个 PEKS 方案敌手 $\mathcal{A} = (\mathcal{A}_1, \mathcal{A}_2)$ 的优势函数如下:

$$\mathrm{Adv}_{\mathcal{A}}(\kappa) = \left| \Pr \left[\beta' = \beta : \begin{array}{l} pp \leftarrow \mathsf{Setup}(1^\kappa); \\ (pk, sk) \leftarrow \mathsf{KeyGen}(pp); \\ (w_0, w_1, state) \leftarrow \mathcal{A}_1^{\mathcal{O}_{\mathsf{tokengen}}}(pp, pk); \\ \beta \xleftarrow{\mathrm{R}} \{0,1\}; \\ c^* \leftarrow \mathsf{Encrypt}(pk, w_\beta); \\ \beta' \leftarrow \mathcal{A}_2^{\mathcal{O}_{\mathsf{tokengen}}}(pp, pk, state, c^*) \end{array} \right] - \frac{1}{2} \right|$$

在上述定义中, $\mathcal{O}_{\mathsf{tokengen}}$ 表示检索令牌谕言机, 其在接收到关键词 w 的询问后, 输出 $\mathsf{TokenGen}(sk, w)$, 但是要求 $w \notin \{w_0, w_1\}$. 如果任意的 PPT 敌手 $\mathcal{A}$ 在上述定义中的优势函数是可忽略的, 则称 PEKS 方案是 CI-CKA 安全的.

注记 6.3　如果没有检索令牌询问, PEKS 方案的 CI-CKA 安全模型和 PKE 方案的 IND-CPA 安全模型是完全一样的.

PEKS 与 IBE 之间的关系　PEKS 和 IBE 两种密码原语之间有着天然的联系, 可以相互转化. 图 6.3 给出了二者参数空间以及算法之间的匹配关系. Boneh 等指出构造一个安全的 PEKS 方案比构造一个 IBE 方案更困难, 这是因为任意一个 PEKS 方案蕴含了一个 IBE 方案, 见构造 6.3. 然而, 反之未必成立.

参数对应关系		算法对应关系	
PEKS.PK	IBE.MPK	PEKS.Setup	IBE.Setup
PEKS.SK	IBE.MSK	PEKS.KeyGen	IBE.KeyGen
PEKS.T	IBE.sk_{id}	PEKS.TokenGen	IBE.Extract
PEKS.W	IBE.ID	PEKS.Encrypt	IBE.Encrypt
PEKS.C	IBE.C	PEKS.Test	IBE.Decrypt

图 6.3　PEKS 与 IBE 之间的关系

构造 6.3 (从 PEKS 到 IBE 的转化)　假设 PEKS = (Setup, KeyGen, Encrypt, TokenGen, Test) 是一个 PEKS 方案, 下面构造一个消息空间为 $\{0, 1\}$ 的身份加密方案 IBE = (Setup, KeyGen, Extract, Encrypt, Decrypt).

- Setup(1^κ): 运行 $pp \leftarrow$ PEKS.Setup(1^κ), 将 PEKS 的系统参数 pp 作为 IBE 的系统参数.
- KeyGen(pp): 运行 $(pk, sk) \leftarrow$ PEKS.KeyGen(pp), 将 PEKS 的用户公钥 pk 和私钥 sk 分别作为 IBE 的主公钥 mpk 和主私钥 msk.
- Extract(msk, id): 对于任意用户身份 $id \in \{0,1\}^*$, 运行 $t_b \leftarrow$ PEKS.TokenGen($sk, id\|b$) 两次, 其中 $b = 0, 1$. 将检索令牌 t_0 和 t_1 作为用户 id 的私钥, 即 $sk_{id} = (t_0, t_1)$.
- Encrypt(mpk, id, m): 对于消息 $m \in \{0,1\}$, 运行 $c \leftarrow$ PEKS.Encrypt($pk, id\|m$). 将 PEKS 的密文 c 作为 IBE 密文.
- Decrypt(sk_{id}, c): 输入用户私钥 $sk_{id} = (t_0, t_1)$ 和密文 c, 如果 PEKS.Test(t_0, c) $= 1$, 则输出 0; 如果 PEKS.Test(t_1, c) $= 1$, 则输出 1.

构造 6.3 的安全性由下面的引理保证.

引理 6.2 如果 PEKS 满足 CI-CKA 安全性, 则构造 6.3 中的 IBE 是 IND-CPA 安全的.

笔记 在不考虑安全性的情况下, 利用一个 IBE 方案按照图 6.3 所示的对应方式可以构造一个满足正确性 (不一定安全) 的 PEKS 方案. 将一个固定消息空间 $0^{|M|}$ 的 IBE 密文 IBE.Encrypt($mpk, w, 0^{|M|}$) 作为关键词 w 的 PEKS 密文. 检索匹配算法只需要利用 w 对应的标识密钥解密该密文, 如果解密出的结果与固定消息 $0^{|M|}$ 一致, 则检索成功. 然而, IBE 的加密算法并不要求身份标识是保密的, 也就是说 IBE 密文可能会泄漏身份的信息. 此外, IBE 解密算法不一定满足一致性, 利用不同身份标识的用户私钥可能解密出正确的结果. 2005 年, Abdalla 等 [142] 指出, 解决这两个问题可以选择一个匿名的身份加密方案并将固定消息 $0^{|M|}$ 替换为随机消息 R, 将 IBE.Encrypt(mpk, w, R) 和 R 同时作为 PEKS 的密文. 在匿名的身份加密方案中, 由于密文不会泄漏身份的信息, 故 PEKS 密文不会泄漏关键词的信息. 又由于加密的是随机消息, 一个不匹配的检索令牌 (用户的标识密钥) 解密出的消息与 R 一致的可能性是可以忽略的.

6.2.2 可搜索公钥加密的构造

下面介绍 Boneh 等 [132] 在 2004 年提出的第一个 PEKS 方案, 记作 BDOP-PEKS 方案.

构造 6.4 (BDOP-PEKS 方案)

- Setup(1^κ): 运行 GenBLGroup(1^κ) 生成一个类型 1 双线性映射 $(\mathbb{G}, \mathbb{G}_T, q, g, e)$. 选择两个密码学哈希函数 $H_1 : \{0,1\}^* \to \mathbb{G}$ 和 $H_2 : \mathbb{G}_T \to \{0,1\}^{\log q}$. 输出系统参数 $pp = (\mathbb{G}, \mathbb{G}_T, q, g, e, H_1, H_2)$.
- KeyGen(pp): 随机选择 $\alpha \xleftarrow{R} \mathbb{Z}_q$, 计算 $h = g^\alpha$, 输出公钥 $pk = h$ 和私钥

$sk = \alpha$.

- Encrypt(pk, w): 对于任意关键词 $w \in \{0,1\}^*$, 随机选择 $r \xleftarrow{\text{R}} \mathbb{Z}_q$, 计算 $t = e(\mathsf{H}_1(w), h^r)$, 输出密文 $c = (g^r, \mathsf{H}_2(t))$.

- TokenGen(sk, w): 对于任意关键词 $w \in \{0,1\}^*$, 输出检索令牌 $t_w = \mathsf{H}_1(w)^\alpha$.

- Test(t_w, c): 对于密文 $c = (A, B)$ 和检索令牌 t_w, 判断等式 $\mathsf{H}_2(e(t_w, A)) = B$ 是否成立. 如果成立, 则输出 1, 否则输出 0.

笔记　BDOP-PEKS 方案是在 Boneh 和 Franklin 的身份加密方案 (记作 BF-IBE 方案[11]) 基础上设计的. 由于 BF-IBE 方案满足身份匿名性, 利用前面讨论的从匿名 IBE 到 PEKS 的转化思路, 设计出 BDOP-PEKS 方案是比较自然的.

BDOP-PEKS 方案的安全性基于 BDH 问题的困难性. 双线性映射上的 BDH 问题描述如下: 给定一个双线性映射 $(\mathbb{G}, \mathbb{G}_T, q, g, e)$, 输入 $g, g^\alpha, g^\beta, g^\gamma \in \mathbb{G}$, 计算 $e(g,g)^{\alpha\beta\gamma}$. BDOP-PEKS 方案的安全性由下面的定理 6.2 保证.

定理 6.2　如果 BDH 假设相对于 GenBLGroup 成立, 则在随机谕言机模型下 BDOP-PEKS 方案是 CI-CKA 安全的.

定理 6.2 可通过安全归约思想来证明. 模拟算法 $\mathcal{B}$ 可以将一个待解决的 BDH 问题实例嵌入到模拟的 BDOP-PEKS 方案中, 并借助 H_1 和 H_2 的随机谕言机性质, 可以控制 H_1 和 H_2 的输出形式以回答敌手的检索令牌询问. 下面介绍归约的具体过程.

证明　令 $\mathcal{A}$ 是一个以 ϵ 优势攻击 BDOP-PEKS 方案 CI-CKA 安全性的敌手, $g, u_1 = g^\alpha, u_2 = g^\beta, u_3 = g^\gamma \in \mathbb{G}$ 是双线性映射 $(\mathbb{G}, \mathbb{G}_T, q, g, e)$ 上的一个 BDH 问题实例. 若 $\mathcal{A}$ 成功的概率不可忽略, 归约证明的目标是构造一个算法 $\mathcal{B}$, 以 BDH 问题实例为输入, 借助敌手 $\mathcal{A}$ 的能力以不可忽略的概率解决该 BDH 问题实例, 从而推出矛盾. 假设 $\mathcal{A}$ 最多询问 q_{H_2} 次哈希函数、q_T 次检索令牌. $\mathcal{B}$ 按如下方式模拟 $\mathcal{A}$ 在游戏中的视图环境, 即原始游戏中挑战者的行为.

- 初始化: $\mathcal{B}$ 根据双线性映射的参数 $(\mathbb{G}, \mathbb{G}_T, q, g, e)$ 选择两个密码学哈希函数 $\mathsf{H}_1 : \{0,1\}^* \to \mathbb{G}$ 和 $\mathsf{H}_2 : \mathbb{G}_T \to \{0,1\}^{\log q}$, 并令系统参数为 $pp = (\mathbb{G}, \mathbb{G}_T, q, g, e, \mathsf{H}_1, \mathsf{H}_2)$, 用户的公钥为 $pk = u_1$. $\mathcal{B}$ 将系统参数 pp 和公钥 pk 发送给 $\mathcal{A}$. 显而易见, 这里隐含地选择了用户私钥为挑战 BDH 问题实例中的 α. 尽管 $\mathcal{B}$ 不知道 α 的具体值 (也不能知道该秘密, 否则就没法进行归约证明了), 但是 α 是随机选择的, 所以 $\mathcal{B}$ 模拟的系统参数和用户公钥与实际游戏环境是一致的.

- 阶段 1 询问: 在真实游戏中, 挑战者只需要回答敌手的检索令牌询问和挑战询问, 而任意元素的哈希值计算是公开的. 为了使算法 $\mathcal{B}$ 能够模拟 $\mathcal{A}$ 的视图环境, 需要将哈希函数 H_1 和 H_2 看作随机谕言机, 即在随机谕言机模型中模拟敌手的各类谕言机查询结果. 具体如下.

- H_1 和 H_2 询问: 在任何时候, 敌手 $\mathcal{A}$ 都可以询问随机谕言机 H_1 或 H_2. 对

于 H_1 哈希询问, $\mathcal{B}$ 维护一个形如 $\langle w_j, h_j, a_j, c_j \rangle$ 且初始化为空的 H_1-列表. 当 $\mathcal{A}$ 询问 $w_i \in \{0,1\}^*$ 的 H_1 哈希值时, 算法 $\mathcal{B}$ 按如下方式进行回答.

(1) 如果 w_i 已经在 H_1-列表元素 $\langle w_j, h_j, a_j, c_j \rangle$ 中, 则算法 $\mathcal{B}$ 返回 $H_1(w_i) = h_i \in \mathbb{G}$.

(2) 否则, $\mathcal{B}$ 随机选择一比特 $c_i \in \{0,1\}$, 使得 $\Pr[c_i = 0] = 1/(q_T + 1)$.

(3) $\mathcal{B}$ 随机选择 $a_i \in \mathbb{Z}_q$, 并计算

$$
h_i = \begin{cases} u_2 g^{a_i}, & c_i = 0 \\ g^{a_i}, & c_i = 1 \end{cases}
$$

(4) $\mathcal{B}$ 将元素 $\langle w_j, h_j, a_j, c_j \rangle$ 添加到 H_1-列表中并将哈希值 $H_1(w_i) = h_i$ 返回给 $\mathcal{A}$. 显而易见, 不论随机比特 c_i 取值如何, 哈希值 h_i 都是群 $\mathbb{G}$ 中的一个随机元素且与 $\mathcal{A}$ 当前的视图独立无关. 这与 H_1 是一个随机谕言机的假设一致.

类似地, $\mathcal{A}$ 可以在任何时候询问 H_2 的哈希值. 此时, $\mathcal{B}$ 维护一个形如 $\langle t_i, V_i \rangle$ 且初始化为空的 H_2-列表. 当 $\mathcal{A}$ 询问 t_i 的 H_2 哈希值时, 如果 t_i 在 H_2-列表元素 $\langle t_i, V_i \rangle$ 中, 则 $\mathcal{B}$ 返回 V_i; 否则, $\mathcal{B}$ 随机选择 $V_i \in \{0,1\}^{\log q}$, 将 $\langle t_i, V_i \rangle$ 添加到 H_2-列表中, 并将哈希值 $H_2(t_i) = V_i$ 返回给 $\mathcal{A}$.

● 检索令牌询问: 当 $\mathcal{A}$ 询问关键词 w_i 的检索令牌时, $\mathcal{B}$ 按下面的方式进行回答.

(1) $\mathcal{B}$ 通过 H_1 哈希询问方式获取 w_i 的哈希值 $h_i \in \mathbb{G}$, 即 $H_1(w_i) = h_i$. 令 $\langle w_j, h_j, a_j, c_j \rangle$ 是 H_1-列表中的相应元素. 如果 $c_i = 0$, 则 $\mathcal{B}$ 模拟失败并终止游戏.

(2) 否则, $c_i = 1$ 且 $h_i = g^{a_i} \in \mathbb{G}$. $\mathcal{B}$ 计算 $T_i = u_1^{a_i}$. 注意到 $H_1(w_i) = g^{a_i}$ 且 $u_1 = g^\alpha$, 所以 $T_i = H_1(w_i)^\alpha$ 是 w_i 的一个正确的检索令牌. $\mathcal{B}$ 将 T_i 发送给 $\mathcal{A}$.

● 挑战: 当阶段 1 询问结束时, $\mathcal{A}$ 选择两个挑战关键词 $w_0, w_1 \in \{0,1\}^*$ 发送给 $\mathcal{B}$. 算法 $\mathcal{B}$ 按下面的方式生成挑战 PEKS 密文.

(1) $\mathcal{B}$ 通过两次 H_1 哈希询问获取 w_0 和 w_1 的哈希值 $h_0, h_1 \in \mathbb{G}$ 且满足 $H_1(w_0) = h_0$ 和 $H_1(w_1) = h_1$. 假设 $\langle w_0, h_0, a_0, c_0 \rangle$ 和 $\langle w_1, h_1, a_1, c_1 \rangle$ 分别是相应的 H_1-列表中的元素. 如果 $c_0 = 1$ 且 $c_1 = 1$, 则 $\mathcal{B}$ 模拟失败并终止游戏.

(2) 否则, c_0 和 c_1 中至少有一个等于 0. $\mathcal{B}$ 随机选择 $b \in \{0,1\}$ 使得 $c_b = 0$.

(3) 算法 $\mathcal{B}$ 随机选择 $J \in \{0,1\}^{\log q}$ 并将 $C^* = (u_3, J)$ 作为挑战密文返回给 $\mathcal{A}$. 值得注意的是, 挑战密文隐含地定义了 $H_2(e(H_1(w_b), u_1^\gamma)) = J$. 由此可知

$$
J = H_2(e(H_1(w_b), u_1^\gamma)) = H_2(e(u_2 g^{a_b}, g^{\alpha\gamma})) = H_2(e(g,g)^{\alpha\gamma(\beta+a_b)})
$$

是 w_b 的一个合法密文.

● 阶段 2 询问: $\mathcal{A}$ 可以继续进行哈希询问和关键词的检索令牌询问, 但是不允许询问挑战关键词的检索令牌.

● 输出: $\mathcal{A}$ 将输出一猜测比特 $b' \in \{0,1\}$. $\mathcal{B}$ 从 H_2-列表中随机选择一个元素 $\langle t,v \rangle$, 计算 $T = t/e(u_1,u_3)^{a_b}$ 作为 BDH 问题解 $e(g,g)^{\alpha\beta\gamma}$ 的一个猜测结果, 其中 a_b 是挑战阶段使用的元素. 如果 $\mathcal{A}$ 询问过 H_2 的哈希值 $H_2(e(H_1(w_0),u_1^\gamma))$ 或 $H_2(e(H_1(w_1),u_1^\gamma))$, 那么, H_2-列表以 $1/2$ 的概率包含一个元素 $\langle t,v \rangle$, 其中 $t = H_2(e(H_1(w_b),u_1^\gamma)) = H_2(e(g,g)^{\alpha\gamma(\beta+a_b)})$. 因此, $T = t/e(u_1,u_3)^{a_b} = e(g,g)^{\alpha\beta\gamma}$.

至此, 完成了算法 $\mathcal{B}$ 的描述. 通过一系列的 "操控", $\mathcal{B}$ 已成功地将 BDH 问题实例的解 $e(g,g)^{\alpha\beta\gamma}$ 嵌入到挑战密文的元素 J 中. 如果敌手 $\mathcal{A}$ 查询了 J 对应的 H_2 谕言机输入的元素 $e(g,g)^{\alpha\gamma(\beta+a_b)}$, 那么, $\mathcal{B}$ 可以从中恢复出 $e(g,g)^{\alpha\beta\gamma}$, 从而攻破 BDH 问题的实例. 这里需要解决两个问题: 一是模拟者的这些 "操控" 对于敌手而言, 必须和真实攻击环境一样 (不可区分), 这可通过引理 6.3 和引理 6.4 保证; 二是敌手会查询 $H_2(e(H_1(w_b),u_1^\gamma))$ 的 H_2 哈希询问, 这可以通过引理 6.5 来保证.

下面主要是分析 $\mathcal{B}$ 正确输出 BDH 问题实例解 $e(g,g)^{\alpha\beta\gamma}$ 的概率 ϵ'. 首先分析 $\mathcal{B}$ 在模拟游戏中不终止的概率. 定义以下两个事件.

● E_1: 表示事件 $\mathcal{B}$ 在回答 $\mathcal{A}$ 的检索令牌询问时不终止游戏.

● E_2: 表示事件 $\mathcal{B}$ 在挑战阶段不终止游戏.

上述两个事件的概率下界由下面的引理保证.

引理 6.3 $\mathcal{B}$ 在回答 $\mathcal{A}$ 的所有检索令牌查询结果时不终止游戏的概率至少为 $1/e$, 即 $\Pr[E_1] \geqslant 1/e$.

证明 假设 w_i 是 $\mathcal{A}$ 的第 i 次询问检索令牌的关键词. 在 i 次询问中, $\mathcal{B}$ 终止游戏的条件是 w_i 相应的 H_1-列表元素 $\langle w_i,h_i,a_i,c_i \rangle$ 中, $c_i = 0$. 尽管哈希值 $H_1(w_i)$ 的生成方式与 c_i 有关, 但是 $H_1(w_i)$ 的分布与 $c_i = 0$ 还是 $c_i = 1$ 无关. 根据 c_i 的分布, 可知 $\mathcal{B}$ 在回答本次询问过程中终止游戏的概率最多为 $\Pr[c_i = 0] = 1/(q_T+1)$. 由于 $\mathcal{A}$ 进行检索令牌查询的次数最多为 q_T, 所以 $\mathcal{B}$ 在所有检索令牌询问中都不终止游戏的概率至少为 $(1-1/(q_T+1))^{q_T} \geqslant 1/e$.

引理 6.3 证毕! □

引理 6.4 $\mathcal{B}$ 在挑战密文生成阶段不终止游戏的概率至少为 $1/q_T$, 即 $\Pr[E_2] \geqslant \dfrac{1}{q_T}$.

证明 在挑战阶段, $\mathcal{B}$ 终止游戏的条件是挑战关键词 w_0 和 w_1 相应的 H_1-列表元素 $\langle w_0,h_0,a_0,c_0 \rangle$ 和 $\langle w_1,h_1,a_1,c_1 \rangle$ 中, $c_0 = c_1 = 1$. 由于 $\mathcal{A}$ 不允许询问 w_0 和 w_1 的检索令牌, 所以 c_0 和 c_1 的值独立于 $\mathcal{A}$ 的当前视图, 且 c_0 和 c_1 的取值是相互独立的. 根据 c_i 的分布, 可知 $\Pr[c_0 = 1] = \Pr[c_1 = 1] = 1-1/(q_T+1)$, 由此可知 $\Pr[c_0 = c_1 = 1] = (1-1/(q_T+1))^2 \leqslant 1-1/q_T$. 所以 $\mathcal{B}$ 在挑战密文生成阶段不终止游戏的概率至少为 $1/q_T$.

引理 6.4 证毕! □

由于 $\mathcal{A}$ 不允许询问挑战关键词 w_0 和 w_1 的检索令牌, 所以两个事件 E_1 和 E_2 是相互独立的. 因此, $\Pr[E_1 \wedge E_2] \geqslant 1/(eq_T)$.

最后, 分析 $\mathcal{A}$ 询问哈希值 $H_2(e(H_1(w_b), u_1^\gamma))$ 的概率下界, 由以下引理保证.

引理 6.5 假设在真实游戏中, 给定 $\mathcal{A}$ 系统参数 pp, 公钥 $pk = u_1$. 当询问挑战关键词 w_0 和 w_1 的密文时, 返回给 $\mathcal{A}$ 的结果是 $C^* = (u_3 = g^\gamma, J)$, 则 $\mathcal{A}$ 在真实游戏中询问 H_2 的哈希值 $H_2(e(H_1(w_0), u_1^\gamma))$ 或 $H_2(e(H_1(w_1), u_1^\gamma))$ 的概率至少为 2ϵ.

证明 令 E_3 表示事件 "敌手 $\mathcal{A}$ 在真实游戏中询问了哈希值 $H_2(e(H_1(w_0), u_1^\gamma))$ 或 $H_2(e(H_1(w_1), u_1^\gamma))$". 显然, 若事件 E_3 未发生, 在随机谕言机模型下, 挑战密文中的元素 J 完全独立于 $\mathcal{A}$ 的当前视图, 从而挑战阶段 $b \in \{0,1\}$ 的取值与 $\mathcal{A}$ 的视图独立. 所以, $\Pr[b = b' | \neg E_3] = 1/2$. 根据假设, 敌手 $\mathcal{A}$ 在真实游戏中成功的优势至少为 $|\Pr[b = b'] - 1/2| \geqslant \epsilon$. 又由于

$$\Pr[b = b'] = \Pr[b = b' | E_3] \Pr[E_3] + \Pr[b = b' | \neg E_3] \Pr[\neg E_3]$$

$$\leqslant \Pr[E_3] + \Pr[b = b' | \neg E_3] \Pr[\neg E_3]$$

$$= \Pr[E_3] + \frac{1}{2} \Pr[\neg E_3]$$

$$= \frac{1}{2} + \frac{1}{2} \Pr[E_3]$$

$$\Pr[b = b'] = \Pr[b = b' | E_3] \Pr[E_3] + \Pr[b = b' | \neg E_3] \Pr[\neg E_3]$$

$$\geqslant \Pr[b = b' | \neg E_3] \Pr[\neg E_3]$$

$$= \frac{1}{2} \Pr[\neg E_3]$$

$$= \frac{1}{2} - \frac{1}{2} \Pr[E_3]$$

所以 $\epsilon \leqslant |\Pr[b = b'] - 1/2| \leqslant \frac{1}{2} \Pr[E_3]$. 由此可得 $\Pr[E_3] \geqslant 2\epsilon$.

引理 6.5 证毕! □

若 $\mathcal{B}$ 不终止游戏, 根据算法 $\mathcal{B}$ 的描述, 则 $\mathcal{B}$ 模拟的游戏环境与真实游戏环境是完全一样的. 根据引理 6.5, $\mathcal{A}$ 询问哈希值 $H_2(e(H_1(w_0), u_1^\gamma))$ 或 $H_2(e(H_1(w_1), u_1^\gamma))$ 的概率至少为 2ϵ. 由于 b 是独立于 w_0 和 w_1 随机选取的, 所以 $\mathcal{A}$ 询问哈希值 $H_2(e(H_1(w_b), u_1^\gamma))$ 的概率至少为 ϵ. 因此, 以至少 ϵ 的概率, H_2-列表中存在形如 $\langle e(H_1(w_b), u_1^\gamma), \cdot \rangle$ 的元素. 如果 $\mathcal{B}$ 不终止游戏, 则 $\mathcal{B}$ 正确选取到元素 $\langle e(H_1(w_b), u_1^\gamma), \cdot \rangle$ 的概率至少为 ϵ/q_{H_2}. 结合 $\mathcal{B}$ 不终止游戏的概率至少为 $1/(eq_T)$, 所以 $\mathcal{B}$ 成功解决 BDH 问题的概率至少为 $\epsilon/(eq_T q_{H_2})$.

定理 6.2 证毕! □

注记 6.4　在上述证明中, 通过模拟检索令牌的过程可以看出起初设计两种不同方式回答 H_1 查询的目的. 模拟者希望敌手查询检索令牌的关键词 w_i 都是按照 $c_i = 1$ 的方式计算的, 这样模拟者就知道了 $H_1(w_i)$ 关于 g 的离散对数 a_i, 从而可以在不知道 α 的情况下利用 Diffie-Hellman 密钥交换原理计算出 w_i 的检索令牌 $t_{w_i} = H_1(w_i)^\alpha = (g^\alpha)^{a_i}$. 然而, 当 $c_i = 0$ 时, 模拟者就无法回答敌手的检索令牌询问, 此时只能终止游戏. 那么, 能否始终按照 $c_i = 1$ 的方式提供哈希查询呢? 答案是否定的, 为了将 BDH 问题嵌入到挑战密文中, 模拟者又希望对挑战关键词 w_b 按照 $c_i = 0$ 的方式回答哈希查询.

6.3　门限公钥加密

解密私钥的安全保存是公钥加密的安全核心. 传统公钥加密方案的私钥唯一, 解密私钥的安全性完全依靠用户的秘密保存, 一旦用户的私钥丢失, 不仅难以恢复, 还容易形成密码系统的单点失效问题, 从而导致解密操作无法正常执行. 近些年, 云计算、分布式计算以及区块链等技术持续发展并且广泛应用于互联网领域. 为了降低或者避免因单个用户完全掌握解密权限, 导致私钥丢失或权限滥用等安全风险, 提升分布式密码系统的健壮性和安全性, 可将私钥分散保存, 并以安全多方计算的形式协同完成密码操作.

门限公钥加密 (threshold public-key encryption, TPKE) 方案通过将私钥信息分散给多个用户秘密保存, 解密功能可由至少门限值个用户协作完成, 而且任意少于门限数量的用户无法进行合谋解密: 一方面提高了健壮性, 即使少量用户丢失私钥, 不会导致密码系统丧失功能性; 另一方面, 提高了安全性, 恶意敌手即使窃取了部分（少于门限值）用户的私钥, 难以打破密码系统的安全性. 门限公钥加密 [144-146] 可看作解密功能的安全多方计算, 多个用户秘密地分享了解密私钥信息, 在进行解密操作时, 用户可使用自己的私钥分享, 通过安全多方计算的模式解密密文, 对于解决单点失效问题, 以及分布式环境下多用户的数据安全有着重要的应用意义.

下面介绍门限公钥加密的基本概念、性质和构造方法.

6.3.1　门限公钥加密的定义与安全性

相较于传统公钥加密方案, 门限公钥加密方案除了包含参数/密钥生成、加解密算法, 还包含私钥分享和组合解密分享算法. 公钥加密中 "密钥封装-数据封装" 的混合加密范式同样适用于门限加密. 下面介绍门限密钥封装机制 (threshold key encapsulation mechanism, TKEM) 的形式化定义及安全模型.

定义 6.4 (门限密钥封装机制)　一个门限密钥封装机制由以下 5 个多项式时间算法组成.

- Setup(1^κ): 系统参数生成算法以安全参数 1^κ 为输入, 输出公开参数 pp, 其中 pp 包含公钥空间 PK、私钥分享空间 SK、密文空间 C 和封装密钥空间 K 的描述. 该算法由可信第三方生成并公开, 系统中的所有用户共享, 所有算法均将 pp 作为输入的一部分.

- KeyGen(pp, n, t): 密钥生成算法以系统公开参数 pp、用户数量 n 和门限值 t 为输入, 输出公钥 pk 和用户私钥分享 $sk = (sk_{id_1}, \cdots, sk_{id_n})$.

- ThresholdEncap(pk): 封装算法以公钥 pk 为输入, 输出密文 c 和封装密钥 k.

- ThresholdDecap(sk_{id}, c): 解封装算法以任意用户的私钥分享 sk_{id} 和密文 c 为输入, 输出解封装分享 σ_{id}.

- Combine($\sigma_{id_{i_1}}, \cdots, \sigma_{id_{i_t}}$): 组合算法以任意 t 个解封装分享 $\sigma_{id_{i_1}}, \cdots, \sigma_{id_{i_t}}$ 为输入, 输出密钥 k.

正确性　对于任意的 $pp \leftarrow$ Setup(1^κ), $(pk, sk) \leftarrow$ KeyGen(pp, n, t), $(c, k) \leftarrow$ ThresholdEncap(pk), 任意门限值 t 个用户计算解封装分享

$$\sigma_{id_{i_j}} \leftarrow \text{ThresholdDecap}(sk_{id_{i_j}}, c), \quad j \in [t]$$

则有 $k \leftarrow$ Combine($\sigma_{id_{i_1}}, \cdots, \sigma_{id_{i_t}}$).

安全性　定义 TKEM 敌手 $\mathcal{A}$ 的优势函数如下:

$$\text{Adv}_{\mathcal{A}}(\kappa) = \left| \Pr \left[\beta = \beta' : \begin{array}{l} pp \leftarrow \text{Setup}(1^\kappa); \\ (id_1^*, \cdots, id_{t-1}^*) \leftarrow \mathcal{A}(pp, t); \\ (pk, sk) \leftarrow \text{KeyGen}(pp, n, t); \\ (c, k_0) \leftarrow \text{ThresholdEncap}(pk); \\ k_1 \xleftarrow{\text{R}} K; \beta \xleftarrow{\text{R}} \{0, 1\}; \\ \beta' \leftarrow \mathcal{A}^{\mathcal{O}_{\text{thresholddecap}}}(pk, (sk_{id_1^*}, \cdots, sk_{id_{t-1}^*}), k_\beta, c) \end{array} \right] - \frac{1}{2} \right|$$

上述定义中, $\mathcal{O}_{\text{thresholddecap}}(\cdot)$ 表示解封装谕言机, 其在接收到任意用户身份 id 的询问后, 输出一个新的密文 $c \leftarrow$ ThresholdEncap(pk) 以及该用户关于密文 c 的解封装分享 $c_{id} \leftarrow$ ThresholdDecap(sk_{id}, c). 对于任意的 PPT 敌手 $\mathcal{A}$ 在上述游戏中的优势函数均为可忽略函数, 则称 TKEM 是静态模型下 IND-CPA 安全的. 如果上述定义中的解封装谕言机 $\mathcal{O}_{\text{thresholddecap}}(\cdot)$ 拥有更强大的能力, 其在接收到任意用户身份 id 和非挑战密文 c 的询问后, 输出该用户的解密分享 $c_{id} \leftarrow$ ThresholdDecap(sk_{id}, c), 对于任意的 PPT 敌手 $\mathcal{A}$ 在上述游戏中的优势函数均为可忽略函数, 则称 TKEM 是静态模型下 IND-CCA 安全的.

上述安全性定义只是针对静态模型下的敌手, 这类敌手在系统参数建立 $(pk,$ $sk) \leftarrow \mathsf{KeyGen}(pp, n, t)$ 之前, 可预先指定最多 $t-1$ 个目标用户攻击 $(id_1^*, \cdots, id_{t-1}^*)$ $\leftarrow \mathcal{A}(\kappa)$, 并获得其私钥分享信息 $sk_{id_1^*}, \cdots, sk_{id_{t-1}^*}$. 自适应模型下的敌手可以在系统运行的任何时刻自适应地选择最多 $t-1$ 个目标用户攻击, 并获得其私钥分享信息.

6.3.2　门限公钥加密的通用构造方法

2010 年, Wee [68] 提出了可提取哈希证明系统 (extractable hash proof system, EHPS), 并基于 EHPS 给出了 PKE 的通用构造. 随后, Wee [147] 于 2011 年对可提取哈希证明系统进行门限化扩展, 提出了门限可提取哈希证明系统 (threshold extractable hash proof system, TEHPS) 的概念, 并基于 TEHPS 给出了静态模型下 TPKE 的通用构造. 以下首先介绍 TEHPS 的定义和相关性质.

定义 6.5 (门限可提取哈希证明系统)　门限可提取哈希证明系统由以下 5 个多项式时间算法组成.

- Setup(1^κ): 系统参数生成算法以安全参数 1^κ 为输入, 输出公开参数 $pp = (\mathsf{H}, PK, SK, L, X, W, \Pi)$, 其中 L 是由困难关系 R_L 定义的平凡 $\mathcal{NP}$ 语言, $\mathsf{H}: PK \times L \to \Pi$ 是由公钥集合 PK 索引的一族带密钥哈希函数. 关系 R_L 支持随机采样, 即存在 PPT 算法 SampRel 以随机数 r 为输入, 输出随机的 "实例-证据" 元组 $(x, w) \in \mathsf{R}_L$.

- KeyGen(pp, t): 密钥生成算法以系统参数 pp 和门限值 t 为输入, 输出公钥 pk 和主私钥 msk. 密钥分享算法输入标签 tag, 计算对应的密钥分享

$$\mathsf{ShareGen}(msk, tag) = sk_{tag}.$$

- PubEval(pk, tag, r): 公开计算算法运行取样算法 $(x, w) = \mathsf{SampRel}(r)$, 以公钥 pk、标签 tag 为输入, 运行 $\mathsf{PubEval}(pk, tag, r) = \mathsf{H}_{pk}(tag, x)$.

- PrivEval(sk_{tag}, x): 私钥计算算法以标签 tag 和实例 x 为输入, 计算

$$\mathsf{PrivEval}(sk_{tag}, x) = \mathsf{H}_{pk}(tag, x).$$

- t-Ext: t-提取算法以公钥 pk、x 和 t 个不同的标签 $tag_1, \cdots, tag_t$ 为输入, 运行

$$(x, \mathsf{Ext}(x, \mathsf{H}_{pk}(tag_1, x), \cdots, \mathsf{H}_{pk}(tag_t, x))) \in \mathsf{R}_L$$

可模拟性　对于任意的 $(pp, 1^\kappa, t)$ 和标签 $tag_1, \cdots, tag_{t-1}$, 下述两个分布 $(pk, sk_{tag_1}, \cdots, sk_{tag_{t-1}})$ 是统计不可区分的.

- 真实生成的分布: $(pk, msk) \leftarrow \mathsf{KeyGen}(pp, 1^\kappa, t)$, $sk_{tag_i} \leftarrow \mathsf{ShareGen}(msk, tag_i)$, $i = 1, \cdots, t-1$.
- 模拟生成的分布: $\mathsf{Setup}'(pp, tag_1, \cdots, tag_{t-1})$.

公开可验证性 如果存在验证算法 Verify 输入 (pk, tag, x, τ), 输出 1, 当且仅当 $\tau = \mathsf{H}_{pk}(tag, x)$, 则称门限可提取哈希证明系统满足公开可验证性.

下面介绍如何基于 TEHPS 构造 CPA 安全的 TKEM. 令 R_L 为定义在 $X \times W$ 上的单向关系, $\mathsf{hc}: W \to K$ 为相应的硬核函数.

构造 6.5 (基于 TEHPS 的 TKEM 构造) 基于 TEHPS 的 TKEM 构造如下.

- Setup(1^κ): 以安全参数 1^κ 为输入, 运行 TEHPS.Setup(1^κ), 输出公开参数 $pp = (\mathsf{H}, PK, SK, L, X, W, \Pi)$, 其中 $X \times \Pi$ 作为密文空间, 关系 R_L 对应的硬核函数值域 K 作为会话密钥空间.

- KeyGen(pp, n, t): 密钥生成算法以系统参数 pp、用户数量 n 和门限值 t 为输入, 输出公钥 pk 和主私钥 msk; 运行 n 次密钥分享算法输入身份 $id_i, i = 1, \cdots, n$, 输出对应的密钥分享 ShareGen$(msk, id_i) \to sk_{id_i}$.

- ThresholdEncap: 密钥封装算法运行取样算法 $(x, w) = $ TEHPS.SampRel(r), 输出 $(c, k) = (x, \mathsf{hc}(w))$.

- ThresholdDecap: 解封装算法以密文 c 和用户私钥分享 sk_{id} 为输入, 输出解封装分享 $\sigma_{id} \leftarrow$ TEHPS. PrivEval(sk_{id}, c).

- Combine$(\sigma_{id_{i_1}}, \cdots, \sigma_{id_{i_t}})$: 组合算法以任意 t 个解封装分享 $\sigma_{id_{i_1}}, \cdots, \sigma_{id_{i_t}}$ 为输入, 运行提取算法 $w \leftarrow$ TEHPS.Ext$(x, \sigma_{id_{i_1}}, \cdots, \sigma_{id_{i_t}})$, 最后输出 $\mathsf{hc}(w)$.

定理 6.3 如果 R 是单向的, 则构造 6.5 中的 TKEM 是静态模型下 IND-CPA 安全的.

证明 我们通过以下的游戏序列组织证明.

Game$_0$: 对应真实的游戏. $\mathcal{CH}$ 在真实模式下运行 TEHPS 与敌手 $\mathcal{A}$ 交互.

- 预选身份: $(id_1^*, \cdots, id_{t-1}^*) \leftarrow \mathcal{A}(pp, 1^\kappa, t)$.

- 初始化: $\mathcal{CH}$ 运行 $pp \leftarrow$ TEHPS.Setup(1^κ), $(pk, msk) \leftarrow$ TEHPS.KeyGen(pp, n, t), $sk_{id_i^*} \leftarrow$ ShareGen(msk, id_i^*), 将 pp, pk 和 $sk_{id_1^*}, \cdots, sk_{id_{t-1}^*}$ 发送给 $\mathcal{A}$.

- 挑战: $\mathcal{CH}$ 按照以下步骤生成挑战.

(1) 随机采样 $(x^*, w^*) \leftarrow$ SampRel(r^*), 计算 $k_0^* \leftarrow \mathsf{hc}(w^*)$, 随机采样 $k_1^* \xleftarrow{\mathsf{R}} K$.

(2) 随机选取 $\beta \xleftarrow{\mathsf{R}} \{0, 1\}$, 将 $(c^* = x^*, k_\beta^*)$ 发送给 $\mathcal{A}$ 作为挑战, 使用 PrivEval 算法模拟解封装谕言机 $\mathcal{O}_{\mathsf{thresholddecap}}(\cdot)$.

- 应答: $\mathcal{A}$ 输出对 β 的猜测 β', $\mathcal{A}$ 成功当且仅当 $\beta' = \beta$.

Game$_1$: $\mathcal{CH}$ 在模拟模式下运行 TEHPS 与敌手 $\mathcal{A}$ 交互.

- 预选身份: $(id_1^*, \cdots, id_{t-1}^*) \leftarrow \mathcal{A}(pp, 1^\kappa, t)$.

- 初始化: $\mathcal{CH}$ 运行 Setup$'(pp, id_1^*, \cdots, id_{t-1}^*)$ 生成 $(pk, sk_{id_1^*}, \cdots, sk_{id_{t-1}^*})$.

- 挑战: $\mathcal{CH}$ 使用 PubEval 算法模拟解封装谕言机 $\mathcal{O}_{\mathsf{thresholddecap}}(\cdot)$.

敌手 $\mathcal{A}$ 在游戏中的视图为 $(pp, pk, sk_{id_1^*}, \cdots, sk_{id_{t-1}^*}, x^*, k_\beta^*)$.

断言 6.1　如果 R_L 是单向的, $\mathrm{Adv}_{\mathcal{A}}^{\mathrm{Game}_1} = \mathrm{negl}(\kappa)$.

证明　思路是如果存在 $\mathcal{A}$ 以不可忽略的优势赢得 Game_1, 那么可以构造出 $\mathcal{B}$ 以不可忽略的优势打破 hc 的伪随机性, 从而与单向性假设冲突. 给定关于 hc 的伪随机性挑战 pp 和 (x^*, k_β^*), 其中 $(x^*, w^*) \leftarrow \mathsf{SampRel}(r^*)$, $\mathcal{B}$ 模拟 Game_1 中的挑战者 $\mathcal{CH}$ 与 $\mathcal{A}$ 交互, 目标是猜测 β.

- $\mathcal{B}$ 运行 TEHPS 的模拟模式与 $\mathcal{A}$ 在 Game_1 进行交互, 在初始化阶段不再采样 x^* 而是直接嵌入接收到的 x^*, 在挑战阶段将 R_L 的挑战 (x^*, k_β^*) 作为 $\mathcal{A}$ 的 TKEM 挑战. 最终, $\mathcal{B}$ 输出 $\mathcal{A}$ 的猜测 β'.

容易验证, $\mathcal{B}$ 在 Game_1 中的模拟是完美的. 因此 $\mathcal{B}$ 打破 R_L 伪随机性的优势与 $\mathrm{Adv}_{\mathcal{A}}^{\mathrm{Game}_1}$ 相同. 断言得证!　□

综上, 定理得证!　□

我们以针对 Diffie-Hellman 关系的 TEHPS 构造为例, 获得对 TEHPS 设计方式的直观认识: 令 $\mathbb{G}$ 是阶为素数 q 的双线性群, $\alpha \xleftarrow{\mathrm{R}} \mathbb{Z}_q$ 为秘密参数; $pp = (g, g^\alpha)$ 为公开参数; $R_{\mathrm{DH}} = \{(x, w) \in \mathbb{G} \times \mathbb{G} : w = x^\alpha\}$ 为 Diffie-Hellman 关系; 取样算法 $\mathsf{SampRel}$ 随机选择 $r \xleftarrow{\mathrm{R}} \mathbb{Z}_q$ 输出 $(g^r, g^{r\alpha})$; 标签空间为 $\mathbb{F}_q \backslash \{0\}$.

构造 6.6 (基于 R_{DH} 关系的 TEHPS 构造)　基于 R_{DH} 关系的 TEHPS 构造如下.

- 密钥生成: 选择 $a_1, \cdots, a_{t-1} \xleftarrow{\mathrm{R}} \mathbb{Z}_q$, 令 $f(y) = \alpha + a_1 y + \cdots + a_{t-1} y^{t-1}$.
- $\mathsf{Setup}(pp, t)$ 输出 $pk = (g^{a_1}, \cdots, g^{a_{t-1}})$ 和主私钥 $msk = f(y)$.
- $\mathsf{ShareGen}(msk, tag)$ 输出 $sk_{tag} = f(tag) \in \mathbb{Z}_q$.
- 公开/隐私计算:
- $\mathsf{PubEval}(pk, tag, r)$ 输出 $(g^\alpha \cdot \prod_{i=1}^{t-1}(g^{a_i})^{tag})^r$;
- $\mathsf{PrivEval}(sk_{tag}, x)$ 输出 $x^{sk_{tag}}$.
- t-提取: 给定 $x, tag_1, \cdots, tag_t$, 则有 $(x, x^{f(0)}) \in R_{\mathrm{DH}}$. 根据 Lagrange 插值公式可知 $f(0) = \sum_{i=1}^{t} L_i \cdot f(tag_i)$, 其中 $L_i \in \mathbb{F}_q$ 是 Lagrange 系数, 即 $x^{f(0)} = \prod_{i=1}^{t} x^{L_i \cdot f(tag_i)}$.
- $\mathsf{Ext}(x, \tau_1, \cdots, \tau_t)$ 输出 $\prod_{i=1}^{t} \tau_i^{L_i}$.

可模拟性　选择 $\gamma_1, \cdots, \gamma_{t-1} \xleftarrow{\mathrm{R}} \mathbb{Z}_q$, 唯一确定 $t-1$ 次的多项式 $f(y) = \alpha + a_1 y + \cdots + a_{t-1} y^{t-1}$ 使得 $f(tag_i) = \gamma_i$, $i = 1, \cdots, t-1$, 其中系数满足下述方程:

$$\begin{pmatrix} 1 & 0 & \cdots & 0 \\ 1 & tag_1 & \cdots & tag_1^{t-1} \\ \vdots & \vdots & & \vdots \\ 1 & tag_{t-1} & \cdots & tag_{t-1}^{t-1} \end{pmatrix} \begin{pmatrix} \alpha \\ a_1 \\ \vdots \\ a_{t-1} \end{pmatrix} = \begin{pmatrix} \alpha \\ \gamma_1 \\ \vdots \\ \gamma_{t-1} \end{pmatrix}$$

即 $a_1, \cdots, a_{t-1}$ 可写作 $\alpha, \gamma_1, \cdots, \gamma_{t-1}$ 的线性组合, 由于 Lagrange 系数可由给定的 $tag_1, \cdots, tag_{t-1}$ 高效计算, 因此, $g^{a_1}, \cdots, g^{a_{t-1}}$ 可以由 $g^\alpha, g^{\gamma_1}, \cdots, g^{\gamma_{t-1}}$ 组合生成.

- Setup$'(pp, tag_1, \cdots, tag_{t-1})$: 输出 $pk = (g^{a_1}, \cdots, g^{a_{t-1}})$ 和 $(sk_{tag_1}, \cdots, sk_{tag_{t-1}}) = (\gamma_1, \cdots, \gamma_{t-1})$.

公开可验证性 给定 (pk, x, tag, τ), 可通过验证 $(g, g^{f(tag)}, x, \tau)$ 是否是有效的 DDH 组来判定 $\tau = \mathsf{H}_{pk}(tag, x)$ 是否成立. 给定 pk 和 tag, 可计算 $g^{f(tag)} = (g^\alpha \prod_{i=1}^{t-1}(g^{a_i})^{tag^i})^r$, 判定 DDH 组是否成立在双线性群上是可有效完成的.

基于门限单向陷门函数构造 TPKE 类似基于单向陷门函数构造公钥加密的思路依旧可以用于构造门限加密方案: 1994 年, de Santis 等[146] 首次提出了函数分享 (function sharing, FS) 的概念. (n, t)-FS 可将单向陷门函数的陷门分割成 n 个陷门分享, 每个陷门分享可用于计算任意函数像的求逆分享, 任意 t 个求逆分享可组合出原像. (n, t)-FS 满足任意 PPT 的敌手获得少于 t 个陷门分享和一条历史带 (history tape) H 难以求逆函数, 其中 H 包含多项式个随机函数像的求逆分享. 2020 年, Tu 等[148] 对函数分享的概念进一步弱化, 提出了门限单向陷门函数 (threshold trapdoor function, TTDF) 的概念, 并在此基础上基于单向陷门函数构造公钥加密的思想, 给出了选择明文安全的门限公钥加密的通用构造. 类似 FS, (n, t)-TTDF 同样满足分割陷门、组合求逆的功能, 但是在安全性定义方面, TTDF 引入了额外的组合求逆算法 (用于安全性证明), 该算法输入原像和对应的任意 $t-1$ 个求逆分享, 可计算任意用户关于该像的求逆分享, 相较于 FS, 能省略其安全性定义中历史带的概念, 使得形式化定义和构造门限加密的安全性证明更加简洁.

6.4 代理重加密

公钥加密的一个基本目标是只允许在加密时选择一个或多个密钥才能解密密文. 例如, 使用 Alice 的 RSA 公钥 (N, e) 加密消息 m 的密文 $c = m^e \bmod N$, 仅能使用 Alice 选择的满足条件 $ed = 1 \bmod \phi(N)$ 的密钥 (N, d) 解密. 要将密文 c 改变为 Bob 的密钥加密的密文, 则需要获取原始消息 m 及 Bob 的合法公钥 $(\hat{N}, \hat{e})$. 众多密码技术都希望具有这种基本且理想的性质, 以防止不受信任的实体改变信息的 (加密) 密钥. 恰恰相反, 代理重加密 (proxy re-encryption, PRE)[149] 试图将改变密文的加密密钥同时不泄漏解密密钥或原始消息成为一种现实. 如图 6.4 所示, 在代理重加密中, 存在一个代理密钥或转换密钥, 记作 $rk_{A \to B}$, 允许一个非可信实体, 即代理 (proxy), 利用代理密钥将授权人 Alice 的公钥加密的密文转换为被授权人 Bob 的公钥加密的密文, 而代理不会获取该密文对应明文的任何信息.

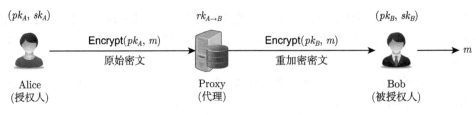

图 6.4   代理重加密的应用模式

一般地, 授权人 Alice 的私钥必须参与到代理密钥生成算法之中, 否则任何不可信实体 Carol 都可以生成一个从 Alice 到 Carol 的代理密钥, 从而破坏 Alice 的密文的机密性. 根据代理密钥生成的不同方式, 可以将代理密钥分为对称代理密钥 (symmetric proxy key) 和非对称代理密钥 (asymmetric proxy key). 对称代理密钥一般由 Alice 和 Bob 的私钥联合产生, 利用代理密钥和一方的私钥可能推导出另一方的私钥, 因此二者必须相互信任. 非对称代理密钥一般由 Alice 独立产生 (需知道 Bob 的公钥) 或同 Bob 联合产生, 但是不会危害 Bob 的密钥安全性. 根据非对称代理密钥的特点, 一个对称加密方案可以利用非对称代理密钥转化为一个公钥加密方案, 而方案的公钥即为授权人的对称私钥和代理密钥, 任何用户可以先利用公开的授权人的对称私钥加密消息, 再利用代理密钥转化为接收者 (被授权人) 的私钥加密的密文.

目前, 代理重加密技术在许多领域有着重要的应用, 如智能卡等资源受限环境的密钥管理和密码运算、加密垃圾邮件过滤、安全网络文件存储等. 特别地, Ateniese 等 [150] 设计了一种文件存储系统, 使用不可信访问控制服务器管理存储在分布式、不可信块存储区中的加密文件, 使用代理重加密技术来实现访问控制, 不需要向访问控制服务器提供完全解密权限. 该系统是首个使用代理重加密技术的实验性实施和评估系统, 充分说明了代理重加密技术可在实践中能够有效发挥作用.

下面介绍代理重加密的基本概念、性质和构造方法.

6.4.1   代理重加密的定义与安全性

根据代理密钥的功能, 代理重加密可以分为双向代理重加密 (bidirectional proxy re-encryption) 和单向代理重加密 (unidirectional proxy re-encryption). 在双向代理重加密中, 代理密钥可以相互转换两个用户的密文, 而在单向代理重加密中, 代理密钥仅能转换授权人的密文, 反之无法进行. 下面以单向代理重加密为例, 介绍代理重加密的形式化定义及安全模型.

定义 6.6 (单向代理重加密)   一个单向代理重加密方案包含 6 个 PPT 算法.

• Setup(1^κ): 系统参数生成算法以安全参数 1^κ 为输入, 输出公开参数 pp, 其中 pp 包含了用户的公钥空间 PK、私钥空间 SK、消息空间 M 和密文空间 C.

类似公钥加密方案, 该算法由可信第三方生成并公开, 系统中的所有用户共享, 所有算法均将 pp 作为输入的一部分.

- KeyGen(pp): 密钥生成算法以公开参数 pp 为输入, 输出一对公私钥对 (pk, sk), 其中 pk 公开, sk 保密. 一个 PRE 方案至少包含授权人 Alice 和被授权人 Bob 两个实体, 二者的密钥分别记作 (pk_A, sk_A) 和 (pk_B, sk_B).

- ReKeyGen($pk_A, sk_A^\dagger, pk_B, sk_B^*$): 重加密密钥生成算法以授权人和被授权人的密钥为输入, 输出一个代理密钥 $rk_{A\to B}$. 在生成非对称代理密钥时, 该算法的第四部分输入 sk_B^* 一般为空, 此时称重加密密钥生成算法是非交互的. 算法的第二部分输入一般是授权人的私钥 sk_A, 也可能是 Alice 到 Carol 的代理密钥 $sk_{A\to C}$ 和 Carol 的私钥 sk_C.

- Encrypt(pk, m): 加密算法公钥 $pk \in PK$ 和消息 $m \in M$ 为输入, 输出一个密文 $c \in C$.

- Decrypt(sk, c): 解密算法以私钥 $sk \in SK$ 和密文 $c \in C$ 为输入, 输出一个消息 $m \in M$.

- ReEncrypt($rk_{A\to B}, c_A$): 重加密算法以代理密钥 $rk_{A\to B}$ 和授权人 Alice 的密文 c_A 为输入, 输出一个重加密密文 c_B.

正确性 代理重加密的加密算法和解密算法的形式不一定是唯一的, 可能包含若干个不同的算法. 例如有些方案包含两个不同层次的加密方式, 第一层次加密的密文不能够被代理密钥进行转换, 而第二层次加密的密文可以被代理密钥转换. 这为发送者在使用 Alice 同一个公钥进行加密时, 可以有选择地决定仅将消息加密给 Alice, 还是加密给 Alice 和其他用户 (被授权人). 不管发送者采用哪种方式对消息 m 进行加密, Alice 应该能够选择一种解密方式利用自己的私钥 sk_A 恢复出原始消息 m, 而对于任意转换后的密文 $c_B = $ ReEncrypt($rk_{A\to B}, c_A$), 被授权人 Bob 也可以利用自己的私钥进行解密且解密结果与 Alice 解密的结果需要一致.

严格地说, 对于任意由密钥生成算法 KeyGen(pp) 产生的 Alice 的公私钥对 (pk_A, sk_A) 和 Bob 的公私钥对 (pk_B, sk_B), 对于任意消息 $m \in M$, 代理重加密方案的正确性分为两种情况. 一是针对授权人 Alice 的. 对于任意加密算法 Encrypt, 总存在一种解密算法 Decrypt, 使得如下等式成立:

$$\text{Decrypt}(sk_A, \text{Encrypt}(pk_A, m)) = m$$

二是针对被授权人 Bob 的. 总存在一种加密算法 Encrypt 和一种解密算法 Decrypt 使得如下等式成立:

$$\text{Decrypt}(sk_B, \text{ReEncrypt}(rk_{A\to B}, \text{Encrypt}(pk_A, m))) = m$$

IND-CPA 安全性　一般来说, 一个代理重加密方案应该类似传统公钥加密方案具有刻画被加密消息隐私性的安全模型, 如语义安全性. 在代理重加密方案中, 攻击者能够获得的信息要比传统公钥加密方案复杂. 除了公钥, 加密算法和解密查询之外, 还可能获得一些代理密钥, 甚至是和部分用户合谋获得的用户私钥. 攻击者的目标之一是截获 Bob 的密文并从中恢复出关于明文的任何有用信息. 在现实环境中, 敌手可能与其他用户如 X 合谋, 获取 X 的公私钥对 (pk_X, sk_X) 以及从 X 到 Bob 的密文转换密钥 $rk_{X \to B}$. 此外, Bob 还可能与合法用户 Carol 相互授权解密, 从而使得敌手可能获取二者之间的代理密钥 $rk_{B \to C}$ 和 $rk_{C \to B}$. 显然, 一个实用的 PRE 方案要能防止上述敌手获取密文中消息的任何有用信息. 下面给出这类安全性的形式化定义, 即 IND-CPA 安全性.

定义一个 PRE 方案敌手 $\mathcal{A} = (\mathcal{A}_1, \mathcal{A}_2)$ 的优势函数如下:

$$\mathsf{Adv}_{\mathcal{A}}(\kappa) = \left| \Pr \left[\beta' = \beta : \begin{array}{l} pp \leftarrow \mathsf{Setup}(1^\kappa); \\ (pk_B, sk_B) \leftarrow \mathsf{KeyGen}(pp); \\ (m_0, m_1, state) \leftarrow \mathcal{A}_1^{\mathcal{O}_{\mathsf{keygen}}, \mathcal{O}_{\mathsf{rekeygen}}, \mathcal{O}_{\mathsf{corrupt}}}(pp, pk_B); \\ \beta \xleftarrow{\mathrm{R}} \{0,1\}, c^* \leftarrow \mathsf{Encrypt}(pk_B, m_\beta); \\ \beta' \leftarrow \mathcal{A}_2^{\mathcal{O}_{\mathsf{keygen}}, \mathcal{O}_{\mathsf{rekeygen}}, \mathcal{O}_{\mathsf{corrupt}}}(state, c^*) \end{array} \right] - \frac{1}{2} \right|$$

在上述定义中, 三个查询谕言机的定义分别如下.

- $\mathcal{O}_{\mathsf{keygen}}$ 表示公钥查询谕言机, 输入用户身份 i, 如果集合 K 中包含用户 i 的密钥, 输出 pk_i; 否则, 计算 $(pk_i, sk_i) \leftarrow \mathsf{KeyGen}(pp)$, 输出 pk_i, 并将 (i, pk_i, sk_i) 存储到初始化为 $\{(\mathrm{Bob}, pk_B, sk_B)\}$ 的集合 K 中.

- $\mathcal{O}_{\mathsf{rekeygen}}$ 表示代理密钥查询谕言机, 输入用户身份 i, j, 如果集合 K 中未包含用户 i 或 j 的密钥, 输出 $\perp$; 如果 $(i = \text{"Bob"}) \wedge (j \in X)$, 输出 $\perp$; 否则, 输出 $rk_{i \to j} \leftarrow \mathsf{ReKeyGen}(pk_i, sk_i, pk_j, sk_j^*)$, 并且若 $i = \text{"Bob"}$ 则将 j 存储到初始化为空的集合 Y 中.

- $\mathcal{O}_{\mathsf{corrupt}}$ 表示私钥查询谕言机, 输入用户身份 i, 如果集合 K 中包含用户 i 的密钥且 $i \notin Y$, $i \neq \text{"Bob"}$, 输出 sk_i, 并将 i 存储到初始化为空的集合 X 中; 否则, 输出 $\perp$.

如果任意的 PPT 敌手 $\mathcal{A}$ 在上述定义中的优势函数是可忽略的, 则称 PRE 方案 E 是 IND-CPA 安全的.

笔记　在代理重加密的 IND-CPA 安全性的三个查询谕言机中, 集合 K 相当于存储了所有用户的公私钥对; 集合 X 存储了所有被腐化或者说与敌手 $\mathcal{A}$ 合谋的恶意用户的身份信息. 对于这类用户, 是不允许敌手获取从 Bob 到该用户的代理密钥, 否则无法保障 Bob 的密文的任何安全性, 这也是在代理密钥查询谕言机中不

允许 $i =$ "Bob" 的原因; 集合 Y 存储了所有授权访问 Bob 密文的用户身份信息. 敌手不能访问集合 Y 中用户的私钥, 否则敌手可以利用 Bob 授权给该用户的代理密钥直接解密 Bob 的密文, 这也是在私钥查询谕言机中不允许 $i \in Y$ 的原因. 对于双向代理重加密方案, 还需要进一步限制敌手访问从恶意用户到 Bob 的代理密钥.

主密钥安全性　如果用户 Bob 将解密权限授权给一个恶意用户, 会有什么影响? 显然, 敌手可以与恶意用户合谋直接解密挑战密文 c^*, 从而使得代理重加密的 IND-CPA 安全性无法实现. 那么, 授权解密权限与用户主密钥的完全泄漏是否等价呢? 从直观上看, 解密权限是通过代理密钥实现的, 并非直接将授权人的主密钥发送给被授权人, 因此, 保护授权人主密钥的安全性是可行且必要的. 接下来介绍一种刻画授权人主密钥安全性 (master secret-key security, MSS) 的模型.

定义一个 PRE 方案敌手 $\mathcal{A}$ 的优势函数如下:

$$
\mathsf{Adv}_{\mathcal{A}}(\kappa) = \Pr \left[sk = sk_B :
\begin{array}{l}
pp \leftarrow \mathsf{Setup}(1^{\kappa}); \\
(pk_B, sk_B) \leftarrow \mathsf{KeyGen}(pp); \\
sk \leftarrow \mathcal{A}^{\mathcal{O}_{\mathsf{keygen}}, \mathcal{O}_{\mathsf{rekeygen}}, \mathcal{O}_{\mathsf{corrupt}}}(pp, pk_B)
\end{array}
\right]
$$

在上述定义中, 三个查询谕言机的定义分别如下.

- $\mathcal{O}_{\mathsf{keygen}}$ 表示公钥查询谕言机, 输入用户身份 i, 如果集合 K 中包含用户 i 的密钥, 输出 pk_i; 否则计算 $(pk_i, sk_i) \leftarrow \mathsf{KeyGen}(pp)$, 输出 pk_i, 并将 (i, pk_i, sk_i) 存储到初始化为 $\{(\mathrm{Bob}, pk_B, sk_B)\}$ 的集合 K 中.
- $\mathcal{O}_{\mathsf{rekeygen}}$ 表示代理密钥查询谕言机, 输入用户身份 i, j, 如果集合 K 中未包含用户 i 或 j 的密钥, 输出 $\bot$; 否则, 输出 $rk_{i \to j} \leftarrow \mathsf{ReKeyGen}(pk_i, sk_i, pk_j, sk_j^*)$.
- $\mathcal{O}_{\mathsf{corrupt}}$ 表示私钥查询谕言机, 输入用户身份 i, 如果集合 K 中包含用户 i 的密钥且 $i \neq$ "Bob", 输出 sk_i; 否则, 输出 $\bot$.

如果任意的 PPT 敌手 $\mathcal{A}$ 在上述定义中的优势函数是可忽略的, 则称 PRE 方案是主密钥安全的.

笔记　主密钥安全模型中的三个查询谕言机与前面的定义类似, 但是有较大的区别: 在主密钥安全模型中, 除了不能访问挑战用户 (授权人) Bob 的主密钥 sk_B 外, 敌手可以询问任意用户的主密钥和任意用户之间的代理密钥. 在实际应用中, 即使敌手可以获取一个合法用户的授权解密权限, 但是保护合法用户主密钥安全性依然是有意义的. 事实上, 一些代理重加密方案的密文可能有多种形式, 一种形式是允许代理密钥进行密文转化和授权解密的, 另一种形式是不允许进行密文转换的, 这类密文只有主密钥才能解密.

6.4.2　代理重加密的构造

代理重加密方案可以看作标准公钥加密方案的一个延伸, 除了增加密文转换功能外, 其他功能和标准公钥加密是一样的. 尽管如此, 由于代理密钥的引入, 使得不同代理重加密方案具有的性质也各不一样. 有些性质可以通过前面的安全模型来刻画, 而在效率或功能等方面的性质无法通过安全模型进行描述. 下面将代理重加密方案可能具有的几种典型性质总结如下.

(1) **单向代理与双向代理**　一个代理密钥 $rk_{A\to B}$ 只能实现从用户 Alice 到用户 Bob 的密文转换, 那么此类方案称为单向代理重加密方案 (图 6.5(a)); 反之, 如果该密钥也可以实现从用户 Bob 到用户 Alice 的密文转换, 则该方案是双向代理重加密方案 (图 6.5(b)).

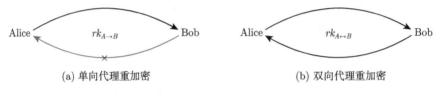

(a) 单向代理重加密　　　　　　　　(b) 双向代理重加密

图 6.5　单向代理重加密与双向代理重加密

(2) **非交互式代理密钥与交互式代理密钥**　当 Alice 授权解密权限给 Bob 时, 如果生成代理密钥 $rk_{A\to B}$ 只需要 Bob 的公钥 pk_B, 则该代理密钥是非交互式的 (图 6.6(a)); 如果生成代理密钥 $rk_{A\to B}$ 需要双方共同参与或者需要依赖一个可信第三方, 则该代理密钥是交互的 (图 6.6(b)).

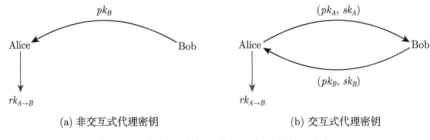

(a) 非交互式代理密钥　　　　　　　　(b) 交互式代理密钥

图 6.6　非交互式代理密钥与交互式代理密钥

(3) **抗合谋攻击与合谋攻击**　如果利用 Alice 到 Bob 的代理密钥 $rk_{A\to B}$ 和 Bob 的私钥 sk_B 不能恢复 Alice 的私钥 sk_A, 则代理重加密方案具有抗合谋攻击的性质 (图 6.7(a)); 否则, 不具有抗合谋攻击的性质 (图 6.7(b)). 实际上, 主密钥安全性的定义就是刻画此类合谋攻击的.

(4) **非传递性与可传递性**　如果利用从 Alice 到 Bob 的代理密钥 $rk_{A\to B}$ 和从 Bob 到 Carol 的代理密钥 $rk_{B\to C}$ 可以推导出从 Alice 到 Carol 的代理

密钥 $rk_{A \to C}$, 则此类代理密钥具有可传递性 (图 6.8(b)), 否则具有不可传递性 (图 6.8(a)).

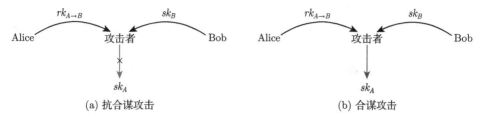

(a) 抗合谋攻击 (b) 合谋攻击

图 6.7 抗合谋攻击与合谋攻击

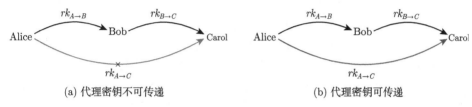

(a) 代理密钥不可传递 (b) 代理密钥可传递

图 6.8 非传递性与可传递性

(5) **代理不可见性与代理可见性** 所谓代理不可见性 (proxy invisibility) 在有些文献中也叫做代理透明性 (proxy transparency), 是指加密消息的发送者和任何被授权解密者都不必知道代理是否存在. 也就是说, 接收到的密文是发送者直接发送的还是通过代理服务器转换后的密文, 对于被授权解密者来说是不可区分的. 如果接收者需要知道是否转换后的密文才能选择不同的方式进行解密, 那么代理必须是可见的. 代理是否可见对实际应用可能会有一定的影响. 例如错误地判断一个密文是原始密文还是转换而来的密文, 可能解密出错误的结果.

(6) **单跳性与多跳性** 代理重加密的单跳性是指一个通过密钥转换而来的密文不能被其他代理密钥再进行转换. 而多跳性则允许进一步被转换, 例如 Alice 的密文 c_A 经过代理密钥 $rk_{A \to B}$ 重加密后变为 Bob 的密文 c_B, 代理服务器利用代理密钥 $rk_{B \to C}$ 还可以进一步将密文 c_B 转换为 Carol 的密文 c_C. 利用多跳性, 代理服务器可能会做出未授权的密文转换, 这对于控制原始密文的访问权限是不利的.

(7) **非转让性与可转让性** 非转让性是指解密权限不能进一步地被授权给其他用户. 在实际应用中, 可能存在部分恶意用户如 Bob, 在获取了 Alice 授权的代理密钥 $rk_{A \to B}$ 后, 是否可以将解密权限授权给 Carol, 例如生成代理密钥 $rk_{A \to C}$.

注记 6.5 非转让性与非传递性看上去很相似, 但是具有较大的区别. 在非传递性中, 敌手仅知道用户的公钥和一些 (可公开的) 代理密钥, 而在非转让性中, 敌手不仅知道一些公开的信息, 还知道恶意用户的私钥, 如果代理密钥是非交互式的, 那么敌手是可以自己生成从 Bob 到 Carol 的代理密钥 $rk_{B\to C}$. 因此, 如果一个代理重加密方案的代理密钥具有可传递性, 那么该方案一定不具有非转让性. 非转让性和单跳性的概念也很类似, 但是单跳性主要从转换后的密文是否能代理密钥进行转换的角度考虑的, 而非转让性不仅如此. 非转让性是为了阻止解密权限的滥用, 不仅仅是阻止敌手生成新的代理密钥或者将重加密文进一步转换. 因此, 要实现非转让性似乎比实现非传递性要更加困难. 例如, Bob 在获取了代理密钥 $rk_{A\to B}$ 后, 自然可以解密 Alice 的重加密密文, 进一步可以将恢复的消息授权给其他用户查看. 这似乎是无法避免的一个问题.

除了以上几种性质, 每个用户的密钥数量也是非常重要的. 在一些方案中, 用户的密钥数量与授权人的数量线性相关, 导致用户的密钥存储和管理比较麻烦. 授权人是否能够解密最初发送给她的重加密后的密文也是一个比较重要的性质. 假设密文 $c = \mathsf{Encrypt}(pk_A, m)$ 是一个发送者发送给 Alice 的原始密文, Alice 具有访问该密文的权限. 如果该密文被重新加密为 Bob 的密文 $c' = \mathsf{ReEncrypt}(rk_{A\to B}, c)$, 那么重加密后的密文 Alice 是否还有访问权限呢? 如果简单地将原始密文作为重加密密文的一部分, 那么 Alice 仍然可以恢复原始消息. 这与代理不可见性矛盾.

结合上述性质, 下面介绍几种典型的代理重加密方案的设计方法.

1. 双向代理重加密方案

双向代理重加密可以通过一个标准的公钥加密方案来构造. 假设 PKE＝(Setup, KeyGen, Encrypt, Decrypt) 是一个标准的公钥加密方案. 其构造思想如图 6.9 所示.

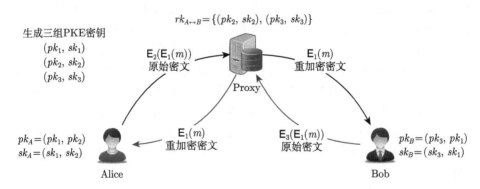

图 6.9   基于标准公钥加密的双向代理重加密构造思想

PRE 的密钥生成算法是利用公钥加密方案的密钥生成算法 PKE.KeyGen 生成三组密钥 (pk_1, sk_1), (pk_2, sk_2) 和 (pk_3, sk_3). Alice 和 Bob 分别持有其中的两组密钥且仅有一组公共的密钥, 例如 Alice 持有密钥 (pk_1, sk_1) 和 (pk_2, sk_2), Bob 持有密钥 (pk_1, sk_1) 和 (pk_3, sk_3). 而重加密密钥由 Alice 和 Bob 非公共的密钥组

成, 即 Proxy 持有的重加密密钥为 $rk_{A\leftrightarrow B} = \{(pk_2, sk_2), (pk_3, sk_3)\}$. 为简化描述, 下面用 E_i 和 D_i 分别表示公钥加密方案在公钥 pk_i 下的加密算法和在私钥 sk_i 下的解密算法.

PRE 的加密算法是利用 PKE 的加密算法加密消息两次, 即 $c = \mathsf{E}_2(\mathsf{E}_1(m))$. 对于 Alice 来说, 利用自己的私钥 $sk_A = (sk_1, sk_2)$ 可以直接解密密文 $\mathsf{D}_1(\mathsf{D}_2(c)) = m$.

PRE 的重加密算法是 Proxy 利用私钥 sk_2 将密文 c 部分解密为 $c' = \mathsf{D}_2(c) = \mathsf{E}_1(m)$. 利用私钥 sk_1, Bob 可以从重加密密文 c' 中恢复出消息 $m = \mathsf{D}_1(c') = \mathsf{D}_1(\mathsf{E}_1(m))$.

利用类似的方式可以将 Bob 的密文转化为 Alice 的密文, 因此这是一个双向代理重加密方案. 如果将重加密密文定义为 $c' = \mathsf{E}_3(\mathsf{D}_2(c)) = \mathsf{E}_3(\mathsf{E}_1(m))$, 则重加密密文的形式同 Bob 的原始密文形式是完全一样的, 所以这个代理重加密方案具有代理不可见性.

上述方案的构造思想源于文献 [151], 如果所基于的公钥加密方案是 IND-CPA (或 IND-CCA) 安全的, 那么构造的双向代理重加密方案也是 IND-CPA (或 IND-CCA) 安全的.

由于通用构造方案需要双重加密和解密, 计算时间一般要比所基于的公钥加密方案多出一倍. 实际上, 基于具体的公钥加密算法可以设计出更高效的双向代理重加密方案. 下面以 BBS 方案 [149] 为例, 介绍一种基于 ElGamal 加密方案的双向代理重加密方案.

构造 6.7 (基于 ElGamal 的双向代理重加密方案)

- Setup(1^κ): 运行 $(\mathbb{G}, q, g) \leftarrow \mathsf{GenGroup}(1^\kappa)$, 输出系统参数 $pp = (\mathbb{G}, q, g)$.
- KeyGen(pp): 随机选择 $x \xleftarrow{\text{R}} \mathbb{Z}_q$, 计算 $h = g^x$, 输出公钥 $pk = h$ 和私钥 $sk = x$.
- ReKeyGen$(pk_A, sk_A^\dagger, pk_B, sk_B^*)$: 假设 $(pk_A, sk_A) = (h_A, x_A)$, $(pk_B, sk_B) = (h_B, x_B)$, 输出代理密钥 $rk_{A\to B} = x_A^{-1} x_B \bmod q$.
- Encrypt(pk, m): 随机选择 $r \xleftarrow{\text{R}} \mathbb{Z}_q$, 计算 $c_1 = h^r \bmod p$, $c_2 = g^r m$, 输出密文 $c = (c_1, c_2)$.
- Decrypt(sk, c): 计算 $m = c_2 / c_1^{1/x}$, 输出消息 m.
- ReEncrypt$(rk_{A\to B}, c_A)$: 假设 $c_A = (c_1, c_2)$, 计算 $c_1' = (c_1)^{rk_{A\to B}}$, 输出重加密密文 $c_B = (c_1', c_2)$.

正确性 构造 6.7 的形式与标准的 ElGamal 加密方案类似, 但是在参数使用上稍有不同, 并且需要利用私钥的逆元来解密密文. 对于重加密密文, 由于

$$c_1' = (c_1)^{rk_{A\to B}} = (g^{x_A r})^{x_A^{-1} x_B} = (g^{x_B r}) = (h_B)^r$$

所以, 重加密密文 c_B 是 Bob 的一个形式合法的密文, 因此 Bob 可以正常解密 c_B.

安全性　下面针对两个用户的环境简要分析构造 6.7 在 DDH 假设下满足 IND-CPA 安全性. 对于多用户环境, 需要考虑恶意用户的情况, 读者可尝试去分析. 假设 (g, g^a, g^b, T) 是一个 DDH 问题实例. 下面构造一个模拟者利用敌手区分 PRE 密文的能力来解决一个 DDH 问题. 模拟者随机选择 $z \xleftarrow{\text{R}} \mathbb{Z}_q$, 令 Alice 的公钥为 $pk_A = g^a$, Bob 的公钥为 $pk_B = (g^b)^z$. 由于 a 和 z 都是随机选取的, 所以 Alice 和 Bob 的公钥与实际选取的分布是一样的. 当敌手查询 Alice 与 Bob 之间的代理密钥 $rk_{A \to B}$ 或 $rk_{B \to A}$ 时, 模拟者直接返回 z 或 $z^{-1} \bmod q$. 由于 $sk_A = a$, $sk_B = az \bmod q$, 所以 $rk_{A \to B} = sk_A^{-1} sk_B = z$. 模拟者定义挑战密文为

$$c^* = (c_1, c_2) = (T, g^b m_\beta)$$

显然, 如果 $T = g^{ab}$, 则上述密文是一个合法的 PRE 密文; 如果 T 是随机选取的, g^b 与 T 完全独立且 y 是随机选取的, 此时密文 c^* 是 $\mathbb{G} \times \mathbb{G}$ 上的一个随机元素. 所以敌手能够区分挑战密文 c^* 等价于能够区分 DDH 问题.

注记 6.6　在上述通用构造方案中, Proxy 和 Bob 联合可以完全恢复 Alice 的私钥 $sk_A = (sk_1, sk_2)$. 而在基于 ElGamal 的构造中, Proxy 和 Bob 联合可以计算出 $sk_A = rk_{A \to B}^{-1} sk_B \bmod q$. 所以上述两种双向代理重加密方案都不能抵抗合谋攻击. 在多个用户环境下, 通用构造的用户密钥管理是比较复杂的, 每两个用户之间都要共享一对不同的密钥. 构造 6.7 尽管可以避免用户密钥增长问题, 但是代理密钥具有传递性, 如已知 $rk_{A \to B} = x_A^{-1} x_B$ 和 $rk_{B \to C} = x_B^{-1} x_C$, 则

$$(x_A^{-1} x_B) \cdot (x_B^{-1} x_C) = x_A^{-1} x_C = rk_{A \to C}$$

2. 单向代理重加密方案

Ivan 和 Dodis 在文献 [151] 中介绍了一种利用标准公钥加密构造单向代理重加密方案的方法. 该方法利用秘密共享的方式将授权人的私钥 sk 拆分为两部分 sk_1 和 sk_2 以实现密文转换. 如图 6.10 所示, 其中 Alice 拥有两组 PKE 密钥, 而 Proxy 和 Bob 分别拥有其中的一组. 显然, 该方案不能抵抗合谋攻击, 达不到主密钥安全性. 当授权用户数量增长时, Bob 持有的密钥数量也随之增长. 下面介绍一种在效率和安全性方面更加完善的构造. 该构造由 Ateniese 等 [150] 设计, 可以看作 BBS 方案在双线性映射上的实现.

构造 6.8 (基于双线性映射的单向代理重加密方案)

• Setup(1^κ): 运行 GenBLGroup(1^κ) 生成一个类型 1 双线性映射 $(\mathbb{G}, \mathbb{G}_T, q, g, e)$. 令 $Z = e(g, g)$, 输出系统参数 $pp = (\mathbb{G}, \mathbb{G}_T, q, g, e, Z)$.

• KeyGen(pp): 随机选择 $x \xleftarrow{\text{R}} \mathbb{Z}_q$, 计算 $h = g^x$, 输出公钥 $pk = h$ 和私钥 $sk = x$.

- ReKeyGen(pk_A, sk_A, pk_B): 假设 $(pk_A, sk_A) = (h_A, x_A)$, $pk_B = h_B$, 输出代理密钥 $rk_{A\to B} = h_B^{1/x_A}$.
- 第一层次加密 Encrypt$_1(pk, m)$: 对于消息 $m \in \mathbb{G}_T$, 随机选择 $r \xleftarrow{\text{R}} \mathbb{Z}_q$, 计算 $c_1 = Z^{xr}$, $c_2 = Z^r m$, 输出密文 $c = (c_1, c_2)$.
- 第二层次加密 Encrypt$_2(pk, m)$: 对于消息 $m \in \mathbb{G}_T$, 随机选择 $r \xleftarrow{\text{R}} \mathbb{Z}_q$, 计算 $c_1 = g^{xr}$, $c_2 = Z^r m$, 输出密文 $c = (c_1, c_2)$.
- 第一层次密文解密算法 Decrypt$_1(sk, c)$: 计算 $m = c_2 / c_1^{1/x}$, 输出消息 m.
- 第二层次密文解密算法 Decrypt$_2(sk, c)$: 计算 $m = c_2 / e(c_1, g)^{1/x}$, 输出消息 m.
- ReEncrypt$(rk_{A\to B}, c_A)$: 假设 $c_A = (c_1, c_2)$ 是第二层次密文, 计算 $c_1' = e(c_1, rk_{A\to B})$, 输出重加密密文 $c_B = (c_1', c_2)$.

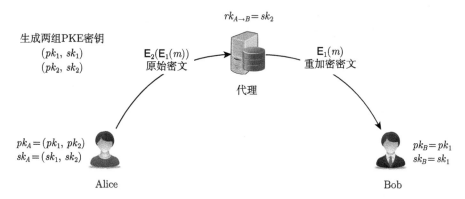

图 6.10　基于标准公钥加密的单向代理重加密构造思想

正确性　对于第一层次和第二层次的密文, 可以直接验证解密结果的正确性. 对于重加密密文, 由于

$$c_1' = e(c_1, rk_{A\to B}) = e(g^{x_A r}, g^{x_B/x_A}) = e(g^{x_B r}, g) = Z^{x_B r}$$

所以, 重加密密文 c_B 是 Bob 的一个形式合法的第一层次密文, 因此 Bob 可以正常解密 c_B.

安全性　构造 6.8 的安全性可在选择明文不可区分安全模型及主密钥安全模型下分别讨论, 具体结论分别为定理 6.4 和定理 6.5. 定理的证明分别依赖双线性映射 $(\mathbb{G}, \mathbb{G}_T, q, g, e)$ 上的如下两个假设.

- 假设 1: 已知 (g, g^a, g^b, T), 其中 $a, b \xleftarrow{\text{R}} \mathbb{Z}_q^2$, $T \in \mathbb{G}_T$, 判断 $T = e(g, g)^{a/b}$ 还是 $\mathbb{G}_T$ 上的一个随机元素是困难的.
- 假设 2: 已知 $(g, g^a, g^{1/a})$, 其中 $a \xleftarrow{\text{R}} \mathbb{Z}_q$, 计算 a 是困难的.

定理 6.4　如果假设 1 相对于 GenBLGroup 成立, 那么构造 6.8 中的 PRE 是 IND-CPA 安全的.

定理 6.4 的证明可以通过构造一个模拟算法, 将方案的选择明文攻击安全性归约到假设 1 上. 给定假设 1 的一个问题实例 (g, g^a, g^b, T), 令目标用户 Bob 的公钥为 $pk_B = g^b$. 考虑两类用户: 合法用户 (记作集合 I) 和恶意用户 (记作集合 J). 模拟算法能够回答敌手如图 6.11 所示的不同情况的代理密钥查询. 由于敌手可能与恶意用户合谋, 模拟者必须能够向敌手提供恶意用户的私钥 (私钥查询), 所以恶意用户的公私钥对必须由模拟算法独立于假设 1 产生, 对于任意 $j \in J$, 随机选择 $y_j \xleftarrow{\text{R}} \mathbb{Z}_q$, 令 $(pk_j, sk_j) = (g^{y_j}, y_j)$. 对于合法集合 I 中的用户 i, 模拟算法随机选择 $z_i \xleftarrow{\text{R}} \mathbb{Z}_q$, 令 $pk_i = (g^b)^{z_i}$. 则模拟算法可以回答相关的代理密钥查询, 即 $rk_{B \to i} = g^{z_i}$, $rk_{i \to B} = g^{1/z_i}$ 和 $rk_{j \to B} = (g^b)^{1/y_j}$. 对于 Bob 到 J 的代理密钥是禁止查询的. 对于挑战密文, 模拟算法令 $c^* = (g^a, Tm_\beta)$. 当 $T = e(g,g)^{a/b}$ 时, 显然 $c^* = ((g^b)^{a/b}, e(g,g)^{a/b}m_\beta)$ 是一个合法的第二层次密文.

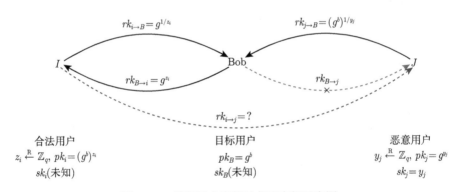

图 6.11　模拟用户密钥及代理密钥示意图

证明　假设 $\mathcal{A}$ 是一个攻击构造 6.8 的 IND-CPA 安全性的敌手. 下面以归约的方式组织证明. 给定在双线性映射 $(\mathbb{G}, \mathbb{G}_T, q, g, e)$ 上的一个问题实例 (g, g^a, g^b, T), 构造一个有效的模拟算法 $\mathcal{B}$, 利用 $\mathcal{A}$ 求解问题实例的解. $\mathcal{B}$ 模拟 $\mathcal{A}$ 的攻击环境如下.

- 初始化: $\mathcal{B}$ 根据问题实例计算 $Z = e(g,g)$, 设置系统参数为 $pp = (\mathbb{G}, \mathbb{G}_T, q, g, e, Z)$, 设置目标用户 Bob 的公钥为 $pk_B = g^b$, 并将 pp 和 pk_B 发送给 $\mathcal{A}$.
- 阶段 1 询问: $\mathcal{B}$ 按以下方式回答 $\mathcal{A}$ 的用户密钥查询和代理密钥查询.
- 用户密钥查询: 当 $\mathcal{A}$ 查询合法用户集合 I 中用户 i 的公钥时, $\mathcal{B}$ 随机选择 $z_i \xleftarrow{\text{R}} \mathbb{Z}_q$, 返回 $pk_i = (g^b)^{z_i}$. 当 $\mathcal{A}$ 查询恶意用户集合 J 中用户 j 的公钥和私钥时, $\mathcal{B}$ 随机选择 $y_j \xleftarrow{\text{R}} \mathbb{Z}_q$, 返回 $(pk_j, sk_j) = (g^{y_j}, y_j)$.
- 代理密钥查询: $\mathcal{B}$ 按以下几种情况回答.

(1) Bob 到 I 的代理密钥: $\mathcal{B}$ 返回 $rk_{B\to i} = g^{z_i}$.

(2) I 到 Bob 的代理密钥: $\mathcal{B}$ 返回 $rk_{i\to B} = g^{1/z_i}$.

(3) J 到 Bob 的代理密钥: $\mathcal{B}$ 返回 $rk_{j\to B} = (g^b)^{1/y_j}$.

• 挑战: 当阶段 1 询问结束时, $\mathcal{A}$ 选择两个挑战消息 $m_0, m_1 \in \mathbb{G}_T$ 发送给 $\mathcal{B}$. 算法 $\mathcal{B}$ 随机选择 $\beta \xleftarrow{\text{R}} \{0,1\}$, 返回挑战密文 $c^* = (g^a, Tm_\beta)$.

• 阶段 2 询问: $\mathcal{A}$ 可以继续进行用户密钥查询和代理密钥查询.

• 输出: 最终, $\mathcal{A}$ 将输出一猜测比特 $\beta' \in \{0,1\}$. 当 $\beta' = \beta$ 时, $\mathcal{B}$ 输出 1; 否则输出 0, 作为自己对假设 1 的问题实例的解.

至此, 完成了模拟算法 $\mathcal{B}$ 的描述. 由于问题实例中 a 和 b 都是随机选取的, z_i 和 y_j 是由模拟算法随机选取的, 所以用户的公钥分布和实际选取的结果是一致的. 当 $T = e(g,g)^{a/b}$ 时, 挑战密文的分布和实际计算的结果也是一致的. 所以

$$\mathsf{Adv}_{\mathcal{A}}(\kappa) = \left| \Pr[\beta' = \beta | T = e(g,g)^{a/b}] - 1/2 \right|$$

当 T 是 $\mathbb{G}_T$ 上的随机元素时, $\Pr\left[\beta' = \beta | T = e(g,g)^{a/b}\right] = \dfrac{1}{2}$. 根据假设 1, 则

$$\left| \Pr[\mathcal{B}(T = e(g,g)^{a/b}) = 1] - \Pr[\mathcal{B}(T \xleftarrow{\text{R}} \mathbb{G}) = 1] \right| \leqslant \mathsf{negl}(\kappa)$$

由于

$$\Pr[\mathcal{B}(T = e(g,g)^{a/b}) = 1] = \Pr\left[\beta' = \beta | T = e(g,g)^{a/b}\right]$$
$$\Pr[\mathcal{B}(T \xleftarrow{\text{R}} \mathbb{G}) = 1] = \Pr\left[\beta' = \beta | T \xleftarrow{\text{R}} \mathbb{G}\right]$$

所以 $\mathsf{Adv}_{\mathcal{A}}(\kappa)$ 是可忽略的.

定理 6.4 证毕! □

注记 6.7 定理 6.4 的证明实际上假设了合法用户和恶意用户是事先已知的, 这与实际环境稍有不同. 如何模拟自适应攻击的用户公钥值得进一步思考, 读者可以阅读文献 [152] 关于自适应攻击的解决方法. 此外, 在回答代理密钥查询时, 模拟算法还省略了非目标用户之间的代理密钥查询, 特别是如何模拟从合法用户到非法用户的代理密钥, 更是值得去思考.

定理 6.5 如果假设 2 相对于 GenBLGroup 成立, 那么构造 6.8 中的 PRE 是主密钥安全的.

主密钥安全性的证明思路类似定理 6.4 的证明. 根据假设 2 的问题实例 $(g, g^a, g^{1/a})$, 模拟算法 $\mathcal{B}$ 可以将目标用户 Bob 公钥设置为 $pk_B = g^a$, 而将其他用户 (可能都是恶意用户) 的公钥和私钥设置为 $(pk_i, sk_i) = (g^{x_i}, x_i)$, 其中 $x_i \xleftarrow{\text{R}} \mathbb{Z}_q$ 是由模拟算法随机选取的. 由于模拟算法知道每个用户的私钥 sk_i 以及 $g^{1/a}$, 所以模拟算法可以回答任意代理密钥查询. 下面给出定理 6.5 的完整证明过程.

证明　假设 $\mathcal{A}$ 是一个攻击构造 6.8 主密钥安全性的敌手. 下面以归约的方式组织证明. 给定在双线性映射 $(\mathbb{G}, \mathbb{G}_T, q, g, e)$ 上的一个问题实例 $(g, g^a, g^{1/a})$, 构造一个有效的模拟算法 $\mathcal{B}$, 利用 $\mathcal{A}$ 求解问题实例的解. $\mathcal{B}$ 模拟 $\mathcal{A}$ 的攻击环境如下.

- 初始化: $\mathcal{B}$ 根据问题实例计算 $Z = e(g, g)$, 设置系统参数为 $pp = (\mathbb{G}, \mathbb{G}_T, q, g, e, Z)$, 设置目标用户 Bob 的公钥为 $pk_B = g^a$, 并将 pp 和 pk_B 发送给 $\mathcal{A}$.
- 询问: $\mathcal{B}$ 按以下方式回答 $\mathcal{A}$ 的用户密钥查询和代理密钥查询.
- 用户密钥查询: 当 $\mathcal{A}$ 查询 i 公钥或私钥时, $\mathcal{B}$ 随机选择 $x_i \xleftarrow{\text{R}} \mathbb{Z}_q$, 返回公钥 $pk_i = g^{x_i}$ 或私钥 $sk_i = x_i$.
- 代理密钥查询: $\mathcal{B}$ 按以下几种情况回答.
  (1) Bob 到 i 的代理密钥: $\mathcal{B}$ 返回 $rk_{B \to i} = (g^{1/a})^{x_i}$.
  (2) i 到 Bob 的代理密钥: $\mathcal{B}$ 返回 $rk_{i \to B} = (g^a)^{1/x_i}$.
- 输出: 当询问结束时, $\mathcal{A}$ 输出 Bob 的一个猜测私钥 sk'_B. 如果 $g^{sk'_B} = g^a$, 则 $\mathcal{B}$ 输出 sk'_B 作为自己对假设 2 的问题实例的解; 否则, 输出 $\mathbb{Z}_q$ 上的一个随机元素.

由于问题实例中 a, x_i 都是随机选取的, 所以 Bob 的公钥和其他用户的公钥的分布与实际选取的结果是一致的. 由于 $\mathcal{B}$ 知道 x_i 和 $g^{1/a}$, 所以模拟算法回答的代理密钥查询结果也是正确的. 因此, 如果 $\mathcal{A}$ 能够以不可忽略的概率输出 Bob 的私钥, 那么 $\mathcal{B}$ 就能够以相同的优势求解问题实例, 这与假设 2 相矛盾.

定理 6.5 证毕!　　　　　　　　　　　　　　　　　　　　　　　　　　　□

注记 6.8　定理 6.5 说明了即使敌手与若干用户合谋, 并获取了从目标用户 Bob 授权的若干代理密钥, 也无法恢复 Bob 的私钥 sk_B. 这对于保护 Bob 的第一层次密文是有帮助的, 因为敌手仅能通过代理密钥访问 Bob 的第二层次密文, 而第一层次密文必须使用 Bob 的私钥才能解密. 那么, 主密钥安全性能否保障第一层次密文的语义安全性呢? 读者可以思考在主密钥攻击下第一层次密文的语义安全性模型, 并思考在该模型下如何设计一个安全的代理重加密方案.

通过前面两个定理的分析, 可以看出构造 6.8 满足单向代理、非交互式代理密钥、抗合谋攻击、非传递性、单跳性和代理不可见等优良的性质. 此外, 用户密钥也是紧致的, 与授权用户数量无关. 但是在安全性方面, 依赖的问题假设不够标准, 其困难性还是需要进一步论证. 依赖更加标准的问题假设构造代理重加密方案可以进一步阅读 Ateniese 等的改进方案 [150]. 关于代理重加密的选择密文攻击安全性和自适应安全性可进一步阅读 [152-154], 关于后量子安全的代理重加密方案可以阅读文献 [155] 和 [156], 关于代理重加密的细粒度访问控制方法可阅读文献 [157].

章后习题

练习 6.1 请思考确定性公钥加密方案与有损陷门函数之间有什么关系? 能否基于确定性公钥加密方案 (见构造 6.2) 设计一个有损陷门函数?

练习 6.2 标准的公钥可搜索加密方案仅考虑如何检索被加密的关键词, 缺少消息加密的功能. 请思考如何将 PEKS 与 PKE 二者的功能相结合, 试着给出这种密码原语的形式化定义, 并思考如何描述它的安全性及如何设计满足定义的构造.

练习 6.3 请描述单向代理重加密在选择明文攻击和主密钥攻击下的密文不可区分安全性模型, 并尝试分析构造 6.8 的第一层次密文在该模型下是否安全?

练习 6.4 利用基于 R_{DH} 关系的 TEHPS, 设计一个基于 DBDH 问题的门限密钥封装方案.

练习 6.5 试证明从 PEKS 到 IBE 的转化方案 (构造 6.3) 是 IND-CPA 安全的, 并思考如果要使构造的 IBE 方案是 IND-CCA 安全的, 那么原始的 PEKS 方案需要满足哪些额外的性质.

练习 6.6 试利用 RSA 算法设计一个简单、高效的单向代理重加密方案, 能够满足基本的密文代理转化的功能和单向安全性 (提示: 将 RSA 的私钥 d 拆分为两部分, 一部分用户持有, 另一部分代理服务器持有).

第6章习题答案

第 7 章

经典的数字签名方案

章前概述

内容提要

❑ 数字签名的定义与安全性   ❑ SM2 签名方案

❑ RSA 签名方案

本章开始介绍公钥密码学的签名内容——数字签名. 7.1 节定义了数字签名的算法组成和安全性, 7.2 节介绍了基于 RSA 假设的经典数字签名方案, 7.3 节介绍了我国标准的 SM2 数字签名方案.

7.1 数字签名的定义与安全性

7.1.1 数字签名的定义

数字签名的概念由 Diffie 和 Hellman 在公钥密码学的重要论文 [5] 中首次提出, 但是当时并没有关于数字签名的完整安全性定义, 且作者也没有给出完整可实现的数字签名构造. 1978 年, Rivest 等 [35] 首先提出了 RSA 假设以及用 RSA 假设构造的签名方法. 自此, 数字签名成为通信中保障信息完整性与可认证性不可或缺的工具.

定义 7.1 (数字签名方案)   数字签名方案由以下 4 个 PPT 算法组成.

- Setup(1^κ): 以安全参数 1^κ 为输入, 输出系统公开参数 pp. 其中 pp 包含对签名密钥空间 SK, 验证密钥空间 VK, 消息空间 M 和签名空间 Σ 的描述. 该算法由可信第三方生成并公开, 系统中所有用户共享相同的系统参数 pp, 所有算法均将 pp 作为输入. 当上下文明确时, 常常为了行文简洁省去 pp.

- KeyGen(pp): 以系统公开参数 pp 为输入, 输出一对验证/签名密钥对 (vk, sk). 其中验证密钥公开, 签名密钥秘密保存.

- Sign(sk, m) : 以签名密钥 $sk \in SK$ 和消息 $m \in M$ 为输入, 输出签名 $\sigma \in \Sigma$.
- Verify(vk, m, σ) : 以验证密钥 $vk \in VK$, 消息 $m \in M$ 和签名 $\sigma \in \Sigma$ 为输入. 输出 0 表示签名被拒绝, 1 表示签名合法.

注记 7.1 当系统参数较为简单且上下文明确时, 常常为了行文简洁将参数生成算法 Setup 与密钥生成算法 KeyGen 合并记为 KeyGen(1^κ) → (pp, vk, sk).

图 7.1 显示数字签名方案示意图.

正确性 该性质保证数字签名的功能性, 即使用签名密钥对消息生成的签名可以通过验证算法验证. 正式地, 对于任意安全参数 κ, 以及任意消息 $m \in M$, 有

$$\Pr\left[\text{Verify}(vk, m, \sigma) = 1 : \begin{array}{l} pp \leftarrow \text{Setup}(1^\kappa); \\ (vk, sk) \leftarrow \text{KeyGen}(pp); \\ \sigma \leftarrow \text{Sign}(sk, m) \end{array} \right] \geqslant 1 - \text{negl}(\kappa) \qquad (7.1)$$

如果上述概率严格等于 1, 则称数字签名方案满足完美正确性.

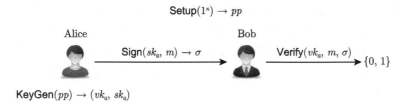

图 7.1 数字签名方案示意图

7.1.2 数字签名的安全性

本小节着重介绍数字签名的不同安全性要求. 注意到尽管签名方案中不同安全性存在相互蕴含的强弱关系, 但因弱安全性签名方案通常有较为高效的构造, 且在一些应用场景中较弱的安全性能够满足使用需求 (如通过身份加密构造选择密文安全的公钥加密), 因此数字签名方案的弱安全性也有着重要理论和实践意义.

数字签名方案安全性主要在于防范敌手伪造他人签名或者篡改消息, 因此最朴素的数字签名安全性要求敌手在没有签名密钥 sk 时, 无法生成能够通过验证的签名.

然而, 上述朴素的签名算法安全性定义并不能满足日常使用需求, 其最主要的缺陷在于:

- 从现实使用场景考虑, 为了避免反复对签名密钥进行认证, 通常要求相同的签名密钥被用于对不同消息产生签名. 因此敌手在伪造签名前, 通常可以观察到

一个或者多个用签名密钥生成的签名. 该特性并没有被上述朴素的签名安全性定义所刻画.

● 从信息泄漏角度考虑, 用户每生成一个签名都可能泄漏签名密钥的一部分信息熵. 上述安全性定义并没有对这一部分泄漏的信息进行限制.

注记 7.2 *我们给出一个例子展示上述安全性并不满足要求: 如果有一个签名方案 SIG = (Setup, KeyGen, Sign, Verify) 满足任意签名安全性 (即敌手在任何条件下均不能在没有签名密钥的情况下生成可以通过验证的签名), 我们稍稍将该算法进行更改即可获得另一个签名算法 SIG′, 满足 SIG′.Sign(sk, m) = (SIG.Sign(sk, m), sk). 通过观察得知, 敌手在获得 SIG′ 的一次签名以后便可以获取完整签名密钥. 然而, 因为敌手在看不到任何签名仅拥有签名验证密钥的时候无法伪造签名, 所以 SIG′ 满足上述定义的朴素安全性. 又因为密钥在签名中被完全泄漏, 所以该签名方案 SIG′ 无法满足实际使用需求.*

经过上述分析, 签名方案的安全性应当确保每一个数字签名尽可能少或者不泄漏签名密钥信息, 即敌手获得多个签名以后数字签名方案仍然安全. 因此, 给出下列一次签名安全性和多次签名安全性, 分别表示敌手在获得一份数字签名以后无法伪造签名, 以及敌手在获得多项式份数的数字签名以后仍然无法伪造签名.

🖢 **笔记** 注意到因为指数时间的敌手可以通过穷举签名密钥伪造签名. 因此在定义数字签名的安全性时, 我们只要求对多项式时间的敌手具备安全性. 此外, 多项式时间敌手获得的输入大小也被限制在多项式大小, 所以我们在上述定义中限制敌手仅能获得多项式个数字签名.

首先定义数字签名方案的一次签名选择消息存在性不可伪造安全 (one-time existential unforgeability against chosen-messsage attack, OT-EUF-CMA). 为了行文简洁, 我们在后续章节中将该性质简称为一次签名安全.

一次签名安全 定义一次签名安全数字签名方案SIG = (Setup, KeyGen, Sign, Verify) 敌手 $\mathcal{A} = (\mathcal{A}_1, \mathcal{A}_2)$ 的优势函数如下:

$$\mathsf{Adv}_{\mathcal{A}}(\kappa) := \Pr\left[\mathsf{Verify}(vk, m^*, \sigma^*) = 1 \wedge m \neq m^* : \begin{array}{l} (pp) \leftarrow \mathsf{Setup}(1^\kappa); \\ (vk, sk) \leftarrow \mathsf{KeyGen}(pp); \\ (m, st) \leftarrow \mathcal{A}_1(vk); \\ \sigma \leftarrow \mathsf{Sign}(sk, m); \\ (m^*, \sigma^*) \leftarrow \mathcal{A}_2(\sigma, st) \end{array}\right]$$

在上述定义中, $\mathcal{A} = (\mathcal{A}_1, \mathcal{A}_2)$ 表示敌手 $\mathcal{A}$ 可划分为两个阶段, 其中 $\mathcal{A}_1$ 以公开信息为输入, 生成向挑战者提问的消息. $\mathcal{A}_2$ 利用挑战者生成的消息与签名对 (m, σ), 生成攻击消息与签名 (m^*, σ^*). 其中, st 表示 $\mathcal{A}_1$ 向 $\mathcal{A}_2$ 传递的信息. 为了避免敌手

直接将查询签名谕言机结果直接作为攻击, 要求攻击消息满足 $m^* \neq m$. 如果对于任意 PPT 敌手 $\mathcal{A}$ 在上述游戏中的优势函数均可忽略, 则称签名方案 SIG 是一次签名安全的. 此外, 如果敌手成功条件中的 $m \neq m^*$ 更改为 $(m, \sigma) \neq (m^*, \sigma^*)$, 则我们称签名方案满足强一次签名选择消息存在性不可伪造安全 (one-time strong existential unforgeability against chosen-messsage attack, OT-SEUF-CMA), 为了行文简洁, 我们在后续章节中将该性质简称为强一次签名安全.

下面定义数字签名方案的多次签名选择消息存在性不可伪造安全 (existential unforgeability against chosen-messsage attack, EUF-CMA). 因为多次签名是默认的设定, 所以在上下文清晰的情况下简写为选择消息安全.

选择消息安全 定义选择消息安全数字签名方案 SIG = (Setup, KeyGen, Sign, Verify) 敌手 $\mathcal{A}$ 的优势函数如下:

$$
\mathsf{Adv}_{\mathcal{A}}(\kappa) := \Pr\left[\mathsf{Verify}(vk, m^*, \sigma^*) = 1 \wedge m^* \notin L_m : \begin{array}{l} pp \leftarrow \mathsf{Setup}(1^\kappa); \\ (vk, sk) \leftarrow \mathsf{KeyGen}(pp); \\ (m^*, \sigma^*) \leftarrow \mathcal{A}^{\mathcal{O}_{\mathsf{sign}}}(vk) \end{array} \right]
$$

在上述定义中, $\mathcal{O}_{\mathsf{sign}}$ 表示签名谕言机, 在接收到消息 m 的询问后输出 $\sigma \leftarrow \mathsf{Sign}(sk, m)$, 并将 m 记录在一个列表 L_m 中. 为了避免敌手直接将签名谕言机查询结果作为攻击, 要求攻击消息满足 $m^* \notin L_m$. 如果任意 PPT 敌手 $\mathcal{A}$ 在上述安全性游戏中的优势函数均可忽略, 则称签名方案 SIG 是选择消息安全的. 此外, 如果敌手成功条件中的 $m^* \notin L_m$ 更改为 $(m^*, \sigma^*) \notin L_{(m,\sigma)}$, 其中 $L_{(m,\sigma)}$ 表示所有签名谕言机生成的消息与签名对, 则我们称数字签名方案满足强选择消息存在性安全 (strong existential unforgeability against chosen-messsage attack, SEUF-CMA), 为了行文简洁, 我们在后续章节中将该性质简称为强选择消息安全.

注记 7.3 (一次签名) 签名安全与强 (一次签名) 签名安全的主要区别在于, 较弱的签名安全性定义中允许敌手根据已有的信息签名对 (m, σ) 生成关于 m 新的签名 $\sigma' \neq \sigma$. 而强签名安全性定义中, 即使已经拥有 m 的签名 σ, 敌手也无法生成新的签名. 这一点在具有同态性质的数字签名方案安全性定义中有着重要差异.

☙ **笔记** 上述一次签名安全定义可以看作选择消息安全的一个特殊形式, 在一次签名安全的定义中我们可以看作只允许敌手询问一次签名谕言机 $\mathcal{O}_{\mathsf{sign}}$.

☙ **笔记** 签名安全性与加密安全性类似, 可以分为选择与自适应安全性. 其中选择安全性要求敌手在看到验证密钥之前就确定要询问签名谕言机 $\mathcal{O}_{\mathsf{sign}}$ 的所有消息, 而自适应安全性允许敌手根据学习到的知识动态调整每次询问签名谕言机 $\mathcal{O}_{\mathsf{sign}}$ 的消息. 因此, 自适应安全性极大增强了敌手的攻击能力. 在后续章节中, 除特别指出外均采用自适应性定义.

7.1.3 数字签名的拓展性质

数字签名方案用来保证信息传输过程中, 在未经授权的条件下无法篡改消息或者签名信息. 因此, 数字签名的强选择消息安全要求即使敌手拥有一组能够通过验证的消息与签名对 (m, σ), 也无法产生满足 $(m, \sigma) \neq (m', \sigma')$ 且能通过验证的 (m', σ').

然而在一些场景中, 可以适当放宽安全性要求使其满足一些同态性质. 这里列举同态签名的两个例子: 重随机签名和线性同态签名.

定义 7.2 (重随机签名) 重随机签名 $\mathsf{SIG} = (\mathsf{Setup}, \mathsf{KeyGen}, \mathsf{Sign}, \mathsf{Verify}, \mathsf{ReRand})$ 由 5 个 PPT 算法组成. 其中除通常签名方案包含的 $(\mathsf{Setup}, \mathsf{KeyGen}, \mathsf{Sign}, \mathsf{Verify})$ 外, 还包含一个随机签名算法 ReRand.

• $\mathsf{ReRand}(vk, m, \sigma)$: 以验证密钥 vk、消息 m 和签名 σ 为输入, 输出一个新的签名 σ'.

重随机签名同时要满足重随机签名的正确性, 以及新的安全性要求.

随机正确性 重随机签名的正确性要求随机产生的新签名仍然能够满足验证需求并与原签名具有同样的概率分布. 正式地, 对于任意安全参数 λ, 任意诚实产生的签名与验证密钥对 (sk, vk) 和任意消息 $m \in M$, 要求下列两个概率分布是统计不可区分的

$$\{\sigma : \sigma \leftarrow \mathsf{Sign}(sk, m)\} \approx_S \left\{ \sigma : \begin{array}{l} \sigma' \leftarrow \mathsf{Sign}(sk, m); \\ \sigma \leftarrow \mathsf{ReRand}(vk, m, \sigma') \end{array} \right\}$$

注记 7.4

• 注意到因为新产生的签名与原签名是统计不可区分的, 所以签名算法的正确性保证随机以后的新签名也可以通过签名验证算法.

• 此外, 由于重随机签名方案可以根据正确的签名产生能够通过验证的新签名, 因此重随机签名方案并不满足 7.1.2 节中的强签名安全性定义 (OT-SEUF-CMA/ SEUF-CMA).

重随机签名方案的签名安全性定义与一般签名方案的 OT-EUF-CMA 和 EUF-CMA 定义相一致.

在上述重随机签名方案中, 注意到与一般签名方案类似, 敌手不能伪造关于新消息的签名. 然而在一些应用场景中, 需要签名方案具有一定的同态属性, 如消息空间是一个向量空间, 实际应用需要的是所有获得签名的消息所组成的子空间的签名. 因此, 将签名定义进行进一步拓展, 得到线性同态的签名安全算法.

正式地, 定义一个阶数为素数 q 的加法群 $\mathbb{G}$, 以及一个正整数 n, 线性同态签名的消息空间为一个定义在集合 $M = (\mathbb{G}^n)$ 上并包含 $\mathbb{Z}_q$ 标量乘法的向量空间.

定义 7.3 (线性同态签名) 线性同态签名方案 $\mathrm{SIG} = (\mathsf{Setup}, \mathsf{KeyGen}, \mathsf{Sign},$ $\mathsf{Verify}, \mathsf{LHSig})$ 包含 5 个 PPT 算法. 其中除一般签名方案所包含的 $(\mathsf{Setup}, \mathsf{KeyGen},$ $\mathsf{Sign}, \mathsf{Verify})$ 外, 还包含 1 个线性签名算法 LHSig.

• $\mathsf{LHSig}(vk, ((m_1, \sigma_1), \cdots, (m_\ell, \sigma_\ell)), (a_1, \cdots, a_\ell))$: 以数字签名方案的验证密钥 vk, ℓ 个消息与数字签名对 $(m_1, \sigma_1), \cdots, (m_\ell, \sigma_\ell)$ 和 ℓ 个标量 $a_1, \cdots, a_\ell$ 为输入, 输出一个关于消息 $m = \sum_{i=1}^{\ell} a_i m_i$ 的签名 σ.

与重随机签名算法类似, 也需要重新定义线性同态签名的正确性与安全性.

线性同态正确性 该性质保证新生成的签名满足验证需求并与原签名具有同样的概率分布. 正式地, 对于任意安全参数 κ, 任意诚实产生的签名与验证密钥对 (sk, vk), 任意 ℓ 个消息 $m_1, \cdots, m_\ell$, 以及 ℓ 个 $\mathbb{Z}_q$ 中的标量元素 $(a_1, \cdots, a_\ell)$, 要求下列两个概率分布是统计不可区分的:

$$\left\{ \sigma : \begin{array}{l} m \leftarrow \sum_{i=1}^{\ell} a_i m_i; \\ \sigma \leftarrow \mathsf{Sign}(sk, m) \end{array} \right\}$$

$$\approx_s \left\{ \sigma : \begin{array}{l} \forall i \in \{1, \cdots, \ell\}, \sigma_i \leftarrow \mathsf{Sign}(sk, m_i); \\ \sigma \leftarrow \mathsf{LHSig}(vk, ((m_1, \sigma_1), \cdots, (m_\ell, \sigma_\ell)), (a_1, \cdots, a_\ell)) \end{array} \right\}$$

线性同态安全性 定义选择消息安全重随机签名方案 $\mathrm{SIG} = (\mathsf{KeyGen}, \mathsf{Sign},$ $\mathsf{Verify}, \mathsf{LHSig})$ 敌手 $\mathcal{A}$ 的优势函数如下:

$$\mathrm{Adv}_{\mathcal{A}}(\kappa)$$

$$:= \Pr \left[\begin{array}{l} \mathsf{Verify}(vk, m^*, \sigma^*) = 1 \\ \wedge m^* \notin \mathrm{Span}(L_m) \end{array} : \begin{array}{l} (vk, sk) \leftarrow \mathsf{Setup}(1^\kappa); \\ (((m_1, \sigma_1), \cdots, (m_\ell, \sigma_\ell)), (a_1, \cdots, a_\ell)) \leftarrow \mathcal{A}^{\mathcal{O}_{\mathsf{sign}}}(vk); \\ m^* \leftarrow \sum_{i=1}^{\ell} a_i m_i; \\ \sigma^* \leftarrow \mathsf{LHSig}(vk, ((m_1, \sigma_1), \cdots, (m_\ell, \sigma_\ell)), (a_1, \cdots, a_\ell)) \end{array} \right]$$

在上述定义中, $\mathcal{O}_{\mathsf{sign}}$ 表示签名谕言机, 其在接收到消息 m 的询问后输出 $\sigma \leftarrow$ $\mathsf{Sign}(sk, m)$, 并将 m 记录在一个表格 L_m 中. 因为线性同态性质, 为了避免而易见的攻击, 我们要求 $m^* \notin \mathrm{Span}(L_m)$①. 如果对于任意 PPT 敌手 $\mathcal{A}$ 在上述游戏中的优势函数均可忽略, 则称重随机签名方案 SIG 是选择消息安全的.

笔记 上述线性同态签名常用在零知识证明领域, 下面给出一个具体的例子.

假设给定一个向量空间 $\mathbb{G}^n$, 想要证明一个向量 $\mathbf{w}$ 属于 $\mathbb{G}^n$ 中由 k 个不同向量 $\mathbf{v}_1, \cdots, \mathbf{v}_k$ 构成的一个子向量空间 $\mathrm{Span}(\mathbf{v}_1, \cdots, \mathbf{v}_k)$. 该证明可以通过线性同态签名方案实现. 正式地, 先要求验证者对 $\mathbf{v}_1, \cdots, \mathbf{v}_k$ 进行线性同态签名. 如果证明

---

① $\mathrm{Span}(L_m)$ 表示由 L_m 中所有消息向量在标量扩展以后的子向量空间.

者能够证明 $\mathbf{w} \in \mathsf{Span}(\mathbf{v}_1, \cdots, \mathbf{v}_k)$, 即存在 $a_1, \cdots, a_k \in \mathbb{Z}_q$ 满足 $\mathbf{w} = \sum_{i=1}^{k} a_i \mathbf{v}_i$. 那么证明者可以通过线性同态性质生成 $\mathbf{w}$ 的签名.

注意到上述证明实际是一个指定验证者非交互零知识证明 (designated-verifier non-interactive zero-knowledge proof, DV-NIZK), 其因高效性是众多密码学方案的重要组成部分.

7.2 RSA 签名方案

1978 年, Rivest 等 [35] 首次公开发表了 RSA 签名方案. 因其简单高效至今仍是主流的签名方案之一.

构造 7.1 (Plain RSA) RSA 签名方案构造如下.

• KeyGen(pp): 计算生成 RSA 参数 $(N, e, d) \leftarrow \mathsf{GenRSA}(1^\kappa)$, 从哈希函数族中选取哈希函数 $\mathsf{H}: M \to \mathbb{Z}_N$, 输出验证密钥 $vk = (\mathsf{H}, e)$ 和签名密钥 $sk = d$.

• Sign(sk, m): 计算 $\sigma = \mathsf{H}(m)^d \bmod N$.

• Verify(vk, m, σ): 如果 $\sigma^e = \mathsf{H}(m) \bmod N$ 则输出 1, 否则输出 0.

正确性 RSA 签名的正确性, 可由下列等式观察得到

$$\sigma^e = \mathsf{H}(m)^{ed} = \mathsf{H}(m)^{\phi(N)+1} = \mathsf{H}(m) \bmod N$$

安全性由以下定理保证.

定理 7.1 如果 RSA 假设成立, 则 RSA 签名方案 SIG = (Setup, KeyGen, Sign, Verify) 是 EUF-CMA 安全的.

该定理的证明过程将在后续 9.1 节中进行说明.

7.3 SM2 签名方案

SM2 签名方案发布于 2010 年, 属于我国 SM2 椭圆公钥密码方案中签名方案的标准.

构造 7.2

• Setup(1^κ): 生成离散对数安全的椭圆曲线群 $(\mathbb{G}, q, g) \leftarrow \mathsf{GenGroup}$. 定义 $\mathsf{X}: \mathbb{G} \to \mathbb{Z}_q$ 为取椭圆曲线上点的横坐标函数. 从哈希函数族中选取哈希函数 H, 输出公共参数 $pp = (\mathbb{G}, q, g, \mathsf{X}, \mathsf{H})$.

• KeyGen(pp): 随机采样 $x \in \mathbb{Z}_q$, 计算 $y = g^x$, 输出签名密钥 $sk = x$、验证密钥 $vk = y$.

• Sign(sk, m):

(1) 计算 $e \leftarrow \mathsf{H}(pp, pk, m)$.

(2) 随机采样 $k \in \mathbb{Z}_q$, 计算 $r = e + \mathsf{X}(g^k) \mod q$.

(3) 计算 $s = (k - rx)/(1 + x) \mod q$.

(4) 如果以下三个条件满足任意一个, 则返回到 (2) 重新选取 k 进行计算.

- $r = 0 \mod q$.
- $r + k = 0 \mod q$.
- $s = 0 \mod q$.

(5) 输出 $\sigma = (r, s)$.

- Verify(vk, m, σ):

(1) 将签名解析为 $(r, s) \leftarrow \sigma$.

(2) 计算 $e \leftarrow \mathsf{H}(pp, pk, m)$.

(3) 计算 $t = r + s \mod q$, 如果 $t = 0 \mod q$, 则输出 0, 表示验证失败.

(4) 验证 $r = e + \mathsf{X}(g^s \cdot y^t) \mod q$, 如果验证通过, 则输出 1, 否则输出 0.

正确性 SM2 签名方案的正确性可以根据下列计算得到

$$r = e + \mathsf{X}(g^s \cdot y^t) \bmod q$$
$$= e + \mathsf{X}(g^s \cdot (g^x)^{r+s}) \bmod q$$
$$= e + \mathsf{X}(g^{s(1+x)} \cdot g^{rx}) \bmod q$$
$$= e + \mathsf{X}(g^{k-rx} \cdot g^{rx}) \bmod q$$
$$= \mathsf{H}(pp, pk, m) + \mathsf{X}(g^k) \bmod q$$

SM2 签名方案的安全性可由离散对数假设得到, 具体证明与安全性分析请参见文献 [160].

章后习题

练习 7.1 说明如果一个重随机签名方案 SIG = (Setup, KeyGen, Sign, Verify, ReRand) 满足每个消息生成的签名重随机以后不唯一, 即 $\forall m, \Pr[\sigma_1 \neq \sigma_2 : \text{SIG.}$Sign$(sk, m) = \sigma;$ SIG.ReRand$(vk, m, \sigma) = \sigma'] \geqslant 1 - \mathsf{negl}(\kappa)$. 则该方案不满足强选择消息安全.

练习 7.2 如果将 RSA 全域哈希签名方案中的哈希函数去掉 (即 RSA 签名为 $\sigma = m^d$), 请说明如果敌手可以获得两个不同消息的签名, 则可以伪造签名.

练习 7.3 在练习 7.2 中, 展示了如何利用两个不同的无哈希 RSA 签名方案的签名伪造签名.

(1) 如果敌手只被允许获得一个消息的签名, 请给出无哈希 RSA 签名方案的一个伪造攻击.

(2) 定义下列签名方案的弱伪造性定义:

(a) 敌手获得签名的公钥, 以及一个随机的消息 m.

(b) 敌手如果能够给出 σ 为 m 的一个可以通过验证的签名, 则攻击成功.

证明在 RSA 假设下, 无哈希的签名方案满足上述的弱伪造性定义.

第7章习题答案

第 8 章

标准模型下的数字签名方案的通用构造

章前概述

内容提要

❑ 基于单向函数的数字签名构造 ❑ 基于可编程哈希函数的数字签名构造

本章开始介绍数字签名的通用构造方法. 8.1 节介绍了基于单向函数的数字签名构造, 8.2 节介绍了基于可编程哈希函数的数字签名构造.

8.1 基于单向函数的数字签名构造

1979 年, Lamport [161] 首次证明了签名方案可以由单向函数构造. 从实用角度出发, 密码学中常用哈希函数来替代单向函数, 且哈希函数被广泛认为是抗量子攻击的密码学原语. 因此基于哈希函数的签名方案也是后量子签名方案的有力竞争者之一.

8.1.1 Lamport 一次签名方案

首先介绍 Lamport [161] 提出的由单向函数构造的一次签名安全签名方案.

定义 8.1 (Lamport 一次签名安全签名方案) 构造所需的组件为一个单向函数 $f: X \to Y$.

构造一次签名安全的 Lamport 签名方案如下.

• Setup(1^κ): 以安全参数 1^κ 为输入, 输出公开参数 pp 包含签名密钥的空间为 $SK = X^{2n}$、验证密钥的空间为 $VK = Y^{2n}$、消息空间为 $\{0,1\}^n$, 以及单向函数 f 的描述.

• KeyGen(pp): 以公开参数 pp 为输入, 对于所有 $i \in \{1, \cdots, n\}$, 从单向函数的定义域 X 中随机产生两个私钥 $sk_{i,0}, sk_{i,1} \xleftarrow{\text{R}} X$. 计算生成 $pk_{i,0} \leftarrow f(sk_{i,0})$ 和

$pk_{i,1} \leftarrow f(sk_{i,1})$. 定义签名密钥 $sk = (\{sk_{i,0}, sk_{i,1}\}_{i=1}^n)$, 验证密钥为 $vk = (\{pk_{i,0}, pk_{i,1}\}_{i=1}^n)$.

- Sign(sk, m): 对于所有 $i \in \{1, \cdots, n\}$, 如果 m 的第 i 个比特 $m_i = 0$, 则令签名 $\sigma_i = sk_{i,0}$; 如果 $m_i = 1$, 则令签名 $\sigma_i = sk_{i,1}$. 输出签名 $\sigma = (\sigma_1, \cdots, \sigma_n)$.
- Verify(vk, m, σ): 对于所有 $i \in \{1, \cdots, n\}$, 验证 $f(\sigma_i) = pk_{i,m_i}$.

正确性　Lamport 数字签名的正确性较为显然, 因为消息 m 的签名中第 i 个元素为 sk_{i,m_i}, 而根据 $(pk_{i,0}, pk_{i,1})$ 的定义, 对于任意 $m_i \in \{0,1\}$, 有 $pk_{i,m_i} = f(sk_{i,m_i})$. 因此, 诚实生成的 Lamport 数字签名能够通过验证.

一次签名安全性　该性质要求敌手在获得一个消息与签名对以后不能产生新的能够通过验证的消息与签名对. 即

定理 8.1　如果 f 满足函数单向性, 则 Lamport 签名方案满足一次签名安全性.

证明　根据一次签名安全性的定义, 运用反证法假设存在一个 PPT 敌手 $\mathcal{A}$, 能够在询问获得一个消息与签名对 (m, σ) 后输出一组新的不同消息与签名对 (m', σ') 且满足 $m' \neq m$. 假设 m 与 m' 的第 i 个比特是不同的, 即 $m_i \neq m_i'$. 利用 $\mathcal{A}$ 构造一个新的 PPT 敌手 $\mathcal{B}$, 打破单向函数的困难问题. 为此 $\mathcal{B}$ 扮演一次签名安全性中的挑战者, 与 $\mathcal{A}$ 交互如下.

- $\mathcal{B}$ 收到单向函数的挑战实例 y, 要计算 x 使得 $f(x) = y$.
- $\mathcal{B}$ 均匀选取 $(i, b) \in [n] \times \{0, 1\}$, 猜测 (i, b) 满足以下性质: $\mathcal{A}$ 询问的消息 m 与攻击实例中的消息 m' 的第 i 个比特不同且 $m_i' = b$.
- 敌手 $\mathcal{B}$ 将 y 作为 $pk_{i,b}$ 放入验证密钥, 在验证密钥中, 其他部分遵照协议产生. $\mathcal{B}$ 将生成的 vk 发送给 $\mathcal{A}$.
- $\mathcal{A}$ 选择 m 发送给 $\mathcal{B}$ 作为签名谕言机的询问. 因为 $\mathcal{B}$ 知道除 $sk_{i,b}$ 以外所有的签名密钥, 所以可以成功回复 $\mathcal{A}$ 的签名询问.
- $\mathcal{B}$ 将敌手 $\mathcal{A}$ 提供的攻击消息与签名对 (m', σ') 中的 σ_i' 返回作为单向函数的原像输出.

分析上述敌手 $\mathcal{B}$, 令消息空间大小为 $|M| = 2^n$, 则 $\mathcal{B}$ 猜测 (i, b) 成功的概率为 $1/2n$. 因此, 如果 $\mathcal{A}$ 成功攻击一次签名安全性的概率为 $\mathsf{Adv}_{\mathrm{SIG},\mathcal{A}}(1^\kappa)$, 则上述 $\mathcal{B}$ 还原单向函数的概率为 $\mathsf{Adv}_{f,\mathcal{B}}(1^\kappa) \geqslant \frac{1}{2n} \cdot \mathsf{Adv}_{\mathrm{SIG},\mathcal{A}}(1^\kappa)$.

综上可得 $\mathsf{Adv}_{\mathrm{SIG},\mathcal{A}}(1^\kappa) \leqslant 2n \cdot \mathsf{Adv}_{f,\mathcal{B}}(1^\kappa) \leqslant \mathrm{negl}(\kappa)$, 定理得证.　□

注记 8.1　在 Lamport 签名中即使通常使用哈希函数来实例化单向函数, 但是此处的哈希函数与后续签名构造中所使用的模拟成随机谕言机的哈希函数有很大的区别.

笔记　Lamport 签名只满足一次签名安全性要求. 实际上, 如果允许敌手询问两个不同消息的签名, 则可以构造如下敌手 $\mathcal{A}$.

- $\mathcal{A}$ 询问 0^n 与 1^n 的数字签名, 其中 $0^n, 1^n$ 分别表示全 0 信息与全 1 信息.
- $\mathcal{A}$ 收到对应的签名 σ_{0^n} 与 σ_{1^n} 后, 根据定义 $\mathcal{A}$ 实际获得了所有签名密钥, 因此 $\mathcal{A}$ 在获得了这两个消息的签名后可以对任意信息进行签名.

因此, Lamport 签名并不满足多次签名安全性的要求. 此外, 我们注意到, Lamport 签名并不满足强一次签名安全性要求. 我们将在练习 8.2 中给出具体攻击说明 Lamport 签名不满足强一次签名安全性.

8.1.2 成员证明

Lamport 一次签名安全方案 OTS = (Setup, KeyGen, Sign, Verify) 的一大缺点在于仅满足一次签名安全性, 即为保证安全一对 (签名与验证) 密钥只能签名一组消息. 最为简单改善一次签名安全性的方式在于, 如果想要对 n 个不同的消息 $m_1, \cdots, m_n$ 进行签名, 则在计算签名密钥时, 首先公开 n 个相互独立的一次签名安全验证密钥 $vk_1, \cdots, vk_n$, 签名时对于任意 $i \in \{1, \cdots, n\}$, 用 sk_i 对 m_i 进行签名. 由于每一对签名密钥都只使用了一次, 因此我们完成了 n 次签名安全的签名方案构造.

观察上述简单的 n 次签名安全的签名方案, 一个重要的缺陷在于上述方案中, 公开的密钥个数与签名次数呈线性相关. 这在实际应用过程中, 效率非常低类似于一次一密 (one-time pad). 因此, 需要思考如何进一步改善上述算法. 一个简单的想法是令集合 $X = \{vk_1, \cdots, vk_n\}$ 为所有签名验证密钥的集合, 不再公开所有的签名验证密钥, 而是公开一个证明集合 X 从属关系的验证密钥 vk_X, 在签名中额外提供使用的签名验证密钥 vk 与证明 $vk \in X$ 的从属关系证明 π_{vk}. 如果证明集合从属关系的验证密钥大小 $|vk_X|$ 与集合大小 $|X|$ 无关, 即可得到签名验证密钥大小与签名次数相互独立的数字签名方案构造.

为了实现上述想法, 我们首先定义成员证明, 成员证明被用来证明对于一个集合的从属关系.

定义 8.2 (成员证明) 正式地, 对于集合 X 的成员证明 MP = (KeyGen, Prove, Verify) 包含以下两个 PPT 签名算法.

- KeyGen$(1^\kappa, X)$: 以安全参数 1^κ 和一个集合 X 作为输入, 生成集合验证密钥 vk_X.
- Prove(vk_X, x): 以证明验证密钥 vk_X 和集合元素 x 作为输入, 输出 π_x 作为 $x \in X$ 的证明.
- Verify(vk_X, x, π_x): 以验证密钥 vk_X、集合元素 x 和成员证明 π_x 作为输入, 输出 0 表示 $x \notin X$, 输出 1 表示 $x \in X$.

上述成员证明需要满足正确性、可靠性及简洁性, 即

正确性　对于集合中的元素 $x \in X$, 诚实生成的集合证明均能被成功验证. 即

$$\Pr\left[\mathsf{Verify}(vk_X, x, \pi_x) = 1 : \begin{array}{l} vk_X \leftarrow \mathsf{KeyGen}(1^\kappa, X); \\ \pi_x \leftarrow \mathsf{Prove}(vk_X, x, X) \end{array}\right] = 1$$

可靠性　任意 PPT 敌手 $\mathcal{A}$ 无法产生能够通过验证的证明, 即

$$\Pr\left[\mathsf{Verify}(vk_X, x, \pi_x) = 1 \wedge x \notin X : \begin{array}{l} vk_X \leftarrow \mathsf{KeyGen}(1^\kappa, X); \\ (x, \pi_x) \leftarrow \mathcal{A}(vk_X, X) \end{array}\right] \leqslant \mathsf{negl}(\kappa)$$

简洁性　集合验证密钥为常数且与集合元素个数无关, 且生成的证明长度与集合中元素个数呈对数相关.

注记 8.2　注意到如果没有简洁性要求, 存在朴素的构造成员证明方式, 即令验证密钥为集合中的所有元素即可. 具体构造与证明我们留在练习 8.2 中. 而将朴素的成员证明方案按照 8.1.4 节中的方法套用在 Lamport 一次签名方案中, 则可以得到上面提到的朴素多次签名安全的签名方案.

8.1.3　Merkle 树

1987 年, Merkle [162] 通过利用 Merkle 树的数据结构, 构造了生成签名密钥集合的成员证明. 对多个签名验证公钥进行压缩, 使得公开的签名验证密钥为常数大小.

Merkle 树是一个二叉树结构, 用来高效表示一个集合 X 的从属关系, 每一个节点的值都为其两个子节点值合并以后的哈希值. Merkle 树所有叶子节点上标记的数值为集合 X 中元素的哈希值. 对于一个大小为 2^n 的集合 $X = \{x_0, \cdots, x_{2^n-1}\}$, 我们给出下列 Merkle 树及其成员证明方案.

定义 Merkle 树 $\mathsf{MT} = (\mathsf{KeyGen}, \mathsf{Prove}, \mathsf{Verify})$ 包含 3 个 PPT 算法, 用来证明每个元素为由 $2^{n+1} - 1$ 个不同节点组成的完美二叉树的叶子节点. 此外, 将二叉树中第 i 层的第 j 个节点标记为 $\mathrm{V}_{i,j}$, 令 $m_{i,j}$ 为节点 $\mathrm{V}_{i,j}$ 上的信息. 需要特别注意以下几点.

• Merkle 树中叶子节点上的信息为集合 X 元素的哈希值. 即对于所有 $j \in [2^n]$, 我们有 $m_{n,j} = \mathsf{H}(x_j)$.

• 除叶子节点以外, 所有节点上标记的信息为其两个子节点上的信息合并后的哈希值, 即

$$m_{i,j} = \mathsf{H}(m_{i+1,2j} \| m_{i+1,2j+1})$$

正式地, Merkle 树仅需要公开其根节点的信息 $m_{0,0}$ 以及从根节点到相应叶子节点路径上的相邻节点, 即可提供快速证明集合 X 的从属关系. 我们给出下列 Merkle 树的成员证明方案.

定义 8.3 (Merkle 树)　Merkle 树的成员证明方案由以下 3 个 PPT 算法构成.

• KeyGen($1^\kappa, X$)：通过集合 $\{x_j\}_{j\in[2^n]}$ 中元素数值计算 Merkle 树的所有节点上的信息, 将 $m_{0,0}$ 作为验证密钥输出.

• Prove($vk, x_{j^*}, \{x_j\}_{j\in[2^n]}$)：

• 将 j^* 用二进制表示为 $(j_{n-1}, \cdots, j_0)_2$, 即

$$j^* = (j_{n-1}, \cdots, j_0)_2 = \sum_{k=0}^{n-1} 2^k \cdot j_k$$

• 对于 $i \in \{1, \cdots, n+1\}$, 公布第 i 层的信息 m_{i,J_i}, 其中定义

$$\bar{J}_i = (j_{n-1}, \cdots, j_{n+1-i}, (1 - j_{n-i}))_2$$
$$J_i = (j_{n-1}, \cdots, j_{n+1-i}, j_{n-i})_2$$

• 从 Merkle 树上, 所有公布的信息为从根节点到叶子节点 x_{j^*} 的路径上的所有相邻节点.

• Verify($pk, j^*, x_{j^*}, \{h_i\}_{i\in\{1,\cdots,n\}}$)：根据公开的信息, 计算 Merkle 树的根节点信息, 即

$$m_{i-1} = \mathsf{H}(m_{\min(J_i, \bar{J}_i)} \| m_{\min(J_{i+1}, \bar{J}_{i+1})})$$

如果计算结果与 $m_{0,0}$ 相同, 则输出 1, 否则输出 0.

注记 8.3　上述 Merkle 证明的定义看上去十分复杂, 实际是表示从根到所要证明的叶子节点中的路径上每一个相邻的节点数值. 根据这些数值, 我们可以重构从叶子节点到根节点的全部路径.

上述借助 Merkle 树的成员证明的正确性与简洁性可以简单通过验证得到. 下面说明上述成员证明算法的可靠性. 即如果 $x \notin X$, 任意 PPT 敌手 $\mathcal{A}$ 无法生成能够通过验证的成员证明 π_x.

定理 8.2 (Merkle 成员证明可靠性)　从抗碰撞的哈希函数族中随机选取哈希函数 $\mathsf{H}: X \to Y$, 且满足 $X = Y^2$. 则对于任意敌手 $\mathcal{A}$, 任意 $x \notin X$, 下列概率可忽略:

$$\Pr\left[\mathsf{Verify}(vk_X, x, \pi_x) = 1 : \begin{array}{l} vk_X \leftarrow \mathsf{KeyGen}(1^\kappa, X); \\ \pi_x \leftarrow \mathcal{A}(vk_X, x, X) \end{array}\right] \leqslant \mathrm{negl}(\kappa)$$

证明　令 $\mathcal{A}$ 为基于 Merkle 树的成员证明可靠性 PPT 敌手, 利用 $\mathcal{A}$ 攻击 Merkle 树中哈希函数的抗碰撞属性构造 PPT 敌手 $\mathcal{B}$. 正式地, PPT 敌手 $\mathcal{B}$ 构造如下.

- 输入: $\mathcal{B}$ 的输入为哈希函数 H, $\mathcal{B}$ 需要输出两个不相同的消息 $m_1 \neq m_2$ 且满足 $\mathsf{H}(m_1) = \mathsf{H}(m_2)$. $\mathcal{B}$ 根据 X 中的元素生成 $vk_X \leftarrow \mathsf{KeyGen}(1^\kappa, X)$, 并将 vk_X 发送给敌手 $\mathcal{A}$.

- 攻击: 根据可靠性定义, $\mathcal{A}$ 输出 (x^*, π_x^*). $\mathcal{B}$ 随机选取集合元素 $x \leftarrow X$, 并计算生成 $\pi_x \leftarrow \mathsf{Prove}(vk_X, x, X)$. 因为 $x^* \notin X$, 所以 $x^* \neq x$. 注意到 π_x, π_x^* 分别为如下形式:

$$\pi_x = (j, m_{1,J_1}, \cdots, m_{n,J_n})$$
$$\pi_x^* = (j^*, m_{1,J_1^*}^*, \cdots, m_{n,J_n^*}^*)$$

首先对于任意 $i \in \{1, \cdots, i\}$, 令 $J_i = (j_{n-1}, \cdots, j_{n+1-i}, (1-j_{n-1}))_2$, 定义 $\bar{J}_i = (j_{n-1}, \cdots, j_{n+1-i}, j_{n-1})_2$, $m_{n,J_n} = \mathsf{H}(x)$, $m_{n,J_n^*}^* = \mathsf{H}(x^*)$ 分以下两种不同情况讨论.

- 如果 $\pi_x = \pi_x^*$, 那么存在以下两种情况.
(1) $\mathsf{H}(x) = \mathsf{H}(x^*)$. $\mathcal{B}$ 将 (x, x^*) 输出作为哈希函数的抗碰撞攻击.
(2) $\mathsf{H}(m_{n,\min(J_n,\bar{J}_n)} \| m_{n,\max(J_n,\bar{J}_n)}) = \mathsf{H}(m_{n,\min(J_n^*,\bar{J}_n^*)}^* \| m_{n,\max(J_n^*,\bar{J}_n^*)}^*)$
- 如果 $\pi_x \neq \pi_x^*$, 对于 $i \in \{n-1, \cdots, 2\}$, $\mathcal{B}$ 计算

$$m_{i-1,\bar{J}_{i-1}} = \mathsf{H}(m_{i,\min(J_i,\bar{J}_i)} \| m_{i,\max(J_i,\bar{J}_i)})$$
$$m_{i-1,\bar{J}_{i-1}^*}^* = \mathsf{H}(m_{i,\min(J_i^*,\bar{J}_i^*)}^* \| m_{i,\max(J_i^*,\bar{J}_i^*)}^*)$$

令 j 为整数满足

$$m_{i-1,\bar{J}_{i-1}} = m_{i-1,\bar{J}_{i-1}^*}^* \wedge (m_{i,\min(J_i,\bar{J}_i)} \| m_{i,\max(J_i,\bar{J}_i)})$$
$$\neq (m_{i,\min(J_i^*,\bar{J}_i^*)}^* \| m_{i,\max(J_i^*,\bar{J}_i^*)}^*)$$

因为 π_x 与 π_x^* 为两个根相同但是叶子节点不同的哈希链. 因此存在满足上述条件的 j.

- $\mathcal{B}$ 将 $(m_{i,\min(J_i,\bar{J}_i)} \| m_{i,\max(J_i,\bar{J}_i)})$ 与 $(m_{i,\min(J_i^*,\bar{J}_i^*)}^* \| m_{i,\max(J_i^*,\bar{J}_i^*)}^*)$ 输出为哈希函数抗碰撞攻击.

上述敌手 $\mathcal{B}$ 成功的概率为 $\mathcal{A}$ 成功的概率. 因此, 可得

$$\mathsf{Adv}_{\mathrm{MT},\mathcal{A}}(1^\kappa) \leqslant \mathsf{Adv}_{\mathsf{H},\mathcal{B}}(1^\kappa) \leqslant \mathsf{negl}(\kappa) \qquad \square$$

8.1.4　Merkle 签名

8.1.3 节中介绍了基于 Merkle 树的成员证明. 结合 Lamport 一次签名安全方案 $\mathsf{OTS} = (\mathsf{KeyGen}, \mathsf{Sign}, \mathsf{Verify})$ 与简洁的成员证明 $\mathsf{MP} = (\mathsf{KeyGen}, \mathsf{Prove}, \mathsf{Verify})$, 给出下列 Merkle 签名方案构造.

定义 8.4 (Merkle 签名方案) 构造需要以下 2 个组件.

- OTS = (KeyGen, Sign, Verify) : 一次签名安全的签名方案.
- MP = (KeyGen, Prove, Verify) : 简洁的成员证明方案.

Merkle 签名方案由以下 3 个 PPT 算法构成.

- KeyGen(1^κ) : 按照如下方案生成签名与验证密钥.
- 生成 n 个不同 Lamport 签名验证与签名密钥对于 $\forall i \in [n]$, 生成 (OTS.sk_i, OTS.vk_i) ← OTS.KeyGen(1^κ), 将所有签名验证密钥的集合记作 SVK.
- 生成关于所有生成的 Lamport 签名的集合的成员验证密钥

$$vk \leftarrow \mathsf{MP.KeyGen}(1^\kappa, \{\mathrm{OTS}.vk_1, \cdots, \mathrm{OTS}.vk_n\})$$

- 将 vk 作为验证密钥 vk 输出, 将 $\{(\mathrm{OTS}.vk_1, \mathrm{OTS}.sk_1), \cdots, (\mathrm{OTS}.vk_n, \mathrm{OTS}.sk_n)\}$ 作为签名密钥 sk 输出.
- Sign(sk, m) : 对于第 i 次签名,
- 使用 OTS.sk_i 签名生成 OTS.σ ← OTS.Sign(sk_i, m).
- 生成 OTS.vk_i 的成员证明 π ← MP.Prove(vk, OTS.vk_i, SVK).
- 输出签名 $\sigma = (\mathrm{OTS}.\sigma, \pi, \mathrm{OTS}.vk_i)$.
- Verify(vk, m, σ) : 进行下列验证.
- 验证 Lamport 签名的正确性 OTS.Verify(OTS.vk_i, m, OTS.σ) = 1.
- 验证 OTS.vk_i 属于 SVK, 即

$$\mathsf{MP.Verify}(vk, \mathrm{OTS}.vk_i, \pi) = 1$$

如果上述验证都成功, 则输出 1, 否则输出 0.

注意到在上述 Merkle 签名方案中, Lamport 签名方案中的每个签名最多只使用过一次. 因此可由 Lamport 签名的一次签名安全性推出 Merkle 签名的多次签名安全性. 具体证明过程作为练习 8.3 留给读者.

8.2 基于可编程哈希函数的数字签名构造

在证明上述签名方案的过程中, 关键的一点在于需要同时满足以下两点条件.

- 签名谕言机: 挑战者能够在没有签名密钥的情况下回复敌手的签名询问.
- 攻击消息与签名对: 敌手生成的攻击消息与签名对 (m^*, σ^*) 能够帮助挑战者解决密码学困难问题.

因为挑战者无法在没有敌手的帮助下独自解决密码学困难问题, 所以必须保证敌手提供的攻击消息和签名对与挑战者生成的签名不相同, 且不能让敌手察觉. 一种解决这种问题的思路被称为分割, 即将消息空间分成两个不相交的子空间, 其

中一部分被称为 "可签名" 的消息, 而另一部分被称为 "不可签名" 的消息. 其中 "可签名" 的消息可以不使用签名密钥生成签名, 且挑战者期望敌手所提供的攻击消息有不可忽略的概率属于 "不可签名" 消息, 而任意 "不可签名" 消息的签名都可以帮助解决一个密码学困难问题. Coron[163] 与 Waters[164] 分别在不同数字签名方案的构造中首先提出和使用这类技巧.

2008 年, Hofheinz 和 Kiltz[165] 将这种方法进一步总结和概括成为双线性映射群上的可编程哈希函数, 此种哈希函数的特性在于给定任意消息, 可以使输出的哈希值有不可忽略的概率为 "不可签名" 消息[166]. 2016 年, Zhang 等[167] 提出了类似基于格困难问题的可编程哈希函数. 为便于读者理解, 本节着重介绍基于双线性映射的可编程哈希函数, 以及基于可编程哈希函数的签名方案.

8.2.1　可编程哈希函数

对于一个循环群 $\mathbb{G}$, 定义群哈希函数.

定义 8.5 (群哈希函数)　群哈希函数由以下 2 个 PPT 算法组成.

- KeyGen(1^κ): 以安全参数 1^κ 为输入, 输出一个计算密钥 ek.
- Eval(ek, m): 以计算密钥 ek 和消息 $m \in \mathbb{G}$ 为输入, 输出哈希值 h.

可编程哈希函数为群哈希函数的一个拓展.

定义 8.6 (可编程哈希函数)　群哈希函数 H 为 (u, v, γ, δ)-可编程哈希函数, 如果对于任意群元素 $g, h \in \mathbb{G}$, 存在以下 2 个 PPT 算法.

- TrapGen$(1^\kappa, g, h)$: 以公开参数 pp 为输入, 输出一个计算密钥 ek 和一个陷门密钥 tk.

- TrapEval(ek, tk, m): 以计算密钥 ek、陷门密钥 tk 和消息 m 为输入, 输出两个 $\mathbb{Z}_q$ 中的元素 (a_m, b_m).

正确性　该性质保证可编程哈希函数的输出与含陷门的输出相同, 即对于任意的消息 $m \in M$ 和任意群元素 $g, h \in \mathbb{G}$, 有

$$\Pr \left[g^{a_m} \cdot g^{b_m} = \mathsf{Eval}(ek, m) : \begin{array}{l} ek \leftarrow \mathsf{KeyGen}(1^\kappa); \\ (ek', tk) \leftarrow \mathsf{TrapGen}(1^\kappa, g, h); \\ (a_m, b_m) \leftarrow \mathsf{TrapEval}(ek, tk, m) \end{array} \right] = 1$$

密钥不可区分性　该性质保证正常生成的计算密钥与陷门生成的计算密钥是统计不可区分的, 即对于任意群元素 $g, h \in \mathbb{G}$, 下列概率分布是统计不可区分的且统计距离为 γ, 即

$$\{ek : ek \leftarrow \mathsf{KeyGen}(1^\kappa)\} \approx_S \{ek : (ek, tk) \leftarrow \mathsf{TrapGen}(1^\kappa, g, h)\}$$

良好分布性 该性质保证可编程哈希函数的可编程属性, 即对于任意群元素 $g, h \in \mathbb{G}$, 对于所有 TrapGen 生成的 (ek, tk) 以及对于所有 ℓ 比特长度的信息 $X_1, \cdots, X_u, Z_1, \cdots, Z_v \in \{0,1\}^\ell$ (对于任意 i, j 都满足 $X_i \neq Z_j$), 计算得到 $(a_{X_i}, b_{X_i}) \leftarrow \mathsf{TrapEval}(ek, tk, X_i)$ 和 $(a_{Z_i}, b_{Z_i}) \leftarrow \mathsf{TrapEval}(ek, tk, Z_i)$, 则下列概率 δ 不可忽略

$$\Pr[a_{X_1} = \cdots = a_{X_u} = 0 \wedge a_{Z_1}, \cdots, a_{Z_v} \neq 0] \geqslant \delta$$

为了表述简洁, 也记作 (u, v)-可编程哈希函数.

首先给出一个群哈希函数的具体构造 [166].

构造 8.1

- KeyGen(pp): 随机采样并返回 $ek = (h_0, \cdots, h_\ell) \xleftarrow{\mathrm{R}} \mathbb{G}^{\ell+1}$.
- Eval(ek, m): 计算并返回

$$\mathsf{H}(ek, m) = h_0 \cdot \prod_{i=1}^{\ell} h_i^{m_i}$$

📝 笔记

定理 8.3 [164] 对于任意一个给定阶数的群 $\mathbb{G}$ 以及任意多项式大小的整数 ℓ, p, 构造 8.1中的哈希函数 H 为一个 $(1, p)$-可编程哈希函数.

这里, 定理的证明与 TrapGen 与 TrapEval 的构造不进行展开, 感兴趣的读者可参见文献 [166].

8.2.2 基于可编程哈希函数的签名方案

基于上述 $(1, p)$-可编程哈希函数, 可以给出下列签名方案.

构造 8.2 (基于可编程哈希函数的签名方案) 所需组件为 (u, v)-可编程哈希函数 PH = (KeyGen, Eval).

- Setup(1^κ): 使用 GenBLGroup(1^κ) 生成一个类型 1 双线性映射 $(\mathbb{G}, \mathbb{G}_T, q, g, e)$, 随机采样 $h \xleftarrow{\mathrm{R}} \mathbb{G}$, 并将 (g, h) 与双线性映射的描述一起作为公开参数输出.
- KeyGen(pp): 生成群 $\mathbb{G}$ 上的可编程哈希函数 PH. 计算哈希函数的计算密钥 $ek \leftarrow \mathsf{PH.KeyGen}(1^\kappa)$. 随机采样 $x \xleftarrow{\mathrm{R}} \mathbb{Z}_q$ 并计算 $X = g^x \in \mathbb{G}$. 令验证密钥为 $vk = (X, ek)$, 签名密钥为 $sk = x$. 输出验证密钥与签名密钥 (vk, sk).
- Sign(sk, m): 签名的消息空间为 $\{0,1\}^\ell$, 随机采样一个 $\eta = \mathrm{poly}(\kappa)$ 比特的整数 s, 计算 $y = \mathsf{PH.Eval}(ek, m)^{\frac{1}{x+s}} \in \mathbb{G}$. 输出签名 (s, y).
- Verify(vk, m, σ): 验证签名中 $(s, y) \in \{0,1\}^\eta \times \mathbb{G}$, 并验证等式 $e(y, X \cdot g^s) = e(\mathsf{PH.Eval}(ek, m), g)$.

上述数字签名方案的 EUF-CMA 安全性证明较为复杂, 这里只介绍该证明的最主要证明思路. 证明的关键在于巧妙地设置 g, h 使得

- 当 PH.Eval$(ek, m) = g^{a_m} \cdot h^{b_m}$ 中的 $a_m \neq 0$ 时, 挑战者可利用可编程哈希函数的陷门密钥 tk 在不需要签名密钥 x 的情况下计算签名. 因此, 挑战者可以在不知道签名密钥 x 的情况下正确回应敌手的签名谕言机查询.
- 当 $a_m = 0$ 时, 根据签名中 y 的值可以提取出离散对数类假设[①]的攻击.
- 根据可编程哈希函数的良好分布性, 可以得到上述情况出现的概率不可忽略.

章后习题

练习 8.1　根据以下提示, 逐步证明 Lamport 签名并不一定满足强签名安全性.

(1) 给定一个单向函数 $f(x) = y$. 构造函数 $f'(x\|b) = y$, 其中 $b \in \{0, 1\}$. 证明 f' 也是一个单向函数.

(2) 利用 f' 构造 Lamport 签名, 并证明构造出的 Lamport 签名并不满足强签名安全性.

练习 8.2　如果不考虑成员证明的验证密钥简洁性要求.

(1) 构造验证密钥与集合大小线性相关的成员证明.

(2) 证明上述构造的成员证明满足正确性与可靠性要求.

练习 8.3　证明 Merkle 签名满足多次签名安全性.

第8章习题答案

① 文献 [166] 中的证明基于离散对数类的 q-SDH 假设, 这里不对具体假设进行展开.

第 9 章

随机谕言机模型下的数字签名方案的通用构造

章前概述

内容提要

- 基于单向陷门函数的构造
- 基于身份认证协议的构造
- 基于身份加密方案的数字签名构造

本章介绍随机谕言机模型下的数字签名方案的通用构造. 9.1 节介绍了基于单向陷门函数的构造, 9.2 节介绍了基于身份认证协议的构造, 9.3 节介绍了基于身份加密方案的数字签名构造.

本章将介绍三种随机谕言机模型下的不同通用构造方法. 分别是基于单向陷门函数的全域哈希类签名方案构造、基于身份认证协议与 Fiat-Shamir 通用转化的类 Schnorr 签名方案, 以及基于身份加密方案的构造. 这三种不同的签名都分别运用了随机谕言机的特殊性质, 包含重编程、输出完美随机等多种特性与技巧.

 笔记 要注意, 尽管随机谕言机模型下的构造通常具有更高的效率, 但是该模型本身存在理论缺陷. 1998 年, Canetti 等 [168] 证明了存在一些特殊的签名与加密方案在随机谕言机模型下安全, 但是一旦将随机谕言机用任意哈希函数实例化, 则方案不安全. 这一结果从理论上证明了完全符合随机谕言机模型的哈希函数并不存在. 但是因为随机谕言机模型在设计的便捷性以及暂时没有密码分析学方法将一部分现有哈希函数 (例如 SHA3 等) 与随机谕言机进行区分, 所以随机谕言机模型仍然是设计密码学方案的一个理论重要模型, 在随机谕言机模型下证明安全的密码学方案也被广泛认可与使用.

9.1 基于单向陷门函数的构造

在 8.1.1 节中介绍了由单向函数构造的 Lamport 签名, 观察 Lamport 签名可以发现其签名与验证密钥对满足 $f(sk_{i,b}) = pk_{i,b}$ 的关系. 而该签名的一个重要缺陷就在于, 签名密钥与验证密钥的长度与所需要签名的消息数量呈线性相关. Merkle 签名部分解决了这个问题, 将验证密钥的大小压缩成常数大小, 然而其签名密钥的大小仍然与预计签名的个数呈线性相关. 为了解决这个问题, 引入单向陷门函数替换单向函数, 这样就可以用单向陷门函数的陷门 td 代替所有的签名密钥. 因此我们就做到了将签名密钥的大小压缩到常数大小.

此外, 进一步观察得知在运用单向陷门函数将签名密钥压缩成常数大小以后, 验证密钥实际只需要在单向函数的值域中随机选取元素即可. 因此如果满足如下条件:

- 哈希函数的值域与单向函数的值域相同;
- 随机定义域中的元素通过单向陷门函数映射到值域上的概率分布是完全随机的,

就可以通过被模拟成随机谕言机的哈希函数实时生成签名的验证密钥. 这种签名方案构造也被称为全域哈希类 (full domain hash) 签名方案.

注记 9.1   2008 年, Gentry 等 [53] 将满足上述要求的函数扩展定义为可前像采样单向函数 (one-way preimage sampleable functions, PSF). 本书中为了避免复杂化, 我们仍采用单向陷门函数的形式表示.

9.1.1 全域哈希类签名方案

定义 9.1 (全域哈希类签名方案)   构造需要以下两个组件.

- TDF = (Setup, KeyGen, Eval, TdInv) 表示一个从 X 映射向 Y 的单向陷门函数.
- H : $M \to Y$ 表示一个被模拟为随机谕言机的哈希函数, 且其定义域为消息集合 M, 值域为单向函数的值域 Y.

全域哈希类签名方案包含以下 4 个 PPT 算法.

- Setup(1^κ)：以安全参数 κ 为输入, 随机选取一个哈希函数 H : $M \to Y$, 计算单向陷门函数的公开参数 TDF.$pp \leftarrow$ TDF.Setup(1^κ), 输出公共参数 $pp = $ (H, TDF.pp).
- KeyGen(pp)：以公共参数 pp 为输入, 利用单向陷门函数的密钥生成函数生成密钥对 $(ek, td) \leftarrow$ TDF.KeyGen(TDF.pp). 输出验证密钥 $sk = ek$ 与签名密钥 $vk = td$.
- Sign(sk, m)：以签名密钥 $sk = td$ 和消息 m 为输入, 计算并输出签名 $\sigma = $ TDF.TdInv(td, H(m)).
- Verify(vk, m, σ)：通过单向陷门函数的求值函数验证 TDF(ek, σ) = H(m), 输出验证结果.

全域哈希类签名方案的正确性可以通过简单计算验证得到.

选择消息安全性的 全域哈希类签名方案的安全性由以下定理保证.

定理 9.1 如果存在一个单向陷门函数 TDF = (Setup, KeyGen, Eval, TdInv), 则上述构造的全域哈希类签名SIG = (Setup, KeyGen, Sign, Verify) 满足 EUF-CMA 安全性.

证明 假设存在 PPT 敌手 $\mathcal{A}$ 可以成功攻击全域哈希类签名的签名安全性, 我们将构造 PPT 敌手 $\mathcal{B}$, 其一方面可以给 $\mathcal{A}$ 模拟全域哈希类签名安全性中的挑战者, 另一方面可以运用 $\mathcal{A}$ 提供的攻击解决单向函数的求值问题.

- 输入: $\mathcal{B}$ 以 y^* 作为输入, 将 H 与单向陷门函数的计算密钥 ek 作为签名验证密钥发送给 $\mathcal{A}$.

- 模拟随机谕言机: 注意到与

- RSA 签名算法证明类似, 需要首先排除敌手 $\mathcal{A}$ 没有查询过关于攻击消息 m^* 的随机谕言机查询. 因此, 先构造 $\mathcal{A}'$, 在输出攻击消息与签名对 (m^*, σ^*) 之前发起关于 m^* 的随机谕言机查询. 可以显然看出, $\mathcal{A}$ 与 $\mathcal{A}'$ 的攻击成功概率是相同的.

- 上述敌手 $\mathcal{A}'$ 与 $\mathcal{A}$ 具有相同的攻击成功概率, 唯一区别是 $\mathcal{A}'$ 的随机谕言机询问次数多一次.

- 在回复随机谕言机问询的时候, $\mathcal{B}$ 猜测 $\mathcal{A}'$ 在第 i^* 询问关于攻击消息 m^* 的随机谕言机. 这里 $\mathcal{B}$ 猜测成功的概率为 $\dfrac{1}{Q_{\mathsf{H}} + Q_{\mathsf{sign}} + 1}$, 其中 $Q_{\mathsf{H}}, Q_{\mathsf{sign}}$ 分别为 $\mathcal{A}$ 询问随机谕言机和签名谕言机的次数.

- 当敌手 $\mathcal{A}'$ 第 i 次询问随机谕言机的时候, 如果 $i = i^*$, 则将 y 回复给 $\mathcal{A}'$. 否则随机生成 $\sigma \in X$, 将 (m, σ) 的数值记录在 $L_{(m,h)}$ 中, 并计算 $h = f(\sigma)$, 将 h 的值发送给 $\mathcal{A}'$.

- 模拟签名谕言机: 当敌手 $\mathcal{A}$ 询问 m 的签名时, $\mathcal{B}$ 先查询 $\mathcal{A}$ 是否已经询问过关于 m 的哈希函数. 如果是, 则将 H(m) 对应的输入 $x = f^{-1}(\mathsf{H}(m))$ 作为签名输出. 如果没有, 则先发起一次关于 m 的随机谕言机询问, 再进行签名.

- 攻击: 当 $\mathcal{B}$ 收到 $\mathcal{A}$ 的攻击消息与签名对 (m, σ) 时, 因为 $\mathcal{B}$ 已经提前猜测出 m 为第 i^* 次随机谕言机的询问, 所以我们得知 $m = y^*$.

- 根据攻击成立条件, 我们有 $y^* = \mathsf{H}(m) = f(\sigma)$. $\mathcal{B}$ 将 σ 作为单向函数的攻击原象输出.

我们分析 $\mathcal{B}$ 成功的概率为

$$\mathsf{Adv}_{f,\mathcal{B}}(1^\kappa) \geqslant \frac{1}{Q_{\mathsf{H}} + Q_{\mathsf{sign}} + 1} \cdot \mathsf{Adv}_{\mathrm{SIG},\mathcal{A}'}(1^\kappa) \geqslant \frac{1}{Q_{\mathsf{H}} + Q_{\mathsf{sign}} + 1} \cdot \mathsf{Adv}_{\mathrm{SIG},\mathcal{A}}(1^\kappa)$$

因此, 任意 PPT 敌手 $\mathcal{A}$ 成功的概率为

$$\mathsf{Adv}_{\mathrm{SIG},\mathcal{A}}(1^\kappa) \leqslant (Q_{\mathsf{H}} + Q_{\mathsf{sign}} + 1) \cdot \mathsf{Adv}_{f,\mathcal{B}}(1^\kappa) \leqslant \mathsf{negl}(\kappa)$$

综上, 任意 PPT 敌手 $\mathcal{A}$ 的成功概率均可忽略, 命题得证.　　　　　　　□

注记 9.2　在上述的证明过程中, 我们要注意下列几点:

● 在攻击成功条件中, $\mathcal{A}$ 提供的攻击消息 m 必须与之前询问的签名询问不同. 因此也不需要对 $H(m)$ 的原象进行计算. 实际因为 $H(m) = y^*$, $\mathcal{B}$ 也无法计算其原象.

● $\mathcal{B}$ 在处理第 i 次随机谕言机询问时, 因为上述提到的单向函数的特殊性质, 即定义域中的随机元素通过映射到值域中的概率分布是随机的, 且单向函数与哈希函数具有相同的值域, 所以 $\mathcal{A}$ 无法区分这种特殊的哈希函数生成方式与原生成方式.

● 在 $\mathcal{B}$ 的计算过程中, 需要规定随机谕言机对一些特定输入的输出. 实际上, 这个功能要求随机谕言机能够进行重编程操作. 该性质是随机谕言机假设中要求比较高的一种, 被称为可编程随机谕言机 (programmable random oracle).

下面分别介绍基于不同密码学假设, 对于全域哈希类签名方案的实例化构造.

注记 9.3　注意到 RSA 假设实际提供了一个满足全域哈希类签名方案的单向陷门函数构造, 即 $y = \mathsf{TDF.Eval}(e, x) = x^e$. 其中哈希函数的值域与 RSA 单向函数均为 $\mathbb{Z}_N$, 且因为 RSA 单向陷门函数为一个一一映射, 所以随机采样 $x \xleftarrow{\mathrm{R}} \mathbb{Z}_N$ 并计算得到 $y = \mathsf{TDF.Eval}(e, x)$ 的分布也是完全随机的. 因此, 7.2节中 RSA 签名方案的安全性 (定理 7.1) 可以通过全域哈希类签名方案的证明得到. 注意到 RSA 假设实际提供了一个满足全域哈希类签名方案的单向陷门函数构造, 即 $y = \mathsf{TDF.Eval}(e, x) = x^e$. 其中哈希函数的值域与 RSA 单向函数均为 $\mathbb{Z}_N$, 且因为 RSA 单向陷门函数为一个一一映射, 所以随机采样 $x \xleftarrow{\mathrm{R}} \mathbb{Z}_N$ 并计算得到 $y = \mathsf{TDF.Eval}(e, x)$ 的分布也是完全随机的. 因此, 7.2 节中 RSA 签名方案的安全性 (定理 7.1) 可以通过全域哈希类签名方案的证明得到.

9.1.2　GPV 签名方案

2008 年, Gentry 等 [53] 提出了基于 SIS 假设的一种单向函数的高效构造.

定义 9.2 (基于 SIS 假设的单向陷门函数)　基于 SIS, 存在如下陷门生成函数.

● $\mathsf{TrapGen}(1^\kappa)$: 陷门生成算法以安全参数 1^κ 为输入, 输出一个矩阵 $\mathbf{A}$ 作为生成密钥 ek 和一个陷门密钥 tk.

● $f(ek, \mathbf{s})$: 运用生成密钥计算 $\mathbf{t} \leftarrow \mathbf{A}\mathbf{s}$. 将 $\mathbf{t}$ 作为函数的计算结果输出. 注意到, 这里 $\mathbf{s} \in \mathbb{Z}_q^n$ 且 $\|\mathbf{s}\| \leqslant \beta$.

● $f^{-1}(tk, \mathbf{t})$: 运用陷门密钥计算 $\mathbf{s}$, 使得 $\|\mathbf{s}\| \leqslant \beta$, 且 $\mathbf{A}\mathbf{s} = \mathbf{t}$.

笔记　在上述基于 SIS 的单向函数中, 如果参数选取得当, 那么可知单向函数的值域为 $\mathbb{Z}_q^n$, 且随机输入对应的输出满足随机分布. 因此该单向函数满足全域哈希类签名方案的构造需求.

定义 9.3 (GPV 数字签名方案) 基于 SIS 的 GPV 数字签名方案构造如下.

- KeyGen(1^{κ}): 运用陷门生成算法以安全参数 1^{κ} 为输入, 产生一组计算密钥与陷门密钥 $(ek, tk) \leftarrow \mathsf{TrapGen}(1^{\kappa})$. 输出验证密钥 $vk = ek$ 与签名密钥 $sk = tk$.
- Sign(sk, m): 将 sk 解析为 tk.
- 利用 tk, 生成一组向量 $\mathbf{s}$ 满足 $\mathbf{A} \cdot \mathbf{s} = \mathsf{H}(m)$ 且 $\|\mathbf{s}\| \leqslant \beta$.
- 将 $\mathbf{s}$ 作为消息 m 的签名 $\sigma = \mathbf{s}$ 输出.
- Verify(vk, m, σ): 将 vk 解析为 $\mathbf{A}$, 将签名 σ 解析为 $\mathbf{s}$.
- 验证 $\mathbf{A} \cdot \mathbf{s} = \mathsf{H}(m)$, 且 $\|\mathbf{s}\| \leqslant \beta$.

GPV 签名的证明可由全域哈希类签名方案的安全性证明得到. 安全性由以下定理保证.

定理 9.2 如果SIS假设成立, 则 GPV 签名方案 SIG = (Setup, KeyGen, Sign, Verify) 是 EUF-CMA 安全的.

该定理可由全域哈希类签名方案的安全性证明得到, 具体证明过程参见 [53].

9.1.3 BLS 签名方案

注意到全域哈希类签名方案的验证可以表达为对等式 $f(\sigma) = \mathsf{H}(m)$ 的判断. 此处要求单向陷门函数 f 可以在多项式时间内计算出结果, 因此该验证可以在多项式时间内完成. 然而如果函数 f 本身无法在多项式时间内计算, 但是存在一个多项式时间的验证算法 Verify 满足下列等价关系

$$\mathsf{Verify}(\sigma, m) = 1 \Leftrightarrow f(\sigma) = \mathsf{H}(m)$$

则仍可使用全域哈希类签名方案的构造方式.

该拓展的一个具体例子就是由 Boneh 等 [169] 提出的基于离散对数假设的 BLS 签名方案. 其中给定一个双线性群 $(\mathbb{G}, \mathbb{G}_T, q, g, e) \leftarrow \mathsf{GenBLGroup}(1^{\kappa})$、一个 $\mathbb{Z}_q$ 中的元素 x 以及公开的群元素 $y = g^x \in \mathbb{G}$, 可以定义 $f(u) = u^{1/x} = v$. 注意到, 虽然 $v = u^{1/x}$ 无法直接计算得到, 但是给出 v, 下列等价关系成立:

$$e(v, y) = e(u, g) \Leftrightarrow v = u^{1/x}$$

而函数 f 的单向性由双线性群中的计算性 Diffie-Hellman 假设保证. 根据以上观察, 给出下列 BLS 签名方案.

构造 9.1 (BLS 签名方案)

- Setup(1^{κ}): 计算生成双线性对群 $(\mathbb{G}, \mathbb{G}_T, q, g, e) \leftarrow \mathsf{GenBLGroup}(1^{\kappa})$, 生成哈希函数 $\mathsf{H}: \{0,1\}^* \to \mathbb{G}$, 输出公共参数 $pp = (\mathbb{G}, \mathbb{G}_T, q, g, e, \mathsf{H})$.

- KeyGen(pp)：随机采样 $x \in \mathbb{Z}_q$，输出签名密钥 $sk = x$ 与验证密钥 $vk = y = g^x$.
- Sign(sk, m)：计算并输出签名 $\sigma = \mathsf{H}(m)^x$.
- Verify(vk, m, σ)：验证下列等式并输出结果，

$$e(\mathsf{H}(m), y) = e(\sigma, g)$$

正确性 BLS 签名的正确性通过双线性对的性质得到, 即

$$\begin{aligned} e(\sigma, g) &= e(\mathsf{H}(m)^x, g) \\ &= e(\mathsf{H}(m), g^x) \\ &= e(\mathsf{H}(m), y) \end{aligned}$$

BLS 签名的安全性由下列定理保证.

定理 9.3 如果计算性 Diffie-Hellman 假设在群 $\mathbb{G}$ 上成立, 则 BLS 签名方案 SIG = ($Setup$, KeyGen, Sign, Verify) 是 EUF-CMA 安全的.

证明可以通过简单修改全域哈希类签名方案的安全性证明得到, 具体证明过程参见文献 [169].

9.2 基于身份认证协议的构造

本节将介绍随机谕言机模型中数字签名方案的第二个构造思路. 我们可以从身份认证的角度重新思考签名算法的含义, 给出下列观察.

- 在数字环境中, 由于任意公开的信息都可以被完美复制, 因此签名者证明自己身份的方式必须通过非公开的签名私钥参与计算得到.
- 如果一个用户能够给任意提出的信息提供数字签名, 也可以通过这种方式验证签名者的身份.

我们在上述观察中发现了身份认证协议与签名算法有着强相关性. 因此, 首先定义身份认证协议的结构与安全性要求.

定义 9.4 (身份认证协议) 交互式三轮身份认证协议 ID = (KeyGen, Prove, Verify) 由以下 3 个 PPT 算法构成.

- KeyGen(1^κ)：以安全参数 κ 为输入, 输出一组身份认证公私钥对 (pk, sk). 我们额外定义挑战空间为 CH.
- Prove：证明算法 Prove 由两个 PPT 算法 (Prove$_1$, Prove$_2$) 构成. 两个算法均由身份认证方发起, 两个算法之间共享一个内部状态用于信息传递.
- Prove$_1(pk, sk)$：以身份认证公钥 pk 与私钥 sk 为输入, 输出第一轮消息 cmt 与内部状态 st.

- Prove$_2(cmt, h, st)$：以第一轮消息 cmt、身份认证者发送的挑战 h 以及内部状态 st 为输入, 输出第二轮消息 rsp.
- Verify(pk, cmt, h, rsp)：以身份认证公钥 pk 和生成的身份认证交互记录 (cmt, h, rsp) 为输入, 输出 1 表示证明被验证, 否则输出 0.

将一个交互协议过程中所有在公开信道传输的信息的集合称为**证明交互记录**.

正确性 该性质保证诚实用户能够向验证者证明其身份.

定义 9.5 (正确性) 正式地, 三轮交互式身份认证协议 ID = (KeyGen, Prove, Verify) 满足 ρ-正确性, 如果对于任意安全参数 κ, 下列不等式成立:

$$\Pr\left[\text{Verify}(pk, cmt, h, rsp) = 1 : \begin{array}{l} (pk, sk) \leftarrow \text{KeyGen}(1^\kappa); \\ (cmt, st) \leftarrow \text{Prove}_1(pk, sk); \\ h \xleftarrow{\text{R}} CH; \\ rsp \leftarrow \text{Prove}_2(cmt, h, st) \end{array}\right] \geqslant 1 - \rho$$

如果 $\rho = 0$, 则我们称该认证协议满足完美正确性.

注记 9.4 上述定义中分别用 cmt, rsp 表示第一轮与第二轮证明者发送出的消息, 分别是承诺 (commitment) 与应答 (response) 的缩写. 其来源是因为大部分三轮交互式证明系统中证明者第一轮发布的消息通常是一个随机数的承诺, 而第二轮发布的消息通常是对验证者发布的挑战的回复.

笔记 与加密/签名方案正确性有所不同, 由于身份认证协议是一个交互式协议. 实际应用环境中, 证明者发现所提供的证明交互记录无法通过验证时可以再次进行询问, 因此正确性定义中 ρ 并不一定为一个可忽略函数.

特殊可靠性 可靠性希望能够刻画身份认证协议的安全性, 即任意 PPT 敌手在不知道身份私钥的前提下无法替代他人进行身份认证. 在两轮交互式身份认证协议中, 我们通过特殊可靠性来论证. 其主要思想在于, 论证敌手在进行三轮交互式身份认证协议的时候, 当第一轮消息确定时, 在不知道身份私钥的情况下, 只能对验证者特定的挑战进行回复.

定义 9.6 (特殊可靠性) 如果对于一个身份认证协议 ID = (KeyGen, Prove, Verify), 任意 PPT 敌手 $\mathcal{A}$ 无法在多项式时间内计算产生两个能够通过验证的证明交互记录 $T_1 = (cmt, h, rsp), T_2 = (cmt, h', rsp')$, 并且满足 $h \neq h'$. 正式地, 对于任意安全参数 κ, 以及任意 PPT 敌手 $\mathcal{A}$, 敌手的优势函数可忽略, 即

$$\Pr\left[\begin{array}{l} \text{Verify}(pk, cmt, h, rsp) = 1 \\ \wedge \text{Verify}(pk, cmt, h', rsp') = 1 \\ \wedge h \neq h' \end{array} : \begin{array}{l} (pk, sk) \leftarrow \text{KeyGen}(1^\kappa); \\ (cmt, h, rsp, h', rsp') \leftarrow \mathcal{A}(pk) \end{array}\right] \leqslant \text{negl}(\kappa)$$

注记 9.5 注意到, 有一个更为直接的关于认证协议的可靠性定义, 即如果没有身份私钥, 不存在 PPT 敌手 $\mathcal{A}$ 能够在多项式时间内计算产生可以通过验证的证明交互记录, 通常称为计算可靠性. 然而, 协议的计算可靠性通常难以证明.

特殊可靠性可以看作计算可靠性的一个拓展, 主要基于如下观察: 如果一个用户 U 能够通过身份认证协议, 意味着对于验证者随机产生的挑战用户 U 都能够进行回复, 然而该能力对于没有身份密钥的敌手而言是无法达到的. 同时, 我们也注意到, 身份认证协议的特殊可靠性与 9.2.1 节中的 Forking Lemma (分叉引理) 可以结合得到签名算法的安全性.

诚实验证者的零知识性 该性质保证对于遵循协议运行的验证者, 身份认证方的私钥不会泄漏. 即存在一个 PPT 算法 Sim, 给定一个身份公钥与一个随机采样的挑战 $h \overset{R}{\leftarrow} CH$, 输出 $(cmt, rsp) \leftarrow \mathsf{Sim}(pk, h)$, 且证明交互记录 $T = (cmt, h, rsp)$ 的概率分布与诚实生成的证明交互记录概率分布相同.

注记 9.6 注意到在交互式协议运行的过程中, 验证方并不能从运行的顺序中获得身份私钥的任何信息. 因此, 身份认证方从真实运行环境中获得的信息与从模拟出来的证明交互记录 T 中获得的信息相同. 又因为生成 T 的过程中并没有使用 sk, 所以上述性质可以证明, 交互式协议对于诚实验证者具备零知识性.

注意到之前提到的签名算法都是非交互式的, 即 Sign 算法不需要签名算法验证者参与. 而上述定义中的身份认证协议是交互式的, 幸运的是可以观察到在身份认证协议中验证者发送的消息为一个完全随机的元素, 因此可以用哈希函数 (随机谕言机) 的输出替代此轮交互. 1986 年, Fiat 与 Shamir 也将这种思想整理总结成著名的 Fiat-Shamir 转化 [170].

构造 9.2 (数字签名算法 (Fiat-Shamir 转化)) Fiat-Shamir 转化需要以下两个组件.

• $\Pi = (\mathsf{KeyGen}, \mathsf{Prove}, \mathsf{Verify})$ 为一个满足特殊可靠性的三轮交互式身份认证协议.

• H 为一个被模拟成为随机谕言机的哈希函数.

Fiat-Shamir 转化给出下列签名算法 $\mathsf{SIG} = (\mathsf{KeyGen}, \mathsf{Sign}, \mathsf{Verify})$, 包含了以下 3 个算法.

• $\mathsf{KeyGen}(1^\kappa)$:

(1) $(pk, sk) \leftarrow \Pi.\mathsf{KeyGen}(1^\kappa)$;

(2) 输出 $vk = pk$, $sk = sk$.

• $\mathsf{Sign}(sk, m)$: 将签名密钥与认证密钥解析为 $(pk, sk) = (vk, sk)$,

(1) $(cmt, st) \leftarrow \mathsf{Prove}_1(pk, sk)$;

(2) $h = \mathsf{H}(pk, cmt, m)$;

(3) $rsp \leftarrow \Pi.\mathsf{Prove}_2(cmt, h, st)$;

(4) 输出签名 $\sigma = (cmt, rsp)$.

• Verify(vk, m, σ) : 将签名解析为 $(cmt, rsp) = \sigma$,

(1) $h = \mathsf{H}(pk, cmt, m)$;

(2) 运行 $\Pi.\mathsf{Verify}(pk, cmt, h, rsp)$;

(3) 输出验证结果.

在给出上述定理的证明之前, 我们需要先引入 Forking Lemma.

9.2.1 Forking Lemma

Forking Lemma 首先被 Pointcheval 与 Stern 于 1996 年提出 [171], 后在 2006 年被 Bellare 和 Neven 改进完善 [172]. 该引理在 Schnorr[173] 等基于随机谕言机的签名方案构造与证明中起着重要的作用.

定理 9.4 (Forking Lemma [171,172])   令 $q \geqslant 1$ 为一个整数并且有一个 H 集合含有两个以上元素 $h = |H| \geqslant 2$. 令 A 为一个随机算法, 以 $x, h_1, \cdots, h_q$ 为输入, 返回一个整数 $J \in \{0, \cdots, q\}$ 与一个信息 σ. 令 IG 为一个随机算法, 我们称其为输入生成器. 令算法 A 的成功概率为 acc, 即

$$acc := \Pr[J \geqslant 1 | x \leftarrow \mathrm{IG}; \ h_1, \cdots, h_q \leftarrow H; \ (J, \sigma) \leftarrow \mathrm{A}(x, h_1, \cdots, h_q)]$$

定义分叉算法 $\mathrm{F_A}$, 以 x 作为输入, 进行如下操作.

$\mathrm{F_A}(x)$:

• 随机生成算法 A 的随机带 ρ;

• $h_1, \cdots, h_q \leftarrow H$;

• $(I, \sigma) \leftarrow \mathrm{A}(x, h_1, \cdots, h_q; \rho)$;

• 如果 $I = 0$ 则返回 $(0, \bot, \bot)$;

• $h'_I, \cdots, h'_q \leftarrow H$;

• $(I', \sigma') \leftarrow \mathrm{A}(x, h_1, \cdots, h_{I-1}, h'_I, \cdots, h'_q; \rho)$;

• 如果 $(I = I' \wedge h_I \neq h'_I)$, 则返回 $(1, \sigma, \sigma')$;

• 否则返回 $(0, \bot, \bot)$.

定义

$$frk := \Pr[b = 1 | x \leftarrow \mathrm{IG}; \ (b, \sigma, \sigma') \leftarrow \mathrm{F_A}(x)]$$

则有

$$frk \geqslant acc \cdot \left(\frac{acc}{q} - \frac{1}{h} \right) \tag{9.1}$$

同时也有

$$acc \leqslant \frac{q}{h} + \sqrt{q \cdot frk} \tag{9.2}$$

在证明定理 9.4 之前, 我们需要先给出下列关于概率期望值的引理 9.1 (Jensen 不等式) 与引理 9.2.

引理 9.1 (Jensen 不等式)　令 X 为一个实数随机变量, 则有下列不等式

$$\mathbb{E}[X^2] \geqslant \mathbb{E}[X]^2$$

由上述不等式可以直接推出:

引理 9.2　令 $q \geqslant 1$ 为一个整数, 并且 $x_1, \cdots, x_q \geqslant 0$ 为实数, 则有下列不等式

$$\sum_{i=1}^{q} x_i^2 \geqslant \frac{1}{q} \left(\sum_{i=1}^{q} x_i \right)^2$$

上述不等式实际也是柯西-施瓦茨不等式的一个变形. 基于上述两个引理, 我们给出定理 9.4 的下列证明.

证明 [定理 9.4]　我们首先证明公式 (9.1), 然后证明公式 (9.2). 定义下列两个概率函数:

$$acc(x) := \Pr[J \geqslant 1 | h_1, \cdots, h_q \leftarrow H; \ (J, \sigma) \leftarrow \mathrm{A}(x, h_1, \cdots, h_q)]$$

$$frk(x) := \Pr[b = 1 | (b, \sigma, \sigma') \leftarrow \mathrm{F_A}(x)]$$

首先证明

$$frk(x) \geqslant acc(x) \cdot \left(\frac{acc(x)}{q} - \frac{1}{h} \right) \tag{9.3}$$

根据 $frk(x)$ 的定义, 可知

$$
\begin{aligned}
frk(x) &= \Pr[I = I' \wedge I \geqslant 1 \wedge h_I \neq h_I'] \\
&\geqslant \Pr[I = I' \wedge I \geqslant 1] - \Pr[I \geqslant 1 \wedge h_I = h_I'] \\
&= \Pr[I = I' \wedge I \geqslant 1] - \frac{\Pr[I \geqslant 1]}{h} \\
&= \Pr[I = I' \wedge I' \geqslant 1] - \frac{acc(x)}{h} \tag{9.4}
\end{aligned}
$$

下面考虑 $\Pr[I = I' \wedge I' \geqslant 1]$ 的概率. 我们可以将这个概率展开写成求和的形式

$$\Pr[I = I' \wedge I' \geqslant 1] = \sum_{i=1}^{q} \Pr[I = i \wedge I' = i]$$

令 A 选取随机带的空间为 $\mathcal{R}$, 根据定义将概率 $\Pr[I = i \wedge I' = i]$ 展开可得

$$\Pr[I' = i \wedge I = i] := \Pr\left[I = i \wedge I' = i : \begin{matrix} h_1, \cdots, h_q, h'_i, \cdots, h'_q \leftarrow H; \\ (I, \sigma) \leftarrow \mathrm{A}(x, h_1, \cdots, h_q; \rho); \\ (I', \sigma) \leftarrow \mathrm{A}(x, h_1, \cdots, h_{i-1}, h'_i \cdots, h'_q; \rho) \end{matrix}\right]$$

$$= \frac{1}{|\mathcal{R}| \cdot |H|^{i-1}} \cdot \sum_{\rho, h_1, \cdots, h_{i-1}} \Pr[I = i | h_i, \cdots, h_q \leftarrow H; (I, \sigma)$$

$$\leftarrow \mathrm{A}(x, h_1, \cdots, h_q)]$$

$$\cdot \Pr\left[I' = i | h'_i, \cdots, h'_q \leftarrow H; (I', \sigma) \leftarrow \mathrm{A}(x, h'_1, \cdots, h'_q)\right]$$

在上述展开式中, 我们定义概率分布函数 $X_i := \Pr[I = i | h_i, \cdots, h_q \leftarrow H; (I, \sigma) \leftarrow \mathrm{A}(x, h_1, \cdots, h_q)]$, 则上述概率 $\Pr[I' = \wedge I = i]$ 可以写成 $\Pr[I' = i \wedge I = i] = \mathbb{E}[X_i^2]$, 且根据引理 9.1, 可知

$$\Pr[I = I' \wedge I' \geqslant 1] = \sum_{i=1}^{q} \mathbb{E}[X_i^2] \geqslant \sum_{i=1}^{q} \mathbb{E}[X_i]^2$$

又由引理 9.2 可知 $\sum_{i=1}^{q} \mathbb{E}[X_i]^2 \geqslant \mathbb{E}[X_i]^2 \geqslant \frac{1}{q}\left(\sum_{i=1}^{q} \mathbb{E}[X_i]\right)^2 = \frac{1}{q}acc(x)^2$. 将该等式代入公式 (9.4), 可得

$$frk(x) \geqslant acc(x) \cdot \left(\frac{acc(x)}{q} - \frac{1}{h}\right) \tag{9.5}$$

将不等式 (9.5) 两边同取概率期望值, 并结合 Jensen 不等式 (9.1), 可得

$$frk = \mathbb{E}[frk(x)] \geqslant \frac{\mathbb{E}[acc(x)^2]}{q} - \frac{\mathbb{E}[acc(x)]}{h}$$

$$\geqslant \frac{\mathbb{E}[acc(x)]^2}{q} - \frac{\mathbb{E}[acc(x)]}{h}$$

$$= acc \cdot \left(\frac{acc}{q} - \frac{1}{h}\right)$$

不等式 (9.1) 得证.

又因为 $frk \geqslant \frac{acc^2}{q} - \frac{1}{h} = \frac{1}{q} \cdot \left(acc - \frac{q}{2h}\right)^2 - \frac{q}{4h^2}$. 结合不等式 $\sqrt{a+b} \leqslant \sqrt{a} + \sqrt{b}$, 可得

$$acc \leqslant \sqrt{q \cdot frk + \frac{q^2}{4h^2}} + \frac{q}{2h}$$

$$\leqslant \frac{q}{h} + \sqrt{q \cdot frk}$$

不等式 (9.2) 得证. 结合不等式 (9.1), 定理 9.4 得证. □

9.2.2　Fiat-Shamir 转化的证明

Fiat-Shamir 转化的安全性由下列定理保证.

定理 9.5 (Fiat-Shamir 转化)　给定一个满足特殊可靠性和诚实用户零知识的三轮交互式身份认证协议, 则构造 9.2 中的签名算法满足 EUF-CMA 安全性.

证明　令 $\mathcal{A}$ 攻击 Fiat-Shamir 转化构造的签名方案的 EUF-CMA 的 PPT 敌手. 我们将通过利用 $\mathcal{A}$ 构造攻击身份认证协议的特殊可靠性 PPT 敌手 $\mathcal{B}$ 来证明签名安全性. $\mathcal{B}$ 需要向 $\mathcal{A}$ 模拟随机谕言机模型下 Fiat-Shamir 签名方案的签名安全性游戏, 因此 $\mathcal{B}$ 需要模拟签名验证密钥、随机谕言机询问、签名询问并利用 $\mathcal{A}$ 生成两个不同的证明交互记录 T_1, T_2.

敌手 $\mathcal{B}$ 的输入为交互式身份认证协议的公钥, 即 pk. 按照下列方案构造敌手 $\mathcal{B}$.

- 验证密钥: $\mathcal{B}$ 将 pk 作为签名验证密钥发送给 $\mathcal{A}$.
- 随机谕言机: $\mathcal{B}$ 收到关于随机谕言机的询问 x, 将 cmt 记录在 L_x 中, 随机选取 $h \leftarrow \mathbb{Z}_q$ 并回复.
- 签名谕言机: $\mathcal{B}$ 收到关于 m 的签名谕言机询问时,
- 随机选取挑战 $h \overset{\text{R}}{\leftarrow} CH$.
- 利用模拟算法生成证明交互记录 (cmt, h, rsp), 其中 $(cmt, rsp) \leftarrow \mathsf{Sim}(pk, h)$.
- 如果 $\mathcal{A}$ 已经询问过关于 (cmt, rsp, m) 的随机谕言机查询, 则 $\mathcal{B}$ 失败. 否则将 (cmt, h, rsp) 发送给 $\mathcal{A}$ 作为签名谕言机的询问答复, 并令随机谕言机的输出满足 $\mathsf{H}(pk, cmt, m) = h$.
- 攻击: 利用 Forking Lemma, 构造相对应的多项式算法 A. A 与敌手 $\mathcal{A}$ 唯一区别是, A 一直输出 $(1, \sigma)$, 其中 σ 为 $\mathcal{A}$ 输出的攻击签名. 构造相对应的分叉算法 $\mathsf{F_A}$, 令其中 $q = Q_{\mathsf{H}} + Q_{\mathsf{sign}}$ 为随机谕言机查询次数. 根据定义, 用 frk 表示 $\mathsf{F_A}$ 成功输出 $(1, \sigma, \sigma')$ 的概率, 其中 σ 与 σ' 分别满足下列形式:

$$\sigma = (cmt, h, rsp), \quad \sigma' = (cmt, h', rsp')$$

将 σ 与 σ' 作为两个不同的证明交互记录输出.

首先当 $\mathcal{B}$ 成功输出结果时, 我们可以发现因为 $\sigma = (cmt, h, rsp)$ 与 $\sigma' = (cmt, h', rsp')$ 均为 $\mathcal{A}$ 的成功输出, 即 (σ, σ') 均为可以通过验证的证明交互记录. 所以 $\mathcal{B}$ 的输出 σ, σ' 为身份认证协议特殊可靠性的一个成功攻击.

下面需要考虑 $\mathcal{B}$ 的成功概率. 注意到 $\mathcal{B}$ 在运行过程中有很小的失败概率, 即在回复签名谕言机的过程中, $\mathcal{A}$ 已经提前查询过关于 (pk, cmt, m) 的随机谕言机. 这里因为 h 是敌手 $\mathcal{B}$ 随机选取的, 所以这个失败的概率为 $\dfrac{Q_{\mathsf{H}} + Q_{\mathsf{sign}}}{|CH|}$, 即

$$\mathsf{Adv}_{\Pi, \mathcal{B}}(1^{\kappa}) \leqslant frk + 2 \cdot \frac{Q_{\mathsf{H}} + Q_{\mathsf{sign}}}{|CH|}$$

下面需要估算 $\mathcal{A}$ 成功的概率. 根据定理 9.4, 我们有

$$acc \leqslant \frac{q}{h} + \sqrt{frk}$$
$$\leqslant \frac{1}{p} + \sqrt{q \cdot \mathsf{Adv}_{\mathbb{G},\mathcal{B}}(1^\kappa) - 2 \cdot \frac{q}{p}}$$

其中 $h = |CH|$, acc 是 $\mathcal{A}$ 成功的概率, $q = Q_\mathsf{H} + Q_\mathsf{sign}$. 因为 $p = \mathcal{O}(2^\kappa)$, 且 $\mathcal{A}$ 为多项式时间的算法, 所以 $Q_\mathsf{H} = \mathrm{poly}(\kappa)$, $Q_\mathsf{sign} = \mathrm{poly}(\kappa)$. 综上可得

$$\mathsf{Adv}_{\mathrm{SIG},\mathcal{A}}(1^\kappa) = acc \leqslant \mathrm{negl}(\kappa)$$

Fiat-Shamir 签名的 EUF-CMA 安全性得证. $\qquad\square$

9.2.3 基于离散对数类假设的身份认证协议

本节给出一个基于离散对数类假设的身份认证协议. 将下列协议经过 Fiat-Shamir 转换以后, 可以给出 Schnorr 签名方案.

定义 9.7 (基于离散对数的 Schnorr 身份认证协议)　Schnorr 身份认证协议包含下列两个交互式算法 (Prove, Verify), 其中 Prove 包含两个不同的阶段 Prove = (Prove$_1$, Prove$_2$), 两个阶段的算法通过一个共享状态 st 进行内部消息沟通. 每个用户拥有 $sk = x \in \mathbb{Z}_q$ 作为自己的身份私钥, $pk = X = g^x \in \mathbb{G}$ 作为自己身份的公钥. 身份认证协议的具体算法如下.

• Prove$_1(pk, sk)$: 以身份认证公钥与私钥作为输入, 随机生成 $r \leftarrow \mathbb{Z}_q$, 计算 $R = g^r \in \mathbb{G}$ 并输出 R. 令内部状态 $st = r$ 传递给 Prove$_2$.

• Prove$_2(pk, sk, st, h)$: 以身份认证公钥与私钥、Prove$_1$ 生成的内部状态 st 以及验证者随机产生的挑战 h 作为输入, 计算并输出 $z = x \cdot h + r \mod q$.

• Verify(pk, R, z, h) : 以身份认证公钥 pk、第一轮与第二轮证明者输出的消息 (R, z) 以及随机产生的挑战 h 作为输入, 验证下列等式并输出验证结果

$$g^z = R \cdot X^h$$

Schnorr 身份认证协议的正确性可以通过简单计算验证.

特殊可靠性　下列定理保证 Schnorr 身份认证协议的特殊可靠性.

定理 9.6　如果离散对数 DLOG 假设是安全的, 那么 Schnorr 身份认协议满足特殊可靠性.

证明　根据两轮交互式协议的特殊可靠性定义, 我们需要说明当存在两个首轮信息相同但是别的信息不同的正确证明交互记录的时候, 可以提取出证明用户的身份私钥. 即可以根据两个不同的证明交互记录 (R, h_1, z_1) 与 (R, h_2, z_2) 计算

用户的私钥. 代入上述身份认证算法, 我们可以得到

$$g^{z_1} = R \cdot X^{h_1}, \quad g^{z_2} = R \cdot X^{h_2}$$

将上述两个等式左右两边同取关于 g 的离散对数, 可得

$$z_1 = r + x \cdot h_1, \quad z_2 = r + x \cdot h_2$$

合并化简两式可得, $x = \dfrac{z_1 - z_2}{h_1 - h_2}$. Schnorr 身份认证算法的特殊可靠性得证.　　□

诚实验证者零知识性　Schnorr 身份认证协议的验证过程可以简化为对等式 $g^z = R \cdot X^h$ 的验证. 我们可以构造 PPT 模拟器 $\mathsf{Sim}(h)$: 随机采样 $z \leftarrow \mathbb{Z}_q$ 并计算 $R = g^z \cdot X^{-h}$, 输出 (R, z). 可以验证 (R, h, z) 的概率分布与诚实生成的证明交互记录概率分布相同.

9.2.4　Schnorr 签名方案

结合 Schnorr 身份认证协议与 Fiat-Shamir 通用转化, 我们得到下列 Schnorr 签名方案.

构造 9.3 (Schnorr 签名方案)　Schnorr 签名方案的构造如下.

- $\mathsf{Setup}(1^\kappa)$: 生成离散对数安全的群 $(\mathbb{G}, q, g) \leftarrow \mathsf{GenGroup}(1^\kappa)$. 定义哈希函数 $\mathsf{H} : \mathbb{G}^2 \times M \to \mathbb{Z}_q$. 输出公开参数 $pp = (\mathbb{G}, q, g, \mathsf{H})$.
- $\mathsf{KeyGen}(1^\kappa)$: 随机采样 $x \xleftarrow{\mathrm{R}} \mathbb{Z}_q$ 并计算 $X = g^x$. 将 x 作为签名密钥 sk, X 作为验证密钥 vk 输出.
- $\mathsf{Sign}(sk, m)$: 随机采样 $r \xleftarrow{\mathrm{R}} \mathbb{Z}_q$ 并计算 $R = g^r$. 计算哈希函数 $h \leftarrow \mathsf{H}(X, R, m)$ 与 $z = h \cdot x + r \mod q$. 将 (R, h, z) 作为签名输出.
- $\mathsf{Verify}(vk, m, \sigma)$: 验证签名中哈希值的正确性 $h = \mathsf{H}(X, R, m)$, 并验证 $g^z = R \cdot X^h$.

Schnorr 签名的安全性由下列定理保证.

定理 9.7　如果离散对数 DLOG 假设成立, 则 Schnorr 签名算法满足 EUF-CMA.

该定理可由 Schnorr 身份认证的特殊可靠性与诚实验证者零知识性通过 Fiat-Shamir 转化得到, 因此将具体证明过程留在练习 9.2 中.

9.3　基于身份加密方案的数字签名构造

本章介绍数字签名和加密方案的功能性, 尤其是身份加密之间的强相互关系. 身份加密 (identity-based encryption, IBE) 最初由 Shamir 在 1984 年首先提出 [174], 旨在直接使用公开的信息如 Email 地址、手机号码等作为公钥进行加密,

从而节省公钥认证的过程. 2001 年, Boneh 和 Franklin [175] 首次给出了 IBE 的具体构造. 然而, 后续发现 IBE 这一密码学工具在构造更多性质、功能的密码学方案中都有着重要的作用.

Naor 首次提出, IBE 方案中隐式包含一个签名算法, 该构造也被叫作 Naor 变换. 下面给出基于 IBE 构造的数字签名算法.

构造 9.4 (基于 IBE 的数字签名构造) 构造组件: 身份加密方案 IBE = (Setup, SKGen, Enc, Dec).

构造如下签名方案 SIG = (KeyGen, Sign, Verify).

- KeyGen(1^κ) : 计算 $(mpk, mdk) \leftarrow$ IBE.Setup(1^κ), 输出验证密钥 $vk = mpk$ 与签名密钥 $sk = mdk$.
- Sign(sk, m) : 令 $id = m$, 计算 $sk_{id} =$ IBE.SKGen(mdk, id), 输出签名 $\sigma = sk_{id}$.
- Verify(vk, m, σ) : 将签名 σ 解析为 $\sigma \xleftarrow{\text{R}} sk_{id}$.
- 随机从 IBE 的明文空间中选取 $x \in$ IBE.M.
- 查验 IBE.Dec(sk_{id}, IBE.Enc(mpk, m, x)) $= x$ 并输出验证结果.

正确性 根据 IBE 加密算法的正确性, 展开可得上述签名方案 SIG 的正确性.

EUF-CMA 签名算法的 EUF-CMA 安全性可由 IBE 方案的选择明文安全性得到.

定理 9.8 如果 IBE = (Setup, SKGen, Enc, Dec) 满足适应性 ID 选择明文单向安全 (one-way adaptive-ID chosen plaintext attack, OW-aID-CPA), 则上述构造的签名算法 SIG = (KeyGen, Sign, Verify) 为 EUF-CMA 安全.

证明 运用反证法证明 SIG 为 EUF-CMA 安全, 假设存在 PPT 敌手 $\mathcal{A}$, 构造下列敌手 $\mathcal{B}$ 成功破坏 IBE 方案的适应性 ID 选择明文单向安全. 直接给出 $\mathcal{B}$ 的构造如下.

- 公钥: $\mathcal{B}$ 将接收到的 IBE 主密钥 ID.mpk 作为签名方案的验证密钥发送给 $\mathcal{A}$.
- 签名谕言机: 接收到 $\mathcal{A}$ 发送的签名查询 m, $\mathcal{B}$ 将 m 作为 ID 发送给 IBE 的身份密钥生成谕言机, 将收到的答复 sk_m 作为 m 的签名 $\sigma = sk_m$ 发送给 $\mathcal{A}$.
- 攻击: $\mathcal{B}$ 接收到来自 $\mathcal{A}$ 的攻击 (m^*, σ^*), 根据签名方案 EUF-CMA 攻击成功的条件, 满足如下性质.
- $\mathcal{A}$ 没有发起过关于 m^* 的签名查询.
- 对于任意 $x \in$ ID.M, 满足 IBE.Dec(σ^*, IBE.Enc(mpk, m^*, x)) $= x$.

$\mathcal{B}$ 向 IBE 的单向安全性发起关于 ID $= m^*$ 的挑战, 接收到密文 ct, 将 σ^* 作为 IBE 方案的解密密钥计算 $m' \leftarrow$ IBE.Dec(σ^*, ct) 并将 m' 作为 IBE 的安全性攻击发出.

观察 $\mathcal{B}$ 的构造, 可以发现, 如果 $\mathcal{A}$ 提供的是一个成功的签名方案攻击, 则 $\mathcal{B}$

提供的攻击也成立. 由此可得

$$\mathsf{Adv}_{\mathrm{IBE},\mathcal{B}}(1^\kappa) \geqslant \mathsf{Adv}_{\mathrm{SIG},\mathcal{A}}(1^\kappa)$$

☐

✍ 笔记　在实际发展过程中, 签名方案的构造通常比 IBE 方案要容易, 签名方案通常也启发了 IBE 方案的构造. 我们在 9.1.3 节中构造的 BLS 签名实际可以看作由 Boneh-Franklin [175] 通过 Naor 转化得到. 而 Waters 签名方案 [164] 也启发了标准模型下的 Waters IBE 方案 [164] 构造.

章后习题

练习 9.1　随机谕言机是哈希函数的理想化模型, 因此随机谕言机满足抗碰撞性. 定义哈希函数 $\mathsf{H}: \{0,1\}^* \to \{0,1\}^n$, 证明其在随机谕言机模型中满足抗碰撞性, 其中 n 的大小为关于安全参数 κ 的一个多项式, 即 $n = \mathrm{poly}(\kappa)$.

练习 9.2　我们将用两种不同方法证明不等式 (9.2).

(1) 根据 Jensen 不等式 (9.1) 证明不等式 (9.2) 成立.

(2) 在 n 维欧几里得空间 $\mathbb{R}^n$ 中的柯西-施瓦茨不等式有下列表述, 对于任意实数 $x_1, \cdots, x_n, y_1, \cdots, y_n \in \mathbb{R}$,

$$\left(\sum_{i=1}^n x_i \cdot y_i \right)^2 \leqslant \left(\sum_{i=1}^n x_i^2 \right) \cdot \left(\sum_{i=1}^n y_i^2 \right)$$

上述等式成立当且仅当

$$\frac{x_1}{y_1} = \cdots = \frac{x_n}{y_n}$$

通过柯西-施瓦茨不等式证明不等式 (9.2) 成立.

练习 9.3　在 Schnorr 签名方案中, 签名算法中的随机数 r 需要保证每次签名时都随机重新生成. 然而, 在一些错误的工程实现中, r 为一个固定的常数. 请给出在错误的工程实现中, 能够成功恢复签名密钥的攻击方案.

第9章习题答案

第 10 章

数字签名的安全性增强

章前概述

内容提要

❑ 抗泄漏与篡改数字签名方案   ❑ 紧致安全数字签名方案

本章介绍了数字签名的安全性增强. 10.1 节介绍了抗泄漏与篡改数字签名方案的安全性定义与构造, 10.2 节介绍了紧致安全数字签名方案的定义与构造.

10.1 抗泄漏与篡改数字签名方案

与加密方案类似, 数字签名方案也面临抗泄漏与篡改的问题. 其中抗泄漏性质防止敌手在获得签名密钥的部分信息以后能够对签名方案的安全性产生威胁. 而抗篡改性质则防止敌手对签名密钥进行一定篡改获得对应签名以后对签名安全性产生威胁.

10.1.1 抗泄漏与篡改安全模型

首先定义数字签名方案 $\mathsf{SIG} = (\mathsf{Setup}, \mathsf{KeyGen}, \mathsf{Sign}, \mathsf{Verify})$ 在抗泄漏与篡改 (bounded leakage and tampering, BLT) 安全模型中的抗泄漏与篡改选择消息安全性 BLT-CMA.

抗泄漏与篡改安全 对于签名方案 $\mathsf{SIG} = (\mathsf{Setup}, \mathsf{KeyGen}, \mathsf{Sign}, \mathsf{Verify})$, 任意安全参数 κ, 定义抗泄漏参数 $\ell = \ell(\kappa)$ 与抗篡改参数 $\tau = \tau(\kappa)$. 对于任意 PPT 敌手 $\mathcal{A}$, 我们定义下列优势函数:

$\text{Adv}_{\text{SIG},\mathcal{A}}$

$$= \Pr \left[\text{Verify}(vk, m^*, \sigma^*) = 1 \wedge m^* \notin L_m : \begin{array}{l} pp \leftarrow \text{Setup}(1^\kappa); \\ (vk, sk) \leftarrow \text{KeyGen}(pp); \\ j \leftarrow 1;\ sk_0' \leftarrow sk; \\ (m^*, \sigma^*) \leftarrow \mathcal{A}^{\mathcal{O}_{\text{sign}}, \mathcal{O}_{\ell,sk}, \mathcal{O}_{\tau,sk}}(vk) \end{array} \right]$$

$\mathcal{O}_{\text{sign}}$ 为签名谕言机负责回复签名安全性中的签名查询, 以 (i, m) 作为输入, 输出使用被篡改的第 i 个签名密钥对消息 m 进行签名的结果. $\mathcal{O}_{\ell,sk}$ 以一个密钥泄漏函数 L 作为输入, 输出 $\text{L}(sk)$ 的值, 其表示泄漏密钥的部分信息, 要求输出的信息大小小于 ℓ. $\mathcal{O}_{\tau,sk}$ 以一个密钥篡改函数 T 作为输入, 生成篡改密钥 $\text{T}(sk)$ 并将篡改后的密钥放在位置 j 上, 并将篡改密钥计数器 j 增加 1, 要求修改的密钥个数小于 τ.

如果签名方案 SIG = (Setup, KeyGen, Sign, Verify) 满足对于任意 PPT 敌手 $\mathcal{A}$, 上述定义的攻击优势都是可忽略的, 则称 SIG 签名方案为 (ℓ, τ)-BLT-CMA 安全.

10.1.2　抗泄漏与篡改的数字签名构造

2010 年, Dodis 等 [176] 提出了抗泄漏与篡改的签名方案.

该签名方案主要由两个密码学原语构成, 分别为抗泄漏困难关系与真实模拟可提取非交互式零知识证明系统 (true simulation extractable non-interactive zero-knowledge argument system, tSE-NIZK). 下面分别给出这两个密码学原语的定义与安全性模型.

抗泄漏困难关系　首先给出抗泄漏困难关系的定义 [176]. 其最主要的作用在于, 在上述抗泄漏安全定义中, 敌手可以获取关于签名密钥的信息, 而为了保证签名密钥不被全部泄漏给敌手, 需要对允许泄漏的函数进行限定. 抗泄漏困难关系保证了, 即使能够通过问询获得 x 的部分信息 $\text{L}(x)$, 仍然无法计算得出 x 的数值.

定义 10.1 (抗泄漏困难关系)　一个抗泄漏困难关系 $\text{R} = X \times Y$ 需要满足如下性质.

● 可生成性: 存在一个 PPT 算法 SampR, 可以随机提取 $(x, y) \leftarrow \text{SampR}(1^\kappa)$ 且满足 $(x, y) \in \text{R}$, $x \in X$ 与 $y \in Y$.

● 可验证性: 存在一个 PPT 算法 VerR, 判断给定一组 (x, y) 是否属于 R, 即 $\text{VerR}(x, y) = 1 \Leftrightarrow (x, y) \in \text{R}$.

● 完整性: 存在一个确定性高效算法 WitR 满足给定任意输入 $x \in X$, 输出 $\text{WitR}(x) = y$ 满足 $(x, y) \in \text{R}$.

● 困难性: 对于任意 PPT 敌手 $\mathcal{A}$, 敌手优势函数可忽略

$$\Pr\left[(x^*, y) \in \text{R} : (x, y) \leftarrow \text{SampR}(1^\kappa);\ x^* \leftarrow \mathcal{A}^{\mathcal{O}_{\ell,x}}(y)\right] \leqslant \text{negl}(\kappa)$$

这里 $\mathcal{O}_{\ell,x}$ 以一个可高效计算的函数 $\mathsf{L}: X \to \{0,1\}^*$ 为输入, 计算 $\mathsf{L}(x)$ 并输出最多 ℓ 比特.

真实模拟可提取非交互式零知识证明系统 构造抗泄漏数字签名还需要一个满足特殊性质的非交互式零知识证明系统, 我们给出下列具体定义.

定义 10.2 (真实模拟可提取非交互式零知识证明系统) 对于关系 R 的真实模拟可提取非交互式零知识证明系统 tSE-NIZK = (Setup, Prove, Verify) 由 3 个 PPT 算法构成.

- Setup(1^κ): 以安全参数 κ 为输入, 输出一个公共参数 crs.
- Prove(crs, λ, x, y): 以公共参数 crs、一个标签 λ 和一组关系 R 中的元素 (x, y) 为输入, 输出一个证明 π.
- Verify(crs, λ, y, π): 以公共参数 crs、一个标签 λ 和一对实例与证明 (y, π) 为输入, 输出 1 表示证明被接受, 否则输出 0.

真实模拟可提取非交互式零知识证明系统还需要满足以下正确性、无限零知识性以及真实模拟可提取性.

正确性 对于所有 $(x, y) \in \mathsf{R}$ 以及所有的标签 $\lambda \in \{0,1\}^*$, 满足

$$\Pr\left[\mathsf{Verify}(crs, \lambda, y, \pi) = 1 : crs \leftarrow \mathsf{Setup}(1^\kappa); \ \pi \leftarrow \mathsf{Prove}(crs, \lambda, x, y)\right] = 1$$

无限零知识性 存在一个 PPT 模拟器 Sim = (Sim$_1$, Sim$_2$), 使得对于所有 PPT 敌手 $\mathcal{A}$, 下列定义的攻击优势可忽略, 即

$$\mathsf{Adv}_{\mathsf{tSE\text{-}NIZK},\mathcal{A}}(1^\kappa)$$

$$= \left| \Pr\left[b = b' : \begin{array}{l} b \stackrel{\mathrm{R}}{\leftarrow} \{0,1\}; \ (crs, tk) \leftarrow \mathsf{Sim}_1(1^\kappa); \ (x, y, \lambda) \leftarrow \mathcal{A}(crs, tk); \\ \pi_0 \leftarrow \mathsf{Prove}(crs, x, y); \ \pi_1 \leftarrow \mathsf{Sim}_2(\lambda, tk, y); \ b' \leftarrow \mathcal{A}(crs, tk, \pi_b) \end{array} \right] - \frac{1}{2} \right|$$

crs 不可区分性 对于上述性质中定义的 PPT 模拟器 Sim = (Sim$_1$, Sim$_2$), 满足 Sim$_1$ 生成的 crs 与诚实生成的 crs 不可区分. 即对于任意 PPT 敌手 $\mathcal{A}$, 定义下列敌手优势

$$\mathsf{Adv}_{\mathsf{tSE\text{-}NIZK},\mathcal{A}}(1^\kappa) = \Pr\left[b' = b : \begin{array}{l} (crs_0, tk) \leftarrow \mathsf{Sim}_1(1^\kappa); \\ (crs_1) \leftarrow \mathsf{Setup}(1^\kappa); \\ b \stackrel{\mathrm{R}}{\leftarrow} \{0,1\}; \\ b' \leftarrow \mathcal{A}(crs_b) \end{array} \right]$$

如果对于任意 PPT 敌手 $\mathcal{A}$, 上述定义的敌手优势均可忽略, 则该零知识证明满足 crs 不可区分性.

真实模拟可提取性　存在一个 PPT 提取器 Ext 使得对于所有 PPT 敌手 $\mathcal{A}$, 下列定义的攻击优势可忽略, 即

$$\mathsf{Adv}_{\mathrm{tSE\text{-}NIZK},\mathcal{A}}(1^{\kappa})$$

$$= \Pr\left[\begin{array}{c} \lambda^* \notin L_{Tag} \wedge \mathsf{Verify}(crs, \lambda^*, y^*, \pi^*) = 1 \\ \wedge (x^*, y^*) \in \mathsf{R} \end{array} : \begin{array}{l} (crs, tk) \leftarrow \mathsf{Sim}_1(1^{\kappa}); \\ (y^*, \pi^*, \lambda^*) \leftarrow \mathcal{A}^{\mathcal{O}_{\mathsf{Sim}_2, \tau(crs)}}; \\ x^* \leftarrow \mathsf{Ext}(tk, \lambda^*, y^*, \pi^*) \end{array} \right]$$

其中 $\mathcal{O}_{\mathsf{Sim}_2, \tau}$ 以 (x, y, λ) 作为输入, 如果 $(x, y) \in \mathsf{R}$, 则输出 $\mathsf{Sim}_2(tk, \lambda, y)$, 否则输出 $\perp$, 用 L_λ 记录所有问过的标签 λ.

签名方案构造　基于上述抗泄漏困难关系 R 与真实模拟可提取非交互式零知识证明系统 $\Pi = (\mathsf{Setup}, \mathsf{Prove}, \mathsf{Verify})$, 给出下列抗泄漏与篡改签名方案的构造.

构造 10.1　*需要的组件:*

- *抗泄漏困难关系* R;
- *tSE-NIZK 零知识证明系统* $\Pi = (\mathsf{Setup}, \mathsf{Prove}, \mathsf{Verify})$.

构造抗泄漏与篡改的签名方案如下.

- $\mathsf{Setup}(1^{\kappa})$: *计算* $crs \leftarrow \Pi.\mathsf{Setup}(1^{\kappa})$, *输出系统参数* $pp = (crs, R)$.
- $\mathsf{KeyGen}(pp)$: *计算* $(x, y) \leftarrow \Pi.\mathsf{SampR}(1^{\kappa})$, *输出验证密钥* $vk = y$ *与签名密钥* $sk = x$.
- $\mathsf{Sign}(sk, m)$: *将* m *作为零知识证明的标签, 计算* $\pi \leftarrow \Pi.\mathsf{Prove}(crs, m, x,$ $\mathsf{WitR}(x))$, *将* π *作为签名* $\sigma = \pi$ *输出.*
- $\mathsf{Verify}(vk, m, \sigma)$: *将签名* σ *解析为* π, *再将验证密钥* vk *解析为* y, *输出* $\Pi.\mathsf{Verify}(crs, m, y, \pi)$ *的验证结果.*

定理 10.1　(BLT-CMA)　对于任意安全参数 $\kappa \in \mathbb{N}$, 参数设置如下 $\ell = \ell(\kappa)$, $\ell' = \ell'(\kappa)$, $\tau = \tau(\kappa)$, $n = n(\kappa)$. 令 R 为一个值域为 Y 的 ℓ'-抗泄漏困难关系, 且 Π 为一个证明关系 R 的真实模拟可提取非交互式零知识证明. 则上述构造 10.1 是 BLT-CMA 安全的, 且满足

$$\ell + (\tau + 1) \cdot n \leqslant \ell'$$

证明　令 $\mathcal{A}$ 为攻击签名方案 BLT-CMA 安全性敌手, 我们用游戏序列的方式组织证明 $\mathcal{A}$ 的成功优势可忽略.

- Game_0: 抗泄漏与篡改的安全性定义.
- Game_1: 与 Game_0 的唯一区别在于, crs 使用无限零知识证明的模拟器生成, 即 $(crs, tk) \leftarrow \mathsf{Sim}_1(1^{\kappa})$. 注意这里并没有使用 tk 生成零知识证明. 因此根据

crs 不可区分性, 有

$$\Pr[S_1] \geqslant \Pr[S_0] - \mathsf{Adv}_{\Pi,\mathcal{A}_1}(1^\kappa)$$

• Game_2 : 与 Game_1 的唯一区别在于, 使用零知识证明的无限零知识模拟器生成证明. 用 $\mathsf{Sim}_2(m, tk, y)$ 生成证明 π 其中 $y = \mathsf{WitR}(x)$. 因为对于每个签名谕言机的请求都要用模拟器生成, 根据无限零知识性, 有

$$\Pr[S_2] \geqslant \Pr[S_1] - Q_{\mathsf{sign}} \cdot \mathsf{Adv}_{\Pi,\mathcal{A}_2}(1^\kappa)$$

其中 Q_{sign} 是签名谕言机查询次数.

• Game_3 : 与 Game_2 的唯一区别在于敌手成功条件, Game_3 中除了要求 $\mathsf{Verify}(vk, m^*, \sigma^*) = 1 \wedge m^* \notin L_m$ 以外, 还要求 $(x^*, y) \in \mathsf{R}$. 其中 x^* 为从证明 π^* 中利用提取密钥 tk 提取出的实例. 根据真实模拟可提取性, 可知

$$\Pr[S_3] \geqslant \Pr[S_2] - \mathsf{Adv}_{\Pi,\mathcal{A}_3}(1^\kappa)$$

通过反证法分析 Game_3 中敌手的成功概率, 令 $\mathcal{A}$ 为游戏 Game_3 中敌手, 构造 $\mathcal{B}$ 利用 $\mathcal{A}$ 攻击关系 R 的抗泄漏性. 正式地, $\mathcal{B}$ 的构造如下.

• 输入: 收到挑战 y, 其中 $(x, y) \leftarrow \mathsf{SampR}(1^\kappa)$.

• 公钥生成: 计算 $(crs, tk) \leftarrow \mathsf{Sim}_1(1^\kappa)$, 令公开参数 $pp = (crs, \mathsf{R})$, 定义签名验证密钥 $vk = y$, 并将 (pp, vk) 发送给敌手 $\mathcal{A}$.

• 泄漏与篡改查询: 针对泄漏函数 L 的查询, 就向 R 的泄漏函数进行询问. 篡改查询根据原始定义运行即可.

• 签名谕言机: 利用零知识证明的模拟器计算签名并发送给 $\mathcal{A}$.

• 攻击: 当 $\mathcal{A}$ 返回攻击消息与签名对 (m^*, σ^*) 时, $\mathcal{B}$ 利用提取器计算 $x^* \leftarrow \mathsf{Ext}(m^*, tk, y, \sigma^*)$.

观察到在 Game_3 中实际篡改无法进行, 因为其要求真实提取性能够提取出正确的签名密钥. 而敌手 $\mathcal{B}$ 可以仅通过泄漏函数获得 x^* 与关系 R 的抗泄漏性质矛盾, 且满足 $\ell + (\tau + 1) \cdot n \leqslant \ell'$, 定理得证. □

10.2 紧致安全数字签名方案

观察经典的签名方案, 其安全性通常与签名次数和哈希函数询问次数相关. 因此, 从安全性分析角度出发, 为了避免在海量用户的互联网环境中签名算法不再安全, 需要将复杂性假设的参数设置得非常大. 举例而言, 如果某应用的预计用户总登录数为 2^{20} 数量级. 那么为了保证签名算法仍然具有 128 比特安全性, 就

要至少使用 148 比特安全的复杂度假设, 如 148 比特安全的 RSA 假设、148 比特安全的离散对数假设等. 所以, 数字签名的一个研究方向是研究紧致安全的数字签名算法, 旨在开发签名安全性与用户数以及签名使用次数不相关的签名算法.

在签名方案的通用构造中, 我们给出了通过身份认证方式构造签名方案的通用思路. 本节也介绍一种基于身份认证协议的紧致安全签名方案构造, 2012 年首先被 Abdalla 等 [177] 提出.

10.2.1　有损身份认证协议

定义 10.3 (有损身份认证协议)　令挑战空间为 $\{0,1\}^n$, 有损身份认证协议 ID = (KeyGen, LKGen, Prove, Chall, Verify) 由以下 5 个 PPT 算法构成.

- KeyGen(1^κ) : 以安全参数 κ 为输入, 输出身份认证公钥 pk 与身份私钥 sk.
- LKGen(1^κ) : 以安全参数 κ 为输入, 输出有损公钥 pk.
- Prove : 身份认证算法分为两个阶段 Prove$_1$, Prove$_2$.
- Prove$_1$(pk, sk) : 以公钥 pk 和私钥 sk 为输入, 输出第一轮消息 cmt 以及一个内部状态 st.
- Prove$_2$(pk, h, st) : 以公钥 pk、挑战 h 和内部状态 st 作为输入, 输出第二轮信息 rsp.
- Chall(1^κ) : 以安全参数 κ 为输入, 输出一个挑战 h.
- Verify(pk, π) : 以身份公钥 pk 及证明 π 作为输入, 如果身份认证通过, 则输出 1, 否则输出 0.

为了定义有损身份认证协议, 需要先定义一个交互记录生成谕言机.

定义 10.4 (交互记录生成谕言机)　证明交互记录生成谕言机进行以下操作. $\mathsf{Tr}^{\mathrm{ID}}_{pk,sk,n}()$:

(1) 计算 $(cmt, st) \leftarrow$ Prove$_1$(pk, sk).

(2) 随机产生挑战 $h \leftarrow \{0,1\}^n$.

(3) 计算 $rsp \leftarrow$ Prove$_2$(pk, h, st).

(4) 如果 $rsp = \bot$, 则令 $(cmt, h) = (\bot, \bot)$.

(5) 输出 (cmt, h, rsp).

有损身份认证协议还需要满足下列完备性、交互记录可模拟性、密钥不可区分性以及有损性.

ρ-完备性　如果身份认证协议 ID = (KeyGen, LKGen, Prove, Verify) 满足完备性要求, 对于任意安全参数 κ, 下列定义的成功概率满足

$$\Pr\left[\mathsf{Verify}(pk, cmt, h, rsp) = 1 : \begin{array}{l} (pk, sk) \leftarrow \mathsf{KeyGen}(1^\kappa); \\ (cmt, h, rsp) \leftarrow \mathsf{Tr}^{\mathrm{ID}}_{pk,sk,n}() \end{array}\right] = 1 - \rho \geqslant 1 - \mathrm{negl}(\kappa)$$

ε-交互记录可模拟性　该性质保证身份认证协议的可模拟性, 即如果存在 PPT 交互记录模拟算法 $\overline{\mathsf{Tr}}_{pk,n}^{\mathrm{ID}}()$ 不使用 sk, 使得下列两个概率分布的统计距离最大为 ε.

$$\{\bar{T} \leftarrow \overline{\mathsf{Tr}}_{pk,n}^{\mathrm{ID}}()\} \equiv \{T \leftarrow \mathsf{Tr}_{pk,sk,n}^{\mathrm{ID}}()\}$$

ε-密钥不可区分性　该性质保证 KeyGen 与 LKGen 产生的身份公钥计算不可区分. 正式地, 对于任意 PPT 敌手 $\mathcal{A}$, 下列两个概率分布计算不可区分, 区分的成功概率小于 ε.

$$\{pk : (pk, sk) \leftarrow \mathsf{KeyGen}(1^\kappa)\} \equiv_{\mathcal{A}} \{pk : pk \leftarrow \mathsf{LKGen}(1^\kappa)\}$$

ε-有损性　令 $\mathcal{A} = (\mathcal{A}_1, \mathcal{A}_2)$ 为一个有两阶段的敌手, 且共享一个内部状态 st. 定义身份认证协议 ID 的有损性敌手优势如下,

$$\mathsf{Adv}_{\mathrm{ID},\mathcal{A}}(\kappa) = \Pr\left[\mathsf{Verify}(pk, cmt, h, rsp) = 1 : \begin{array}{l} pk \leftarrow \mathsf{LKGen}(1^\kappa); \\ (st, cmt) \leftarrow \mathcal{A}_1^{\overline{\mathsf{Tr}}_{pk,n}^{\mathrm{ID}}()}(pk); \\ h \xleftarrow{\mathrm{R}} \{0,1\}^n; \ rsp \leftarrow \mathcal{A}_2(st, h) \end{array}\right]$$

$$\leqslant \mathrm{negl}(\kappa)$$

如果任意敌手 $\mathcal{A}$ 的优势函数为 ε 且可忽略, 则称身份认证协议具有 ε-有损性.

10.2.2　基于有损身份认证的紧致安全签名方案

基于上述有损身份认证协议, 与签名算法的构造方法类似, 我们构造紧致安全的签名算法.

构造 10.2 (紧致安全签名方案)　需要以下 2 个组件:

- ID = (KeyGen, LKGen, Prove, Chall, Verify) 为一个有损身份认证协议;
- H 为一个模拟为随机谕言机的哈希函数.

紧致安全的签名方案构造如下.

- KeyGen(1^κ): 计算生成 $(pk, sk) \leftarrow \mathsf{ID.KeyGen}(1^\kappa)$, 输出验证密钥 $vk = pk$ 与签名密钥 $sk = sk$.

- Sign(sk, m):

(1) 反复进行下列计算最多 ℓ 次, 直至 $rsp \neq \bot$.
- $(cmt, st) \leftarrow \mathsf{ID.Prove}_1(pk, sk)$
- $h \leftarrow \mathsf{H}(cmt, m)$
- $rsp \leftarrow \mathsf{ID.Prove}_2(pk, h, st)$

(2) 若 $rsp = \bot$, 则令 $(cmt, rsp) = (\bot, \bot)$.

(3) 将 (cmt, rsp) 作为签名 σ 输出.

- Verify(vk, m, σ)：

(1) 将签名 σ 解析为 (cmt, rsp).

(2) 计算 $h \leftarrow \mathsf{H}(cmt, m)$.

(3) 返回验证结果 ID.Verify(pk, cmt, h, rsp).

定理 10.2　令 $\mathrm{ID} = (\mathsf{KeyGen}, \mathsf{LKGen}, \mathsf{Prove}, \mathsf{Verify})$ 为一个有损身份认证协议，且其第一轮消息的最小熵为 $\beta(\kappa)$. 令 H 为一个被模拟成随机谕言机的哈希函数. 令 $\mathrm{SIG} = (\mathsf{KeyGen}, \mathsf{Sign}, \mathsf{Verify})$ 为一个根据方法构造 10.2 的签名方案，则 SIG 是紧致安全的签名方案.

证明　首先，我们要排除一种特殊情况，即敌手 $\mathcal{A}$ 的攻击消息与签名对从未询问过随机谕言机. 所以构造敌手 $\mathcal{A}'$，在提交攻击消息与签名对之前先对 (cmt^*, m^*) 进行查询. 可知 $\mathsf{Adv}_{\mathrm{SIG}, \mathcal{A}}(1^\kappa) = \mathsf{Adv}_{\mathrm{SIG}, \mathcal{A}'}(1^\kappa)$，唯一区别在于 $\mathcal{A}'$ 会多进行一次随机谕言机查询，即总次数为 $Q_{\mathsf{H}} + 1$，其中 Q_{H} 为 $\mathcal{A}$ 查询随机谕言机的次数.

正式地，我们通过游戏序列证明上述定理.

Game$_0$：Game$_0$ 为签名方案 SIG 的选择消息安全性游戏.

Game$_1$：在安全游戏 Game$_1$ 中，定义一个坏事件 Bad 用来表示当敌手 $\mathcal{A}$ 询问签名谕言机 m 时，签名谕言机随机产生的 cmt 满足 (cmt, m) 已经查询过哈希函数，Game$_1$ 中如果 Bad 发生则安全游戏停止. 因为 cmt 的最小熵为 $\beta(\kappa)$，所以 $\Pr[\mathsf{Bad}] = \ell(Q_{\mathsf{H}} + Q_{\mathsf{sign}} + 1)Q_{\mathsf{sign}}/2^\beta$. 因为 Game$_0$ 与 Game$_1$ 的唯一区别在于坏事件 Bad 发生的情况，所以我们有

$$\Pr[S_1] \leqslant \Pr[S_0] - \Pr[\mathsf{Bad}]$$

Game$_2$：与 Game$_1$ 的唯一区别在于改变签名谕言机的运行方式. 使用 $\mathsf{Tr}_{pk,sk,n}^{\mathrm{ID}}()$ 生成消息 m 的身份证明交互记录 (cmt, h, rsp)，并输出签名 (cmt, rsp). 然后对随机谕言机进行编程使得 $\mathsf{H}(cmt, m) = h$. 我们注意到在游戏 Game$_1$ 中已经排除了 (cmt, m) 在哈希函数中进行过查询的情况. 对于敌手 $\mathcal{A}'$ 来说，Game$_2$ 与 Game$_1$ 完全没有区别. 因此，可得

$$\Pr[S_2] = \Pr[S_1]$$

Game$_3$：与 Game$_2$ 的唯一区别在于我们使用 $\overline{\mathsf{Tr}}_{pk,n}^{\mathrm{ID}}()$ 来代替被用于签名谕言机问询中的 $\mathsf{Tr}_{pk,sk,n}^{\mathrm{ID}}()$. 根据 ID 的 ε_s-交互记录可模拟性，可得

$$\Pr[S_3] \leqslant \Pr[S_2] - \ell \cdot Q_{\mathsf{sign}} \cdot \varepsilon_s$$

Game$_4$：与 Game$_3$ 的唯一区别在于 $\overline{\mathsf{Tr}}_{pk,n}^{\mathrm{ID}}()$ 不在签名谕言机调用时执行，而是直接在密钥产生后执行. 因为 $\overline{\mathsf{Tr}}_{pk,n}^{\mathrm{ID}}()$ 不需要 m 输入，所以 Game$_4$ 与 Game$_3$

中的敌手优势没有区别, 即

$$\Pr[S_4] = \Pr[S_3]$$

Game$_5$: 与 Game$_4$ 的唯一区别在于用有损密钥替换密钥. 注意到因为在 Game$_4$ 中, 整个模拟过程并没有使用过身份私钥 sk. 因此, 我们可以进行该替换, 又因为 ε_k-密钥不可区分性, 可得

$$\Pr[S_5] \leqslant \Pr[S_4] - \varepsilon_k$$

如果 ID 满足 ε_ℓ 有损性, 则接下来要证明 $\Pr[\text{Game}_5] \leqslant (Q_{\mathsf{H}} + 1)\varepsilon_\ell$. 注意到, 根据有损性需要构造模仿者 $\mathcal{B}$. $\mathcal{B}$ 在收到挑战公钥之后, 随机选取已有的一个哈希函数 $\mathcal{B}$, 猜测该哈希函数的输入为敌手 $\mathcal{A}'$ 的攻击. 所以成功概率为 $\dfrac{1}{Q_{\mathsf{H}} + 1}$. 因此可得

$$\Pr[S_6] \leqslant (Q_{\mathsf{H}} + 1) \cdot \varepsilon_\ell$$

综上可得

$$\mathsf{Adv}_{\mathsf{SIG},\mathcal{A}}(1^\kappa) \leqslant \ell(Q_{\mathsf{sign}} + Q_{\mathsf{H}} + 1) \cdot Q_{\mathsf{sign}}/2^\beta + \ell \cdot Q_{\mathsf{sign}} \cdot \varepsilon_s + \varepsilon_k + (Q_{\mathsf{H}} + 1) \cdot \varepsilon_\ell \leqslant \mathsf{negl}(\kappa)$$

定理得证. $\qquad\qquad\qquad\qquad\qquad\qquad\qquad\qquad\qquad\qquad\qquad\qquad\qquad$ $\square$

10.2.3 基于离散对数假设的有损身份认证协议

在这个小节中, 我们给出一个基于离散对数假设的有损身份认证协议. 然后通过上述通用转化即可得到紧致安全的签名方案.

构造 10.3 令 $\mathbb{G} = \langle g \rangle$ 为一个阶为 q 的乘法群, 定义系统参数 c, k, k'. 交互协议的挑战空间为 $\{0, \cdots, 2^k - 1\}$.

- KeyGen(1^κ): 生成签名密钥 $sk = x \xleftarrow{\text{R}} \{0, \cdots, 2^c - 1\}$, 计算验证密钥 $vk = X = g^x \bmod q$.
- LKGen(1^κ): 生成有损验证密钥 $vk = X \xleftarrow{\text{R}} \mathbb{G}$.
- Prove$_1$(pk, sk):
- (1) $y \xleftarrow{\text{R}} \{0, \cdots, 2^{k+k'+c} - 1\}$.
- (2) 计算并输出 $cmt = u \leftarrow g^y \bmod q$, $st = y$.
- Prove$_2$(pk, h, st): 将 st 解析为 y.
- (1) 验证 $h \in \{0, \cdots, 2^k - 1\}$.
- (2) 计算 $z = h \cdot x + y$.
- (3) 如果 $z \notin \{2^{k+c}, \cdots, 2^{k+k'+c} - 1\}$, 则令 $z = \bot$.
- (4) 输出 $rsp = z$.

● $\text{Verify}(pk, \pi)$:

(1) 验证 $g^z \cdot X^{-ch} = u$.

(2) 验证 $z \in \{2^{k+c}, \cdots, 2^{k+k'+c} - 1\}$ 并输出上述验证结果.

定理 10.3 基于离散对数假设, 上述构造 10.3 为有损身份认证协议.

该定理的证明过程超出了本书所要覆盖的内容, 完整证明过程请参照文献 [177].

章后习题

练习 10.1 令 $\text{SIG} = (\text{Setup}, \text{KeyGen}, \text{Sign}, \text{Verify})$ 为一个基于 RSA 假设满足 EUF-CMA 安全性的数字签名, 其安全性可以表示为 $Q_{\text{sign}} Q_{\text{U}} \cdot \varepsilon_{\text{RSA}}$, 其中 Q_{sign} 表示每个用户使用相同签名验证密钥进行签名的次数, Q_{U} 表示所有用户一共使用的密钥对的个数, ε_{RSA} 表示任意 PPT 敌手攻击 RSA 假设成功的概率. 某社交网络约有 2^{30} 活跃用户, 假设每个用户每个月登录一次. 如果要达到 192 比特安全性, 应该选取多大的 RSA 模数 (下表是可供参考的安全参数比特数与 RSA 假设模数大小的关系).

安全参数/比特	RSA 参数 N 大小/比特
80	1024
112	2048
128	3072
192	7680
256	15360

第10章习题答案

第 11 章

数字签名的功能性扩展

章前概述

内容提要

❑ 盲签名方案　　　　　　　　❑ 环签名方案

本章介绍了数字签名的功能性扩展, 11.1 节介绍了盲签名方案的安全定义与构造, 11.2 节介绍了环签名方案的安全定义与构造.

11.1　盲签名方案

传统签名算法需要将签名消息发送给签名者, 因此签名者完全掌握签名的消息. 在中心化数字货币应用场景中, 通常数字货币为银行对用户生成序列号的签名. 然而为了保障用户匿名性, 将序列号完全发送给银行并不是一个明智的选择, 因此 Chaum [178] 在 1982 年首次提出了盲签名的概念. 盲签名的主要性质在于, 签名者在不知道消息的情况下完成签名.

11.1.1　盲签名的定义与安全模型

下面介绍 Chaum 提出的盲签名概念与构造.

定义 11.1 (盲签名方案)　正式地, 盲签名方案 BS = (KeyGen, Blind, Sign, UnBlind, Verify) 由以下 5 个 PPT 算法组成.

- KeyGen(1^κ) : 以安全参数 1^κ 作为输入, 输出签名密钥 sk, 以及认证密钥 vk.
- Blind(m) : 以消息 m 作为输入, 输出盲化后的消息 $\bar{m}$ 以及一个盲化密钥 ek.
- Sign($sk, \bar{m}$) : 以签名密钥 sk 及盲化后的信息 $\bar{m}$ 作为输入, 输出盲化后的签名 $\bar{\sigma}$.
- UnBlind($ek, \bar{\sigma}$) : 以盲化密钥 ek 及盲化后的签名 $\bar{\sigma}$ 作为输入, 输出签名 σ.

● Verify(vk, m, σ)：以验证密钥 vk、消息 m 以及签名 σ 作为输入，输出签名验证的结果.

正确性　该性质保证正常生成的签名能够顺利通过验证，即对于任意安全参数 κ，下列定义的成功概率等于 1.

$$\Pr\left[\text{Verify}(vk, m, \sigma) = 1 : \begin{array}{l} (sk, vk) \leftarrow \text{KeyGen}(1^\kappa);\ (\bar{m}, ek) \leftarrow \text{Blind}(m); \\ \bar{\sigma} \leftarrow \text{Sign}(sk, \bar{m});\ \sigma \leftarrow \text{UnBlind}(ek, \bar{\sigma}) \end{array}\right] = 1$$

不可伪造性　对于任意安全参数 κ，对于任意 PPT 敌手 $\mathcal{A}$，如果下列敌手优势可忽略，则称 BS 满足不可伪造性，即

$$\Pr\left[\begin{array}{l} \forall(i,j), i \neq j \Rightarrow m_i \neq m_j, \\ \forall i \in \{1, \cdots, k+1\}, \\ \text{Verify}(vk, m_i, \sigma_i) = 1 \end{array} : \begin{array}{l} (sk, vk) \leftarrow \text{KeyGen}(1^\kappa); \\ ((m_1, \sigma_1), \cdots, (m_{k+1}, \sigma_{k+1})) \leftarrow \mathcal{A}^{\mathcal{O}_{\text{Sign}}}(vk) \end{array}\right]$$

其中，$\mathcal{O}_{\text{sign}}$ 为签名谕言机，给定一个盲化后的消息，返回盲化签名，这里要求攻击者只能对 $\mathcal{O}_{\text{sign}}$ 进行至多 k 次查询.

盲化性　定义下列敌手优势.

$$\left| \Pr\left[b' = b : \begin{array}{l} (sk, vk, ek) \leftarrow \text{KeyGen}(1^\kappa); \\ (st, m_0, m_1) \leftarrow \mathcal{A}_1(vk, sk); b \xleftarrow{\text{R}} \{0, 1\}; (\bar{m}_b, ek) \leftarrow \text{Blind}(m_b); \\ b' \leftarrow \mathcal{A}_2(st, \bar{m}_b) \end{array}\right] - \frac{1}{2} \right|$$

如果对于任意安全参数 κ，对于任意 PPT 敌手 $\mathcal{A}$，敌手优势可忽略，则称盲签名算法满足盲化性.

11.1.2　盲签名方案设计

构造 11.1 (RSA 盲签名)　基于 RSA 假设，构造下列盲签名方案.

● KeyGen(1^κ)：

(1) 生成 RSA 困难问题 $(N, e, d) \leftarrow \text{GenRSA}(1^\kappa)$.

(2) 输出验证密钥 $vk = (N, e)$、签名密钥 $sk = d$.

● Blind(m)：随机生成 $r \xleftarrow{\text{R}} \mathbb{Z}_N$ 且要求 r 与 N 互质，计算并输出盲化消息 $\bar{m} = r^e \cdot \text{H}(m) \bmod N$ 以及盲化密钥 $ek = r$.

● Sign($sk, \bar{m}$)：将签名密钥解析为 $sk = d$，计算并输出盲化签名 $\bar{\sigma} = \bar{m}^d \bmod N$.

● UnBlind($ek, \bar{\sigma}$)：计算并输出签名 $\sigma = ek^{-1} \cdot \bar{\sigma} \bmod N$.

● Verify(vk, m, σ)：将验证密钥解析为 $vk = (N, e)$，输出下列验证的结果：

$$\text{H}(m) = \sigma^e \bmod N$$

笔记 注意到在上述解盲化的过程中, 需要计算 $r^{-1} \mod N$. 因为 $N = p \cdot q$ 为两个大素数的乘积, 所以 r 与 N 互质的概率非常大. 根据 Bézout 定理, r 与 N 互质等价于存在整数 $a, b \in \mathbb{N}$ 满足 $r \cdot a + N \cdot b = 1$, 且 a, b 可以高效计算得到. 将等式两边同时模 N 即可得到 $r \cdot a = 1 \mod N$, 所以 $a = r^{-1} \mod N$ 可以高效计算得到.

正确性 经过下列计算, 我们可以得到 RSA 盲签名 (构造 11.1) 的正确性.

$$\sigma^e = (ek^{-1} \cdot \bar{\sigma})^e = (r^{-1} \cdot \bar{m}^d)^e$$
$$= (r^{-1} \cdot (r^e \cdot \mathsf{H}(m))^d)^e = (\mathsf{H}(m)^d)^e = \mathsf{H}(m)$$

盲签名的不可伪造性需要基于 RSA 假设的变形 One-More RSA 假设得到. 首先给出 One-More RSA 假设的定义. One-More RSA 假设的想法在于解决 RSA 问题是困难的, 且即使允许敌手查询 n 次 RSA 谕言机, 也不存在 PPT 敌手可以解决第 $n+1$ 次 RSA 难题.

定义 11.2 (One-More RSA 假设) 正式地, 生成一个 RSA 困难问题 $(N, e, d) \leftarrow \mathsf{GenRSA}(1^\kappa)$. 定义一个 RSA 谕言机 $\mathcal{O}_d$, 对于任意 PPT 敌手 $\mathcal{A}$、任意安全参数 κ, 以及任意多项式大小整数 n, 定义下列敌手优势函数

$$\Pr\left[\ell \leqslant n \wedge \forall i \in \{1, \cdots, \ell\}, x_i^e = y_{\pi(i)} : \begin{array}{l} y_1, \cdots, y_n \xleftarrow{\mathrm{R}} \mathbb{Z}_N^*; \\ \{\pi, x_1, \cdots, x_\ell\} \leftarrow \mathcal{A}^{\mathcal{O}_d}(N, e, y_1, \cdots, y_n) \end{array} \right]$$
$$\leqslant \mathsf{negl}(\kappa)$$

其中 $\mathcal{O}_d$ 表示给定一个输入 y, 输出 $x = y^d$ 且要求 $\mathcal{A}$ 最多查询 $\mathcal{O}_d$ 谕言机 $\ell - 1$ 次. 并且函数 π 满足对于 $\forall i, i' \in \{1, \cdots, \ell\}, i \neq i' \Rightarrow \pi(i) \neq \pi(i')$.

定理 11.1 (不可伪造性) 基于 One-More RSA 假设, 在随机谕言机模型中 RSA 盲签名方案 (构造 11.1) 满足不可伪造性.

证明 假设存在 PPT 敌手 $\mathcal{A}$, 构造敌手 $\mathcal{B}$ 利用 $\mathcal{A}$ 解决 One-More RSA 问题. $\mathcal{B}$ 需要根据 One-More RSA 提供的挑战 (N, e) 输出验证密钥 vk 以及模拟签名谕言机 $\mathcal{O}_{\mathsf{sign}}$, 最终攻击 One-More RSA 假设. 此外, 为了避免敌手 $\mathcal{A}$ 生成的攻击中 m 从来没有查询过随机谕言机, 首先构造 $\mathcal{A}'$ 在发布攻击消息与签名对之前, 先对每一个消息进行随机谕言机查询. 可以发现 $\mathcal{A}$ 与 $\mathcal{A}'$ 有着相同的成功概率, 仅仅是在随机谕言机询问次数上有所区别. 正式地, 给出如下 $\mathcal{B}$ 构造.

• 验证密钥: 令 $n \geqslant Q_{\mathsf{H}} + Q_{\mathsf{sign}}$ 为 $\mathcal{A}$ 询问签名谕言机与随机谕言机的次数总和上限. 将 One-More RSA 的挑战解析为 $(N, e, y_1, \cdots, y_n)$, 生成验证密钥 $vk = (N, e)$ 并输出给 $\mathcal{A}'$.

- 随机谕言机: 当 $\mathcal{A}'$ 询问关于 x 随机谕言机的值时, $\mathcal{B}$ 查看 x 是 $\mathcal{A}'$ 询问的第 i 个不同的信息, $\mathcal{B}$ 则回复 y_i.
- 签名谕言机: $\mathcal{A}'$ 询问关于 m 的签名时, $\mathcal{B}$ 查询 m 是否已经被查询过随机谕言机, 如果没有则先查询随机谕言机获得新的数值, 否则先找到对应的输出 y. 向 RSA 谕言机 $\mathcal{O}_d$ 查询 y_i 获得结果 $x_i = y_i^d$, 并将 x_i 作为 m 的签名发送给 $\mathcal{A}'$.
- 攻击: $\mathcal{B}$ 从 $\mathcal{A}'$ 获得至少 $k+1 = Q_{\text{sign}}+1$ 个消息与签名对 $((m_1, \sigma_1), \cdots, (m_{k+1}, \sigma_{k+1}))$.

(1) 构造函数 π 使得 $\mathsf{H}m_i = y_{\pi(i)}$. 因为 $\mathcal{A}'$ 询问过所有攻击消息 m_i, 所以该函数的定义是正确的.

(2) 将 $(\pi, \sigma_1, \cdots, \sigma_{k+1})$ 作为 One-More RSA 的攻击输出.

对 $\mathcal{B}$ 进行分析, 因为 $\mathcal{A}$ 输出的攻击签名都能通过验证, 即说明对于所有 $i \in \{1, \cdots, k+1\}$ 有 $\sigma_i^e = y_{\pi(i)}$, 且 $\mathcal{B}$ 最多询问过 $k = Q_{\text{sign}}$ 次 $\mathcal{O}_d < k+1$. 因此 $\mathcal{B}$ 的攻击成功且概率与 $\mathcal{A}$ 相同, 即

$$\mathsf{Adv}_{\mathcal{A}}(1^\kappa) \leqslant \mathsf{Adv}_{\mathbb{Z}_N, \mathcal{B}}(1^\kappa) \leqslant \mathsf{negl}(\kappa)$$

综上, 定理得证. □

定理 11.2 (盲化性)　RSA 盲签名方案满足盲化属性要求.

RSA 盲签名的盲化性是可以通过一次一密的方式进行论证. 我们将证明过程留在练习 11.1 中.

注记 11.1　注意到 RSA 盲签名方案与 RSA 签名方案非常类似, 盲签名的匿名性主要由盲化密钥带来. 可以观察到在 RSA 盲签名的例子中, 盲化消息可以近似看作一个用 ek 对消息 m 进行一次一密加密 (one-time pad, OTP) 的过程. 而盲化的签名可以看作一次一密与签名组合的过程. 解密过程利用了一次一密与 RSA 签名方案之间的同态性质, 即盲化消息的签名与消息签名后再进行加密相同.

✍ **笔记**　尽管盲签名方案的构造与 RSA 签名方案有着非常相似的地方, 但是要注意 RSA 签名的证明方法在盲签名中并不适用. 其主要原因在于盲化消息为 $r \cdot \mathsf{H}(m)$, 而挑战者并不知道 r 的具体数值, 因此无法通过编程随机谕言机的方式生成 σ 满足 $\sigma^e = r^e \cdot \mathsf{H}(m)$.

11.2　环签名方案

通常签名方案都是个人对个人进行消息认证. 然而, 有一些特殊的场景需要个人用户代表群组进行认证. 环签名方案主要解决的问题在于当只需要群组中

的一个用户进行认证的情况, 此外环签名还要求对签名者的身份信息进行保密. 2001 年, Rivest 等 [179] 首次提出了环签名算法的概念.

11.2.1 环签名的定义与安全模型

定义 11.3 (环签名方案) 正式地, 环签名方案 RingSIG = (Setup, KeyGen, Sign, Verify) 由以下 4 个 PPT 算法构成.

- Setup(1^κ) : 以安全参数 1^κ 作为输入, 输入公开参数 pp.
- KeyGen(pp) : 以公开参数 pp 作为输入, 输出签名密钥 sk 与验证密钥 vk.
- Sign(sk, R, m) : 以签名密钥 sk、用户环 R 为若干用户验证密钥的集合以及消息 m 作为输入, 输出签名 σ.
- Verify(R, m, σ) : 以用户环 R、消息 m 以及签名 σ 作为输入, 验证签名是否正确并输出判断比特 b.

环签名方案还需要满足正确性、匿名性以及不可伪造性. 具体定义如下.

正确性 对于任意安全参数 1^κ、对于任意消息 m 以及用户环 R, RingSIG 正确性要求下列概率为 1, 即

$$\Pr\left[\mathsf{Verify}(R, m, \mathsf{Sign}(sk, R, m)) : pp \leftarrow \mathsf{Setup}(1^\kappa);\ (sk, vk) \leftarrow \mathsf{KeyGen}(pp)\right] = 1$$

匿名性 对于任意算力通过内部状态 st 通信的两阶段敌手 $\mathcal{A} = (\mathcal{A}_1, \mathcal{A}_2)$, RingSIG 匿名性要求下列概率可忽略, 即

$$\left| \Pr\left[b' = b : \begin{array}{l} pp \leftarrow \mathsf{Setup}(1^\kappa); \\ (m^*, i_0, i_1, R^*, st) \leftarrow \mathcal{A}_1^{\mathcal{O}_{\mathsf{keygen}}}(\kappa); \\ b \xleftarrow{\mathrm{R}} \{0,1\}; \sigma^* \leftarrow \mathsf{Sign}(sk_{i_b}, R^*, m^*); \\ b' \leftarrow \mathcal{A}_2(\sigma^*, st) \end{array} \right] - \frac{1}{2} \right| \leqslant \mathrm{negl}(\kappa)$$

其中 $vk_{i_0}, vk_{i_1} \in R^*$, $\mathcal{O}_{\mathsf{keygen}}$ 是密钥生成谕言机, 每次生成一组新的密钥 (sk, vk) 并将其发送给 $\mathcal{A}_1$.

不可伪造性 对于任意 PPT 敌手 $\mathcal{A}$, RingSIG 满足不可伪造性如果下列概率可忽略, 即

$$\Pr\left[\mathsf{Verify}(R, m, \sigma) = 1 : \begin{array}{l} pp \leftarrow \mathsf{Setup}(1^\kappa); \\ (m, R, \sigma) \leftarrow \mathcal{A}^{\mathcal{O}_{\mathsf{keygen}}, \mathcal{O}_{\mathsf{sign}}, \mathcal{O}_{\mathsf{corrupt}}}(pp) \end{array} \right] \leqslant \mathrm{negl}(\kappa)$$

其中

- $\mathcal{O}_{\mathsf{keygen}}()$: 密钥生成谕言机每次生成新的签名密钥对 $(vk_j, sk_j) \leftarrow \mathsf{KeyGen}(pp)$, 记录 sk_j 并输出 vk_j.

- $\mathcal{O}_{\mathsf{sign}}(i, m, R)$: 签名谕言机检查如果 $vk_i \in R$, 且 (vk_i, sk_i) 是由密钥生成谕言机 $\mathcal{O}_{KGen}$ 生成的, 则输出 $\sigma \leftarrow \mathsf{Sign}(sk_i, R, m)$, 否则输出 $\perp$.
- $\mathcal{O}_{\mathsf{corrupt}}(i)$: 签名密钥查询谕言机每次根据输入 i, 输出第 i 个用户的签名密钥, 并将 i 记录到初始为空的列表 L_{corrupt} 中.
- 同时, 要求 $\mathcal{A}$ 输出的 (m, R, σ) 满足:
- 没有向 $\mathcal{O}_{\mathsf{sign}}$ 成功提出过 $(*, m, R)$ 类的查询;
- 用户环 R 中只包含由 $\mathcal{O}_{\mathsf{keygen}}$ 生成的 vk_i;
- 不存在 $i \in L_{\mathsf{corrupt}}$, 且 $vk_i \in R$.

注记 11.2　观察到上述环签名方案的安全性定义中, 如果限制环的大小 $|R| = 1$, 则该定义退化为签名方案的 EUF-CMA 安全性.

11.2.2　环签名方案设计

2001 年, Rivest [179] 等提出环签名算法的概念并给出了一个基于陷门函数的构造. 同时也提到利用 1994 年 Cramer 等 [180] 给出的部分知识证明可以通过 Fiat-Shamir 转化得到环签名方案的实现. 此后, 该方法又被 Abe 等 [181] 进一步改进基于更多的密码学进行构造.

2009 年, Bender 等 [182] 给出了更加严格的环签名安全性定义并给出了首个基于标准模型的构造.

Bender 等 [182] 的构造基于三个密码学组件, 分别是两轮证据不可区分证明方案 (ZAP)、IND-CPA 安全的加密方案以及 EUF-CMA 安全的签名方案. 首先给出 ZAP 的定义.

定义 11.4 (ZAP)　对于任意一个 $\mathcal{NP}$ 语言 L, 将其对应的困难关系记作 R_L, 令 $\ell = \ell(\kappa)$ 为一个多项式. ZAP = (Prove, Verify) 由以下两个 PPT 算法组成.

- Prove(x, w, r): 以实例 x、证据 w 以及一个公共的随机数 $r \xleftarrow{\mathrm{R}} \{0, 1\}^\ell$ 为输入, 输出一个证明 π.
- Verify(x, π, r): 以实例 x、证明 π 以及一个公共的随机数 $r \xleftarrow{\mathrm{R}} \{0, 1\}^\ell$ 为输入, 输出 1 表示证明被接受, 输出 0 表示证明被拒绝.

完备性　对于任意 $(x, w) \in R_L$, 对于任意 $r \in \{0, 1\}^\ell$, 下列概率为 1:

$$\Pr\left[\mathsf{Verify}(x, \pi, r) = 1 : \pi \leftarrow \mathsf{Prove}(x, w, r)\right]$$

适应性可靠性　下列敌手的优势函数可忽略

$$\Pr\left[\exists (x, \pi), x \notin L \wedge \mathsf{Verify}(x, \pi, r) = 1 : r \xleftarrow{\mathrm{R}} \{0, 1\}^\ell\right]$$

证据不可区分性　对于任意 $x \in L$, 任意实例 x 的一对证据 w_0, w_1, 任意 $r \in \{0, 1\}^\ell$, $\{\mathsf{Prove}(x, w_0, r)\}$ 与 $\{\mathsf{Prove}(x, w_1, r)\}$ 的分布计算不可区分.

给出下列环签名方案.

构造 11.2 *需要以下 3 个组件:*

- $E = (KeyGen, Enc, Dec)$ 为一个 IND-CPA 安全的加密方案.
- 令 $R_E = \{pk_{E,1}, \cdots, pk_{E,n}\}$ 为 n 个加密密钥的集合, 定义算法 $Enc^*(R_E, m)$, 首先随机采样 $s_1, \cdots, s_n - 1 \xleftarrow{R} \{0,1\}^{|M|}$,

$$ct^* = \left(\mathsf{Enc}(pk_{E,1}, s_1), \cdots, \mathsf{Enc}(pk_{E,n-1}, s_{n-1}), \mathsf{Enc}\left(pk_{E,n}, m \oplus \bigoplus_{j=1}^{n-1} s_j\right)\right)$$

- $SIG = (KeyGen, Sign, Verify)$ 为一个 EUF-CMA 安全的签名方案.
- ZAP 为两轮证据不可区分证明方案.

环签名方案构造如下.

- $KeyGen(1^\kappa)$:
- 为每个用户生成签名与验证密钥 $(sk, vk) \leftarrow SIG.KeyGen(1^\kappa)$, 将所有验证密钥的集合记作 vk_S, 将所有签名密钥记作 sk_S.
- 为每个用户生成加密与解密密钥 $(ek, dk) \leftarrow E.KeyGen(1^\kappa)$, 将所有加密公钥的集合记作 ek_E, 删除所有解密密钥.
- 选择 ZAP 的随机数 $r \xleftarrow{R} \{0,1\}^\ell$.
- 定义 $\mathcal{NP}$ 语言 L:

$$\left\{(R_S, M, R_E, ct^*) : \exists vk_S \in R_S, \sigma, w \text{ s.t. } \begin{array}{l} vk_S \in R_S \wedge ct^* = \mathsf{Enc}^*(R_E, \sigma; w) \\ \wedge SIG.Verify(vk_S, M, \sigma) = 1 \end{array}\right\}$$

- 输出验证密钥 $vk = (pk_S, pk_E, r)$ 和签名密钥 $sk = sk_S$.
- $Sign(sk_i, R = (pk_1, \cdots, pk_n), m)$:
- 将每个 pk_i 解析为 $(vk_{S,i}, pk_{E,i}, r_i)$, 将每个 sk_i 解析为 $sk_{R,i}$.
- 定义 $R_E = \{pk_{E,1}, \cdots, pk_{E,n}\}$, 且定义 $R_S = \{vk_{S,1}, \cdots, vk_{S,n}\}$.
- 令 $m^* = m\|pk_1\|\cdots\|pk_n$, 生成签名 $\sigma_i \leftarrow SIG.Sign(sk_{S,i}, m^*)$.
- 采样随机数 w_0, w_1, 并计算 $ct_0 = \mathsf{Enc}^*(R_E, \sigma_i; w_0)$, $ct_1 = \mathsf{Enc}^*(R_E, 0^\kappa; w_1)$.
- 对于 $j \in \{0,1\}$, 令 x_j 为断言 $(R_S, m^*, R_E, ct_j) \in L$, 令 x 为断言 $x = x_0 \vee x_1$. 计算证明 $\pi \leftarrow ZAP.Prove(r, x, (vk_{S,i}, \sigma_i, w_0))$.
- 输出签名 $\sigma = (ct_0, ct_1, \pi)$.
- $Verify((vk_1, \cdots, vk_n), m, \sigma)$:
- 将 σ 解析为 (ct_0, ct_1, π). 将每个 pk_i 解析为 $(vk_{S,i}, pk_{E,i}, r_i)$.
- 令 $m^* = m\|pk_1\|\cdots\|pk_n$.
- 输出 $ZAP.Verify(r, x, \pi)$ 的结果.

该环签名的证明在这里不详细展开, 具体过程参见文献 [182].

章后习题

练习 11.1

(1) 证明给定一个盲化消息与消息对 $(\bar{m}, m)$, 存在唯一盲化密钥 ek 满足 $\bar{m} = \text{Blind}(ek, m)$.

(2) 证明 RSA 盲签名满足盲化属性要求.

练习 11.2　盲化签名方案中盲化算法的随机数 r 要求每次生成盲签名的过程都是重新随机生成的, 说明如果每次消息盲化使用同一个随机数会有什么问题.

练习 11.3　请简要说明构造 11.2 中的方案满足匿名性.

第11章习题答案

第 12 章

公钥加密与数字签名的组合应用

> **章前概述**
>
> **内容提要**
>
> ❏ 签密方案   ❏ 集成签名加密方案
>
> 本章开始介绍公钥加密和数字签名的组合应用. 12.1 节介绍签密方案, 展示如何将公钥加密和数字签名合二为一, 12.2 节介绍集成签名加密方案, 展示如何使用同一对公/私钥完成加密和签名两个密码学操作.

12.1 签密方案

密码学提供的常见安全保障包括: 机密性、完整性、认证性和不可否认性, 如数据加密提供机密性, 数字签名提供完整性、认证性和不可否认性. 当实际应用需要同时满足上述四种安全要求时, 常规方案是组合使用公钥加密和数字签名方案, 通过 "先签名后加密" 或 "先加密后签名" 的串行方式实现. 常规解决方案的计算开销和通信开销是高于或等于两个方案的代价之和, 效率不高. 1997 年, Zheng [183] 提出了签密方案, 其在签密算法中同时完成签名和加密两种功能, 并能提供上述四种安全性. 与常规方案相比, 精心设计的签密方案在效率上有一定优势, 如 Zheng 和 Imai [184] 提出的签密方案与常规解决方案相比, 节省了 58% 的计算开销和 40% 的通信开销. 由于以上效率优势, 签密方案在电子支付、安全电子邮件等应用领域 [185,186] 有着广泛的应用. 下面介绍签密方案的定义、安全性和构造方法.

12.1.1 签密方案的定义与安全性

签密方案集成了签名和加密的功能和安全性, 通过一个组件可同时提供密码的四种安全保障. 签密方案的定义与安全性如下.

定义 12.1 (签密方案)　一个签密方案包含以下 4 个 PPT 算法.

- Setup(1^κ): 系统建立算法以安全参数 1^κ 为输入, 输出系统公开参数 pp.
- KeyGen(pp): 密钥生成算法以系统参数 pp 为输入, 输出公私钥对 (vk, sk, pk, dk), 其中 vk 表示签名验证公钥, sk 表示签名私钥, pk 表示加密公钥, dk 表示解密私钥.
- Signcrypt(pk_r, sk_s, m): 签密算法以消息 m、发送方的签名私钥 sk_s 和接收方的加密公钥 pk_r 为输入, 输出签密值 sc.
- Unsigncrypt(vk_s, dk_r, sc): 解签密算法以签密值 sc、发送方的签名验证公钥 vk_s 和接收方的解密私钥 dk_r 为输入, 输出消息 m 或者 $\perp$.

正确性　对任意 $pp \leftarrow$ Setup(1^κ), 任意 $(vk_i, sk_i, pk_i, dk_i) \leftarrow$ KeyGen(pp)(其中 $i \in \{s, r\}$) 和任意消息 m, 我们有

$$\Pr[\mathsf{Unsigncrypt}(vk_s, dk_r, \mathsf{Signcrypt}(pk_r, sk_s, m)) = m] = 1$$

安全性　签密方案的安全性须同时满足机密性和不可伪造性. 安全性根据强弱可分为外部安全和内部安全[187]. 外部安全是指敌手只知晓公共信息 (pp, pk, vk). 内部安全是指敌手除了获得公共信息外, 还能知晓发送方的签名私钥或者接收方的解密私钥, 即要求: ① 敌手获得发送方的签名私钥后仍无法打破签密的机密性; ② 敌手获得接收方的解密私钥仍无法打破签密的不可伪造性. 显然, 内部安全比外部安全更强. 以下定义签密方案的内部安全性, 令 $\mathcal{O}_{\mathsf{signcrypt}}$ 表示签密谕言机, 输入消息 m 和接收方加密公钥 pk_r, 返回签密值 sc; $\mathcal{O}_{\mathsf{unsigncrypt}}$ 表示解签密谕言机, 输入签密值 sc 和发送方的签名验证公钥 vk_s, 返回明文 m.

- 定义攻击签密方案机密性的敌手 $\mathcal{A}$ 的优势函数如下:

$$\mathsf{Adv}_{\mathcal{A}}(\kappa) = \left| \Pr\left[\beta = \beta' : \begin{array}{l} pp \leftarrow \mathsf{Setup}(1^\kappa); \\ (vk_i^*, sk_i^*, pk_i^*, dk_i^*) \leftarrow \mathsf{KeyGen}(pp), i \in \{s, r\}; \\ (m_0, m_1) \leftarrow \mathcal{A}^{\mathcal{O}_{\mathsf{signcrypt}}, \mathcal{O}_{\mathsf{unsigncrypt}}}(pp, pk_r^*, vk_s^*, sk_s^*); \\ \beta \xleftarrow{\mathrm{R}} \{0, 1\}, sc^* \leftarrow \mathsf{Signcrypt}(pk_r^*, sk_s^*, m_\beta); \\ \beta' \leftarrow \mathcal{A}^{\mathcal{O}_{\mathsf{signcrypt}}, \mathcal{O}_{\mathsf{unsigncrypt}}}(pk_r^*, vk_s^*, sk_s^*, sc^*) \end{array} \right] - \frac{1}{2} \right|$$

为了避免定义平凡, 敌手 $\mathcal{A}$ 不能向解签密谕言机 $\mathcal{O}_{\mathsf{unsigncrypt}}$ 询问挑战 (sc^*, vk_s^*). 如果任意 PPT 敌手 $\mathcal{A}$ 在上述安全游戏中的优势函数均为可忽略的, 则称签密方案是 IND-CCA 安全的.

- 定义攻击签密方案不可伪造性的敌手 $\mathcal{A}$ 的优势函数如下:

$$\mathrm{Adv}_{\mathcal{A}}(\kappa)$$

$$= \Pr\left[m^* \neq \bot \wedge (m^*, pk_r^*) \notin \mathcal{Q} : \begin{array}{l} pp \leftarrow \mathsf{Setup}(1^\kappa); \\ (vk_i^*, sk_i^*, pk_i^*, dk_i^*) \leftarrow \mathsf{KeyGen}(pp), i \in \{s, r\}; \\ sc^* \leftarrow \mathcal{A}^{\mathcal{O}_{\mathsf{signcrypt}}, \mathcal{O}_{\mathsf{unsigncrypt}}}(pp, vk_s^*, pk_r^*, dk_r^*); \\ m^* \leftarrow \mathsf{Unsigncrypt}(sc^*, pk_r^*, sk_s^*) \end{array}\right]$$

其中, $\mathcal{Q}$ 表示敌手访问签密谕言机 $\mathcal{O}_{\mathsf{signcrypt}}$ 的所有元素集合. 如果任意 PPT 敌手 $\mathcal{A}$ 在上述安全游戏中的优势函数均为可忽略的, 则称签密方案是 EUF-CMA 安全的.

12.1.2 签密方案的通用构造

2002 年, An 等 [187] 提出了 "commit-then-encrypt-and-sign" 的签密方案构造范式.

构造 12.1 (基于承诺、加密和签名的签密构造) 基于承诺方案 COM、公钥加密方案 PKE 和数字签名 SIG 的签密方案构造如下.

• Setup(1^κ): 以安全参数 1^κ 为输入, 分别运行承诺、签名、加密方案的系统建立算法, $pp_{\mathrm{com}} \leftarrow \mathrm{COM.Setup}(1^\kappa)$, $pp_{\mathrm{sig}} \leftarrow \mathrm{SIG.Setup}(1^\kappa)$, $pp_{\mathrm{pke}} \leftarrow \mathrm{PKE.Setup}(1^\kappa)$, 输出公开参数 $pp = (pp_{\mathrm{com}}, pp_{\mathrm{sig}}, pp_{\mathrm{pke}})$.

• KeyGen(pp): 以公开参数 pp 为输入, 运行签名和加密方案的密钥生成算法: $(vk, sk) \leftarrow \mathrm{SIG.KeyGen}(pp_{\mathrm{sig}})$, $(pk, dk) \leftarrow \mathrm{PKE.KeyGen}(pp_{\mathrm{pke}})$, 输出公私钥对 (vk, sk, pk, dk).

• Signcrypt(pk_r, sk_s, m): 以接收方的加密公钥 pk_r、发送方的签名私钥 sk_s 和消息 m 为输入, 执行以下操作.

• 运行承诺算法 $\mathrm{COM.Commit}(pp_{\mathrm{com}}, m; r) \to com$, 输出承诺值 com.

• 同时运行签名算法对承诺值签名、运行加密算法对消息和承诺随机数进行加密: $\mathrm{SIG.Sign}(sk_s, com) \to \sigma$, $\mathrm{PKE.Encrypt}(pk_r, m||r) \to ct$.

• 输出签密结果 $sc = (com, \sigma, ct)$.

• Unsigncrypt(vk_s, dk_r, sc): 以发送方的签名验证公钥 vk_s、接收方的解密私钥 dk_r 和签密值 $sc = (com, \sigma, ct)$ 为输入, 执行以下操作.

• 运行签名验证算法 $\mathrm{SIG.Verify}(vk_s, com, \sigma)$, 若验证失败则输出 $\bot$, 若验证成功则执行下一步;

• 运行解密算法 $\mathrm{PKE.Decrypt}(dk_r, ct) \to m'||r'$;

• 运行承诺的打开算法 $\mathrm{COM.Open}(com, m', r')$, 如果正确打开则输出消息值 m', 否则输出 $\bot$.

注记 12.1 构造 12.1 的签密方案在完成承诺操作后, 加密和签名可并行执行, 而非如常规方案中必须串行执行. 当使用高效的承诺方案 (如基于哈希函数的承诺) 进行实例化时, 所得签密方案的效率往往比常规方案更高效.

构造 12.1 的签密方案的正确性由底层的承诺、签名和加密方案的正确性保证, 安全性由以下定理保证.

定理 12.1 如果承诺方案 COM、公钥加密方案 PKE 和数字签名方案 SIG 是安全的, 那么构造 12.1 的签密方案 SC 也是安全的.

证明 签密方案的机密性由承诺的隐藏性和加密的机密性保证, 不可伪造性由承诺的绑定性和签名的不可伪造性保证. 详细的安全证明见文献 [187]. □

12.2 集成签名加密方案

在同时使用数字签名 (SIG) 和公钥加密 (PKE) 的密码方案中, 最常用的一种密钥使用策略是密钥分离 (key separation) 策略 (图 12.1), 即方案中不同的密码组件使用独立生成的公/私钥对. 简单来说, 每个用户需要独立运行 SIG 与 PKE 方案的密钥生成算法, 生成两对不同的公/私钥对 (vk, sk) 和 (ek, dk), 分别用于不同的密码操作, 并通过级联两对密钥对得到用户公/私钥对. 使用密钥分离策略使得用户可以灵活选取现有的高效数字签名与公钥加密方案, 直接组合得到高效的密码方案. 由于不同的密码组件使用了独立的公/私钥对, 各密码组件的安全性不会受到其他组件的影响, 因此组合后的密码方案也是安全的. 然而, 密钥分离策略也存在一个明显的缺点, 即密钥尺寸、密钥证书开销和密钥管理开销等均随着密钥对数成倍增加.

$$\text{SIG} \qquad vk\ \text{-----}\ sk$$

$$\text{PKE} \qquad ek\ \text{-----}\ dk$$

图 12.1 密钥分离示意图

另一种典型的密钥使用策略为密钥重用 (key reuse), 即不同的密码方案共享同一对公/私钥对 (图 12.2). 需要注意的是, 为了避免定义平凡, 这里的密钥对必须是不可分割的, 即其不能被分割成两部分并分别用于不同的密码操作. 相比于密钥分离, 采用密钥重用策略, 可以直接减少密钥存储开销、密钥所需证书的数量 (从而降低证书成本, 包括但不限于注册、分发、存储、传送和验证开销), 以及代码占用空间和开发所需工作. 考虑到这些优势, 许多实际应用场景都采用了密钥重用策略. 例如, EMV 标准 (参见文献 [188])、RFC 4055 标准和身份管理解决方案提供商 Ping Identity [189] 均采用了该策略. 此外, 密钥重用策略还有助于简化高级密码协议的设计. 例如, 大多数已知的账户模型下的保护隐私的密码货币系统 [51,52,190] 都显式或隐式地使用了密钥重用策略, 使得协议构造更加简洁.

$$\text{SIG+PKE} \qquad pk \text{-----} sk$$

图 12.2 密钥重用示意图

2001 年, Haber 和 Pinkas [191] 提出了组合公钥 (combined public key, CPK) 密码方案, 并系统研究了密钥重用策略. CPK 方案组合了签名和公钥加密方案, 并保留了其中的签名、验证、加密和解密算法, 但将两个密钥生成算法合二为一, 允许其输出的两对密钥对是非独立的. 同时, 他们也给出了 CPK 方案的联合安全性的正式定义: 在敌手拥有访问解密谕言机权限的情况下, 签名方案仍满足 EUF-CMA 安全性; 在敌手拥有访问签名谕言机权限的情况下, 公钥加密方案仍满足 IND-CCA 安全性. Paterson 等 [192] 将使用密钥分离策略的方案形式化为笛卡儿积联合公钥密码方案 (CP-CPK). 显然, CP-CPK 满足上述联合安全性. Chen 等 [193] 将使用密钥重用策略的方案称为集成签名加密 (integrated signature and encryption, ISE) 方案. 然而, ISE 方案通常需要精心的设计才能获得联合安全性. Degabriele 等在文献 [194] 中, 给出了对 EVM 标准中基于 RSA 的 ISE 方案的攻击. Coron 等 [195] 以及 Komano 和 Ohta [196] 基于陷门置换 (trapdoor permutation) 给出了在随机谕言机模型下安全的 ISE 方案. 2011 年, Paterson 等 [192] 基于 IBE 方案给出了首个在标准模型下可证明安全的 ISE 通用构造.

下面介绍 ISE 的基本概念、性质和构造方法.

12.2.1 集成签名加密方案的定义与安全性

集成签名加密 (ISE) 方案的正式定义如下.

定义 12.2 (集成签名加密方案) 如图 12.3 所示, 集成签名加密方案包含以下 6 个 PPT 算法.

- Setup(1^κ): 系统生成算法以安全参数 κ 为输入, 输出公开参数 pp, 其中 pp 包含对公钥空间 PK、私钥空间 SK、明文空间 M、密文空间 C、消息空间 $\widetilde{M}$ 和签名空间 Σ 的描述. 该算法由系统中的所有用户共享, 且所有算法均将 pp 作为输入. 当上下文明确时, 常常为了行文简洁省去 pp.

- KeyGen(pp): 密钥生成算法以系统公开参数 pp 为输入, 输出一对公/私钥对 (pk, sk). 为了避免定义平凡, 密钥对 (pk, sk) 必须是不可分割的.

- Encrypt(pk, m): 加密算法以公钥 $pk \in PK$、明文 $m \in M$ 为输入, 输出密文 $c \in C$.

- Decrypt(sk, c): 解密算法以私钥 $sk \in SK$ 和密文 $c \in C$ 为输入, 输出明文 $m \in M$ 或者 $\perp$ 表示密文非法.

- Sign($sk, \widetilde{m}$): 签名算法以私钥 $sk \in SK$、消息 $\widetilde{m} \in \widetilde{M}$ 为输入, 输出签名 $\sigma \in \Sigma$.

● Verify$(pk, \widetilde{m}, \sigma)$: 签名验证算法以公钥 $pk \in PK$、消息 $\widetilde{m} \in \widetilde{M}$、签名 $\sigma \in \Sigma$ 为输入, 输出 0 表示签名被拒绝, 输出 1 表示签名合法.

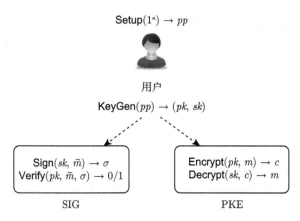

图 12.3　集成签名加密方案示意图

正确性　ISE 方案的正确性包含两方面.

● 公钥加密方案的正确性: 对任意 $pp \leftarrow \mathsf{Setup}(1^\kappa)$, $(pk, sk) \leftarrow \mathsf{KeyGen}(pp)$, $m \in M$ 和 $c \leftarrow \mathsf{Encrypt}(pk, m)$, 有

$$\Pr\left[\mathsf{Decrypt}(sk, c) = m\right] = 1$$

● 数字签名方案的正确性: 对任意 $pp \leftarrow \mathsf{Setup}(1^\kappa)$, $(pk, sk) \leftarrow \mathsf{KeyGen}(pp)$, $\widetilde{m} \in \widetilde{M}$ 和 $\sigma \leftarrow \mathsf{Sign}(sk, \widetilde{m})$, 有

$$\Pr\left[\mathsf{Verify}(pk, \widetilde{m}, \sigma) = 1\right] = 1$$

安全性　当 ISE 的公钥加密和签名组件分别满足以下安全定义时, 称该 ISE 方案满足联合安全性 (joint security). 以下令 $\mathcal{O}_{\mathsf{sign}}$ 表示签名谕言机, 输入消息 $\widetilde{m} \in \widetilde{M}$, 返回签名 $\sigma \leftarrow \mathsf{Sign}(sk, \widetilde{m})$; $\mathcal{O}_{\mathsf{decrypt}}$ 表示解密谕言机, 输入密文 $c \in C$, 返回明文 $m \leftarrow \mathsf{Decrypt}(sk, c)$.

● 在敌手拥有访问签名谕言机权限的情况下, PKE 组件仍满足 IND-CCA 安全性. 定义敌手 $\mathcal{A} = (\mathcal{A}_1, \mathcal{A}_2)$ 的优势函数如下:

$$\mathsf{Adv}_{\mathcal{A}}(\kappa) = \left| \Pr\left[\beta = \beta' : \begin{array}{l} pp \leftarrow \mathsf{Setup}(1^\kappa); \\ (pk, sk) \leftarrow \mathsf{KeyGen}(pp); \\ (m_0, m_1, state) \leftarrow \mathcal{A}_1^{\mathcal{O}_{\mathsf{decrypt}}, \mathcal{O}_{\mathsf{sign}}}(pp, pk); \\ \beta \xleftarrow{R} \{0, 1\}, c^* \leftarrow \mathsf{Encrypt}(pk, m_\beta); \\ \beta' \leftarrow \mathcal{A}_2^{\mathcal{O}_{\mathsf{decrypt}}, \mathcal{O}_{\mathsf{sign}}}(state, c^*) \end{array} \right] - \frac{1}{2} \right|$$

注意, $\mathcal{A}_2$ 不允许向解密谕言机 $\mathcal{O}_{\mathsf{decrypt}}$ 询问密文 c^*. 如果对于任意的 PPT 敌手 $\mathcal{A}$, 其优势函数均是可忽略的, 则称该 ISE 方案的 PKE 组件是 IND-CCA 安全的.

● 在敌手拥有访问解密谕言机权限的情况下, SIG 组件仍满足 EUF-CMA 安全性. 定义敌手 $\mathcal{A}$ 的优势函数如下:

$$\mathsf{Adv}_{\mathcal{A}}(\kappa) = \Pr \left[\begin{array}{c} \mathsf{Verify}(pk, m^*, \sigma^*) = 1 \\ \wedge m^* \notin \mathcal{Q} \end{array} : \begin{array}{l} pp \leftarrow \mathsf{Setup}(1^{\kappa}); \\ (pk, sk) \leftarrow \mathsf{KeyGen}(pp); \\ (m^*, \sigma^*) \leftarrow \mathcal{A}^{\mathcal{O}_{\mathsf{decrypt}}, \mathcal{O}_{\mathsf{sign}}}(pp, pk) \end{array} \right]$$

如果对于任意的 PPT 敌手 $\mathcal{A}$, 其优势函数均是可忽略的, 则称该 ISE 方案的 SIG 组件是 EUF-CMA 安全的.

12.2.2 集成签名加密方案的通用构造

Paterson 等 [192] 基于 IBE 方案给出了首个在标准模型下安全的 ISE 通用构造. 如图 12.4 所示, 该通用构造的主要思路为: 将 IBE 方案中的主公/私钥对 (mpk, msk) 作为 ISE 方案中用户的公/私钥对 (pk, sk). 利用比特前缀将 IBE 方案的身份空间一分为二, 一半作为消息空间, 通过 Naor 转换 [11] 构造签名组件, 另一半作为标签空间, 通过 BCHK 转换 [197] 构造公钥加密组件.

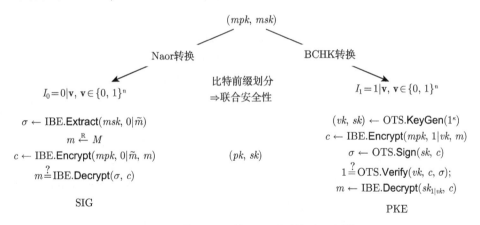

图 12.4 基于 IBE 的 ISE 通用构造示意图

构造 12.2 (基于 IBE 的 ISE 通用构造) 构造所需组件:
● IBE 方案 IBE = (Setup, KeyGen, Extract, Encrypt, Decrypt);
● 一次签名方案 OTS = (Setup, KeyGen, Sign, Verify).
构造如下.
● Setup(1^{κ}): 运行 $pp_{\mathsf{ibe}} \leftarrow$ IBE.Setup(1^{κ}), $pp_{\mathsf{ots}} \leftarrow$ OTS.Setup(1^{κ}), 输出 $pp = (pp_{\mathsf{ibe}}, pp_{\mathsf{ots}})$. 不妨假设 IBE 的身份空间为 $\{0, 1\}^{\ell+1}$, OTS 的验证密钥空间为 $\{0, 1\}^{\ell}$.

- KeyGen(pp)：输入 $pp=(pp_{\text{ibe}}, pp_{\text{ots}})$，运行 $(mpk, msk) \leftarrow \text{IBE.KeyGen}(pp_{\text{ibe}})$，输出公钥 $pk = mpk$ 和私钥 $sk = msk$.

- Encrypt(pk, m)：解析 $pk = mpk$，运行 $(ovk, osk) \leftarrow \text{OTS.KeyGen}(pp_{\text{ots}})$. 令 $id = 1 \| ovk$，计算 $c_{\text{ibe}} \leftarrow \text{IBE.Encrypt}(mpk, id, m)$ 以及 $\sigma \leftarrow \text{OTS.Sign}(osk, c_{\text{ibe}})$，输出 $c = (ovk, c_{\text{ibe}}, \sigma)$.

- Decrypt(sk, c)：解析 $sk = msk$ 以及 $c = (ovk, c_{\text{ibe}}, \sigma)$. 解密算法首先验证 $\text{OTS.Verify}(ovk, c_{\text{cibe}}, \sigma) = 1$ 是否通过，如果不通过则输出 $\perp$，否则，令 $id = 1 \| ovk$ 并计算 $sk_{id} \leftarrow \text{IBE.Extract}(msk, id)$，输出 $m \leftarrow \text{IBE.Decrypt}(sk_{id}, c_{\text{ibe}})$.

- Sign($sk, \tilde{m}$)：解析 $sk = msk$，计算 $sk_{id} \leftarrow \text{IBE.Extract}(msk, id)$，其中 $id = 0 \| \tilde{m}$，输出 $\sigma = sk_{id}$.

- Verify($pk, \sigma, \tilde{m}$)：解析 $pk = mpk$ 和 $\sigma = sk_{id}$，其中 $id = 0 \| \tilde{m}$，随机选取明文 $m \in M$，计算 $c_{\text{ibe}} \leftarrow \text{IBE.Encrypt}(mpk, id, m)$；如果 $\text{IBE.Decrypt}(sk_{id}, c_{\text{ibe}}) = m$ 则输出 "1"，否则输出 "0".

构造 12.2 的正确性由 IBE 和 OTS 的正确性保证，安全性由以下定理保证.

定理 12.2　如果 IBE 是 IND-CPA 安全的，且 OTS 是强 EUF-CMA 安全的，那么构造 12.2 中的 ISE 方案是联合安全的.

下面通过两个引理来证明上述定理.

引理 12.1　如果 IBE 是 OW-CPA 安全的，那么构造 12.2 中的 ISE 方案的签名组件在敌手拥有访问解密谕言机权限的情况下，仍满足 EUF-CMA 安全性.

证明　令 $\mathcal{A}$ 为攻击签名组件 EUF-CMA 安全性的敌手，下面展示如何构造敌手 $\mathcal{B}$ 打破 IBE 的 OW-CPA 安全性. 给定 (pp_{ibe}, mpk)，$\mathcal{B}$ 模拟 $\mathcal{A}$ 的挑战者与 $\mathcal{A}$ 交互如下.

- 初始化：$\mathcal{B}$ 设置 $pk = mpk$，运行 $pp_{\text{ots}} \leftarrow \text{OTS.Setup}(1^\kappa)$，设置 $pp = (pp_{\text{ibe}}, pp_{\text{ots}})$，并发送 (pp, pk) 给 $\mathcal{A}$.

- 签名询问：当敌手 $\mathcal{A}$ 发起签名询问 $\tilde{m}$ 时，$\mathcal{B}$ 向其私钥提取谕言机询问 $id = 0 \| \tilde{m}$，得到对应私钥 sk_{id}，并将其作为签名返回给 $\mathcal{A}$.

- 解密询问：当敌手 $\mathcal{A}$ 发起解密询问 $c = (ovk, c_{\text{ibe}}, \sigma)$ 时，$\mathcal{B}$ 首先验证 $\text{OTS.Verify}(ovk, c_{\text{ibe}}, \sigma) = 1$ 是否通过；如果否，则输出 $\perp$；如果通过验证，那么 $\mathcal{B}$ 向其私钥提取谕言机询问 $id = 1 \| ovk$，得到对应私钥 sk_{id}，并返回 $m \leftarrow \text{IBE.Decrypt}(sk_{id}, c_{\text{ibe}})$ 给 $\mathcal{A}$.

- 伪造：敌手 $\mathcal{A}$ 输出消息/签名对 $(\tilde{m}^*, \sigma^*)$. 此时，$\mathcal{B}$ 提交 $id^* = 0 \| \tilde{m}^*$ 作为目标 ID，并收到挑战者返回的对一随机消息 m 的密文 c_{ibe}. $\mathcal{B}$ 解析 $\sigma^* = sk_{id^*}$，计算并输出 $m' \leftarrow \text{CIBE.Decrypt}(sk_{id^*}, c^*)$.

显然，$\mathcal{B}$ 的模拟是完美的，因此 $\mathcal{B}$ 打破 IBE 的 OW-CPA 安全性的优势与 $\mathcal{A}$ 打破签名组件 EUF-CMA 安全性的优势相同. 综上，引理得证！　　　　□

引理 12.2 如果 IBE 是 IND-ID-CPA 安全的, 且 OTS 是强 EUF-CMA 安全的, 那么构造 12.2 中的 ISE 方案的公钥加密组件在敌手拥有访问签名谕言机权限的情况下, 仍满足 IND-CCA 安全性.

证明 令 $\mathcal{A}$ 为攻击 PKE 组件 IND-CCA 安全性的敌手, 以下通过游戏序列完成定理证明, 并记事件 $\mathcal{A}$ 赢得 Game_i 为 S_i.

Game_0: 该游戏是标准的 PKE 组件在 ISE 方案中的 IND-CCA 游戏, 挑战者 $\mathcal{CH}$ 和敌手 $\mathcal{A}$ 交互如下.

- 初始化: $\mathcal{CH}$ 运行 $pp_{\text{ibe}} \leftarrow \text{IBE.Setup}(1^\kappa)$, $pp_{\text{ots}} \leftarrow \text{OTS.Setup}(1^\kappa)$, 设置 $pp = (pp_{\text{ibe}}, pp_{\text{ots}})$, 运行 $(mpk, msk) \leftarrow \text{IBE.KeyGen}(pp_{\text{ibe}})$, 设置公钥 $pk = mpk$ 和私钥 $sk = msk$, 并发送 (pp, pk) 给 $\mathcal{A}$.

- 签名询问: 当敌手 $\mathcal{A}$ 发起签名询问 $\widetilde{m}$ 时, $\mathcal{CH}$ 计算并返回

$$\sigma \leftarrow \text{IBE.Sign}(sk, \widetilde{m})$$

- 解密询问: 当敌手 $\mathcal{A}$ 发起解密询问 $c = (ovk, c_{\text{ibe}}, \sigma)$ 时, $\mathcal{CH}$ 首先验证 $\text{OTS.Verify}(ovk, c_{\text{ibe}}, \sigma) = 1$ 是否通过; 如果否, 则输出 $\perp$; 如果通过验证, 那么 $\mathcal{CH}$ 令 $id = 1 \| ovk$ 并计算 $sk_{id} \leftarrow \text{IBE.Extract}(msk, id)$, 返回 $m \leftarrow \text{IBE.Decrypt}(sk_{id}, c_{\text{ibe}})$ 给 $\mathcal{A}$.

- 挑战: 敌手 $\mathcal{A}$ 提交两条消息 (m_0, m_1). 选择随机比特 $b \xleftarrow{\text{R}} \{0,1\}$, 并通过如下步骤生成挑战密文: 生成一对新的 OTS 密钥对 $(ovk^*, osk^*) \leftarrow \text{OTS.KeyGen}(pp_{\text{ots}})$, 令 $id^* = 1 \| ovk^*$, 计算 $c_{\text{ibe}}^* \leftarrow \text{IBE.Encrypt}(mpk, id^*, m_b)$, $\sigma^* \leftarrow \text{OTS.Sign}(osk^*, c_{\text{ibe}}^*)$, 然后发送 $c^* = (ovk^*, c_{\text{ibe}}^*, \sigma^*)$ 给 $\mathcal{A}$. 在收到挑战密文 c^* 之后, $\mathcal{A}$ 仍然可以继续访问签名和解密谕言机, 但不允许向解密谕言机询问 c^*.

- 猜测: 最终, $\mathcal{A}$ 输出比特 b', $\mathcal{A}$ 赢得游戏当且仅当 $b = b'$. 根据定义, 则有

$$\text{Adv}_{\mathcal{A}} = |\Pr[S_0] - 1/2|$$

Game_1: 该游戏与 Game_0 的唯一不同在于 $\mathcal{CH}$ 在初始化阶段生成 OTS 密钥对 $(ovk^*, osk^*) \leftarrow \text{OTS.KeyGen}(pp_{\text{ots}})$. 这种修改敌手是无法察觉的, 因此有

$$\Pr[S_1] = \Pr[S_0]$$

Game_2: 该游戏与 Game_1 的唯一不同在于, 如果发生以下两个事件之一, 那么 $\mathcal{CH}$ 在回答解密询问时直接终止.

- E_1: $\mathcal{A}$ 在阶段 1 询问解密谕言机 $c = (ovk^*, c_{\text{ibe}}, \sigma)$, 其中 $\text{OTS.Verify}(ovk^*, c_{\text{ibe}}, \sigma) = 1$.

- E_2: $\mathcal{A}$ 在阶段 2 询问解密谕言机 $c = (ovk^*, c_{\text{ibe}}, \sigma)$, 其中 $\text{OTS.Verify}(ovk^*, c_{\text{ibe}}, \sigma) = 1$ 且 $(c_{\text{ibe}}, \sigma) \neq (c_{\text{ibe}}^*, \sigma^*)$.

令 $E = E_1 \vee E_2$. 在 E 不发生的前提下, Game$_1$ 和 Game$_2$ 是完全一致的. 根据差异引理 (difference lemma), 有

$$|\Pr[S_2] - \Pr[S_1]| \leqslant \Pr[E]$$

显然, 事件 E 的发生意味着敌手 $\mathcal{A}$ 可以成功地对 OTS 进行伪造攻击. 基于 OTS 的强 EUF-CMA 安全性, 则有对任意 PPT 敌手, $\Pr[E] = \mathrm{negl}(\kappa)$.

断言 12.1　如果 IBE 是 IND-ID-CPA 安全的, 那么不存在 PPT 敌手可以不可忽略的概率赢得 Game$_2$.

证明　令 $\mathcal{B}$ 为攻击 IBE 的 IND-ID-CPA 安全性的敌手. 给定 pp_{ibe}, $\mathcal{B}$ 执行以下操作来模拟 $\mathcal{A}$ 在 Game$_2$ 中的挑战者.

- 初始化: $\mathcal{B}$ 运行 $pp_{\mathrm{ots}} \leftarrow \mathrm{OTS.Setup}(1^\kappa)$, $(ovk^*, osk^*) \leftarrow \mathrm{OTS.KeyGen}(pp_{\mathrm{ots}})$, 提交 $id^* = 1\|ovk^*$ 至其挑战者作为目标身份并接收到 mpk. $\mathcal{B}$ 发送 $pp = (pp_{\mathrm{ibe}}, pp_{\mathrm{ots}})$ 和 $pk = mpk$ 给 $\mathcal{A}$.
- 签名询问: 当收到签名询问 $\tilde{m}$ 时, $\mathcal{B}$ 询问其私钥提取谕言机 $id = 0\|\tilde{m}$ 得到 sk_{id}, 然后将 sk_{id} 作为消息 $\tilde{m}$ 的签名返回给 $\mathcal{A}$. 由于前缀不同, 则一直有 $id \neq id^*$, $\mathcal{B}$ 完美模拟签名谕言机.
- 解密询问: 当收到解密询问 $c = (ovk, c_{\mathrm{cibe}}, \sigma)$ 时, 若 E_1 发生, 则 $\mathcal{B}$ 终止, 否则 $\mathcal{B}$ 执行以下操作. 若 $\mathrm{OTS.Verify}(ovk, c_{\mathrm{ibe}}, \sigma) = 0$ 则返回 $\perp$, 否则 $\mathcal{B}$ 向其私钥提取谕言机询问 $id = 1\|ovk$, 得到对应私钥 sk_{id}, 并返回 $m \leftarrow \mathrm{IBE.Decrypt}(sk_{id}, c_{\mathrm{ibe}})$ 给 $\mathcal{A}$.
- 挑战: $\mathcal{A}$ 提交两条消息 (m_0, m_1). 此时, $\mathcal{B}$ 发送 (m_0, m_1) 至其挑战者, 并收到随机消息 m_b 在目标 $id^* = 1\|ovk^*$ 下的密文 c^*_{ibe}. $\mathcal{B}$ 计算 $\sigma^* \leftarrow \mathrm{OTS.Sign}(osk^*, c^*_{\mathrm{ibe}})$, 发送 $c^* = (ovk^*, c^*_{\mathrm{ibe}}, \sigma^*)$ 给 $\mathcal{A}$ 作为挑战密文.
- 猜测: 在收到挑战密文 c^* 之后, $\mathcal{A}$ 仍然可以继续访问签名和解密谕言机, 但不允许向解密谕言机询问 c^*. 如果 E_2 发生, 则 $\mathcal{B}$ 终止. 否则, $\mathcal{B}$ 与阶段 1 同操作. 最终, $\mathcal{A}$ 提交猜测 b', 且 $\mathcal{B}$ 同样输出 b' 作为猜测.

显然, $\mathcal{B}$ 的模拟是完美的, 因此 $\mathcal{B}$ 打破 IBE 的 IND-ID-CPA 安全性的优势与 $\mathcal{A}$ 赢得 Game$_2$ 的优势相同. 综上, 引理得证, 即 $|\Pr[S_2] - 1/2| = \mathrm{negl}(\kappa)$.　□

综合以上, 引理 12.2 得证!　□

12.2.3　扩展

前文提到, ISE 方案的一个局限是其联合安全性不是平凡的, 而是需要严格的安全性证明. 上一小节展示的复杂安全性证明恰恰也说明了这一点. 本小节将考虑 ISE 方案的另一个局限, 其使用的密钥重用策略给需要密钥托管的应用带来了挑战.

在一些同时支持加解密及签名功能的保护隐私的应用中, 用户可能需要将解密/签名私钥托管给第三方, 以便在丢失密钥时通过第三方找回密钥, 或者以此来实现解密/签名能力代理. 例如, 在区块链去中心化交易系统中, 为了加强监管部门对系统中用户的监管, 或需要令用户将自己的解密私钥托管给监管部门, 使监管部门拥有对金额等密文的解密能力, 从而有效识别用户的违法违规交易行为; 又如, 在一些企业或政府部门中, 上级领导为提高办公效率, 通常需要将部分签名能力代理给助理, 同时保留自己对机密文件的解密权限等. CP-CPK 方案因使用独立密钥对, 天然地支持安全的密钥托管, 而 ISE 方案由于不同组件共享同一对密钥对 (pk, sk), 直接托管私钥 sk, 将使第三方同时获得解密及签名能力, 难以适应上述应用场景. 一个自然的问题是, 是否存在一种密钥使用策略既能保留密钥重用带来的低开销优势, 又能支持安全的密钥托管呢?

2021 年, Chen 等 [193] 针对上述问题, 提出了一类新的密码方案——层级集成签名加密 (hierarchical integrated signature and encryption, HISE) 方案. 该方案基于一种新的密钥使用策略, 如图 12.5 所示, 即 PKE 和签名组件共享同一个公钥 pk, 并以签名私钥 sk 作为主密钥, 可以向下单向派生出解密私钥 dk. HISE 融合了 CP-CPK 和 ISE 双方的优势: ① 共享公钥使得密钥证书数量、密钥存储及管理的开销降低; ② 层级私钥结构使得其天然支持解密私钥的安全托管.

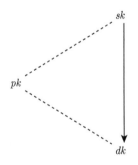

图 12.5 HISE 密钥使用策略示意图

Chen 等在文章 [193] 中给出了 HISE 的多种通用构造方法, 这里简要介绍其中基于受限 IBE (constrained IBE, CIBE) 的构造思路. 相比于 IBE, CIBE 允许用户从主私钥 msk 导出谓词 f 的 (受限) 私钥 sk_f, 其中 f 为关于 ID 的谓词函数, 且受限私钥 sk_f 可导出 ID 私钥 sk_{id} 当且仅当 $f(id) = 1$. 基于 CIBE 构造 HISE 的思路大致如下: HISE 将 CIBE 方案生成的主公钥 mpk 作为用户公钥 pk, 将主私钥 msk 作为签名私钥 sk, 并导出受限私钥 sk_{f_1} 作为解密私钥 dk, 其中 $f_1(id) = 1$ 当且仅当 id 的前缀比特为 "1". 接下来, 与 Paterson 等 [192] 基于 IBE 方案的 ISE 构造类似, 利用比特前缀将 CIBE 方案的身份空间一分为二, 一半用于通过 Naor 转换 [11] 构造签名组件, 另一半用于通过 BCHK 转换 [197] 构造 PKE 组件. 相比于 ISE 方案, HISE 考虑了更强的联合安全性, 即其签名组件在解密私钥 dk 完全暴露的情形下仍满足 EUF-CMA 安全性, 因此 HISE 支持安全的解密私钥托管.

但是 HISE 仍然存在一点不足之处. 由于 HISE 方案将签名私钥 sk 作为用户主私钥, 可以向下单向派生出解密私钥 dk, 所以一旦签名私钥暴露, 则将同时暴露解密私钥, 因此 HISE 不支持安全的签名私钥托管.

2022 年, Zhang 等 [198] 针对 HISE 存在的这一问题, 提出了 HISE 的对偶方案——层级集成加密签名 (hierarchical integrated encryption and signature, HIES) 方案. HIES 基于一种对偶于 HISE 的密钥使用策略, 如图 12.6 所示, 公钥 pk 共享、逆转解密私钥 dk 与签名私钥 sk 的层级结构, 以 dk 作为主密钥, 可向下单向派生出 sk. 在文献 [198] 中, Zhang 等还给出了基于 CIBE 的 HIES 通用构造方法. 设计思路为对换 Chen 等的构造中主私钥 msk 与受限私钥 sk_{f_1} 的角色, 将主私钥 msk 作为解密私钥 dk, 受限私钥 sk_{f_1} 作为签名私钥 sk. 类似地, 相比于 HISE 方案, HIES 考虑了对偶版本的联合安全性, 即其 PKE 组件在敌手完全掌握签名私钥 sk 的情形下仍满足 IND-CCA 安全性, 因此 HIES 支持安全的签名私钥托管.

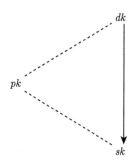

图 12.6   HIES 密钥使用策略示意图

章后习题

练习 12.1   请比较签密方案和集成签名加密方案的异同.

练习 12.2   请试着给出 HISE 和 HIES 的定义, 并给出构造.

第12章习题答案

参 考 文 献

[1] Goldwasser S, Micali S. Probabilistic encryption and how to play mental poker keeping secret all partial information// Proceedings of the 14th Annual ACM Symposium on Theory of Computing, STOC 1982. ACM, 1982: 365-377.

[2] Deng Y. Magic Adversaries Versus Individual Reduction: Science Wins Either Way// Advances in Cryptology - EUROCRYPT 2017. Vol. 10211. LNCS, 2017: 351-377.

[3] Shoup V. Sequences of games: A tool for taming complexity in security proofs. IACR Cryptology ePrint Archive. http://eprint.iacr.org/2004/332. 2004.

[4] Han S, Liu S L, Lyu L. Efficient KDM-CCA Secure Public-Key Encryption for Polynomial Functions//Advances in Cryptology - ASIACRYPT 2016. Vol. 10032. LNCS. Springer, 2016: 307-338.

[5] Diffie W, Hellman M E. New directions in cryptograpgy//IEEE Transactions on Information Theory, 1976, 22(6): 644-654.

[6] Joseph A A, Garman C, Hohenberger S. Automating fast and secure translations from Type-I to Type-III pairing schemes//Proceedings of the 22nd ACM SIGSAC Conference on Computer and Communications Security, 2015. ACM, 2015: 1370-1381.

[7] Shor P W. Algorithms for quantum computation: Discrete logarithms and factoring//35th Annual Symposium on Foundations of Computer Science, FOCS 1994, 1994: 124-134.

[8] Ajtai M. Generating hard instances of lattice problems (extended abstract)//STOC 1996. ACM, 1996: 99-108.

[9] Regev O. On lattices, learning with errors, random linear codes, and cryptography// Proceedings of the 37th Annual ACM Symposium on Theory of Computing, STOC 2005. ACM, 2005: 84-93.

[10] Dodis Y, et al. Fuzzy extractors: How to generate strong keys from biometrics and other noisy data//SIAM J. Comput., 2008, 38(1): 97-139.

[11] Boneh D, Franklin M K. Identity-based encryption from the Weil pairing//SIAM Journal on Computation, 2003, 32: 586-615.

[12] Even S. Protocol for signing contracts//CRYPTO., 1981: 148-153.

[13] Blum M. Coin flipping by telephone//CRYPTO., 1981: 11-15.

[14] Goldreich O, Goldwasser S, Micali S. How to construct random functions//J. ACM 33.4, 1986, 33(4): 792-807.

[15] Boneh D, Waters B. Constrained pseudorandom functions and their applications// Advances in Cryptology - ASIACRYPT 2013. Vol. 8270. LNCS. Springer, 2013: 280-300.

[16] Kiayias A, et al. Delegatable pseudorandom functions and applications//2013 ACM SIGSAC Conference on Computer and Communications Security, CCS 2013. ACM, 2013: 669-684.

[17] Boyle E, Goldwasser S, Ivan I. Functional signatures and pseudorandom functions// 17th International Conference on Practice and Theory in Public-Key Cryptography, PKC 2014. Vol. 8383. LNCS. Springer, 2014: 501-519.

[18] Sahai A, Waters B. How to use indistinguishability obfuscation: Deniable encryption, and more//Symposium on Theory of Computing, STOC 2014. ACM, 2014: 475-484.

[19] Chen Y, Wang Y Y, Zhou H S. Leakage-Resilient Cryptography from Puncturable Primitives and Obfuscation//Advances in Cryptology - ASIACRYPT 2018, 2018: 575-606.

[20] Chen Y, et al. Private set operations from multi-query reverse private membership test//PKC 2024. https://eprint.iacr.org/2022/652. 2024.

[21] Naor M, Pinkas B, Reingold O. Distributed pseudo-random functions and KDCs// Advances in Cryptology - EUROCRYPT 1999. Vol. 1592. Lecture Notes in Computer Science. Springer, 1999: 327-346.

[22] Naor M, Reingold O. Synthesizers and their application to the parallel construction of psuedo-random functions//36th Annual Symposium on Foundations of Computer Science, FOCS 1995. IEEE Computer Society, 1995: 170-181.

[23] Joux A. A one round protocol for tripartite Diffie-Hellman//J. Cryptology, 2004, 17(4): 263-276.

[24] Boneh D, Silverberg A. Applications of multilinear forms to cryptography. 2002. http://eprint.iacr.org/2002/080.

[25] Boneh D, Zhandry M. Multiparty key exchange, efficient traitor tracing, and more from indistinguishability obfuscation//Advances in Cryptology - CRYPTO 2014, 2014: 480-499.

[26] Alamati N, et al. Minicrypt primitives with algebraic structure and applications// Advances in Cryptology - EUROCRYPT 2019. Vol. 11477. Lecture Notes in Computer Science. Springer, 2019: 55-82.

[27] Cash D, Kiltz E, Shoup V. The twin Diffie-Hellman problem and applications//Advances in Cryptology - EUROCRYPT 2008. Vol. 4965. LNCS. Springer, 2008: 127-145.

[28] Freire E S V, et al. Non-interactive key exchange//16th International Conference on Practice and Theory in Public-Key Cryptography - PKC 2013. Vol. 7778. LNCS. Springer, 2013: 254-271.

[29] Joux A. A one round protocol for tripartite Diffie-Hellman// Algorithmic Number Theory, 4th International Symposium. Vol. 1838. ANTS-IV, 2000: 385-394.

[30] Guo S, et al. Limits on the efficiency of (ring) LWE-based non-interactive key exchange//J. Cryptol, 2022, 35(1): 1.

[31] Dodis Y, Ruhl M. GM-security and semantic security revisited. http://people.csail.mit.edu/ruhl/papers/drafts/semantic.html. 1999.

[32] Naor M, Yung M. Public-key cryptosystems provably secure against chosen ciphertext attacks//Proceedings of the 22th annual ACM symposium on theory of computing, STOC 1990, ACM, 1990: 427-437.

[33] Bleichenbacher D. Chosen ciphertext attacks against protocols based on the RSA encryption standard PKCS#1//Advances in Cryptology - CRYPTO 1998. Vol. 1462. Lecture Notes in Computer Science. Springer, 1998: 1-12.

[34] Shoup V. Why chosen ciphertext security matters? https://www.shoup.net/papers/expo.pdf.1998.

[35] Rivest R, Shamir A, Adleman L. A method for obtaining digital signatures and public key cryptosystems//Communications of the ACM 21(2) (February 1978): 120-126.

[36] ElGamal T. A public key cryptosystem and a signature scheme based on discrete logarithms//IEEE Transactions on Information Theory, 1985, 31: 469-472.

[37] Benaloh J.Dense probabilistic encryption// Workshop on Selected Areas of Cryptography, 1994: 120-128.

[38] Paillier P. Public-key cryptosystems based on composite degree residuosity classes// Advances in Cryptology - EUROCRYPT 1999, 1999: 223-238.

[39] Sander T, Young A L, Yung M. Non-interactive cryptocomputing for NC1//FOCS 1999, IEEE Computer Society, 1999: 554-567.

[40] Boneh D, Goh E J, Nissim K. Evaluating 2-DNF formulas on ciphertexts//TCC 2005. Vol. 3378. Lecture Notes in Computer Science. Springer, 2005: 325-341.

[41] Ishai Y, Paskin A. Evaluating branching programs on encrypted data//TCC 2007. Vol. 4392. Lecture Notes in Computer Science. Springer, 2007: 575-594.

[42] Rivest R, Adleman L, Dertouzos M. On data banks and privacy homomorphisms// Foundations of Secure Computation, 1978: 169-179.

[43] Gentry C. Fully homomorphic encryption using ideal lattices// Proceedings of the 41st Annual ACM Symposium on Theory of Computing, STOC 2009. ACM, 2009: 169-178.

[44] Halevi S. Homomorphic encryption//Tutorials on the Foundations of Cryptography. Springer International Publishing, 2017: 219-276.

[45] Cramer R, Shoup V. Design and analysis of practical public-key encryption schemes secure against adaptive chosen ciphertext attack//SIAM Journal on Computing, 2003, 33: 167-226.

[46] Kurosawa K, Desmedt Y. A new paradigm of hybrid encryption scheme//Advances in Cryptology - CRYPTO 2004, 2004: 426-442.

[47] Goldwasser S, Micali S. Probabilistic encryption//J. Comput. Syst. Sci., 1984, 28(2): 270-299.

[48] Rabin M. Digitalized signatures and public-key functions as intractable as factorization//MIT Laboratory for Computer Science, Technical Report TR-212, 1979.

[49] Bünz B, et al. Bulletproofs: Short proofs for confidential transactions and more//2018 IEEE Symposium on Security and Privacy, SP 2018, 2018: 315-334.

[50] Fauzi P, et al. Quisquis: a new design for anonymous cryptocurrencies//Advances in Cryptology - ASIACRYPT 2019. Vol. 11921. Lecture Notes in Computer Science. Springer, 2019: 649-678.

[51] Bünz B, et al. Zether: Towards privacy in a smart contract world//Financial Cryptography and Data Security - FC 2020. Vol. 12059. Springer, 2020: 423-443.

[52] Chen Y, et al. PGC: pretty good confidential transaction system with auditability// The 25th European Symposium on Research in Computer Security, ESORICS 2020. https://eprint.iacr.org/2019/319.2020: 591-610.

[53] Gentry C, Peikert C, Vaikuntanathan V. Trapdoors for hard lattices and new cryptographic constructions//Proceedings of the 40th Annual ACM Symposium on Theory of Computing, STOC 2008. ACM, 2008: 197-206.

[54] Micciancio D. Duality in lattice cryptography (invited talk)// Public Key Cryptography - PKC 2010. Vol. 6056. Lecture Notes in Computer Science. Springer, 2010.

[55] Peikert C, Waters B. Lossy trapdoor functions and their applications//Proceedings of the 40th Annual ACM Symposium on Theory of Computing, STOC 2008, 2008: 187-196.

[56] Komargodski I. Leakage resilient one-way functions: The auxiliary-input setting// Theory of Cryptography 14th International Conference, TCC 2016-B. Vol. 9985. LNCS. Springer, 2016: 139-158.

[57] Hofheinz D. All-but-many lossy trapdoor functions//Advances in Cryptology - EUROCRYPT 2012. Vol. 7237. Lecture Notes in Computer Science. Springer, 2012: 209-227.

[58] Zhandry M. The magic of ELFs//Advances in Cryptology - CRYPTO 2016. Vol. 9814. LNCS. Springer, 2016: 479-508.

[59] Chen Y, Qin B, Xue H Y. Regularly Lossy functions and their applications//Topics in Cryptology - CT-RSA 2018, 2018: 491-511.

[60] Rosen A, Segev G. Chosen-ciphertext security via correlated products//Theory of Cryptography, 6th Theory of Cryptography Conference, TCC 2009. Vol. 5444. LNCS. Springer, 2009: 419-436.

[61] URL: https://zhuanlan.zhihu.com/p/109773214.

[62] Kiltz E, Mohassel P, O'Neill A. Adaptive trapdoor functions and chosen-ciphertext security//Advances in Cryptology - EUROCRYPT 2010, 2010: 673-692.

[63] Dolev D, Dwork C, Naor M. Non-malleable cryptography (extended abstract)//STOC. ACM, 1991: 542-552.

[64] Hohenberger S, Koppula V, Waters B. Chosen ciphertext security from injective trapdoor functions//Advances in Cryptology - CRYPTO 2020. Vol. 12170. Lecture Notes in Computer Science. Springer, 2020: 836-866.

[65] Cramer R, Shoup V. A practical public key cryptosystem provably secure against adaptive chosen ciphertext attack//Advances in Cryptology - CRYPTO 1998, 1998: 13-25.

[66] Cramer R, Shoup V. Universal hash proofs and a paradigm for adaptive chosen ciphertext secure public-key encryption//Advances in Cryptology - EUROCRYPT 2002, 2002: 45-64.

[67] Rackoff C, Simon D R. Non-interactive zero-knowledge proof of knowledge and chosen ciphertext attack//Advances in Cryptology - CRYPTO 1991. Vol. 576. LNCS, 1991: 433-444.

[68] Wee H. Efficient chosen-ciphertext security via extractable hash proofs//Advances in cryptology - CRYPTO 2010. Vol. 6223, 2010: 314-332.

[69] Kiltz E. Chosen-ciphertext secure key-encapsulation based on gap hashed Diffie-Hellman//Public Key Cryptography - PKC 2007. Vol. 4450. LNCS. Springer, 2007: 282-297.

[70] Hofheinz D, Kiltz E. Practical chosen ciphertext secure encryption from factoring// Advances in Cryptology - EUROCRYPT 2009. Vol. 5479. LNCS. Springer, 2009: 313-332.

[71] Haralambiev K, et al. Simple and efficient public-key encryption from computational Diffie-Hellman in the standard model//Public Key Cryptography - PKC 2010, 2010: 1-18.

[72] Barak B, et al. On the (Im)possibility of obfuscating programs// Advances in Cryptology - CRYPTO 2001, Vol. 2139. LNCS. Springer, 2001: 1-18.

[73] Garg S, et al. Candidate indistinguishability obfuscation and functional encryption for all circuits//54th Annual IEEE Symposium on Foundations of Computer Science, FOCS 2013. IEEE Computer Society, 2013: 40-49.

[74] Boyle E, Chung K M, Pass R. On extractability obfuscation// Theory of Cryptography - 11th Theory of Cryptography Conference, TCC 2014. Vol. 8349. LNCS. Springer, 2014: 52-73.

[75] Bellare M, Stepanovs I, Waters B. New negative results on differing-inputs obfuscation//Advances in cryptology - EUROCRYPT 2016. Vol. 9666. LNCS. Springer, 2016: 792-821.

[76] Chen Y, Zhang Z Y. Publicly evaluable pseudorandom functions and their applications//9th International Conference on Security and Cryptography for Networks, SCN 2014, 2014: 115-134.

[77] Naor M, Reingold O. Number-theoretic constructions of efficient Pseudo-random functions//J. ACM, 2004, 51(2): 231-262.

[78] Hazay C, et al. Leakage-resilient cryptography from minimal assumptions//Advances in Cryptology - EUROCRYPT 2013. Vol. 7881. LNCS. Springer, 2013: 160-176.

[79] Kocher P C. Timing attacks on implementations of Diffie-Hellman, RSA, DSS, and other systems//Advances in Cryptology - CRYPTO 1996, 1996: 104-113.

[80] Gandolfi K, Mourtel C, Olivier F. Electromagnetic analysis: Concrete results//CHES 2001. Generators, 2001: 251-261.

[81] Kocher P C, Jaffe J, Jun B J. Differential power analysis// Advances in Cryptology - CRYPTO 1999, 1999: 388-397.

[82] Halderman J A, et al. Lest we remember: Cold Boot attacks on encryption keys// Proceedings of the 17th USENIX Security Symposium, 2008: 45-60.

[83] Cohen H, et al., eds. Handbook of elliptic and hyperelliptic curve cryptography. Chapman and Hall/CRC, 2005. ISBN: 978-1-58488-518-4. DOI: 10. 1201/9781420034981. URL: https://doi.org/10.1201/9781420034981.

[84] Akavia A, Goldwasser S, Vaikuntanathan V. Simultaneous hardcore bits and cryptography against memory attacks//Theory of Cryptography, 6th Theory of Cryptography Conference, TCC 2009. Vol. 5444. LNCS. Springer, 2009: 474-495.

[85] Crescenzo G D, Lipton R J, Walfish S. Perfectly secure password protocols in the bounded retrieval model//Theory of Cryptography, Third Theory of Cryptography Conference, TCC 2006, New York, NY, USA, Lecture Notes in Computer Science. Springer, 2006: 225-244.

[86] Dziembowski S. Intrusion-resilience via the bounded-storage model//Theory of Cryptography, Third Theory of Cryptography Conference, TCC 2006. Vol. 3876. LNCS. Springer, 2006: 207-224.

[87] Halevi S, Lin H J. After-the-fact leakage in public-key encryption//Theory of Cryptography - 8th Theory of Cryptography Conference, TCC 2011, Providence, RI, USA, Lecture Notes in Computer Science. Springer, 2011: 107-124.

[88] Naor M, Segev G. Public-key cryptosystems resilient to key leakage//Advances in Cryptology - CRYPTO 2009. Vol. 5677. LNCS. Springer, 2009: 18-35.

[89] Liu S L, Weng J, Zhao Y L. Efficient public key cryptosystem resilient to key leakage chosen ciphertext attacks//Topics in Cryptology - CT-RSA 2013. Vol. 7779. LNCS. Springer, 2013: 84-100.

[90] Qin B D, Liu S L, Chen K F. Efficient chosen-ciphertext secure public-key encryption scheme with high leakage-resilience//IET Inf. Secur., 2015, 9(1): 32-42.

[91] Qin B D, Liu S L. Leakage-resilient chosen-ciphertext secure public-key encryption from hash proof system and one-time lossy filter//Advances in Cryptology - ASIACRYPT 2013. Vol. 8270. LNCS. Springer, 2013: 381-400.

[92] Qin B D, et al. Continuous non-malleable key derivation and its application to related-key security//Public-Key Cryptography - PKC 2015. Vol. 9020. LNCS. Springer, 2015: 557-578.

[93] Chen Y, Qin B D, Xue H Y. Regular lossy functions and their applications in leakage-resilient cryptography//Theor. Comput. Sci., 2018, 739: 13-38.

[94] Biham E. New types of cryptanalytic attacks using related keys// J. Cryptology, 1994, 7(4): 229-246.

[95] Knudsen L R. Cryptanalysis of LOKI91//Advances in Cryptology - AUSCRYPT'92, Workshop on the Theory and Application of Cryptographic Techniques, Gold Coast, Queensland, Australia, Lecture Notes in Computer Science. Springer, 1992: 196-208.

[96] Bellare M, Kohno T. A theoretical treatment of related-key attacks: RKA-PRPs, RKA-PRFs, and applications//Advances in Cryptology - EUROCRYPT 2003. Vol. 2656. LNCS. Springer, 2003: 491-506.

[97] Bellare M, Cash D. Pseudorandom functions and permutations provably secure against related-key attacks//Advances in Cryptology - CRYPTO 2010, 2010: 666-684.

[98] Bellare M, Cash D, Miller R. Cryptography secure against related-key attacks and tampering//Advances in Cryptology - ASIACRYPT 2011. Vol. 7073. LNCS. Springer, 2011: 486-503.

[99] Applebaum B, Harnik D, Ishai Y. Semantic security under related-key attacks and applications//Innovations in Computer Science - ICS 2010, 2011: 45-60.

[100] Wee H. Dual projective hashing and its applications - lossy trapdoor functions and more//Advances in Cryptology - EUROCRYPT 2012. Vol. 7237. LNCS. Springer, 2012: 246-262.

[101] Black J, Rogaway P, Shrimpton T. Encryption-scheme security in the presence of key-dependent messages//Selected Areas in Cryptography, 9th Annual International Workshop, SAC 2002. Vol. 2595. LNCS. Springer, 2002: 62-75.

[102] Camenisch J, Lysyanskaya A. An efficient system for non-transferable anonymous credentials with optional anonymity revocation//Advances in Cryptology - EURO-CRYPT 2001. Springer, 2001: 93-118.

[103] Kitagawa F, Matsuda T, Tanaka K. CCA security and trapdoor functions via key-dependent-message security//J. Cryptol., 2022, 35(2): 9.

[104] Boneh D, et al. Circular-secure encryption from decision Diffie-Hellman//Advances in Cryptology -CRYPTO 2008. Vol. 5157. LNCS. Springer, 2008: 108-125.

[105] Applebaum B, et al. Fast cryptographic primitives and circular-secure encryption based on hard learning problems//Advances in Cryptology - CRYPTO 2009. Vol. 5677. LNCS. Springer, 2009: 595-618.

[106] Brakerski Z, Goldwasser S. Circular and leakage resilient public-key encryption under subgroup indistinguishability - (or: quadratic residuosity strikes back)// Advances in Cryptology - CRYPTO 2010. Vol. 6223. LNCS. Springer, 2010: 1-20.

[107] Barak B, et al. Bounded key-dependent message security//*Advances in Cryptology - EUROCRYPT 2010.* Vol. 6110. LNCS. Springer, 2010: 423-444.

[108] Applebaum B. Key-dependent message security: Generic amplification and complete-ness//Advances in Cryptology - EUROCRYPT 2011. Vol. 6632. LNCS. Springer, 2011: 527-546.

[109] Brakerski Z, Goldwasser S, Kalai Y T. Black-Box circular-secure encryption beyond Affine functions//Theory of Cryptography - 8th Theory of Cryptography Conference, TCC 2011. Vol. 6597. LNCS. Springer, 2011: 201-218.

[110] Malkin T, Teranishi I, Yung M. Efficient circuit-size independent public key encryp-tion with KDM security//Advances in Cryptology - EUROCRYPT 2011. Vol. 6632. LNCS. Springer, 2011: 507-526.

[111] Wee H. KDM-security via homomorphic smooth projective hashing// Public-Key Cryptography - PKC 2016. Vol. 9615. LNCS. Springer, 2016: 159-179.

[112] Camenisch J, Chandran N, Shoup V. A public key encryption scheme secure against key dependent chosen plaintext and adaptive chosen ciphertext attacks//Advances in Cryptology - EUROCRYPT 2009. Vol. 5479. LNCS. Springer, 2009: 351-368.

[113] Hofheinz D. Circular chosen-ciphertext security with compact ciphertexts//Advances in Cryptology - EUROCRYPT 2013. Vol. 7881. LNCS. Springer, 2013: 520-536.

[114] Garg S, Gay R, Hajiabadi M. Master-key KDM-secure IBE from pairings//Public Key Cryptography (1). Vol. 12110. Lecture Notes in Computer Science. Springer, 2020: 123-152.

[115] Feng S Y, Gong J Q, Chen J. Master-key KDM-secure ABE via predicate encod-ing// Public Key Cryptography (1). Vol. 12710. Lecture Notes in Computer Science. Springer, 2021: 543-572.

[116] Pan J X, Qian C, Wagner B. Generic constructions of master-key KDM secure attribute-based encryption//Des. Codes Cryptogr., 2024, 92(1): 51-92.

[117] Cash D, Green M, Hohenberger S. New definitions and separations for circular secu-rity//Public Key Cryptography - PKC 2012. Vol. 7293. LNCS. Springer, 2012: 540-557.

[118] Namiki H, Tanaka K, Yasunaga K. Randomness leakage in the KEM/DEM frame-work//Provable Security - 5th International Conference, ProvSec 2011. Vol. 6980. Lecture Notes in Computer Science. Springer, 2011: 309-323.

[119] Paterson K G, Schuldt J C N, Sibborn D L. Related randomness attacks for public key encryption//Krawczyk H. Public-key cryptography - PKC 2014. Vol. 8383. Lecture Notes in Computer Science. Springer, 2014: 465-482.

[120] Hajiabadi M, Kapron B M, Srinivasan V. On generic constructions of circularly-secure, leakage-resilient public-key encryption schemes//Public-Key Cryptography - PKC 2016. Vol. 9615. Lecture Notes in Computer Science. Springer, 2016: 129-158.

[121] Bellare M, Boldyreva A, O'Neill A. Deterministic and efficiently searchable encryp-tion//Advances in Cryptology - CRYPTO 2007. Vol. 4622. LNCS. Springer, 2007: 535-552.

[122] Bellare M, et al. Deterministic encryption: Definitional equivalences and constructions without random oracles//Advances in Cryptology - CRYPTO 2008. Vol. 5157. LNCS. Springer, 2008: 360-378.

[123] Brakerski Z, Segev G. Better security for deterministic public-key encryption: The auxiliary-input setting//J. Cryptol., 2014, 27(2): 210-247.

[124] Fuller B, O'Neill A, Reyzin L. A unified approach to deterministic encryption: New constructions and a connection to computational entropy//Theory of Cryptography, TCC 2012. Vol. 7194. LNCS. Springer, 2012: 582-599.

[125] Fuller B, O'Neill A, Reyzin L. A unified approach to deterministic encryption: New constructions and a connection to computational entropy. J. Cryptol., 2015, 28(3): 671-717.

[126] Xie X, Xue R, Zhang R. Deterministic public key encryption and identity-based encryption from lattices in the auxiliary-input setting//Security and Cryptography for Networks - 8th International Conference, SCN 2012. Vol. 7485. LNCS. Springer, 2012: 1-18.

[127] Zhang D, et al. Deterministic identity-based encryption from lattices with more compact public parameters// Obana S, Chida K. Advances in Information and Computer Security - 12th International Workshop on Security, IWSEC 2017, Vol. 10418. Lecture Notes in Computer Science. Springer, 2017: 215-230.

[128] Brakerski Z, Segev G. Better security for deterministic public-key encryption: The auxiliary-input setting//Advances in Cryptology - CRYPTO 2011. Vol. 6841. LNCS. Springer, 2011: 543-560.

[129] Trevisan L. Extractors and pseudorandom generators//J. ACM, 2001, 48(4): 860-879.

[130] Kolevski D, et al. Cloud computing data breaches: A review of U.S. regulation and data breach notification literature//IEEE International Symposium on Technology and Society, ISTAS 2021, Waterloo, ON, Canada, IEEE, 2021: 1-7.

[131] Song D X, Wagner D, Perrig A. Practical techniques for searches on encrypted data// 2000 IEEE Symposium on Security and Privacy, 2000: 44-55.

[132] Boneh D, et al. Public key encryption with keyword search// Advances in cryptology - EUROCRYPT 2004. Vol. 3621. LNCS. Springer, 2004: 506-522.

[133] Baek J, Safavi-Naini R, Susilo W. On the integration of public key data encryption and public key encryption with keyword search//Information Security, 9th International Conference, ISC 2006. Vol. 4176. LNCS. Springer, 2006: 217-232.

[134] Zhang R, Imai H. Generic combination of public key encryption with keyword search and public key encryption//Cryptology and Network Security, 6th International Conference, CANS 2007. Vol. 4856. LNCS. Springer, 2007: 159-174.

[135] Chen Y, et al. Generic constructions of integrated PKE and PEKS// Des. Codes Cryptography, 2016, 78(2): 493-526.

[136] Byun J W, et al. Off-line keyword guessing attacks on recent keyword search schemes over encrypted data//Secure Data Management, Third VLDB Workshop, SDM 2006. Vol. 4165. LNCS. Springer, 2006: 75-83.

[137] Jeong I R, et al. Constructing PEKS schemes secure against keyword guessing attacks is possible? Computer Communications, 2009, 32(2): 394-396.

[138] Hofheinz D, Weinreb E. Searchable encryption with decryption in the standard model. IACR Cryptology ePrint Archive, Report, 2008: 423. http://eprint.iacr.org/ 2008/423. 2008.

[139] Tang Q, Chen L Q. Public-key encryption with registered keyword search//Public Key Infrastructures, Services and Applications - 6th European Workshop, EuroPKI 2009, Vol. 6391. Lecture Notes in Computer Science. Springer, 2009: 163-178.

[140] Chen M R, et al. Server-aided public key encryption with keyword search//IEEE Trans. Inf. Forensics Secur., 2016, 11(12): 2833-2842.

[141] Huang Q, Li H B. An efficient public-key searchable encryption scheme secure against inside keyword guessing attacks//Inf. Sci., 2017, 403: 1-14.

[142] Abdalla M, et al. Searchable encryption revisited: Consistency properties, relation to anonymous IBE, and extensions//Advances in Cryptology - CRYPTO 2005. Vol. 3621. LNCS. Springer, 2005: 205-222.

[143] Abdalla M, et al. Searchable encryption revisited: Consistency properties, relation to anonymous IBE, and extensions//J. Cryptology, 2008, 21(3): 350-391.

[144] Desmedt Y. Society and group oriented cryptography: A new concept//Advances in Cryptology - CRYPTO'87, Vol. 293. Lecture Notes in Computer Science. Springer, 1987: 120-127.

[145] Desmedt Y, Frankel Y. Threshold cryptosystems//Advances in Cryptology - CRYPTO'89, 9th Annual International Cryptology Conference, Santa Barbara, California, USA, Vol. 435. Lecture Notes in Computer Science. Springer, 1989: 307-315.

[146] de Santis A, et al. How to share a function securely// Proceedings of the Twenty-Sixth Annual ACM Symposium on Theory of Computing, Montreal, Quebec, Canada. ACM, 1994: 522-533.

[147] Wee H. Threshold and revocation cryptosystems via extractable hash proofs// Advances in Cryptology - EUROCRYPT 2011. Vol. 6632. LNCS. Springer, 2011, 589-609.

[148] Tu B B, Chen Y, Wang X L. Threshold trapdoor functions and their applications//IET Inf. Secur., 2020, 14(2): 220-231.

[149] Blaze M, Bleumer G, Strauss M. Divertible protocols and atomic proxy cryptography// Advances in Cryptology - EUROCRYPT 1998. Vol. 1403. Lecture Notes in Computer Science. Springer, 1998: 127-144.

[150] Ateniese G, et al. Improved proxy re-encryption schemes with applications to secure distributed storage//ACM Trans. Inf. Syst. Secur., 2006, 9(1): 1-30.

[151] Ivan A A, Dodis Y. Proxy cryptography revisited//Proceedings of the Network and Distributed System Security Symposium, NDSS 2003. The Internet Society, 2003.

[152] Fuchsbauer G, et al. Adaptively secure proxy re-encryption//Lin D D, Sako K. Public-Key Cryptography - PKC 2019, Proceedings, Part II. Vol. 11443. Lecture Notes in Computer Science. Springer, 2019: 317-346.

[153] Libert B, Vergnaud D. Unidirectional chosen-ciphertext secure proxy re-encryption// Cramer R. Public Key Cryptography - PKC 2008. Vol. 4939. Lecture Notes in Computer Science. Springer, 2008: 360-379.

[154] Shao J, Cao Z F. CCA-secure proxy re-encryption without pairings//Jarecki S, Gene T. Public Key Cryptography - PKC 2009. Vol. 5443. Lecture Notes in Computer Science. Springer, 2009: 357-376.

[155] Kirshanova E. Proxy re-encryption from lattices//Public-Key Cryptography - PKC 2014. Ed. Vol. 8383. Lecture Notes in Computer Science. Springer, 2014: 77-94.

[156] Fan X, Liu F H. Proxy re-encryption and re-signatures from lattices//Robert H. Applied Cryptography and Network Security - 17th International Conference, ACNS 2019. Deng et al. Vol. 11464. Lecture Notes in Computer Science. Springer, 2019: 363-382.

[157] Zhou Y X, et al. Fine-grained proxy re-encryption: Definitions and constructions from LWE//Guo J, Steinfeld R. Advances in Cryptology - ASIACRYPT 2023, Proceedings, Part VI. Vol. 14443. Lecture Notes in Computer Science. Springer, 2023: 199-231.

[158] Boldyreva A, Fehr S, O'Neill A. On notions of security for deterministic encryption, and efficient constructions without random oracles//Advances in Cryptology - CRYPTO 2008. Vol. 5157. LNCS. Springer, 2008: 335-359.

[159] Pfitzmann B, Sadeghi A R. Anonymous fingerprinting with direct non-repudiation// Okamoto T. Advances in Cryptology - ASIACRYPT 2000. Vol. 1976. Lecture Notes in Computer Science. Springer, 2000: 401-414.

[160] Zhang Z F, et al. Security of the SM2 signature scheme against generalized key substitution attacks//SSR. Vol. 9497. Lecture Notes in Computer Science. Springer, 2015: 140-153.

[161] Lmaport L. Constructing digital signatures from a one way function//SRI Intl., 1979.

[162] Merkle R C. A digital signature based on a conventional encryption function// CRYPTO. Vol. 293. Lecture Notes in Computer Science. Springer, 1987: 369-378.

[163] Coron J S. On the exact security of full domain hash//Advances in Cryptology - CRYPTO 2000. Vol. 1880. LNCS, 2000: 229-235.

[164] Waters B. Efficient identity-based encryption without random oracles//Advances in Cryptology - EUROCRYPT 2005. Vol. 3494. LNCS. Springer, 2005: 114-127.

[165] Hofheinz D, Kiltz E. Programmable hash functions and their applications//Advances in Cryptology - CRYPTO 2008, 2008: 21-38.

[166] Halevi S, Kalai Y T. Smooth projective hashing and two-message oblivious transfer//J. Cryptology, 2012, 25(1): 158-193.

[167] Zhang J, Chen Y, Zhang Z F. Programmable hash functions from lattices: Short signatures and IBEs with small key sizes//Advances in Cryptology - CRYPTO 2016, 2016: 303-332.

[168] Canetti R, Goldreich O, Halevi S. The random oracle methodology, revisited (preliminary version)//Proceedings of the Thirtieth Annual ACM Symposium on the Theory of Computing, STOC 1998. ACM, 1998: 209-218.

[169] Boneh D, Lynn B, Shacham H. Short signatures from the weil pairing//Advances in Cryptology - ASIACRYPT 2001. Vol. 2248. LNCS, 2001: 514-532.

[170] Fiat A, Shamir A. How to prove yourself: Practical solutions to identification and signature problems//Advances in Cryptology - CRYPTO 1986, 1986: 186-194.

[171] Pointcheval D, Stern J. Security proofs for signature schemes// EUROCRYPT. Vol. 1070. Lecture Notes in Computer Science. Springer, 1996: 387-398.

[172] Bellare M, Neven G. Multi-signatures in the plain public-key model and a general forking lemma//CCS. ACM, 2006, 390-399.

[173] Schnorr C P. Efficient signature generation by smart cards. Journal of Cryptology, 1991, 4(3): 161-174.

[174] Shamir A. Identity-based cryptosystems and signatures schemes// Advances in Cryptology - CRYPTO 1984, 1984: 47-53.

[175] Boneh D, Franklin M. Identity-based encryption from the weil pairing//Advances in Cryptology - CRYPTO 2001. Vol. 2139. LNCS. Springer, 2001: 213-229.

[176] Dodis Y, et al. Efficient public-key cryptography in the presence of key leakage// ASIACRYPT. Vol. 6477. Lecture Notes in Computer Science. Springer, 2010: 613-631.

[177] Abdalla M, et al. Tightly-secure signatures from lossy identification schemes// EUROCRYPT. Vol. 7237. Lecture Notes in Computer Science. Springer, 2012: 572-590.

[178] Chaum D. Blind signatures for untraceable payments//CRYPTO. New York: Plenum Press, 1982: 199-203.

[179] Rivest R L, Shamir A, Tauman Y. How to leak a secret// ASIACRYPT. Vol. 2248. Lecture Notes in Computer Science. Springer, 2001: 552-565.

[180] Cramer R, Damgård I, Schoenmakers B. Proofs of partial knowledge and simplified design of witness hiding protocols//CRYPTO. Vol. 839. Lecture Notes in Computer Science. Springer, 1994: 174-187.

[181] Abe M, Ohkubo M, Suzuki K. 1-out-of-n signatures from a variety of keys//ASIACRYPT. Vol. 2501. Lecture Notes in Computer Science. Springer, 2002: 415-432.

[182] Bender A, Katz J, Morselli R. Ring signatures: Stronger definitions, and constructions without random oracles//J. Cryptol., 2009, 22(1): 114-138.

[183] Zheng Y. Digital signcryption or how to achieve cost(signature & encryption) $\ll$ cost (signature)+cost(encryption)//Advances in Cryptology - CRYPTO'97, 17th Annual

International Cryptology Conference, Santa Barbara, California, USA, Vol. 1294. Lecture Notes in Computer Science. Springer, 1997: 165-179.

[184] Zheng Y L, Imai H. How to construct efficient signcryption schemes on elliptic curves//Inf. Process. Lett., 1998, 68(5): 227-233.

[185] Bao F, Deng R H. A signcryption scheme with signature directly verifiable by public key//Public Key Cryptography, First International Workshop on Practice and Theory in Public Key Cryptography, Vol. 1431. Lecture Notes in Computer Science. Springer, 1998: 55-59.

[186] Aimani L E. Generic constructions for verifiable signcryption// Information Security and Cryptology - ICISC 2011. Vol. 7259. Lecture Notes in Computer Science. Springer, 2011: 204-218.

[187] An J H, Dodis Y, Rabin T. On the security of joint signature and encryption// Advances in Cryptology - EUROCRYPT 2002. Vol. 2332. LNCS. Springer, 2002: 83-107.

[188] EMV Co. *EMV Book 2 - Security and Key Management - Version 4.3*. https://www. emvco.com/wp-content/uploads/2017/05/EMV_v4.3_Book_2_Security_and_Key_Management_20120607061923900.pdf. 2011.

[189] Ping Identity. http://www.pingidentity.com.

[190] Narula N, Vasquez W, Virza M. zkLedger: Privacy-preserving auditing for distributed ledgers//15th USENIX Symposium on Networked Systems Design and Implementation, NSDI 2018, 2018: 65-80.

[191] Haber S, Pinkas B. Securely combining public-key cryptosystems// Proceedings of the 8th ACM Conference on Computer and Communications Security, CCS 2001. ACM, 2001: 215-224.

[192] Paterson K G, et al. On the joint security of encryption and signature, revisited// Advances in Cryptology - ASIACRYPT 2011, 2011: 161-178.

[193] Chen Y, Tang Q, Wang Y Y. Hierarchical integrated signature and encryption (or key separation vs. key reuse: Enjoy the best of both worlds)//Advances in Cryptology - ASIACRYPT 2021, 2021: 575-606.

[194] Degabriele J P, et al. On the joint security of encryption and signature in EMV//Topics in Cryptology - CT-RSA 2012. Vol. 7178. Lecture Notes in Computer Science. Springer, 2012: 116-135.

[195] Coron J S, et al. Universal padding schemes for RSA//Advances in Cryptology - CRYPTO 2002. Vol. 2442. Lecture Notes in Computer Science. Springer, 2002: 226-241.

[196] Komano Y C, Ohta K Z. Efficient universal padding techniques for multiplicative trapdoor one-way permutation//Advances in Cryptology - CRYPTO 2003. Vol. 2729. Lecture Notes in Computer Science. Springer, 2003: 366-382.

[197] Boneh D, et al. Chosen-ciphertext security from identity-based encryption//SIAM Journal on Computation, 2007, 36(5): 1301-1328.

[198] Zhang M, Tu B B, Chen Y. You can sign but not decrypt: Hierarchical integrated encryption and signature//Inscrypt 2022. Vol. 13837. Lecture Notes in Computer Science. Springer, 2022: 67-86.